“十三五”职业教育国家规划教材

首届全国机械行业职业教育优秀教材

机械制造基础（第四版）

新世纪高职高专教材编审委员会 组编

主 编 陈 强 张双侠

副主编 杨海峰 刘 军 高 波

刘冬霞 韩 东 林 凯

刘 滨

大连理工大学出版社

图书在版编目(CIP)数据

机械制造基础/陈强,张双侠主编. --4版. --大连:大连理工大学出版社,2019.2(2021.1重印)
新世纪高职高专装备制造大类专业基础课系列规划教材

ISBN 978-7-5685-1830-7

Ⅰ. ①机… Ⅱ. ①陈… ②张… Ⅲ. ①机械制造—高等职业教育—教材 Ⅳ. ①TH

中国版本图书馆CIP数据核字(2019)第009526号

大连理工大学出版社出版

地址:大连市软件园路80号　邮政编码:116023

发行:0411-84708842　邮购:0411-84708943　传真:0411-84701466

E-mail:dutp@dutp.cn　URL:http://dutp.dlut.edu.cn

大连永盛印业有限公司印刷　大连理工大学出版社发行

幅面尺寸:185mm×260mm　印张:18.25　字数:466千字

2006年8月第1版　2019年2月第4版

2021年1月第3次印刷

责任编辑:刘　芸　吴媛媛　责任校对:陈星源

封面设计:张　莹

ISBN 978-7-5685-1830-7　定　价:52.80元

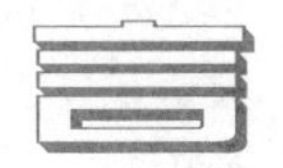

前言

《机械制造基础》(第四版)是“十三五”职业教育国家规划教材、“十二五”职业教育国家规划教材,也是首届全国机械行业职业教育优秀教材,还是新世纪高职高专教材编审委员会组编的装备制造大类专业基础课系列规划教材之一。

本教材根据机械设计与制造、机械制造与自动化、数控技术、机电一体化技术等专业的教学特点,同时兼顾相关工种职业技能鉴定对高级工理论基础知识的普遍要求编写而成,可供高等职业教育三年制和五年制机械类专业使用,计划授课70~90学时。

本课程积极借鉴项目教学改革的思想,积极探索基于工作过程的全新教材模式,构建以工作过程为导向的全新课程,以任务引领创设教学情境,将知识融于具体任务中,充分体现“教中学、学中做”的思想。

本次修订在编写体系上按照专业职业岗位群的工作过程要求和技能要求,将内容有机整合,打破传统的学科式课程设计思路,构造以工作任务为核心的课程体系,重点突出相关知识与完成工作任务的密切联系,强调课程标准与职业岗位标准的相关性,加强实践性环节,着眼于学生在应用技术方面能力的培养。修订后具有如下特色:

1.采用学习情境与任务设计

修订后的内容按零件从毛坯到成品的机械加工工艺过程展开,思路清晰、逻辑性强,便于学生学习。同时,各任务以企业真实加工任务为载体,使学生的学习更具有针对性。在任务和实例的选择上,充分考虑任务、实例的典型性,由简单到复杂地设置并力求将传统知识全面融入其中。授课环节按照“六步法”展开,教师在布置任务后可直接进入实施阶段,可在实施过程中讲解相关知识,也可设置引导文引导学生自学。本教材的编写既考虑了教师的“教”,又兼顾了学生的“学”,实现了教与学的互动,将传统学科体系及现代行动体系很好地融合在一起。

2.充实新技术方面的内容

重新臻选机械加工工艺规程设计部分的例题，便于学生将知识与实际问题的计算紧密结合，提高应用价值；充实电火花线切割加工部分内容，增加电火花成形机床的结构和操作面板知识介绍，提高可操作性；新增增材制造技术与逆向工程技术，向智能制造方向引领教学，拓宽学生知识面。

3.扩大工程应用知识面

加强知识内容与企业真实生产环境的融合，尽量以工程实际中出现的加工现象为例进行介绍。同时，完成任务时可以选取模具类零件进行介绍，拓宽专业应用面，使学生能更好地适应未来就业岗位。

4.加强学生能力培养

建议采用集中授课方式，将与课程配套的实践环节融入知识点，通过“六步法”教学培养学生独立解决问题的能力与团队合作意识，采用多种灵活的教学手段开展教学，角色扮演法、头脑风暴法、分组讨论法等多种形式并存，激发学生的学习兴趣，提高课堂教学效率。

本教材由哈尔滨职业技术学院陈强、新疆农业职业技术学院张双侠任主编，哈尔滨职业技术学院杨海峰、刘军、高波、刘冬霞、韩东、林凯及哈尔滨汽轮机厂有限责任公司刘滨任副主编。具体编写分工如下：陈强编写绪论及学习情境四的任务二、三；张双侠编写学习情境一的任务一～三；杨海峰编写学习情境二的任务五及学习情境五；刘军编写学习情境二的任务三、四；高波编写学习情境三的任务四；刘冬霞编写学习情境二的任务一、二；韩东编写学习情境三的任务一～三；林凯编写学习情境一的任务四；刘滨编写学习情境四的任务一。全书由陈强负责统稿和定稿。

在编写本教材的过程中，我们参考、引用和改编了国内外出版物中的相关资料以及网络资源，在此对这些资料的作者表示诚挚的谢意！请相关著作权人看到本教材后与出版社联系，出版社将按照相关法律的规定支付稿酬。

尽管我们在探索教材特色的建设方面做出了许多努力，但由于编者水平有限，教材中仍可能存在一些错误和不足，恳请各教学单位和读者在使用本教材时多提宝贵意见和建议，以便下次修订时改进。

编 者

2019 年 1 月

所有意见和建议请发往：dutpgz@163.com

欢迎访问职教数字化服务平台：http://sve.dutpbook.com

联系电话：0411-84707424 84706676

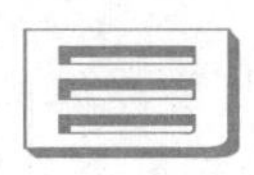

目　录

本书配套 AR 资源使用说明

针对本书配套 AR 资源的使用方法，特做如下说明：首先用移动设备在小米、360、百度、腾讯、华为、苹果等应用商店里下载“大工职教教师版”或“大工职教学生版”APP，安装后点击“教材 AR 扫描入口”按钮，扫描书中带有 AR 标识的图片，即可体验 AR 功能。

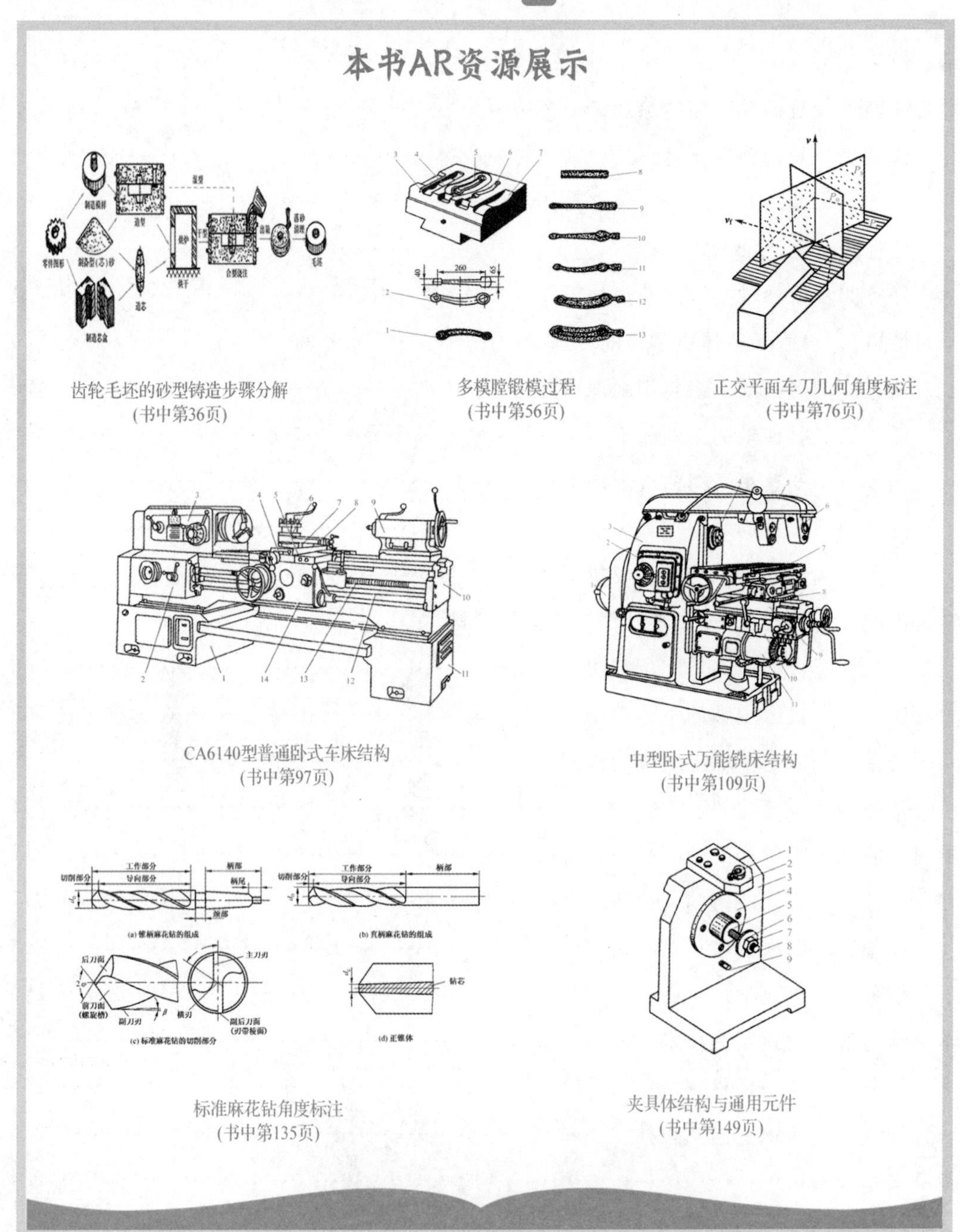

绪论

1. 机械制造工业在国民经济中的作用

机械制造工业是国民经济基础产业。社会生产中的各行各业，诸如交通、动力、冶金、石化、电力、建筑、轻纺、航空、航天、电子、医疗、军事、科研等，乃至人们的日常生活中，都使用着各种各样的机器、机械、仪器和工具。这些机器、机械、仪器和工具统称为机械装备。它们大部分都是由一定形状和尺寸的金属零件组成的。能够生产这些零件并将其装配成机械装备的工业，称为机械制造工业。

机械制造工业不仅能为国民经济各部门提供技术装备，而且直接生产人们生活所需的消费品。因此，它是国民经济的重要基础和支柱产业，是一个国家经济实力和科学技术发展水平的重要标志，世界各国均把发展机械制造工业作为振兴和发展国民经济的战略重点之一。

自 1770 年制造出第一台蒸汽机开始，200 多年来，为了适应社会生产力的不断进步，为了满足社会对产品的品种、数量、性能、质量以及高的性价比的要求，同时由于新型工程材料的出现和使用，新的切削加工方法、新的工艺方法以及新的加工设备大量涌现，机械制造技术也在经历着巨大变化。

机械制造工业的发展和进步，在很大程度上取决于机械制造技术的水平和发展。在科学技术高度发展的今天，现代工业对机械制造技术提出了越来越高的要求，进而推动机械制造技术不断向前发展，而科学技术的发展，也为机械制造技术的发展提供了机遇和条件。特别是数控加工技术、计算机控制技术、精密检测技术的发展使得机械制造技术正发生革命性的进步。机械制造技术由数控化走向柔性化、集成化、智能化，已成为现代科技前沿的热点之一。

中华人民共和国成立前，我国的机械制造工业十分落后。中华人民共和国成立后，经过近 70 年的建设，尤其是改革开放 40 年来，我国的机械制造工业得到了很大的发展。目前，我国机械制造工业产品的生产已具有相当大的规模，形成了产品门类齐全、布局合理的机械制造工业体系。但与国外先进水平相比，差距依然很大。我们在制造工艺技术和工艺设备方面正在努力追赶世界先进水平。

2. 本课程的性质和学习内容

本课程是高职高专机械类有关专业的一门主干课。它是通过对原有六门传统课程即金属材料及热处理、热加工基础、金属切削原理与刀具、金属切削机床、机床夹具设计和机械制造工艺学进行优化整合，所形成的一门以培养机械制造技术应用能力为主的新的专业课。

机械制造基础这门课程的基本内容包括：

(1)机械工程材料的选用及热处理；

(2)铸造、金属压力加工、焊接；

(3)金属切削过程的基本规律；

(4)金属切削机床及刀具；

(5)机床夹具基本知识；

(6)机械加工的各种方法；

(7)机械制造工艺技术的基本理论和基本知识；

(8)机械装配工艺基础。

3. 本课程的特点及学习方法

本课程具有实践性强、综合性强和覆盖面广三大特点。

学习时要重视实践性教学环节，在教学实习中努力增加感性认识和实践知识，了解、熟悉企业的生产和技术管理，注意理论与实践相结合。做好本课程实验及综合练习和课程设计，有助于理解和掌握理论知识，有利于职业综合能力的培养，逐步提高解决生产实际问题的能力。学习时要根据具体情况来处理问题，注意灵活地综合运用所学的知识。

学习情境一

阶梯轴毛坯的热加工

任务一　阶梯轴毛坯材料的识别

学习目标

1. 了解阶梯轴毛坯的选择原则。
2. 掌握常用金属零件的毛坯材料。
3. 掌握常用金属材料的性能。
4. 了解现阶段常用的机械零件材料。

情境导入

在生产中我们要用各种工具来加工零件，这些工具和零件是用什么材料制造的，它们的性能如何，用什么热处理方法可以改变材料的性能，使其便于加工和满足使用的技术要求，这些都是必须掌握的基本知识。

任务描述

根据图 1-1 所示阶梯轴零件图，试选择该阶梯轴毛坯材料，并分析该种材料所具有的性能。

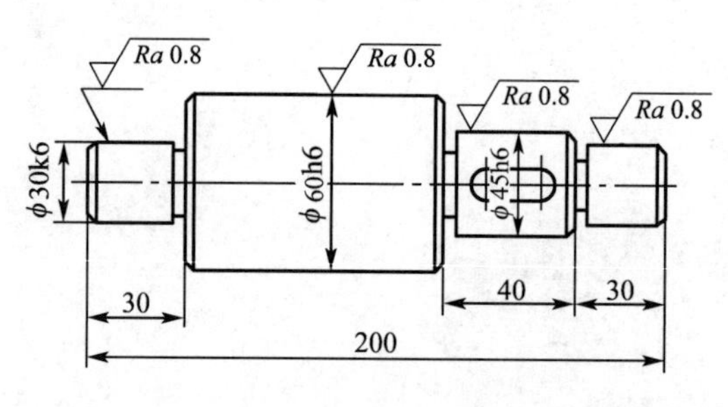

图 1-1 阶梯轴零件图

任务分析

此任务是根据阶梯轴零件图的尺寸、结构等分析其用途，并分析其应具有什么性能才能满足工作要求，再选择该阶梯轴的毛坯材料，对选择的毛坯材料性能进行全面分析。

相关知识

一、毛坯的选择

毛坯的选择包括毛坯种类的选择和毛坯制造方法的确定、毛坯形状与尺寸的确定等方面。

1. 毛坯种类的选择和毛坯制造方法的确定

常用毛坯种类有铸件、锻件、型材、焊接件、冲压件等。通常情况下，当零件材料确定后，毛坯的种类就基本确定。各种毛坯的制造方法很多。概括地说，毛坯的制造方法越先进，毛坯精度越高，材料的损耗量越少，则机械加工成本就越低，但是毛坯的制造成本却因采用了先进的设备而提高。

铸件：形状复杂的毛坯，宜采用铸造方法制造。目前生产中的铸件大多数是砂型铸造，少数是尺寸较小的优质铸件，可采用特种铸造。

锻件：分为自由锻件和模锻件。

①自由锻件：自由锻件就是经自由锻造而获得的工件。自由锻造是利用冲击力或压力使金属在上、下砧面间各个方向自由变形，不受任何限制而获得所需形状和尺寸及一定机械性能的锻件的一种加工方法，简称自由锻。

②模锻件：模锻件就是有模具的锻造件，利用模具锻出精度要求比较高、比较复杂的锻件。

自由锻时，金属仅有部分表面与工具或砧块接触，其余部分为自由变形表面，具有灵活性大，费用低，生产准备周期短的特点，适合于单件、大件、小批量生产。但自由锻的生产率低，工人劳动强度大，锻件的精度差，加工余量大。

模锻时，金属大部分表面与模具接触，需要专门模具配合加工，特别适合批量大、精度高、复杂程度高的中小尺寸锻件的加工，锻件加工余量小。

型材：型材是金属材料通过轧制、挤出等工艺制成的具有一定几何形状的物体。按照截面形状有圆钢、方钢、角钢、六角钢、工字钢、异形钢等。

2. 毛坯形状与尺寸的确定

毛坯形状与尺寸的确定主要依据零件的形状、各加工表面的总余量和毛坯的类型等。从机械加工工艺角度考虑还应注意下列问题：

(1)为了工件加工时装夹方便，考虑毛坯是否需要做出工艺凸台(俗称工艺搭子)，如图 1-2所示。

(2)考虑某些零件结构的特殊性，可以将若干个零件做成一个整体毛坯。如图 1-3 所示车床开合螺母外壳为一整体毛坯，加工到一定阶段后再切割分离。

(3)为了提高机械加工生产率，可将多个零件做成一个毛坯。如短小的轴套、垫圈和螺母等零件，在选择棒料、钢管等毛坯时就可采用这种方法，加工到一定阶段再切割分离成单个零件，也有利于保证加工质量。

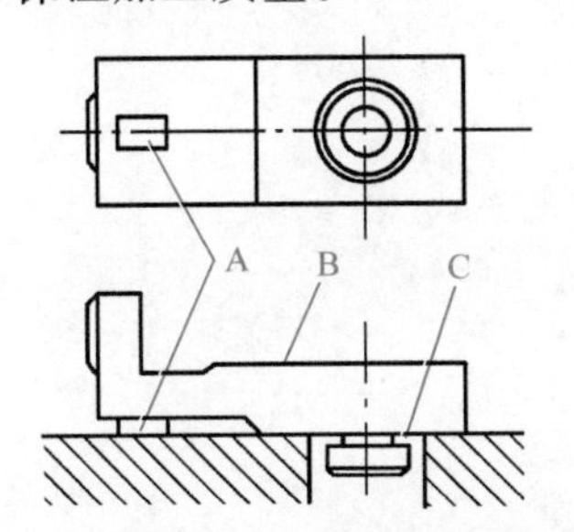

图 1-2　具有工艺搭子的下刀架毛坯

A—工艺搭子；B—加工表面；C—定位面

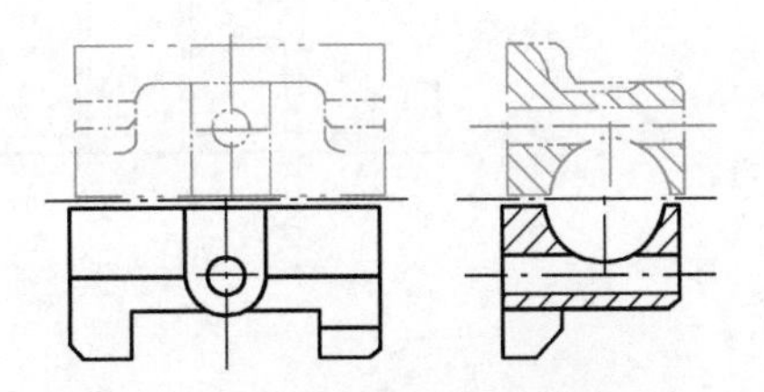

图 1-3　车床开合螺母外壳简图

(4)还应注意铸件分型面、拔模斜度、铸造圆角、锻件敷料、模锻斜度及圆角半径等。

3. 选择毛坯时考虑的因素

选择毛坯时可综合考虑下列因素：

(1)零件材料的工艺特性(如可铸性、可塑性等)及其力学性能

具有良好铸造性能的材料，如铸铁、青铜应采用铸件毛坯；对力学性能要求较高的钢件，其毛坯最好采用锻件而不用型材。

(2)生产类型

不同的生产类型决定了不同的毛坯制造方法。大量生产应选精度和生产率都比较高的毛坯制造方法，用于毛坯制造的昂贵费用可用材料消耗的减少和机械加工费用的降低来补偿，如铸件应采用金属模及其造型，锻件应采用模锻。单件、小批生产一般采用木模手工造型或自由锻。

(3)零件的结构形状和尺寸

一般用途的钢制阶梯轴，若各台阶直径相差不大时可用棒料；若各台阶直径相差很大时宜用锻件，可节省材料。尺寸大的零件，因受设备限制一般用自由锻；中小型零件可用模锻。形状复杂的毛坯，一般采用铸造方法。

(4)具体生产条件

要考虑现场毛坯制造的实际水平和能力、毛坯车间近期的发展情况以及组织专业化工厂生产毛坯的可能性。此外，还应充分考虑利用新工艺、新技术和新材料的可能性，如精铸、精锻、冷挤压、冷轧、粉末冶金和工程塑料等。

4. 毛坯的图示

毛坯的类型、制造方法及各加工表面的总余量确定后，即可绘制毛坯-零件综合图，如图 1-4所示。先画出经简化了次要细节的零件图的主视图，将已确定的总余量画在相应的加工面上，可得毛坯轮廓图。然后在图上标出毛坯的主要尺寸及公差，标明毛坯的技术要求，如毛坯精度、圆角尺寸、拔模斜度、表面质量要求(气孔、夹砂、缩孔)等。

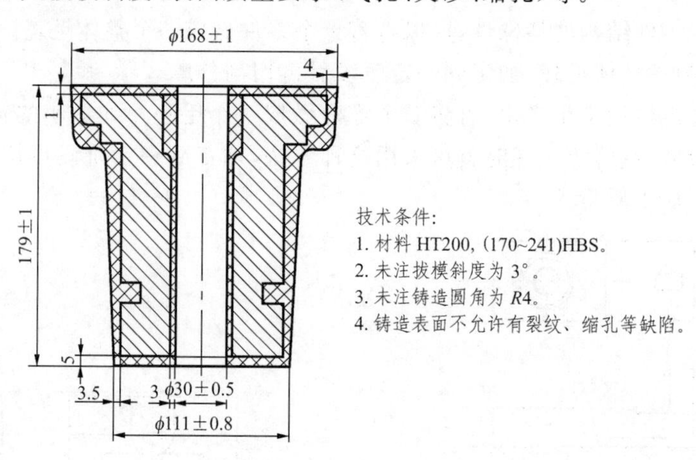

图 1-4　毛坯-零件综合图

二、强度和塑性

1. 强度

金属材料在载荷的作用下抵抗弹性变形、塑性变形和断裂的能力称为强度。

根据载荷的不同作用方式，强度可分为屈服强度、抗拉强度、抗压强度、抗弯强度、抗剪强度等。各种强度之间有一定的关系，通过拉伸试验可测定材料强度指标。

按国家标准(GB/T 7732—2008)规定将被测金属材料制成一定形状和尺寸的拉伸试样。常用试样的截面为圆形。图 1-5 所示为标准拉伸试样，其中 d_0 为试样的原始直径(mm)，l_0 为试样的原始长度(mm)。拉伸试样一般还分为长试样($l_0=10d_0$)和短试样($l_0=5d_0$)两种。

试验时，在拉伸试验机上缓慢增加载荷(静载荷)，随着载荷的不断增加，试样的伸长量也逐渐增加，记录拉伸试验过程中的载荷大小和对应的伸长量关系，直至试样拉断为止，便可获得如图 1-6 所示的载荷与变形量之间的关系曲线，即拉伸曲线。

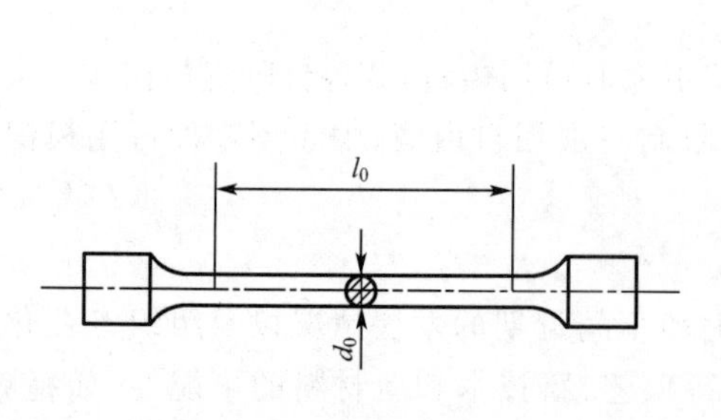

图 1-5　标准拉伸试样

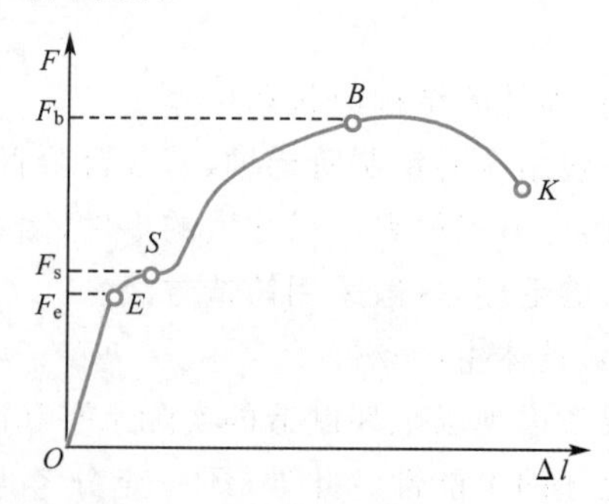

图 1-6　退火低碳钢的拉伸曲线

如图 1-6 所示，当载荷 F 为零时，伸长量也为零。当载荷逐渐由零加大到 F_e 时，试样的伸长量与载荷成比例增加。此时卸除载荷，试样能完全恢复到原来的形状和尺寸，即试样处于弹性变形阶段。

当载荷超过 F_e 时，试样除产生弹性变形外，还开始出现塑性变形（或称永久变形），即卸除载荷后，试样不能恢复到原来的形状和尺寸。

当载荷加到 F_s 时，在曲线上开始出现水平线段，即表示载荷不增加，试样却继续伸长，这种现象称为屈服现象。S 点称为屈服点。

载荷超过 F_s 后，试样的伸长量又随载荷的增加而增加，此时试样已产生大量的塑性变形。当载荷继续增加到某一最大值 F_b 时，试样的局部直径变小，通常称为"缩颈"现象。当到达 K 点时，试样就在缩颈处被拉断。

无论何种材料，其内部原子之间都具有平衡的原子力相互作用，以使其保持固定的形状。材料在外力作用下，其内部会产生相应的作用力以抵抗变形，此力的大小和外力相等，方向相反，这种作用力称为内力。材料单位截面上承受的内力称为应力，用 R 表示（旧标准用 σ 表示）。金属材料的强度是用应力来表示的，即

$$R=F/S_0 \tag{1-1}$$

式中　R——应力，MPa；

F——载荷，N；

S_0——试样的原始横截面面积，mm^2。

常用的强度指标有屈服强度和抗拉强度。

（1）屈服强度

试样屈服时的应力为材料的屈服点，称为屈服强度，用 R_{eL} 表示（旧标准用 σ_s 表示）。R_{eL} 表示金属抵抗微量塑性变形的能力，即

$$R_{eL}=F_s/S_0 \tag{1-2}$$

式中　R_{eL}——屈服强度，MPa；

F_s——试样屈服时的载荷，N；

S_0——试样的原始横截面面积，mm^2。

有些金属材料，如铸铁、高碳钢等的拉伸曲线不出现平台，即没有明显的屈服现象，因此工程上规定以试样发生某一微量塑性变形（0.2%）时的应力作为该材料的屈服强度，称为材料的条件屈服强度，用 $R_{p0.2}$ 表示（旧标准用 $\sigma_{0.2}$ 表示）。

（2）抗拉强度

抗拉强度是指试样在拉断前所承受的最大拉应力，即

$$R_m=F_b/S_0 \tag{1-3}$$

式中　R_m——抗拉强度，MPa；

F_b——试样在断裂前的最大载荷，N；

S_0——试样的原始横截面面积，mm^2。

R_m（旧标准用 σ_b 表示）代表金属材料抵抗大量塑性变形的能力，也是零件设计的主要依据之一。

一般情况下，机器构件都是在弹性状态下工作的，不允许发生微量的塑性变形，所以在机械设计时常采用 R_{eL} 或 $R_{p0.2}$ 作为强度指标，并适当加上安全系数。

2. 塑性

塑性是指金属材料在外力作用下产生永久变形而不被破坏的性能。

金属材料在断裂前的塑性变形越大，表示材料的塑性越好；反之，则表示材料的塑性越差。衡量塑性的指标主要有延伸率和断面收缩率。

（1）延伸率

试样通过拉伸试验断裂时，总的伸长量和原始长度比值的百分率（即相对伸长）称为延伸率，用符号 A 表示，即

$$A=\frac{l_1-l_0}{l_0}\times 100\% \tag{1-4}$$

式中 l_1——试样拉断时的标距长度，mm；

l_0——试样原始的标距长度，mm。

由于试样总的伸长量是均匀伸长量与产生局部缩颈后的伸长量之和，故 A 值的大小与试样长度尺寸有关。同一材料长试样的延伸率（用 A_{10} 表示）要低于短试样的延伸率（用 A_5 表示）。所以，在比较不同材料的延伸率时，要注意用相同尺寸的试样。为方便起见，长试样的延伸率就用 A 表示。

（2）断面收缩率

试样通过拉伸试验断裂时，断面缩小的横截面面积和原始横截面面积比值的百分率称为断面收缩率，用符号 Z 表示，即

$$Z=\frac{S_0-S_1}{S_0}\times 100\% \tag{1-5}$$

式中 S_0——试样原始横截面面积，mm^2；

S_1——试样断口处横截面面积，mm^2。

断面收缩率与试样尺寸无关，所以它能比较可靠地代表材料的塑性。当材料的 A 或 Z 数值越大时，表示材料的塑性越好。如纯铁的 A 约为 50%，而普通生铁的 A 还不到 1%，因此纯铁的塑性比普通生铁好得多。

塑性指标同样有着十分重要的意义。塑性好的材料不仅可以进行锻压、轧制、冷冲、冷拔等成形工艺，而且在万一超载的情况下，塑性变形能避免突然断裂。所以，在静载荷条件下工作的机械零件，一般都要求具有良好的塑性。

三、硬度

硬度是指金属材料抵抗比它更硬的物体压入其表面的能力，即抵抗局部塑性变形的能力。一般来说，硬度越高，耐磨性越好，强度也比较高。

最常用的测定硬度的方法是压入测试法。在一定载荷下，用一定几何形状的压头压入被测试的金属材料表面，根据被压入后的变形程度来测定其硬度值。压入后变形程度越大，则材料的硬度值越低；反之，则硬度值越高。

这种试验方法是金属力学性能试验中最简单、最迅速的一种方法。它不需要做专门的试样，可以在工件上直接测定硬度值，不损坏工件，因此在生产中得到广泛应用。

测定硬度的方法很多，生产中广泛应用的有布氏硬度、洛氏硬度和维氏硬度测试法。

1. 布氏硬度

如图 1-7 所示，布氏硬度的测定是用一定直径 D 的淬火钢球压头或硬质合金球压头，在规定载荷 F 的作用下压入被测金属表面，经规定的保持时间后，卸除载荷，测量被测试金属表面上所形成的压痕平均直径 d，用载荷与压痕球形表面积的比值作为布氏硬度值。淬火钢球压头的硬度用符号 HBS 表示，硬质合金球压头的硬度用 HBW 表示。以淬火钢球压头为例，布氏硬度的计算公式为

$$\mathrm{HBS}=F/S=F/(\pi Dh) \tag{1-6}$$

式中　F——试验力，N；

S——压痕表面积，mm^2；

h——压痕深度，mm；

D——压头直径，mm。

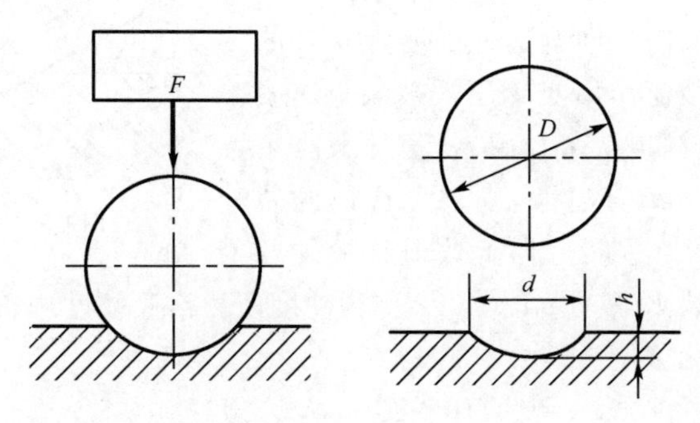

图 1-7　布氏硬度试验原理

试验时用带刻度放大镜测出压痕平均直径 d 后，就可以通过计算或查布氏硬度表得出相应的硬度值。在实际应用中，布氏硬度值是不标注单位的，也不需要经过计算，直接采用查表法，见表 1-1。

表 1-1　布氏硬度试验规范

材料	硬度 HBS	试样厚度/mm	$0.102\times F/D^2$ (N/mm²)	D/mm	F/N	载荷保持时间/s
钢铁材料	140～450	6～3	30	10	29 420	10
		4～2		5	7 355	
		<2		2.5	1 839	
	<140	>6	10	10	9 807	10
		6～3		5	2 452	
		<3		2.5	612.9	
铜合金及镁合金	36～130	>6	10	10	9 807	30
		6～3		5	2 452	
		<3		2.5	612.9	
铝合金及轴承合金	8～35	>6	10	10	2 452	60
		6～3		5	612.9	
		<3		2.5	152.88	

由于布氏硬度压痕面积较大，能反映较大范围内金属各组成相综合影响的平均性能，而不受个别组成相和微小不均匀度的影响，因此试验结果稳定、准确。但布氏硬度试验不够简便，又因压痕大，对金属表面损伤较大，故不宜测试薄件或成品件。HBS 适于测量硬度值小于 450 的材料，HBW 适于测量硬度值小于 650 的材料。目前使用的布氏硬度计多数用淬火钢球压

头，故主要用来测定灰铸铁、有色金属以及经退火、正火和调质处理的钢材等。

2. 洛氏硬度

洛氏硬度试验也是一种压入硬度试验，是目前应用最广的试验方法。但它不是测量压痕面积，而是测量压痕的深度，以深度大小表示材料的硬度值。

洛氏硬度的测定原理是用顶角为120°的金刚石圆锥体压头或直径为1.588 mm的淬火钢球压头，在初载荷与初、主载荷先后作用下，将压头压入被测金属表面，经规定的保持时间后卸除主载荷，根据残余压痕深度来确定金属的硬度值。

如图1-8所示，0—0为圆锥体压头的初始位置；1—1为在初载荷98.07 N(10 kgf)作用下，压头压入深度为b处的位置；2—2为加入主载荷后，压头压入深度为c处的位置；3—3为卸除主载荷后，被测金属弹性变形恢复，使得压头向上回升压入深度为d处的位置。于是，压头受主载荷作用实际压入被测金属表面产生塑性变形的压痕深度为bd，用bd值的大小来衡量被测金属的硬度。bd值越大，则被测金属的硬度越低；反之，则越高。为适应习惯上数值越大硬度越高的概念，常用一常数K减去$bd/0.002$作为硬度值。洛氏硬度用符号HR表示，可以直接在硬度计表盘上读出，无单位。

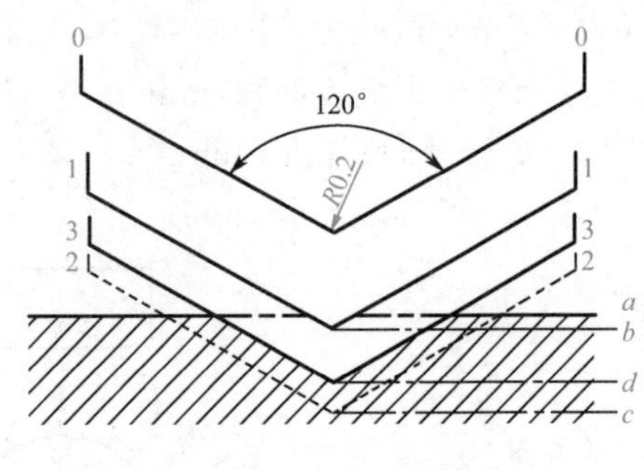

图1-8　洛氏硬度试验原理

$$HR = K - bd/0.002 \tag{1-7}$$

式中，K为常数。用金刚石圆锥体压头时，K为100；用淬火钢球压头时，K为130。

洛氏硬度表示的方法为在符号前写出硬度值。为了能用同一硬度计来测定不同硬度范围的金属，可采用不同的压头和载荷来组成几种不同的洛氏硬度标尺，每一种标尺用一个字母在HR后加以注明，其中最常用的是HRA、HRB、HRC三种。表1-2即为这三种标尺的试验条件和应用范围。

表1-2　常用洛氏硬度的试验条件和应用范围

硬度符号	压头类型	总载荷 F/N	硬度值有效范围	应用举例
HRA	120°金刚石圆锥体	588	70～85	硬质合金、表面淬火钢、渗碳钢等
HRB	ϕ1.588 mm淬火钢球	980	25～100	有色金属、退火钢、正火钢等
HRC	120°金刚石圆锥体	1 471	20～67	淬火钢、调质钢等

洛氏硬度试验测试过程简单、迅速，适用的硬度范围广。由于压痕较小，可以用来测量成品件或较薄工件的硬度。但是，洛氏硬度的测量结果不如布氏硬度精确。这是因为洛氏硬度试验的压痕小，容易受到金属表面不平或材料内部组织不均匀的影响，故一般需在被测金属的不同部位测量数点，取其平均值。

3.维氏硬度

维氏硬度用符号 HV 表示。维氏硬度测试的基本原理与布氏硬度相同，但压头采用锥面夹角为 136°的金刚石正四棱锥体，如图 1-9 所示。维氏硬度也是以单位压痕面积的力作为硬度值计量，在符号 HV 前方标出硬度值，在 HV 后面按试验力大小和试验力保持时间（10～15 s 不标出）的顺序用数字表示试验条件，例如：640HV30/20。

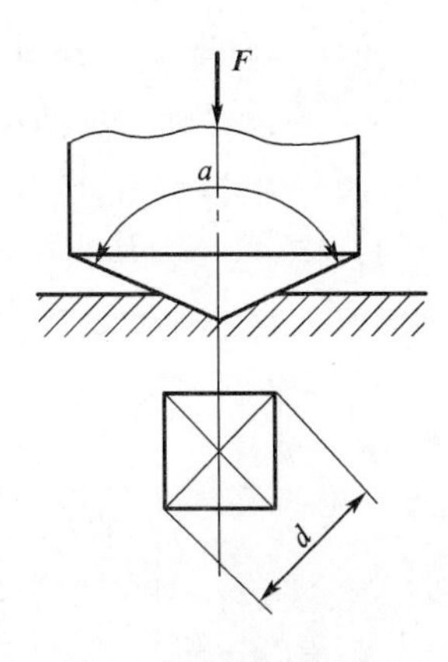

图 1-9　维式硬度试验原理

维氏硬度试验的优缺点：优点是可测软、硬金属，特别是极薄零件和渗碳层、渗氮层的硬度，其测得的数值较准确，并且不存在布氏硬度试验那种载荷与压头直径比例关系的约束。此外，维氏硬度也不存在洛氏硬度那样不同标尺的硬度无法统一的问题，而且比洛氏硬度能更好地测定薄件或薄层的硬度。缺点是硬度值的测定较为麻烦，工作效率不如洛氏硬度，因此不太适合成批生产的常规检验。

4.硬度与抗拉强度的关系

由于硬度反映了金属材料在局部范围内对塑性变形的抗力，因此，材料硬度与强度之间有一定内在联系，强度越高，塑性变形抗力越大，硬度值也越高，即根据材料的硬度值可以大致估计材料的抗拉强度。下列经验公式可供参考：

低碳钢（<176 HBS）　$R_m \approx 3.6$ HBS(MPa)

高碳钢（>175 HBS）　$R_m \approx 3.45$ HBS(MPa)

合金调质钢　$R_m \approx 3.25$ HBS(MPa)

灰铸铁　$R_m \approx 0.98$ HBS(MPa)

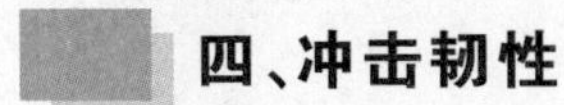

四、冲击韧性

金属材料在冲击载荷作用下抵抗破坏的能力称为冲击韧性。机床、发动机在启动、加速、换挡、刹车时，齿轮箱中的传动齿轮会受到冲击载荷的作用，火车停车时各车厢挂钩间也受到冲击，发动机活塞、连杆、曲轴以及汽锤锤头、冲床滑块、各种风动工具等也无时不受冲击载荷的作用。对于这些在动载荷条件下工作的零件或工具，若单纯用静载荷下的指标来衡量其性能，显然是不全面的。因为在冲击载荷作用时，外力是瞬时起作用的，材料的应力增加速度快，变形速度也快，这使原来一些强度较高的材料或静拉伸时表现为塑性较好的材料，也往往会发生脆断。所以，材料还要求具有一定的冲击韧性。

测量冲击韧性最普通的方法是摆锤一次冲击试验。按照国家标准《摆锤式冲击试验机间接检验用夏比 V 型缺口标准试样》(GB/T 18658—2018)规定，将材料制成带缺口的标准试样，如图 1-10 所示。将其放在冲击试验机的支座上，让一重量为 G 的摆锤自高度为 H 处自由下摆，摆锤冲断试样后又升至高度为 h 处，如图 1-11 所示。摆锤冲断试样所失去的能量即为试样在被冲断过程中吸收的功，用 A_k 表示。断口处单位面积上所消耗的冲击吸收功即为材料的冲击韧性，用 a_k 表示，即

$$a_k = A_k / S = G(H-h)/S \tag{1-8}$$

式中 a_k——冲击韧性，$J \cdot cm^{-2}$；

A_k——冲击吸收功，J；

S——试样缺口处的横截面面积，cm^2；

G——摆锤重力，N；

H——摆锤初始高度，m；

h——摆锤冲断试样后上升的高度，m。

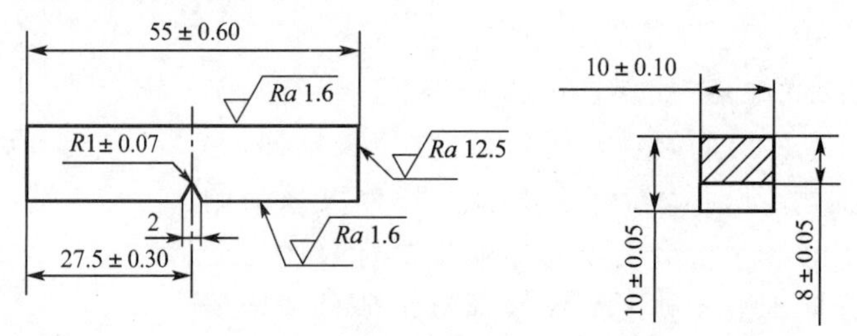

图 1-10 冲击试样

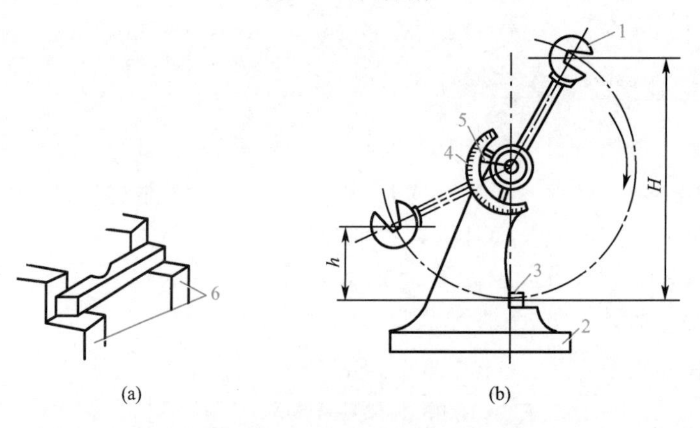

图 1-11 摆锤一次冲击试验原理

1—摆锤；2—机架；3—试样；4—表盘；5—指针；6—支座

这种方法的冲击速度较大，试样又开有缺口，能灵敏地反映材料脆性断裂的趋势，因而能较灵敏地反映金属材料在冶金和热处理等方面的质量问题。

工程上，小能量多次冲击抗力取决于材料的强度和塑性的综合性能指标。当冲击能量较大时，材料的多次冲击抗力主要取决于塑性；当冲击能量较小时，主要取决于强度。

冲击韧性值越大，材料的韧性越好；反之，韧性越差，则脆性越大。试验表明，冲击韧性值的大小与试验的温度有关。有些材料在室温 20 ℃左右试验时并不显示脆性，而在低温下则可能发生脆断。为了测定金属材料开始发生这种冷脆现象的温度，可在不同温度下进行一系列冲击试验，测出材料的冲击韧性值与温度的关系。将试验结果绘制成冲击韧性值-温度曲线，如图 1-12 所示。由图

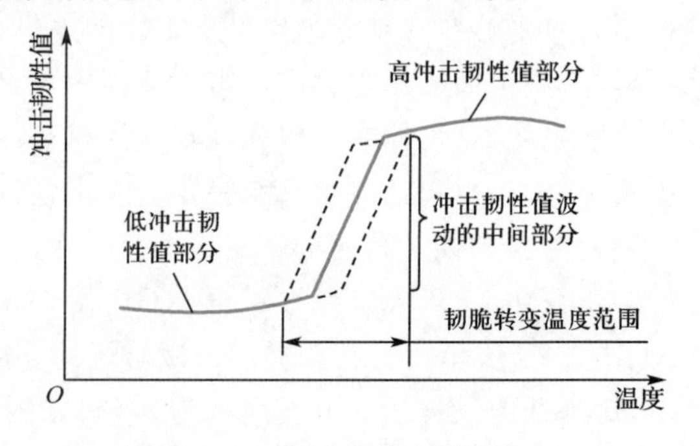

图 1-12 冲击韧性值-温度曲线

可知，冲击韧性值随温度的降低而减小，在某一温度范围内，冲击韧性值显著降低，使试样呈现脆性，这个温度范围称为韧脆转变温度范围。韧脆转变温度越低，材料的低温冲击韧性越好。另外，冲击韧性值的大小还受试样的形状、表面粗糙度和内部组织等因素的影响。

五、疲劳强度

一些机械零件，如齿轮、连杆、轴、弹簧等，在交变载荷长期作用下，往往在工作应力低于屈服强度的情况下突然破坏，这种现象称为疲劳破坏。

金属在交变应力作用下产生疲劳裂纹并使其扩展而导致的断裂称为疲劳断裂。疲劳断裂具有很大的危险性，常造成严重的事故。

交变应力是指大小、方向随时间呈周期性变化的应力，疲劳强度是指材料经受无数次的应力循环仍不断裂的最大应力。

材料的疲劳强度是在不同交变载荷作用下进行测定的。通过试验可测得材料承受的交变应力 σ 和断裂前应力循环次数 N 之间的关系曲线，即疲劳曲线，如图 1-13 所示。从该图中可以看出，应力值越低，断裂前的应力循环次数越多。当应力降低到某一定值后，曲线与横坐标轴平行，即曲线趋于水平。如图 1-13 中的曲线 1，表示在该应力作用下，材料经无数次应力循环也不会发生断裂。

材料在交变应力作用下达到一定的循环次数而不断裂时，其最大应力就作为材料的疲劳强度，或称为疲劳极限，用 σ_{-1} 表示。实践表明，当钢铁材料的应力循环次数达到 1×10^7 时，零件仍不断裂，此时的最大应力可作为疲劳强度；有色金属和某些超高强度钢，如图 1-13 中的曲线 2，工程上规定应力循环次数达到 1×10^8 时，所对应的最大应力作为它们的疲劳强度。

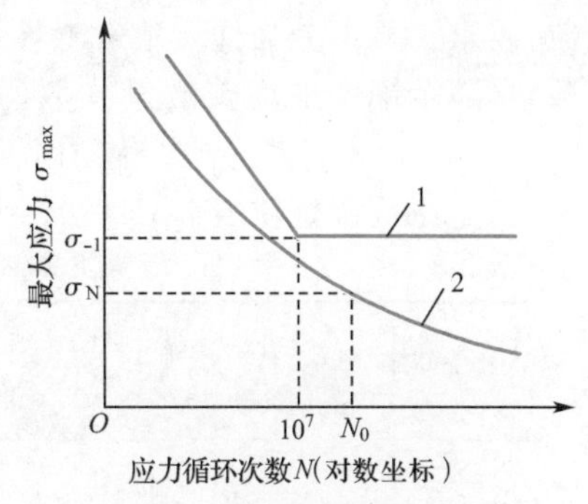

图 1-13　金属材料的疲劳曲线

疲劳断裂一般是由于材料内部有组织缺陷，如气孔、夹杂物等。表面有裂纹、刀痕及其他能引起应力集中的缺陷会导致微裂纹产生。这种微裂纹随着应力循环次数的增加而逐渐扩展，最后导致材料断裂。为了提高机械零件的疲劳强度，延长其使用寿命，除改善内部组织和外部结构形状（即避免尖角）及避免应力集中外，还可以通过减少表面刀痕、碰伤和采用各种强化的方法（如表面淬火、喷丸处理、涂敷表面涂层）来提高疲劳强度。

六、碳钢

碳的质量分数（ω_C）小于 2.11％的铁碳合金称为碳素钢（或非合金钢），简称碳钢。由于碳钢具有一定的力学性能和良好的工艺性能，且价格低廉，因此成为工业中用量比较大的金属材料，在机械制造、建筑及交通运输工业中得到广泛应用。

1. 碳钢的分类

（1）根据钢中碳的质量分数的多少，碳钢可分为低碳钢（$\omega_C<0.25\%$）、中碳钢（$0.25\%\leqslant\omega_C\leqslant0.60\%$）和高碳钢（$2.11\%>\omega_C>0.60\%$）。

（2）根据钢中有害杂质硫、磷质量分数的多少，碳钢可分为普通质量钢（$\omega_S\leqslant0.05\%$，$\omega_P\leqslant$

0.045%)、优质钢(ω_S≤0.035%,ω_P≤0.035%)和高级优质钢(ω_S≤0.02%,ω_P≤0.03%)。

(3)根据钢的用途,碳钢可分为碳素结构钢和碳素工具钢。前者主要用于制造各种机械零件和工程结构件,一般属于低碳钢和中碳钢;后者主要用于制造各种量具、刃具和模具等,一般属于高碳钢。

2.碳钢的牌号、性能和用途

(1)碳素结构钢

碳素结构钢的牌号是由代表钢材屈服强度的字母、屈服强度值、质量等级符号、脱氧方法符号四个部分按顺序组成的。例如Q235AF,Q为“屈”的汉语拼音首字母,235表示屈服强度为235 MPa,A为质量等级符号,F表示沸腾钢(Z表示镇静钢)。碳素结构钢一般在供应状态下使用,必要时可进行锻造、焊接等热加工,也可通过热处理调整其力学性能。

(2)优质碳素结构钢

这类钢中硫、磷有害杂质的质量分数较小,广泛用来制造较重要的机械零件。优质碳素结构钢的牌号用两位数字表示,这两位数字表示钢中平均碳质量分数的万分之几。例如45钢,表示钢中平均碳的质量分数为0.45%。

(3)碳素工具钢

碳素工具钢中碳的质量分数一般为0.65%~1.35%。根据钢中有害杂质硫、磷的质量分数,碳素工具钢分为优质碳素工具钢和高级优质碳素工具钢,其编号是在T(碳)字母后面附以数字,表示钢中平均碳质量分数的千分之几,例如T8、T12分别表示平均碳的质量分数为0.8%和1.2%。若为高级优质碳素工具钢,则在牌号后面加A,如T8A表示平均碳的质量分数为0.8%的高级优质碳素工具钢。碳素工具钢的牌号、化学成分、力学性能及用途举例见表1-3。

表1-3　碳素工具钢的牌号、化学成分、力学性能及用途举例

牌号	化学成分/(%)			退火状态 HBS	试样淬火 HRC	用途举例
	ω_C	ω_{Si}	ω_{Mn}	≥	≥	
T8 T8A	0.75~0.84	≤0.35	≤0.40	187	780~800 ℃,水 62	承受冲击、要求较高硬度的工具,如冲头、压缩空气工具、木工工具
T10 T10A	0.95~1.04	≤0.35	≤0.40	197	760~780 ℃,水 62	不受剧烈冲击、高硬度耐磨的工具,如车刀、刨刀、冲头、钻头、手锯条
T12 T12A	1.15~1.24	≤0.35	≤0.40	207	760~780 ℃,水 62	不受冲击、高硬度高耐磨的工具,如锉刀、刮刀、精车刀、丝锥、量具
T13 T13A	1.25~1.35	≤0.35	≤0.40	217	760~780 ℃,水 62	同上,要求更耐磨的工具,如刮刀、剃刀

(4)铸钢

铸钢碳的质量分数一般为0.15%~0.60%。在生产中,有些形状复杂的零件很难用锻压方法成形,用铸铁又难以满足性能要求,此时可采用铸钢。铸钢件均需进行热处理。其牌号冠以“铸钢”两字的汉语拼音首字母“ZG”,后面有两组数字,第一组数字表示屈服强度,第二组数字表示抗拉强度。如牌号ZG310-570表示屈服强度为310 MPa、抗拉强度为570 MPa的工程铸钢。常用的铸钢有ZG200-400、ZG230-450等。

七、合金钢

前已述及,碳钢价格低廉,加工容易,通过不同的热处理工艺可以满足一定的力学性能,因

此碳钢在机械制造工业中得到广泛应用。但是碳钢淬透性不好，热硬性低，不能用于制造大尺寸、承受重载荷的零件，也不能用于制造耐热、耐磨、耐蚀等方面的零件，因而其使用受到了一定的限制。为了满足现代科学技术的发展，在碳钢的基础上加入一些合金元素，形成合金钢。

1. 合金钢的分类

合金钢的种类繁多，按主要用途可分为如下几种：

(1)合金结构钢。

①机器结构钢　用于制造各种机器零件的钢。

②工程结构钢　用于制作工程结构的钢。

(2)合金工具钢　指用于制造各种工具的钢。它包括合金工具钢和高速工具钢等。

(3)特殊性能钢　指具有特殊的物理或化学性能的钢。它包括不锈钢、耐热钢、耐磨钢、超高强度钢等。

2. 合金结构钢

合金结构钢是在碳素结构钢的基础上加入一种或几种合金元素，以满足各种使用性能要求的结构钢，它是应用最广、用量最大的金属材料。

合金结构钢的牌号用“两位数字＋元素符号＋数字”表示。前面两位数字表示钢中碳的质量分数平均为万分之几；元素符号表示钢中所含的合金元素；元素符号后面的数字表示该元素的质量分数平均为百分之几。如 55Si2Mn 钢，其碳的质量分数平均为 0.55%，Si 的质量分数为 1.5%～2.5%，Mn 的质量分数小于 1.5%。

合金结构钢又分为普通低合金结构钢、合金渗碳钢、合金调质钢、合金弹簧钢、滚动轴承钢等五类。

(1)普通低合金结构钢

普通低合金结构钢实质上是低碳低合金工程结构用钢。这类钢含合金元素比较少，碳的质量分数较低，多数为 0.1%～0.2%，其屈服强度比普通低碳钢高 25%～50%，并有良好的耐蚀性和焊接性，一般在正火或热轧状态下使用，主要用于桥梁、船舶、车辆、管道、起重运输机械等。常用普通低合金结构钢有 12Mn、16Mn 等。

(2)合金渗碳钢

按合金元素含量的不同，可将合金渗碳钢分为低淬透性合金渗碳钢、中淬透性合金渗碳钢和高淬透性合金渗碳钢三类。

①低淬透性合金渗碳钢：如 20Cr、20MnV，用于制造受力不太大，不需要很高强度的耐磨零件，如横截面面积在 30 mm^2 以下的形状复杂、心部要求较高、工作表面承受磨损的机床变速箱齿轮、凸轮、蜗杆、活塞销等。

②中淬透性合金渗碳钢：如 20CrMnTi、12CrNi3，主要用来制造承受中等载荷的耐磨零件。如在汽车、拖拉机工业中用于横截面面积在 30 mm^2 以下，承受高速、中或重载荷以及受冲击、摩擦的重要渗碳件，如齿轮、轴、齿轮轴、蜗杆等。

③高淬透性合金渗碳钢：这类钢即使空冷也能获得马氏体组织，用来制作承受重载荷及强烈磨损的重要大型零件。属于此类钢的有 12Cr2Ni4、20Cr2Ni4、18Cr2Ni4W 等。

(3)合金调质钢

合金调质钢通常是指经调质处理的结构钢，一般为中碳的优质碳素结构钢、合金结构钢。

其主要用于制造承受大循环载荷及冲击载荷的零件。这些零件要求具有高强度和良好的塑性与韧性相配合的综合力学性能。这类钢碳的质量分数为 0.25%～0.50%。由于合金元素的加入，合金调质钢的淬透性好，综合力学性能高于碳素调质钢。

合金调质钢常按淬透性分为三类：低淬透性调质钢，如 40Cr、40MnB，常用于中等截面、要求力学性能比碳钢高的调质件，如齿轮、轴、连杆等；中淬透性调质钢，如38CrMoAl，常用于截面大、承受较重载荷的机械零件；高淬透性调质钢，如 40CrMnMo、25Cr2Ni4WA 等，这类钢调质后强度最高，韧性也很好，可用于大截面、承受更大载荷的重要调质零件。

(4)合金弹簧钢

用来制造弹簧和弹性元件的合金结构钢叫作合金弹簧钢。合金弹簧钢要求具有较高的弹性极限、疲劳强度、塑性和韧性。这类材料为中碳钢，其碳的质量分数为0.60%～0.90%，以保证得到高的疲劳极限和屈服强度。加入合金元素后，其碳的质量分数降低为0.45%～0.70%。常加入的合金元素有 Mn、Si、Cr、V 等，主要目的是提高钢的淬透性和弹性极限以及弹簧的疲劳强度。

常用的合金弹簧钢有 65Mn、55Si2Mn 等，主要用于汽车、拖拉机、电力机车上的减振板弹簧或圆弹簧等。

(5)滚动轴承钢

滚动轴承钢是用来制造滚动轴承的内、外套圈和滚动体的专用钢种。滚动轴承工作时，承受很大的交变载荷，要求材料具有很高的接触疲劳强度和足够的弹性极限、耐磨性和抗蚀性。

我国最常用的滚动轴承钢是 GCr15、GCr15SiMn 等铬轴承钢，GCr15 主要用于制造中小型轴承以及精密量具、冷冲模、机床丝杠等，而 GCr15SiMn 主要用于制造大型和特大型轴承。

3. 合金工具钢

合金工具钢是在碳素工具钢的基础上，加入适量合金元素而获得的工具钢。合金工具钢按用途可分为合金刃具钢、合金模具钢、合金量具钢。

(1)合金刃具钢

合金刃具钢主要是指用来制造车刀、铣刀、钻头等金属切削刃具的钢。根据合金刃具钢中合金元素的含量，可分为低合金工具钢和高合金工具钢。

常用低合金工具钢牌号为 9SiCr、GCr15、CrWMn，用于制造要求耐磨性高、切削不剧烈的刃具，如板牙、丝锥、钻头、铰刀等，还可用来制造冷冲模、冷轧模等。

高合金工具钢又称为高速工具钢，主要用来制造切削的刃具。常用的高速工具钢有 W18Cr4V 和 W6Mo5Cr4V2。W18Cr4V 主要用于制造一般形状复杂和耐冲击的成形车刀、铣刀、刨刀、钻头、齿轮刀具等；W6Mo5Cr4V2 主要用于制造要求耐磨性和韧性好的切削刀具，更适合制造热轧工具。中国发展了铝高速工具钢。铝高速工具钢的牌号为 W6Mo5Cr4V2Al (又称 501 钢)、W6Mo5Cr4V5SiNbAl、W10Mo4Cr4VAl(又称 5F6 钢)等，主要加入铝(Al)和硅(Si)、铌(Nb)元素，来提高热硬性、耐磨性。铝高速工具钢适合中国资源情况，价格较低，热处理硬度可达到 68 HRC，热硬性也不错。但是这种钢易氧化及脱碳，可塑性、可磨性稍差，仍需改进。

(2)合金模具钢

合金模具钢是用来制造模具的钢种。制造模具的材料很多，如碳素工具钢、轴承钢、耐热钢等，应用最多的是合金模具钢。根据用途的不同，合金模具钢可分为冷作模具钢、热作模具钢和塑料模具钢等。

①冷作模具钢

冷作模具钢是用来制造使金属在冷态(一般指室温)下产生塑性变形或成形的模具用钢。如落料模、冷镦模、剪切模、拉丝模等。冷作模具钢应具备高的硬度、耐磨性和疲劳强度以及足够的韧性,同时还要有良好的工艺性能。

尺寸小的模具可以选用低合金含量的冷作模具钢,如 9Mn2V、CrWMn 等,也可采用 T10A、T12A、9SiCr、滚动轴承钢 GCr15 等;承受重载荷、形状复杂、要求淬火变形小、耐磨性高的大型模具,则必须选用淬透性好的高铬钢(Cr12、Cr12MoV)、高碳钢或高速钢。

火焰淬火模具钢 7CrSiMnMoV(代号 CH-1)是工业发达国家近些年开发和使用的新型模具钢,其主要特点是强韧性好,淬火变形小,修复方便,可焊性好,节省费用,降低成本。

②热作模具钢

热作模具钢用来制造在受热状态下对金属进行变形加工的模具,如热锻模、热挤模、压铸模等。热作模具在工作中除承受压应力、张应力、弯曲应力外,还受到因炽热金属在模具型腔中流动而产生的强烈摩擦力,并且反复受到炽热金属的加热和冷却介质(如水、油、空气)的冷却作用,使模具反复在冷、热状态下工作,从而导致模具工作表面出现龟裂,这种现象称之为热疲劳。因此要求热作模具钢在高温下具有足够的强度、韧性、硬度和耐磨性以及一定的导热性和抗热疲劳性。对于尺寸较大的模具,还必须具有高的淬透性和较小的变形。

5CrNiMo、5CrMnMo 是最常用的热作模具钢。这类钢具有高的韧性、强度与耐磨性,淬透性也比较好,常用来制造大、中型热锻模。常用的压铸模用钢为 3Cr2W8V,这种钢具有较高的热疲劳抗力和强度以及好的淬透性,适合制造浇注温度较高的铜合金、铝合金的压铸模。

③塑料模具钢

塑料模具在受力不大、没有冲击、温度不高的工作条件下,一般选用 45 钢或铸铁制造。玻璃纤维或矿物无机物较多的工程塑料容易对模具产生强烈磨损、划伤,所以宜采用碳的质量分数较高的合金工具钢,如 Cr12、7CrMn2WMo 等;在成形过程中产生腐蚀气体的聚苯乙烯等塑料制品和含有腐蚀介质的塑料制品,宜采用不锈钢,如 Cr13、Cr17;表面要求非常光洁、透明度高的塑料制品,其模具常用钢为 3Cr2Mo、3Cr2NiMnMo。

(3)合金量具钢

合金量具钢主要用来制造各种测量工具,如卡尺、块规、千分尺等。由于量具在使用过程中主要受磨损而失效,几乎不承受任何载荷力的作用,因而对量具的性能要求是高的耐磨性和硬度,同时,还必须具有高的尺寸稳定性,对精密量具还要求热处理变形小。

简单的量具一般用高碳钢如 T10A、T12A 制造;要求精度高、形状复杂的量具可采用 GCr15、CrWMn、9SiCr 等钢制造;要求耐蚀的量具可选用不锈工具钢制造,如 7Cr17、3Cr13 等。

4. 特殊性能钢

特殊性能钢是指具有某些特殊性能(如物理、化学性能)和力学性能的钢,如不锈钢、耐热钢和耐磨钢。

(1)不锈钢

通常将具有抵抗空气、蒸汽、酸、碱或者其他介质腐蚀能力的钢称为不锈钢。不锈钢按其化学成分可分为铬不锈钢和铬镍不锈钢。

①铬不锈钢

铬不锈钢代表性的牌号是 Cr13，主要制造能抗弱腐蚀介质、能承受冲击载荷的零件，如汽轮机叶片、水压机阀等。

②铬镍不锈钢

常用的铬镍不锈钢有 1Cr18Ni9、1Cr18Ni9Ti 等，主要用于制造抗酸溶液腐蚀的容器及衬里、输送管道等设备和零件。

(2)耐热钢

耐热钢是指在高温下具有较高的强度和良好的化学稳定性的合金钢。它包括抗氧化钢和热强钢两类。抗氧化钢一般要求有较好的化学稳定性，但承受的载荷较低。热强钢则要求有较高的高温强度和相应的抗氧化性。耐热钢常用于制造锅炉、汽轮机、动力机械、工业炉和航空、石油化工等工业部门中在高温下工作的零部件。

(3)耐磨钢

耐磨钢是指在巨大压力和强烈冲击载荷作用下才能发生硬化而且具有高耐磨性的钢。挖掘机铲齿、坦克履带、铁道道岔、防弹板等，都是在强烈冲击和严重磨损条件下工作的，因此要求有良好的韧性和耐磨性。最常用的耐磨钢为高锰钢，牌号为 ZGMn13。由于高锰钢极易加工硬化，很难进行切削加工，因此大多数高锰钢是采用铸造方法成形的。

八、铸铁

根据 $Fe\text{-}Fe_3C$ 相图，碳的质量分数大于 2.11%的铁碳合金称为铸铁。由于铸铁成本低，生产工艺简单，具有优良的铸造性能、好的耐磨性和减振性及切削加工性能，因此铸铁是工业上广泛应用的一种铸造金属材料。常用的铸铁有灰铸铁、球墨铸铁、可锻铸铁等。

1. 灰铸铁

灰铸铁中的碳大部分以片状石墨的形式存在，断口呈暗灰色，常用来制造机器的底座、支架、工作台、减速箱箱体、阀体等。

灰铸铁的牌号由“HT＋数字”组成。其中“HT”表示“灰铁”，数字表示其最低抗拉强度的值。如 HT200 表示最低抗拉强度为 200 MPa 的灰铸铁。灰铸铁的牌号、铸件壁厚、力学性能及用途可查《机械工程材料手册》。

2. 球墨铸铁

我国球墨铸铁的牌号中的“QT”是“球铁”两字汉语拼音的第一个字母，后面数字分别代表其最低抗拉强度和延伸率。例如 QT450-10 表示球墨铸铁的最低抗拉强度为 450 MPa，最低延伸率为 10%。

球墨铸铁因其力学性能接近于钢，铸造和其他一些性能优于钢，因此在机械行业中已得到了广泛的应用，在部分场合已成功地取代了铸钢件或锻钢件，用来制造一些受力较大、受冲击和耐磨损的铸件。

3. 可锻铸铁

可锻铸铁是一种历史悠久的铸铁材料。它是由一定化学成分的铁水浇铸成白口坯件，经高温退火而获得的具有团絮状石墨的铸铁。与灰铸铁相比,可锻铸铁具有较高的力学性能,尤其是塑性和韧性较好。但必须指出,可锻铸铁实际上是不能锻造的。

可锻铸铁主要用于薄壁、复杂小型零件的生产,铸造时容易获得全白口的坯件。由于它生产周期长,需要连续退火设备,因此在使用上受到一定限制,有些可锻铸铁零件被球墨铸铁代替。

4. 蠕墨铸铁

蠕墨铸铁是20世纪70年代发展起来的一种新型铸铁,因其石墨很像蠕虫而命名。蠕墨铸铁的力学性能介于相同基体组织的灰铸铁和球墨铸铁之间,它的抗拉强度、延伸率、疲劳强度均优于灰铸铁,铸造性能、减振性能、切削加工性能均优于球墨铸铁。

蠕墨铸铁主要用于制造气缸盖、气缸套、钢锭模、液压件等。

九、有色金属及其合金

1. 铝和铝合金

纯铝有良好的导电性、导热性和塑性,但强度低,主要用来制造导电零件。

在纯铝中加入硅、铜、镁、锰等合金元素,即可制成机械性能较高的铝合金。铝合金可分为铸造铝合金和变形铝合金,后者又可分为硬铝合金、锻铝合金和防锈铝合金等。铝合金广泛用于制造飞机、火箭的蒙皮、结构件,高铁、汽车中的零部件,薄板金属制品,仪表,导管,电气设备,建筑结构材料和装饰材料等。

2. 铜和铜合金

纯铜又叫作紫铜,有良好的导电性、导热性和塑性,熔点较高,但强度低,多用来制造导电零件。

铜与锌的合金叫作黄铜。黄铜有较好的机械性能和抗蚀性,用来制造螺钉、管接头和冲压件等。铜与除锌以外的元素所构成的合金统称青铜。青铜分为锡青铜和无锡青铜。锡青铜有良好的耐磨性和抗蚀性,用来制造轴承、蜗轮等耐磨性要求高的零件。无锡青铜是锡青铜的代用品,价格低廉,而且强度较高。

3. 镁和镁合金

镁是最轻的结构金属材料之一,又具有比强度和比刚度高,阻尼性和切削性好,易于回收等优点。

镁合金是以镁为基础加入其他元素组成的合金。其特点是:密度小(1.8 g/cm^3 左右),强度高,弹性模量大,散热好,消振性好,承受冲击载荷能力比铝合金强,耐有机物和碱的腐蚀性能好。主要合金元素有铝、锌、锰、铈、钍以及少量锆或镉等。目前使用最广的是镁铝合金,主要用于航空、航天、运输、化工等工业部门。在实用金属中是最轻的金属,镁的比重大约是铝的2/3,是铁的1/4。

十、常用非金属材料

1. 粉末冶金材料

粉末冶金是以金属粉末或金属与非金属粉末的混合物为原料，经压制成形后烧结，以获得金属零件和金属材料的方法。粉末冶金主要分为硬质合金、烧结减摩材料、烧结铁基结构材料。在生产上用于制造其他工艺方法无法制造或难以制造的零件材料。

2. 塑料及橡胶

(1)塑料

塑料是高分子化合物，近几十年来发展很快。它质量小、比强度高、耐蚀性和耐磨性好，不仅在日常生活中到处可见，而且在工程结构件中也被广泛地应用。

塑料的种类很多，按受热后的理化特性可分为热塑性塑料和热固性塑料两大类。

①热塑性塑料在加热时软化和熔融，冷却后能保持一定的形状，再次加热时又可软化和熔融，具有可塑性。属于热塑性塑料的有聚乙烯(PE)、聚氯乙烯(PVC)、聚丙烯(PP)、聚苯乙烯(PS)和丙烯腈-丁二烯-苯乙烯(ABS)等。

②热固性塑料在固化后加热时，不能再次软化和熔融，不再具有可塑性。属于热固性塑料的有酚醛树脂(PF)、环氧塑料(EP)等。

塑料按用途可分为通用塑料和工程塑料两类。通用塑料有酚醛塑料、聚乙烯(PE)、聚氯乙烯(PVC)、聚丙烯(PP)和聚苯乙烯(PS)等。工程塑料有聚酰胺(PA，即尼龙)、聚碳酸酯(PC)、聚甲醛(POM)和丙烯腈-丁二烯-苯乙烯(ABS)等。工程塑料具有良好的力学性能，能替代金属制造一些机械零件和工程结构件。

还有一些具有特殊性能的塑料，如聚四氟乙烯，它具有很好的耐蚀性、耐磨性和耐热性，有塑料王之称。

(2)橡胶

橡胶是一种天然的或人工合成的高分子聚合物(简称高聚物)。它具有良好的弹性，还有一定的耐磨性。在生产中它是一种极好的密封材料。

橡胶的种类很多，如丁苯橡胶、氯丁橡胶、丁腈橡胶、硅橡胶等。

3. 复合材料

复合材料是由两种或两种以上的材料复合而成的。它保留了各组成材料的优良性能，从而得到单一材料所不具备的优良的综合性能。

复合材料一般由增强材料和基体材料两部分组成，增强材料均匀地分布在基体材料中。增强材料有纤维(玻璃纤维、碳纤维、硼纤维、碳化硅纤维等)、丝、颗粒、片材等。基体材料有金属基和非金属基两类，金属基主要有铝合金、镁合金、钛合金等，非金属基有合成树脂、陶瓷等。

复合材料种类繁多，性能各有特点。如玻璃纤维和合成树脂的合成材料具有优良的强度，可制造密封件及耐磨、减摩的机械零件。碳纤维复合材料密度小、比强度高，可应用于航空、航天及原子能工业等。

任务实施

1. 根据零件图确定该轴的使用性能和材质。

2. 根据零件使用要求确定毛坯的制造方法，根据毛坯材料确定毛坯的加工方法。

拓展训练

学习《机械设计材料手册》的使用，按照实训室的机械设备，找到部分零件，确定其材料类型，查《机械设计材料手册》，学习了解其具有的基本性能，并与其在设备中所起作用相比较，确定是否相适应。

习题与训练

1. 查《机械零件设计手册》，分别找出下列材料的基本力学性能及使用范围。

20Cr，T10A，45，1Cr13，GCr15，HT250，CrWMn，QT400-10，W18Cr4V，16Mn

2. 试分析自行车的中轴和链盒所用的材料，哪一种需要较高的硬度和强度？哪一种需要较好的塑性和韧性？为什么？

3. 试一试，将一根铁丝反复弯折，看看会发生什么现象，为什么？

任务二　铁碳合金相图的建立与作用

学习目标

1. 掌握铁碳合金相图的含义。

2. 会分析典型铁碳合金的结晶过程。

3. 掌握含碳量对铁碳合金组织和性能的影响。

4. 铁碳合金相图在机械制造工艺方面的应用。

情境导入

提两个问题：什么是合金相图？工业中应用最广泛的合金材料是什么？从某种意义上讲，铁碳合金相图是研究铁碳合金的工具，是研究碳钢和铸铁成分、温度、组织和性能之间关系的理论基础，也是制订各种热加工工艺的依据。

任务描述

某机械制造企业技术员需要掌握企业加工所用的钢铁材料性质。学习铁碳合金相图，很快帮他解决了这个难题。据此分析铁碳合金相图的作用是什么。

任务分析

钢铁材料是目前应用最广泛的金属材料，钢铁材料的基本相图就是铁碳合金相图，铁碳合金的结晶过程比较复杂。通过金相试验观察金属或合金内部结构，引导学生了解当外界条件或内在因素改变时，对金属或合金内部结构的影响。所谓外界条件，就是指温度、加工变形、浇注情况等。所谓内在因素，主要指金属或合金的化学成分。逐步对铁碳合金相图加深理解。

学会使用相关仪器设备进行测试并能处理试验数据；能够分析铁碳合金相图以及典型合金的结晶过程；掌握铁碳合金相图的应用。

相关知识

一、金属的晶体结构

1. 晶体与非晶体的基本概念

自然界中的固态物质，通常分为晶体和非晶体两大类。晶体的内部原子在空间做有规则的排列，其物理性质在各个方向上不同，有固定的熔点，可对 X 射线发生衍射，纯金属及合金均属于晶体，如食盐、金刚石等。非晶体的内部原子则杂乱无章地、不规则地堆积排列，物理性质各向相同，没有固定的熔点，不可对 X 射线发生衍射，如玻璃、沥青等。

2. 金属的晶体结构

晶体有规则的原子排列，主要是由于各原子之间的相互吸引力与排斥力相平衡。为了便于说明和分析各种晶体的原子排列规律，把原子看成一个点，并用假想的直线将各点连接起来，这样就构成了一个假想的空间格子。这种用以描述原子在晶体中排列的空间几何点阵叫作晶格。组成晶格的最基本几何单元叫作晶胞。晶胞各边尺寸及夹角称为“晶格常数”。晶体结构如图 1-14 所示。

3. 金属中常见的晶体结构

(1)体心立方晶格

体心立方晶格的晶胞是一个立方体，立方体的八个顶角上和立方体的中心各有一个原子，如图 1-15 所示。属于这类晶格的金属有铬、钼等。

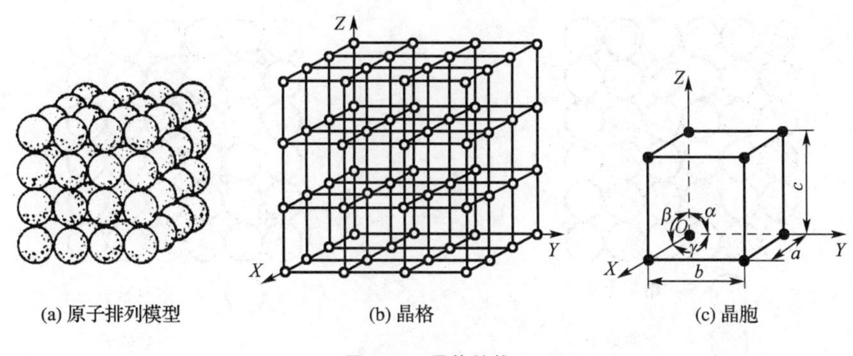

图 1-14　晶体结构

(2)面心立方晶格

面心立方晶格的晶胞是一个立方体,立方体的八个顶角和六个面的中心各有一个原子,如图 1-16 所示。属于这类晶格的金属有铝、铜等。

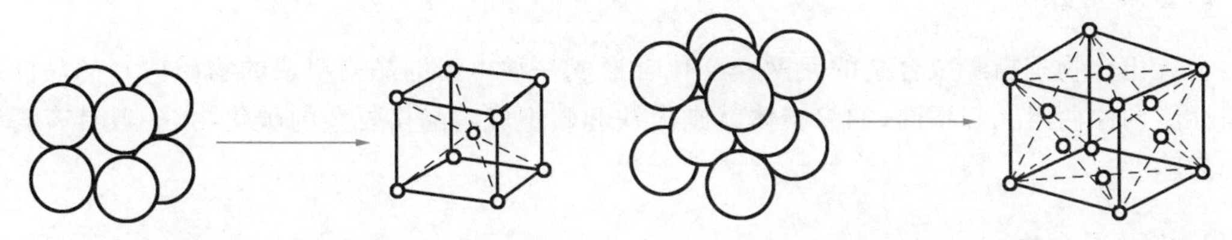

图 1-15　体心立方晶格　　图 1-16　面心立方晶格

(3)密排六方晶格

密排六方晶格的晶胞是一个六方柱体,在六方柱体的 12 个顶角上和上、下底面的中心各有一个原子,在上、下底面之间还均匀分布着三个原子,如图 1-17 所示。属于这类晶格的金属有镁、锌等。

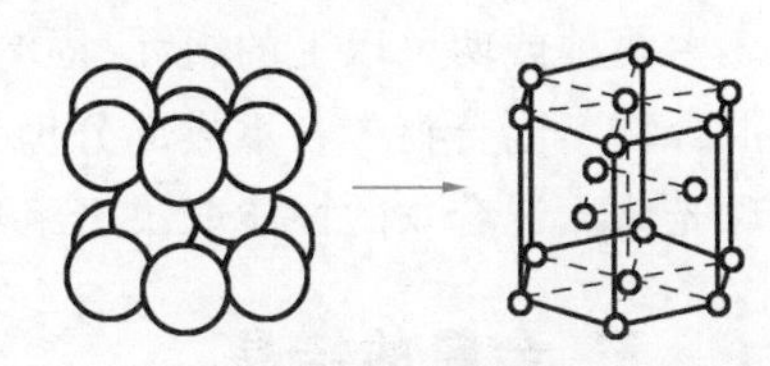

图 1-17　密排六方晶格

二、合金的晶体结构

合金是指由两种或两种以上的金属元素或金属元素和非金属元素,通过熔化或其他方法结合而成的具有金属特性的物质。

组成合金独立的、最基本的物质称为组元,简称元。合金的组元通常是纯元素,也可以是稳定化合物。由两个或两个以上的组元按不同比例配制的一系列不同成分的合金,称为一个合金系,简称系。合金中凡是结构、成分和性能相同并且与其他部分由界面分开的均匀组成部分称为相。组织是指用肉眼或借助显微镜能观察到的、具有某种形态特征的合金组成物。其实质是一种或多种相按一定的方式相互结合所构成的整体的总称。它直接决定合金的性能。

合金的晶体结构大致可归纳为三类,即固溶体、金属化合物和机械混合物。

1. 固溶体

固溶体是指合金在固态下溶质原子溶入溶剂,仍保持溶剂晶格的物质。根据固溶体晶格中溶剂与溶质原子的相互位置的不同,可分为置换固溶体(如黄铜)和间隙固溶体(如铁素体和奥氏体),如图 1-18 所示。

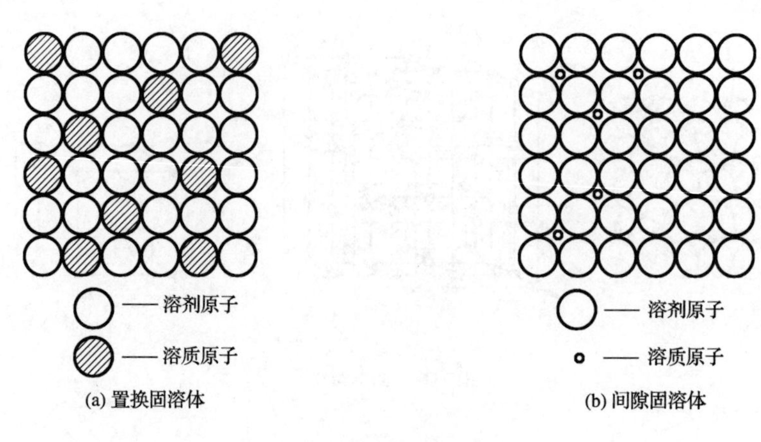

图 1-18 固溶体的两种类型

2. 金属化合物

金属化合物是指组成合金的元素相互化合形成一种由新的晶格组成的物质。它的晶体结构与性能和原两组元都不同，如渗碳体就是由铁和碳组成的晶格复杂的碳化物，一般具有高硬度和高脆性。

3. 机械混合物

由两种或两种以上的组元、固溶体或金属化合物按一定质量比例组成的均匀物质称为机械混合物。混合物中各组成部分仍按自己原来的晶格形式结合成晶体，如铁素体和渗碳体形成珠光体。混合物的性能取决于组成混合物的各部分的性能及其数量、大小、分布和形态。

三、金属的结晶

1. 纯金属的冷却曲线和过冷现象

金属由液态转变为固态晶体的过程称为结晶。纯金属的结晶是在固定的温度下进行的。

在实际结晶过程中，金属液只有冷却到理论结晶温度（熔点）以下的某个温度时才结晶，理论结晶温度和实际结晶温度之间的温度差叫作过冷度，它与冷却速度有关，冷却越快，过冷度越大。如图 1-19 所示为纯金属的冷却曲线。

过冷是金属结晶的必要条件。

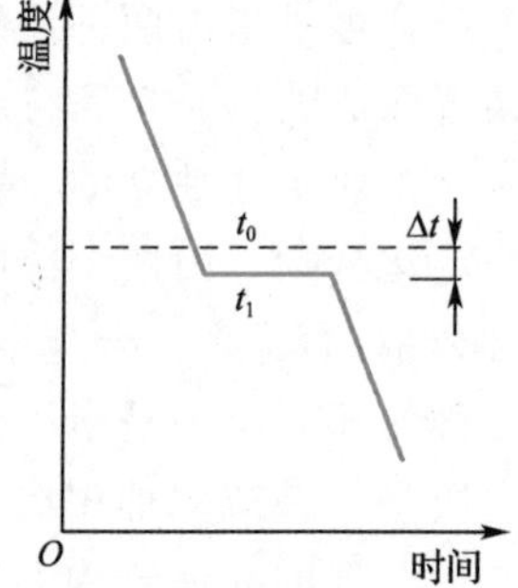

图 1-19 纯金属的冷却曲线

t_0—理论结晶温度；

t_1—实际结晶温度；

$\Delta t=t_0-t_1$—过冷度

2. 纯金属的结晶过程

纯金属的结晶过程是一个不断形成晶核和晶核不断长大的过程。

如图 1-20 所示，在液体金属开始结晶时，在液体中某些区域形成一些有规则排列的原子团，成为结晶的核心，即晶核。然后原子按一定规律向这些晶核聚集，不断长大，形成晶粒。在晶体长大的同时，新的晶核又继续产生并长大。当全部长大的晶体都互相接触，液态金属完全消失时，结晶完成。各个晶粒成长时的方向不一、大小不等，在晶粒和晶粒之间形成界面，称为晶界。

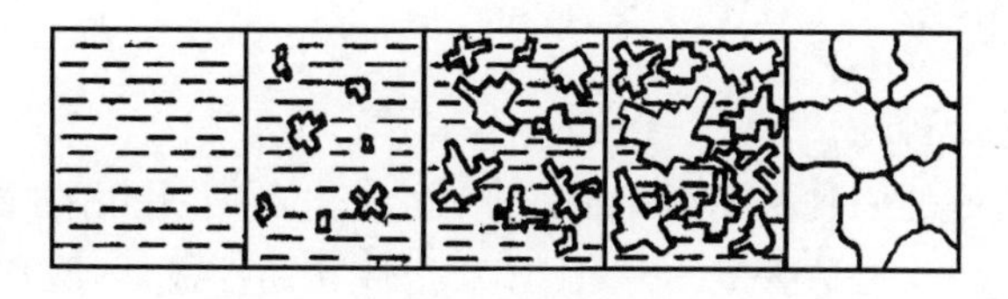

图 1-20 结晶过程

3. 合金的结晶

合金的结晶与纯金属的结晶相似，都遵循形核与晶核长大的规律。

碳钢和铸铁统称为钢铁材料，它是在现代工业中应用最广泛的金属材料。为了熟悉和合理选用钢铁材料，必须从铁碳合金相图开始，研究在各种温度下铁碳合金的成分、组织与性能之间的关系。

四、铁碳合金的基本组织

金属 Fe、Co、Ti、Sn 等在结晶完成后，随着温度继续下降，其晶格类型还会发生变化。这种金属在固态下晶格类型随温度发生变化的现象称为同素异构转变。

如图 1-21 所示为纯铁的冷却曲线，在刚结晶时(1 538 ℃)具有体心立方晶格，称为 δ-Fe；在 1 394 ℃时，δ-Fe 转变为具有面心立方晶格的 γ-Fe；在 912 ℃时，γ-Fe 又转变为具有体心立方晶格的 α-Fe；再继续冷却，晶格类型就不再发生变化了。

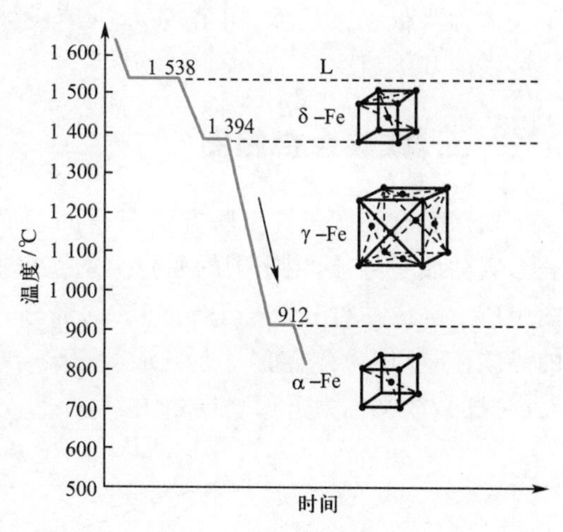

图 1-21 纯铁的冷却曲线

由于纯铁具有这种同素异构转变现象，因而能够对钢和铸铁进行热处理来改变其组织和性能。

纯铁中常含有少量的杂质，这种纯铁称为工业纯铁。工业纯铁具有良好的塑性，但强度较低，所以很少用它制造机械零件。为了提高纯铁的强度和硬度，常在纯铁中加入少量的碳元素，组成铁碳合金。常用的铁碳合金在固态时的基本组织有如下几种：

1. 铁素体

碳溶于 α-Fe 中的间隙固溶体称为铁素体，用符号 F 表示。铁素体仍保持 α-Fe 的体心立方晶格，其力学性能与纯铁几乎相同，因此其强度和硬度较低，但塑性和韧性很好。

2. 奥氏体

碳溶于 γ-Fe 中的间隙固溶体称为奥氏体，用符号 A 表示。奥氏体仍保持 γ-Fe 的面心立方晶格，有很好的塑性和韧性，并有一定的强度和硬度。因此，在生产中常将钢材加热到奥氏体状态进行锻造。

3. 渗碳体

渗碳体是铁和碳形成的一种具有复杂晶格的间隙化合物，用化学式 Fe_3C 表示。渗碳体中碳的质量分数为 6.69%，硬度很高(800HBW)，塑性和韧性极低，脆性大。渗碳体的显微组织形态很多，可呈片状、粒状、网状或板状，是碳钢中的主要强化相，它的分布、形状、大小和数量对钢的性能有很大的影响。

4. 珠光体

珠光体是由铁素体和渗碳体组成的机械复合物，用符号 P 表示。珠光体中碳的质量分数为 0.77%。由于它是软、硬两相的混合物，因此，其性能介于铁素体和渗碳体之间，有良好的强度、塑性和硬度。

5. 莱氏体

碳的质量分数为 4.3%的液态铁碳合金，在冷却到 1 148 ℃时，在液体中同时结晶出奥氏体和渗碳体的共晶体，称为莱氏体，用符号 L_d 表示。在 727 ℃以下，由珠光体和渗碳体组成的莱氏体称为低温莱氏体，用 L'_d 表示。莱氏体的性能与渗碳体相似，硬度很高，塑性很差，是白口铸铁的基本组织。

五、铁碳合金相图

铁碳合金相图是由试验方法获得的。简化的铁碳合金相图如图 1-22 所示。图中横坐标表示碳的质量分数，由于碳的质量分数大于 6.69%的铁碳合金在工业上没有实用意义，因此图中所示为碳质量分数小于 6.69%的部分。当碳的质量分数为 6.69%时，铁和碳形成较稳定的渗碳体，可作为合金的一个组元。铁碳合金相图是以纯铁(Fe)为一组元、以 Fe_3C 为另一组元组成的，故又称为 Fe-Fe_3C 相图。

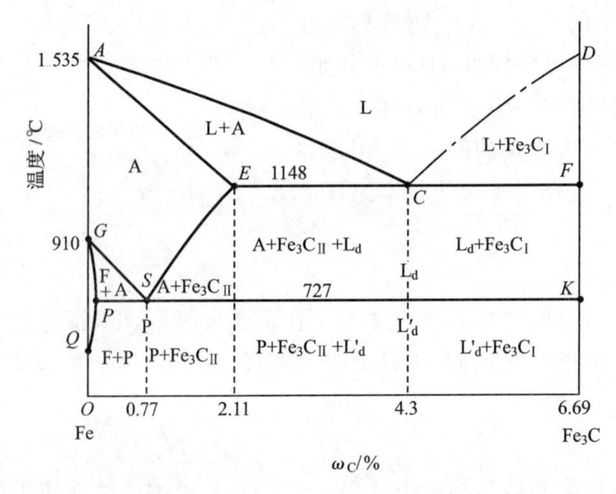

图 1-22 简化的铁碳合金相图

L—液相；A—奥氏体相；F—铁素体相；Fe_3C ($Fe_3C_{Ⅰ}$、$Fe_3C_{Ⅱ}$)—渗碳体相；

P—珠光体相(是 F 相和 Fe_3C 相的机械混合物)；L_d—莱氏体相；L'_d—低温莱氏体相

六、含碳量对铁碳合金组织与性能的影响

1. 含碳量对铁碳合金组织的影响

随着含碳量的增加，铁碳合金组织中渗碳体的数量相应增加，其形态、分布也随着发生变化。渗碳体开始在珠光体中以层片状分布，继而以网状分布，最后形成莱氏体时，渗碳体又变成主要成分且以针状分布。这就说明不同成分的铁碳合金具有不同的组织，也决定了其具有不同的性能。

2. 含碳量对铁碳合金性能的影响

由于渗碳体硬度高，所以一般认为渗碳体是一种强化相。当渗碳体以铁素体为基体构成珠光体时，可提高其强度和硬度，因此铁碳合金中含珠光体量越多，强度和硬度越高，但塑性与韧性越低。在过共析钢中，渗碳体以网状形式分布在晶界上；在白口铸铁中，渗碳体以基体形式存在，这将使铁碳合金的塑性与韧性大大地降低，导致过共析钢和白口铸铁的脆性很高。

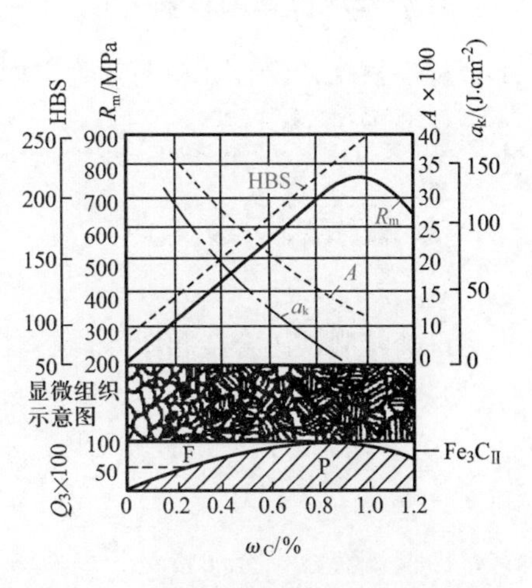

图 1-23　含碳量对碳钢力学性能的影响

图 1-23 所示为含碳量对碳钢力学性能的影响。从图中可以看出，当碳钢中碳的质量分数小于0.9%时，随着钢中含碳量的增加，钢的强度和硬度不断上升，而塑性与韧性不断下降。当碳钢中碳的质量分数大于 0.9% 时，由于网状渗碳体的存在，不仅钢的塑性与韧性进一步下降，而且强度也明显下降。为了保证工业上使用的碳钢具有一定的塑性与韧性，碳钢中碳的质量分数一般不超过 1.3%。碳的质量分数超过 2.11%的白口铸铁，硬而脆，难以切削加工，故工业上应用很少。

任务实施

铁碳合金相图对钢铁材料的应用有重要的指导作用，体现在以下几方面：

1. 选择材料方面的应用

通过铁碳合金相图，我们可以根据零件的要求来选择材料。

例如，若需要塑性、韧性高的材料，应选择低碳钢(碳的质量分数为 0.10%～0.25%)；若需要塑性、韧性和强度都高的材料，应选择中碳钢(碳的质量分数为 0.30%～0.55%)。这在以后的章节中还要详细讨论。

2. 铸造方面的应用

通过铁碳合金相图，可以确定钢铁的合适浇注温度，一般在液相线以上 50～100 ℃。共晶成分的铸铁，其无凝固温度区间(液相线与固相线之间的距离为零)，且液相线温度最低，所以

它们的流动性好，分散缩孔少，铸造性能良好，在工业上得到广泛应用。

铸钢也是常用的铸造材料。铸钢的含碳量不高，为中、低碳钢，其凝固温度区间较小，但液相线温度较高，过热度较小，流动性差，铸造性能不好。因此，铸钢件在铸造后必须经过热处理，以消除组织缺陷。

3. 锻造方面的应用

处于奥氏体状态的钢，其强度较低，塑性较好，便于锻造。所以，一般把钢加热到高温单相奥氏体区进行压力加工。但始锻、轧温度不要太高，以免钢材氧化严重；终锻、轧温度不能过低，以免钢材塑性变差产生裂纹。

4. 热处理方面的应用

可以根据铁碳合金相图来确定钢的各种热处理(退火、正火、淬火等)的加热温度，这将在下一任务中讨论。

拓展训练

正确绘制铁碳合金相图并能够填写相区组织。

习题与训练

1. 根据铁碳合金相图讨论铁碳合金相图还有什么其他用途。

2. 根据铁碳合金相图说明产生下列现象的原因：

(1)碳质量分数为1%的铁碳合金比碳质量分数为0.5%的铁碳合金硬度高；

(2)把钢材加热到1 000～1 250 ℃高温下进行锻轧加工；

(3)靠近共晶成分的铁碳合金的铸造性能好。

3. 想一想：为什么白口铸铁一般不能直接作为机械加工零件的材料，但却能用它铸造犁铧等农具？

任务三 毛坯轴的热处理

学习目标

1. 理解热处理的概念、用途和分类。

2. 了解钢在加热和冷却时的组织转变。

3. 掌握退火、正火、淬火、回火及时效处理、金属表面热处理、化学热处理的概念及工艺。

4. 了解热处理的新技术及发展趋势。

情境导入

为什么现在市场上同样尺寸的轴价格差别很大？为什么使用时它们的寿命不同？

任务描述

讲解车床主轴加工工艺过程，分析工艺方法对轴的使用性能、耐磨性能、抗腐蚀性能及使用寿命等的影响。

任务分析

根据零件的用途，分析如何在毛坯加工过程中做好热处理工作。分析热处理后零件的内部组织和性能。

相关知识

一、钢的普通热处理

钢的热处理是指钢材在固态下，通过加热、保温和冷却的手段，以获得预期组织和性能的一种工艺方法。在从石器时代进展到铜器时代和铁器时代的过程中，热处理的作用逐渐为人们所认识。

钢的热处理在机械制造业中占有非常重要的地位，现代机床工业中60%～70%的零件及汽车、拖拉机工业中70%～80%的零件均要进行热处理。热处理是强化钢材，使其发挥潜在能力的重要方法，是提高产品质量和寿命的主要途径。

热处理工艺有多种类型，其过程都是由加热、保温和冷却三个阶段所组成的，一般可用热处理工艺曲线来表示，如图1-24所示。

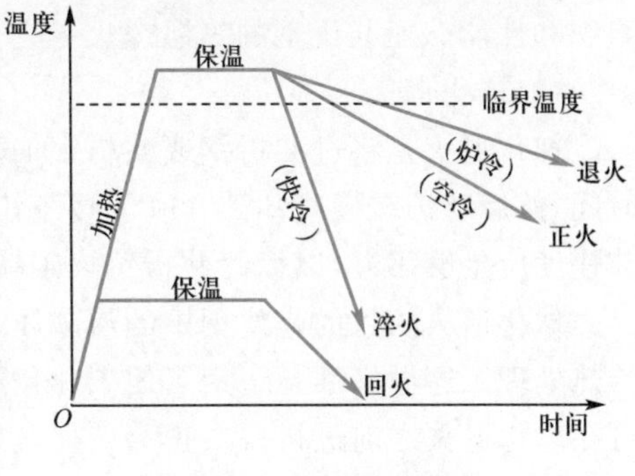

图1-24　热处理工艺曲线

热处理可分为普通热处理和表面热处理两大类。

普通热处理包括：退火、正火、淬火和回火。

表面热处理包括：
- 表面淬火：火焰加热、感应加热。
- 化学热处理：渗碳、渗氮、碳氮共渗、渗金属等。

根据在零件加工过程中的工序位置不同，热处理可分为预备热处理（如退火、正火）和最终热处理（如淬火、回火）。在机械零件或工模具等的加工制造过程中，退火和正火作为预备热处理工序被安排在工件毛坯生产之后，切削（粗）加工之前，用以消除前一工序带来的某些缺陷，并为后一工序做好组织准备，而淬火和回火作为最终热处理，是为了保证其性能。

判断一个热处理工艺是预备热处理还是最终热处理，在于一个零件的热处理工艺是否为下一工序做准备，例如一个齿轮的加工工艺流程为：毛坯－锻造－退火－粗加工－淬火＋高温回火（调质处理）－精加工－高频淬火＋低温回火－磨削－检验入库。在这个工艺流程中，退火是消除锻造缺陷，并为切削加工做准备，淬火＋高温回火是为随后的高频淬火做组织准备，故退火、调质处理是预备热处理，而高频淬火＋低温回火之后没有再进行其他的热处理工艺，故为最终热处理。

1.退火

作为预备热处理，退火主要用于铸、锻、焊毛坯或半成品零件，退火后获得珠光体组织。退火可达到降低钢件的硬度、利于切削加工、消除内应力、防止钢件变形与开裂、细化晶粒、改善组织的目的，为零件的最终热处理做好准备。

常用的退火方法有完全退火、等温退火、球化退火和去应力退火等。

（1）完全退火

完全退火主要用于亚共析成分的各种碳钢、合金钢的铸件、锻件、热轧型材和焊接结构件。

完全退火是将钢件加热到 A_{c3}（图 1-22 中 *GS* 线）以上 30～50 ℃，保温一定时间，炉冷至 600 ℃以下，再出炉空冷的退火工艺。其目的是使热加工所造成的粗大、不均匀组织均匀细化，消除组织缺陷和内应力，降低硬度和改善切削加工性能。

完全退火所需时间较长，是一种费时的工艺。生产中常采用等温退火工艺。

（2）等温退火

等温退火主要用于高碳钢、合金工具钢和高合金钢。

等温退火是将钢件加热到 A_{c3}（或 A_{c1}）温度以上，保温一定时间后，以较快的速度冷却到珠光体区域的某一温度并保温，使奥氏体转变为珠光体组织，然后再缓慢冷却的退火工艺。等温退火不仅可以大大缩短退火时间，而且由于组织转变时工件内外温度相同，故能得到均匀的组织和性能。亚共析钢的等温退火与完全退火的目的相同。

（3）球化退火

球化退火是将过共析钢或共析钢加热至 A_{c1}（图 1-22 中 *ES* 线）以上 30～50 ℃，保温一定时间，然后随炉缓慢冷却到 600 ℃以下出炉空冷的退火工艺。在随炉冷却到 A_{c1} 温度时，其冷却速度应足够缓慢，以促使共析钢渗碳体球化。

球化退火的目的是使钢中的渗碳体球化，以降低钢的硬度，改善切削加工性能，并为以后的热处理工序做好准备。为了便于球化过程的进行，对于原组织中网状渗碳体较严重的钢件，可在球化退火之前进行一次正火处理，以消除网状渗碳体。

（4）去应力退火

去应力退火又称为低温退火。它是将钢加热到 A_{c1} 以下某一温度（一般为 500～600 ℃），保持一定时间后缓慢冷却的工艺方法。

去应力退火过程中不发生组织的转变，其目的是消除由于形变加工、机械加工、铸造、锻造、热处理、焊接等所产生的残余应力。

2.正火

正火是将钢件加热到 A_{c3} 以上 30～50 ℃，保温适当时间后在空气中冷却得到珠光体组织的热处理工艺。

正火和退火的主要区别是冷却方式不同，前者冷却速度较快，得到的组织比退火的组织细小。因此，正火后的硬度、强度也较高。正火与退火相比，不但力学性能高，而且操作简便，生产周期短，能量耗费少，故在可能的情况下，应优先考虑采用正火处理。

正火一般应用于以下几个方面：

(1)改善切削加工性能

低碳钢和低碳合金钢退火后一般硬度在 160HBS 以下，不利于切削加工。正火可提高其硬度，改善其切削加工性能。

(2)作为预备热处理

中碳钢、合金结构钢在调质处理前都要进行正火处理，以获得均匀而细小的组织。

(3)作为最终热处理

正火可以细化晶粒，提高力学性能，故对性能要求不高的普通铸件、焊接件及不重要的热加工件，可将正火作为最终热处理。对于一些大型或重型零件，当淬火有开裂危险时，也可以用正火作为最终热处理。图 1-25 所示为几种退火与正火的加热温度范围及工艺曲线。

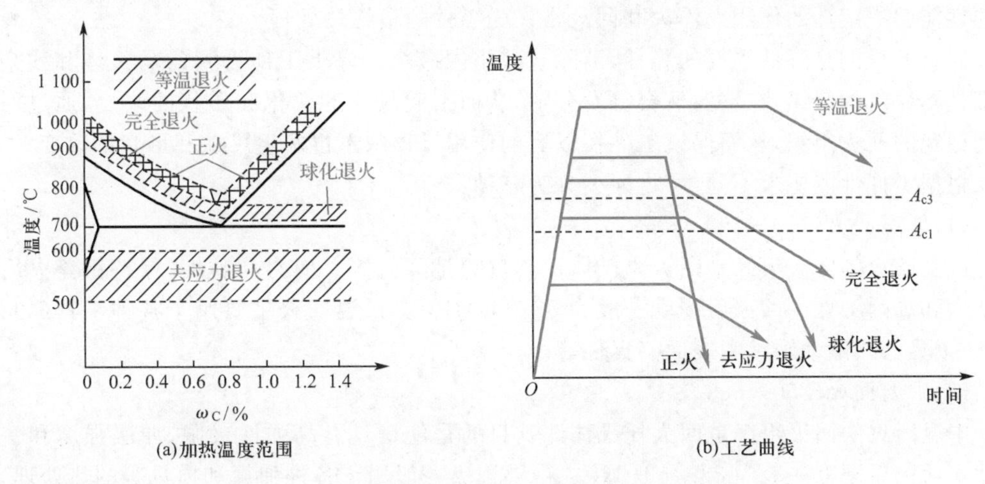

图 1-25　几种退火与正火的加热温度范围及工艺曲线

3. 淬火

淬火是将钢件加热到 A_{c3}(亚共析钢)或 A_{c1}(共析钢和过共析钢)以上 30～50 ℃，保温一定时间，然后以适当速度冷却获得马氏体组织的热处理工艺。

碳在 α-Fe 中的过饱和固溶体称为马氏体，以符号 M 表示。

淬火的主要目的是获得马氏体组织，然后与适当的回火工艺相配合，以得到零件所要求的使用性能。淬火和回火是强化钢材的重要热处理工艺方法。

碳钢的淬火加热温度主要根据钢的临界温度来确定，如图 1-26 所示。一般情况下，亚共析钢(ω_C<0.77%)的淬火加热温度在 A_{c3} 以上 30～50 ℃，可得到全部晶粒的奥氏体组织，淬火后为均匀细小的马氏体组织。共析钢和

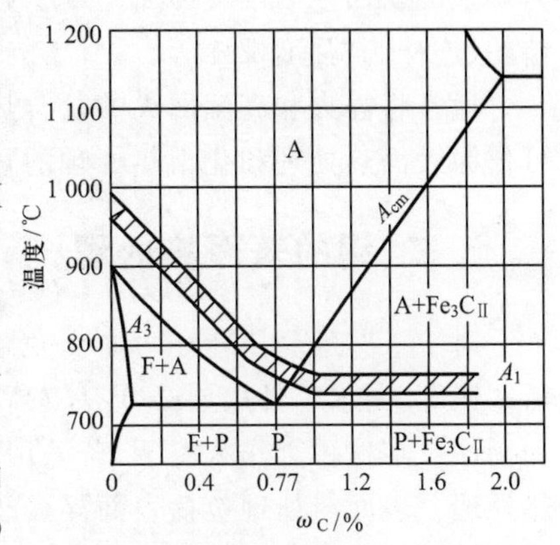

图 1-26　碳钢的淬火加热温度范围

过共析钢($\omega_C \geqslant 0.77\%$)的淬火加热温度为 A_{c1} 以上 30～50 ℃,此时的组织为奥氏体或奥氏体与渗碳体,淬火后得到细小的马氏体或马氏体与少量渗碳体。渗碳体的存在,提高了淬火钢的硬度和耐磨性。淬火加热温度过高或过低,均对淬火钢的组织有很大的影响。过低,得到的是非马氏体组织,没有达到淬火的目的;过高,渗碳体全部溶解于奥氏体中,提高了奥氏体中碳的含量,使淬火后残余奥氏体量增多,硬度、耐磨性降低。

钢加热获得奥氏体后,需要用具有一定冷却速度的介质冷却,保证奥氏体转变为马氏体组织。如果介质的冷却速度太大,虽易于淬硬,但容易变形和开裂;而冷却速度太小,钢件又淬不硬。常用的冷却介质有油、水、盐水、碱水等,其冷却能力依次增加。

4. 回火

回火是将淬火钢加热到 A_{c1} 以下某一温度,保温一定时间,然后冷却至室温的热处理工艺。

回火是淬火的后续工序,通常也是零件进行热处理的最后一道工序,所以对产品最后所要求的性能起决定性的作用。淬火和回火常作为零件的最终热处理。

回火的目的是降低零件的脆性,消除或减小内应力。淬火工件得到的马氏体和残余奥氏体都是不稳定的组织,在室温下会自发分解,从而引起尺寸的变化和形状的改变,通过回火可得到稳定的回火组织,从而保证工件在以后的使用过程中不再发生尺寸和形状的改变。

根据零件性能要求不同,可将回火分为三种:

(1)低温回火(150～250 ℃)

低温回火的回火组织是回火马氏体。其目的是降低淬火应力和脆性,保持钢淬火后具有高硬度和高耐磨性。回火后硬度一般为 58～64HRC。低温回火主要用于各种工具(如刃具、模具、量具等)、滚动轴承和表面淬火件等。

(2)中温回火(250～500 ℃)

中温回火的回火组织是回火托氏体。其目的是使钢具有高弹性极限、屈服强度和一定的韧性。回火后硬度一般为 35～50HRC。中温回火一般用于各种弹簧和模具等的热处理。

(3)高温回火(500～650 ℃)

高温回火的回火组织是回火索氏体。其目的是获得强度、硬度、塑性和韧性都较好的综合力学性能。回火后硬度为 25～35HRC。高温回火广泛用于各种主要的结构零件,如各种轴、齿轮、连杆、高强度螺栓等。

通常将淬火和高温回火的复合热处理称为调质处理。调质处理一般作为最终热处理,也可作为表面热处理和化学热处理的预备热处理。

二、钢的表面热处理

对于一些承受扭转和弯曲交变载荷作用、在摩擦条件下工作的零件,如齿轮、凸轮、曲轴、活塞销等,要求零件表层必须有较高的强度、硬度、耐磨性和疲劳极限,且心部要有足够的塑性和韧性。在这种工作状态下,若采用前面所述的热处理方法很难满足要求,因而需要进行表面热处理。表面热处理包括表面淬火和化学热处理。

1. 表面淬火

表面淬火是一种不改变钢的表面化学成分,但改变其组织的局部热处理方法。将工件表面快速加热到临界点以上，使工件表层转变为奥氏体，冷却后使表面得到马氏体组织，心部仍保持原有的塑性和韧性。表面淬火按加热方式分为感应加热、火焰加热、电接触加热、激光加热和电子束加热几种。最常用的是前两种。

零件在进行表面淬火前一般应先进行调质（调质硬度一般为 200～240HBS）或正火处理；表面淬火后应进行低温回火，回火硬度一般可达 53～58HRC。感应加热主要适用于中碳钢和中碳合金钢，如 45、40Cr、40MnB 等。

2. 化学热处理

化学热处理是将钢件置入具有活性的介质中，通过加热和保温，使活性介质分解析出活性元素，渗入工件的表面，改变工件的化学成分、组织和性能的一种热处理工艺。化学热处理与其他热处理不同，它不仅改变了钢的组织，同时还改变了钢体表层的化学成分，能够有效地提高钢件表层的耐磨性、耐蚀性、抗氧化性和疲劳强度等。

化学热处理分为渗碳、渗氮、碳氮共渗（氰化）、渗硼、渗铝、渗铬等。目前生产中最常用的化学热处理工艺是渗碳、渗氮和碳氮共渗。

（1）渗碳

将工件置于渗碳介质中，加热并保温，使碳原子渗入工件表面的工艺称为渗碳。渗碳主要用于低碳钢或低碳合金钢。

对低碳钢或低碳合金钢进行渗碳处理，然后进行淬火和低温回火，可使其表面具有高的硬度和耐磨性，心部具有一定的强度和韧性。一般渗碳层深度可达 0.5～2 mm。

渗碳的方法按渗碳剂的不同，可分为气体渗碳、固体渗碳和液体渗碳。目前，常用的是气体渗碳。低碳钢经渗碳淬火后，表层硬度高，可达 58～64HRC，耐磨性较好；心部保持低的含碳量，韧性较好；疲劳强度高。这是因为渗碳后低碳钢表层为高碳马氏体，体积膨胀大，而心部为低碳马氏体或非马氏体组织，体积膨胀小，所以表层产生压应力，提高了零件的疲劳强度。

（2）渗氮

渗氮是将工件置于一定温度下，使活性氮原子渗入工件表层的一种化学热处理工艺。

渗氮的目的是提高工件表层的硬度、耐磨性、耐蚀性和疲劳强度。常用的方法有气体渗氮、液体渗氮及离子渗氮等。气体渗氮是将工件置于通入氨气（NH_3）的炉中，加热至 500～550 ℃，使氨气分解出活性氮原子渗入到工件表层，并向其内部扩散，形成一定厚度的渗氮层。

与渗碳相比，渗氮工件的表层硬度较高，可达 1 000～1 200HV（相当于 69～72HRC）；渗氮温度较低，渗氮后一般不再进行其他热处理，因此工件变形较小；渗氮工艺复杂、生产周期长、成本高、渗氮层薄（一般为 0.1～0.5 mm）而脆，不宜承受集中的重载荷，并需要专用的渗氮钢（如 38CrMoAl 等），因此渗氮主要用于各种高速传动的精密齿轮、高精度机床主轴及重要的阀门等。工件经渗氮后，其疲劳强度可提高 15%～35%，渗氮层耐蚀性能好。为了保证渗氮零件心部具有良好的综合力学性能，在渗氮前应进行调质处理。

任务实施

1. 根据所选车床主轴毛坯材料，确定工艺路线。

2. 根据工艺路线对其进行机械加工和热处理，毛坯的硬度在 170～230HBW 范围内，对其进行退火，降低该材料的硬度。

3. 进行粗加工后，毛坯尺寸接近零件尺寸，为提高其使用性能，进行淬火处理，淬火处理后由于冷却速度快，会产生一定的热应力，考虑是否要做回火处理。

拓展训练

根据零件图、工作条件、失效形式和性能要求，制订轴承套圈热处理工艺。

习题与训练

1. 钳工师傅在刃磨麻花钻时为什么要经常在水槽里进行冷却?

2. 现要求对一批 20 钢的钢板进行弯折成形，但未弯到规定角度钢板就出现了裂纹，请想一想该怎么办。

3. 有一批 45 钢的锻件，因冷却不均匀而导致表面硬度不一，并存在较大的内应力，给后续切削加工带来了较大的困难，请你来想想办法改善这批锻件毛坯的切削性能。

4. 现有一批用 T12 钢材制造的丝锥，要求成品刃部硬度在 60HRC 以上，柄部硬度为 35～40HRC，加工工艺为：轧制—热处理—机械加工—热处理—机械加工，试问上述热处理的具体内容和作用。

任务四 阶梯轴类零件的热加工

学习目标

1. 了解合金铸造性能和铸造生产的基本工艺过程；掌握常用手工造型的方法及铸造工艺制订的原则与方法。

2. 掌握金属压力加工的常用方法及特点，自由锻、模锻的基本生产工序及特点，板料冲压的基本工序及特点。

3. 了解焊接的特点与各种焊接方法的适用范围；了解金属的焊接性能；掌握焊条电弧焊的特点与方法；掌握焊接质量的检验方法。

情境导入

毛坯制造方法有很多种，应根据材料及毛坯轴的结构尺寸确定其加工方法。

任务描述

根据图 1-27 所示阶梯轴零件图确定毛坯的加工方法。

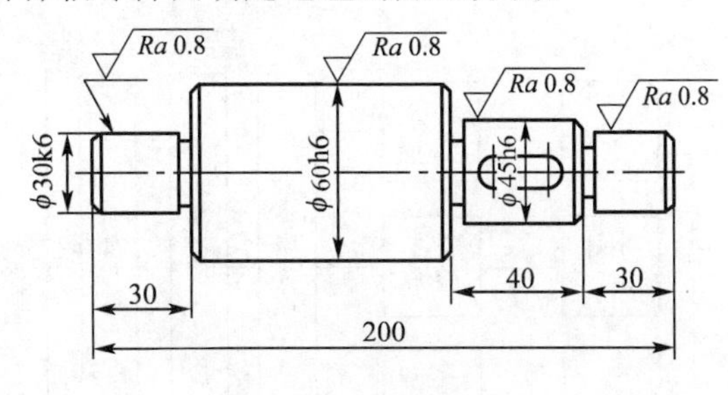

图 1-27　阶梯轴零件图

任务分析

根据零件图先选定毛坯材料，根据其轴结构尺寸确定加工工艺和参数，如轴径尺寸相差不大，可选同轴径材料进行切削加工，如各段轴径尺寸相差较大，就考虑是否能锻造。

相关知识

一、铸造

将熔化的金属浇注到铸型的空腔中，待其冷却后，得到毛坯或直接得到零件的加工方法称为铸造。由铸造得到的毛坯或零件称为铸件。

铸造与其他金属加工方法相比，具有以下特点：

(1)可铸造出形状十分复杂的铸件，铸件的尺寸和重量几乎不受限制。

(2)铸造所用的原材料价格低廉，铸件的成本较低。

(3)铸件的形状和尺寸与零件很接近，因而节省了金属材料及加工的工时。

铸造的应用十分广泛，各种机器的底座、机床床身、气缸体，各种箱体、泵体、飞轮、坦克炮塔、犁铧乃至缝纫机机架等，几乎都用铸造制造其毛坯，尤其是形状复杂的大型和特大型铸件。

铸造常分为两大类：砂型铸造和特种铸造。

铸件的质量与其工艺过程密切相关，其中主要的影响是铸件的凝固和合金的铸造性能。纯金属、共晶类合金及窄结晶温度范围的合金，如灰口铸铁、低碳钢等，倾向于逐层凝固方式；结晶温度范围大的合金，如铝铜合金、高碳钢等，倾向于中间凝固方式；中碳钢、白口铸铁等，倾向于中间凝固方式。合金的铸造性能是一个复杂的综合性能，通常用充型能力、收缩性等指标来衡量。

1. 砂型铸造的工艺过程

用型砂和芯砂制造铸型的铸造方法称为砂型铸造。砂型铸造生产的铸件占所有铸件的90%以上。如图1-28所示为砂型铸造工艺过程流程图，如图1-29所示为齿轮毛坯的砂型铸造过程简图。

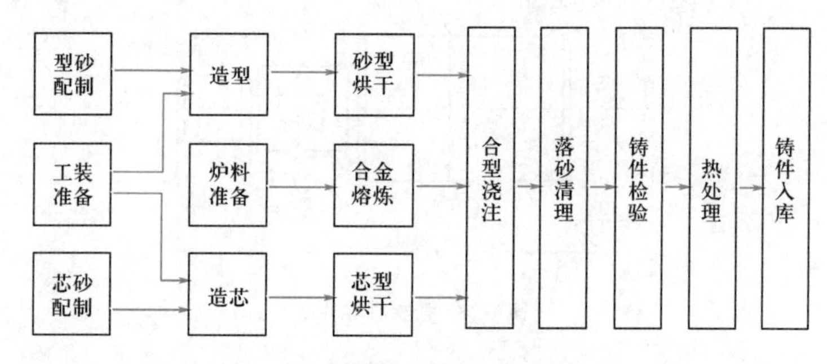

图1-28 砂型铸造工艺过程流程图

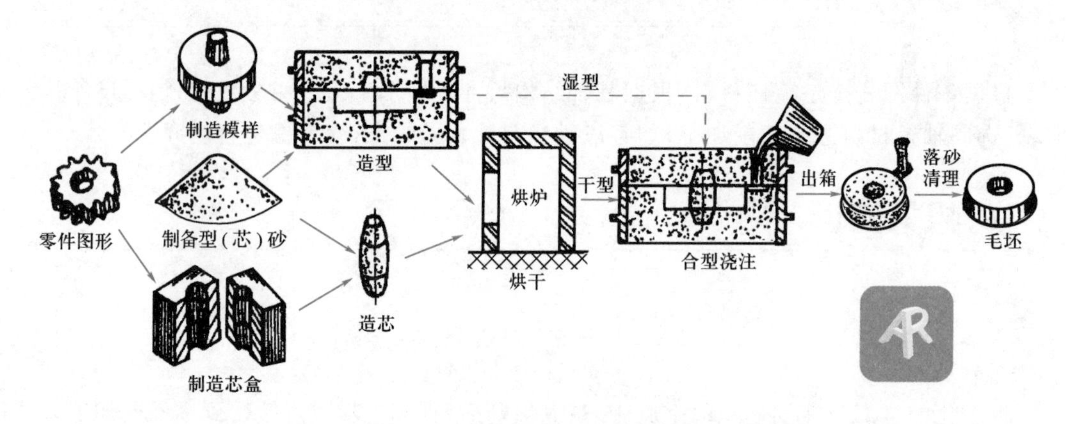

图1-29 齿轮毛坯的砂型铸造过程简图

由图1-28和图1-29可见，砂型铸造生产工序包括：制造模样、制备造型材料、造型、造芯、合型、熔炼、浇注、落砂、清理与检验等。其中，造型、造芯是砂型铸造的重要环节，对铸件的质量影响很大。

2. 造型方法

用型砂及模样等工艺装备制造铸型的过程称为造型。造型方法通常分为手工造型和机器造型两大类。造型时用模样形成铸件的型腔，浇注后形成铸件的外部轮廓。造型过程中，造型材料的质量对铸件的质量起着决定性的作用。

(1)造型材料

制造铸型用的材料称为造型材料。用于制造砂型的材料称为型砂，用于制造型芯的材料称为芯砂。

①对型砂、芯砂性能的要求

● 强度　指型砂、芯砂在造型后能承受外力而不被破坏的能力。砂型和型芯在搬运、翻转、合箱及浇注金属时，有足够强度才会保证不被破坏、塌落和胀大。若型砂、芯砂的强度不好，铸件容易产生砂眼、夹砂、塌落等缺陷。

● 透气性　指型砂、芯砂孔隙透过气体的能力。在浇注过程中，铸型与高温金属液接触，水分汽化、有机物燃烧和液态金属冷却析出的气体，必须通过铸型排出，否则将在铸件内产生气孔或使铸件浇注不足。

● 耐火度　指型砂、芯砂经受高温热作用的能力。耐火度主要取决于石英砂中 SiO_2 的含量，若耐火度不够，就会在铸件表面或内腔形成一层黏砂层，不但清理困难、影响外观，而且给机械加工增加了困难。

● 退让性　指铸件凝固和冷却过程中产生收缩时，型砂、芯砂能被压缩和退让的性能。型砂、芯砂的退让性不足，会使铸件收缩时受到阻碍，产生内应力、变形和裂纹等缺陷。

● 可塑性　指型砂、芯砂在外力作用下变形，去除外力后仍能保持变形的能力。可塑性好，型砂、芯砂柔软易变形，起模和修型时不易破碎和掉落。

②型砂和芯砂的组成

● 原砂　主要成分为硅砂，而硅砂的主要成分为 SiO_2，它的熔点高达(1 650±50) ℃。砂中的 SiO_2 含量越高，其耐火度越高；砂粒越粗，其耐火度越高、透气性越好。

● 黏结剂　用来黏结砂粒的材料称为黏结剂，常用的黏结剂有黏土和特殊黏结剂两大类。其中，黏土是配制型砂、芯砂的主要黏结剂。特殊黏结剂包括桐油、水玻璃、树脂等。芯砂常选用这些特殊的黏结剂。

● 附加物　为了改善型砂、芯砂的某些性能而加入的材料称为附加物。例如，加入煤粉可以降低铸件表面、内腔的表面粗糙度，加入木屑可以提高型砂、芯砂的退让性和透气性。

● 涂料和扑料　这些材料不是配制型砂、芯砂时加入的成分，而是涂扑(干型)或散撒(湿型)在铸型表面，以降低铸件表面粗糙度，防止产生黏砂缺陷。例如，湿型撒石墨粉做扑料，铸钢用石英粉做涂料。

(2)手工造型

全部用手工或手动工具完成的造型方法称为手工造型。其特点是操作灵活，适应性强，模样成本低，生产准备简单，但造型效率低，劳动强度大，劳动环境差，主要用于单件小批生产。

①整模造型

模样是一个整体，最大截面在模样一端且是平面，分型面(铸型组元之间的结合面)多为平面。这种造型方法操作简便，适用于形状简单、质量要求不高的中、大型铸件，如盘、盖类等。如图 1-30 所示为整模造型的主要过程。

②分模造型

模样沿外形的最大截面分成两部分，且分型面是平面。分模造型与整模造型的主要区别是分模造型的上、下砂型中都有型腔，而整模造型的型腔基本只在一个砂型中。这种造型方法也很简便，适用于形状较复杂的各种批量生产的铸件，例如套筒、管类、阀体等。如图 1-31 所示为分模造型的主要过程。

③挖砂造型

模样是整体的，但分型面是曲面。为了能起出模样，造型时用手工挖去阻碍起模的型砂。这种造型方法操作麻烦，生产率低，工人技术水平要求高，只适用于形状复杂的单件小批生产的铸件。如图 1-32 所示为挖砂造型的主要过程。

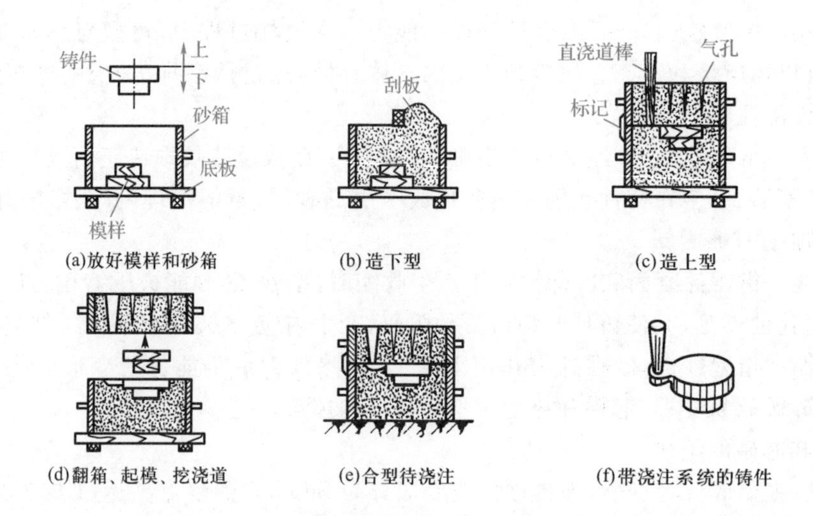

图 1-30 整模造型的主要过程

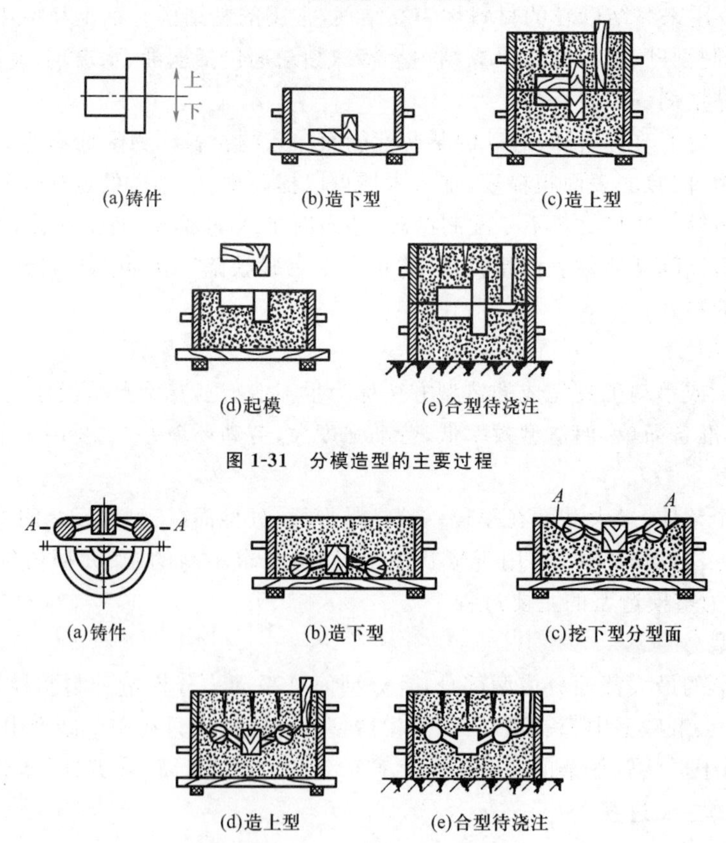

图 1-31 分模造型的主要过程

图 1-32 挖砂造型的主要过程

④活块造型

铸件上有妨碍起模的小凸台、肋条等，制模时将这些部分做成活动的（即活块）。起模时，先起出主体模样，然后再从侧面取出活块。这种造型方法要求操作技术水平高，但生产率低。如图 1-33 所示为活块造型的主要过程。

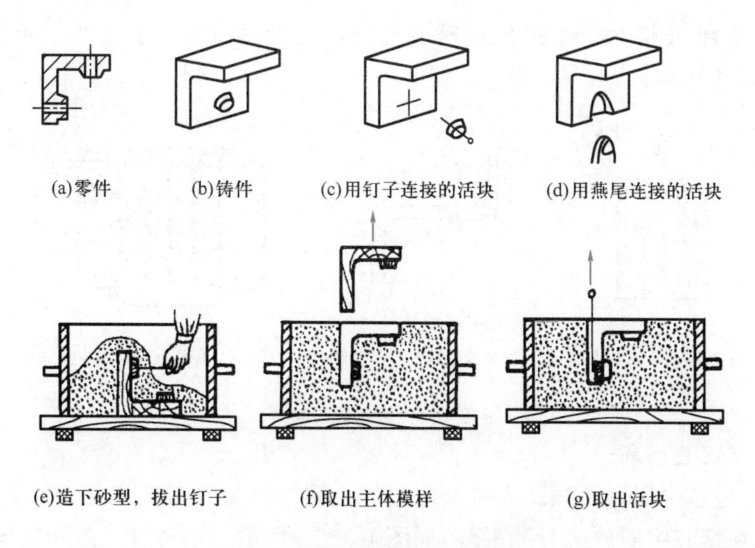

图 1-33　活块造型的主要过程

(3)机器造型

用机器全部完成或至少完成紧砂操作的造型方法,称为机器造型。当成批、大量生产时,应采用机器造型。机器造型生产率高,铸件尺寸精度高,表面质量好,但设备及工艺装备要求高,生产准备时间长。

①紧砂方法

常用紧砂方法有振实式、压实式、振压式、抛砂式等,其中以振压式应用最为广泛。如图 1-34 所示为振压式紧砂方法。

②起模法

常用的起模方法有顶箱、漏模、翻转三种。如图 1-35 所示为顶箱起模法。

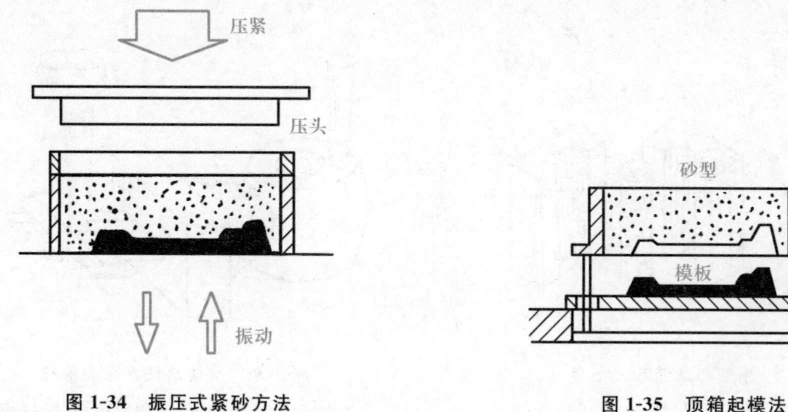

图 1-34　振压式紧砂方法

图 1-35　顶箱起模法

3. 造芯

制造型芯的过程称为造芯。型芯的主要作用是用来获得铸件的内腔,但有时也可作为铸件难以起模部分的局部铸型。浇注时,由于受金属液的冲击、包围和烘烤,因此要求芯砂比型砂具有更高的强度、透气性和耐火度等。为了满足以上性能,应采取下列措施:

(1)开通气孔和通气道

形状简单的型芯可以用气孔针扎出通气孔;形状复杂的型芯可在型芯内放入蜡线或草绳,

烘干时蜡线或草绳被烧掉，从而形成通气道，以提高型芯的通气性。如图 1-36(a)和图 1-36(b)所示。

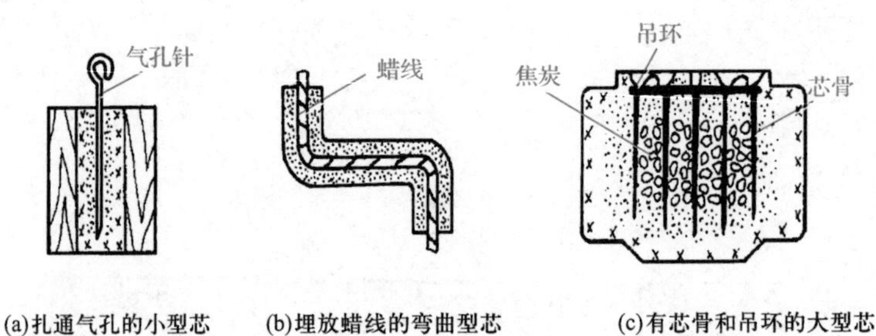

(a)扎通气孔的小型芯　(b)埋放蜡线的弯曲型芯　(c)有芯骨和吊环的大型芯

图 1-36　型芯的结构

(2)放芯骨和安装吊环

芯骨是放入型芯中用以加强或支持型芯用的金属架。尺寸较大的型芯，为了提高其强度和便于吊运，常在型芯中安放芯骨和吊环，如图 1-36(c)所示。小芯骨一般用铁丝制作，形状复杂的大芯骨由铸铁浇注而成。

型芯可采用手工造芯，也可采用机器造芯。手工造芯时，主要采用型芯盒造芯；单件小批生产大、中型回转体型芯时，可采用刮板造芯。其中用型芯盒造芯(图 1-37)是最常用的方法，它可以造出形状比较复杂的型芯。

4. 浇注系统

为了使液态金属流入铸型型腔所开的一系列通道，称为浇注系统。浇注系统的作用：保证液态金属均匀、平稳地流入并充满型腔，以避免冲坏型腔；防止熔渣、砂粒或其他杂质进入型腔；调节铸件的凝固顺序或补给金属液冷凝收缩时所需的液态金属。如图 1-38 所示，典型浇注系统由以下几部分组成：

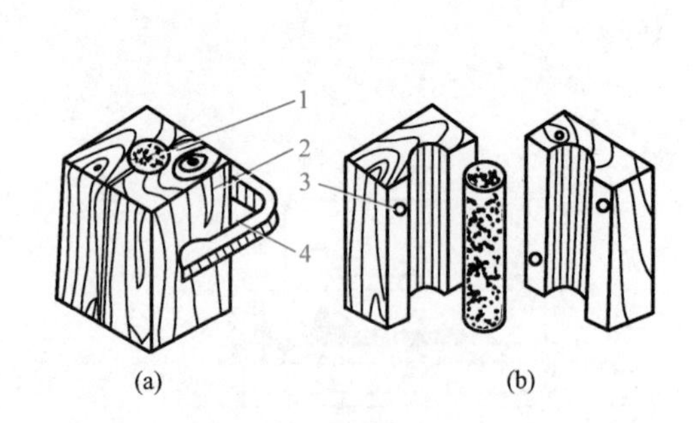

图 1-37　用型芯盒造芯

1—型芯；2—芯盒；3—定位销；4—夹钳

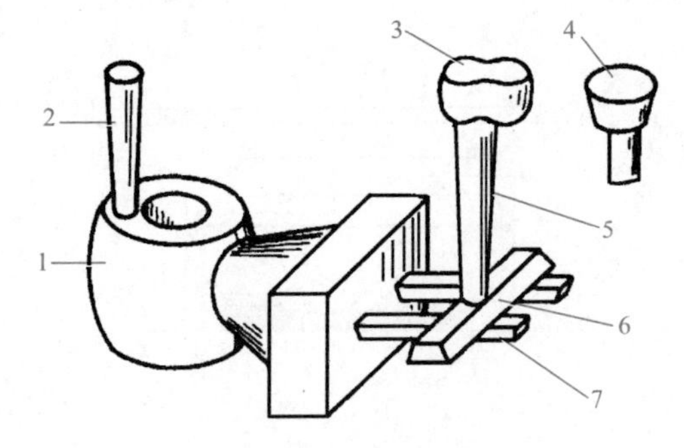

图 1-38　典型浇注系统的组成

1—铸件；2—冒口；3—盆形外浇道(浇口盆)；4—漏斗形外浇道(浇口杯)；5—直浇道；6—横浇道；7—内浇道(两个)

(1)外浇道

外浇道的作用是缓和液态金属的冲力，使其平稳地流入直浇道。

(2)直浇道

直浇道是外浇道下面的一段上大下小的圆锥形通道。它具有一定高度，使液态金属产生一定的静压力，从而使金属液能以一定的流速和压力充满型腔。

(3)横浇道

横浇道是位于内浇道上方呈上小下大的梯形通道。由于横浇道比内浇道高,所以液态金属中的渣子和砂粒便浮在横浇道的顶面,从而防止产生夹渣、夹砂等。此外,横浇道还起着向内浇道分配金属液的作用。

(4)内浇道

内浇道的截面多为扁梯形,起着控制液态金属流向和流速的作用。

(5)冒口

冒口的作用是在液态金属凝固收缩时补充液态金属,防止铸件产生缩孔缺陷。此外,冒口还起着排气和集渣作用。冒口一般设在铸件的最高和最厚处。

5. 合型、熔炼与浇注

(1)合型

将铸型的各个组元(上型、下型、型芯、浇口盆等)组成一个完整铸型的过程称为合型。

(2)熔炼

通过加热使金属由固态变为液态,并通过冶金反应去除金属中的杂质,使其温度和成分达到规定要求的操作过程称为熔炼。铸造生产常用的熔炼设备有冲天炉(熔炼铸铁)、电弧炉(熔炼铸钢)、坩埚炉(熔炼有色金属)和感应加热炉(熔炼铸铁和铸钢)。

(3)浇注

将金属液从浇包注入铸型的操作过程称为浇注。铸铁的浇注温度在液相线以上 200 ℃(一般为 1 250~1 470 ℃)。

6. 落砂、清理与检验

(1)落砂

用手工或机械使铸件与型砂(芯砂)、砂箱分开的操作过程称为落砂。

(2)清理

落砂后,用机械切割、铁锤敲击、气割等方法清除表面黏砂、型砂(芯砂)及多余金属(浇口、冒口、飞翅和氧化皮)等操作过程称为清理。

(3)检验

铸件清理后应进行质量检验。可通过眼睛观察(或借助尖嘴锤)找出铸件的表面缺陷,如气孔、砂眼、黏砂、缩孔、浇不足、冷隔。对于铸件内部缺陷可进行耐压试验、超声波探伤等。

7. 铸件的结构工艺性

(1)合金铸造性能对铸件结构的要求

①铸件的壁厚应合理

铸件的壁厚越大,金属液流动时的阻力越小,而且保持液态的时间也越长,因此有利于金属液充满型腔。而铸件壁厚减小时,很容易在铸件上出现冷隔和浇不足等缺陷。

②铸件各处壁厚力求均匀

铸件各处的壁厚如果相差太大,必然会在厚壁处产生冷却较慢的热节,热节处则容易形成缩孔、缩松、晶粒粗大等缺陷。同时，由于不同壁厚的冷却速度不一样，因而会在厚壁和薄壁之间产生热应力，就有可能导致产生热裂纹。如图 1-39(a)中的上、下两种铸件结构是壁厚设计不合理的例子，图 1-39(b)则是改进后的铸件结构。

③壁间连接要合理

壁间连接应注意以下三点：

● 要有结构圆角　在铸件的转弯处要有结构圆角，如图 1-40 所示。

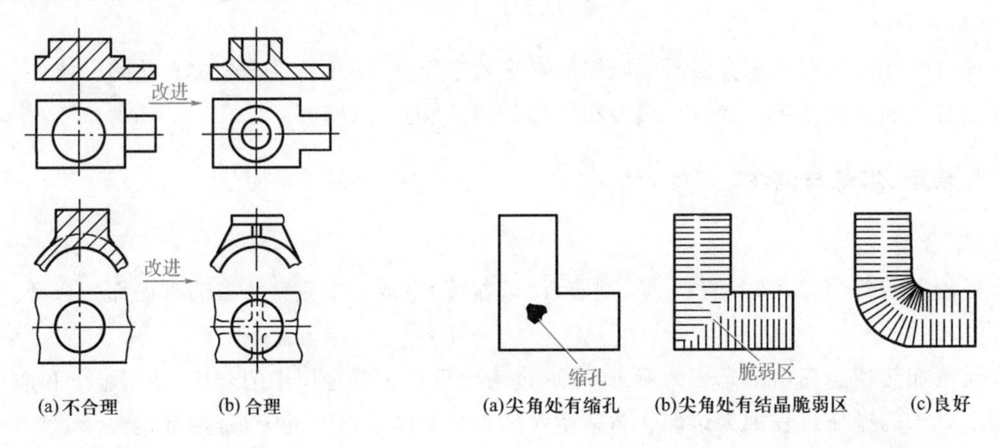

图 1-39　壁厚设计举例

图 1-40　结构圆角和尖角对铸件质量的影响

● 壁的厚薄交界处应合理过渡　注意避免厚壁与薄壁连接处的突变，应当使其逐渐地过渡。

● 壁间连接应避免交叉和锐角　两个以上铸件壁连接处往往会形成热节，如果能避免交叉结构和锐角相交，即可防止缩孔缺陷。图 1-41 中示出了几种壁间连接结构的对比。

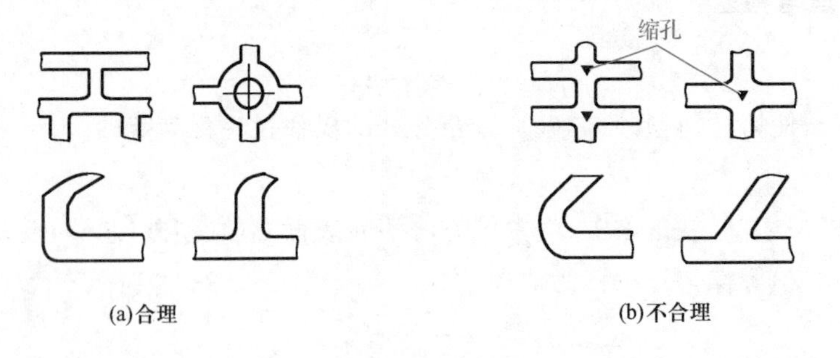

图 1-41　几种壁间连接结构的对比

④铸件的厚壁处考虑补缩

当铸件中必须有厚壁部分时，为了不使厚壁部分产生缩孔，铸件的结构应具备顺序凝固和补缩条件。如图 1-42(a)所示的两种铸件，由于上部壁厚小于下部壁厚，上部比下部凝固快，因而堵塞了自上而下的补缩通道，厚壁处就容易产生缩孔。若改为图 1-42(b)所示的结构，则铸件可由冒口进行补缩。

⑤铸件应尽量避免大的水平面

铸件上大的水平面不利于金属液的充填，同时，平面上方也易掉砂而使铸件产生夹砂等缺陷。图 1-43 示出了铸件结构的对比方案。

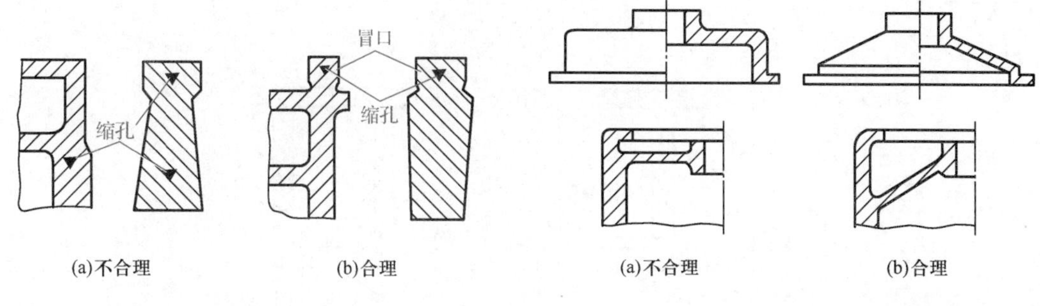

(a)不合理　(b)合理

图 1-42　考虑补缩的铸件结构

(a)不合理　(b)合理

图 1-43　铸件结构的对比方案

⑥避免铸件收缩时受阻

在铸件最后收缩的部分，如果不能自由收缩，则会产生拉力。由于高温下的合金抗拉强度很低，因此铸件容易产生热裂缺陷。图 1-44 中的轮子，当其轮辐为直线和偶数时，就很容易在轮辐处产生裂纹。如果将轮辐设计成奇数且呈弯曲状时，由于收缩时的应力可以借助于轮辐的变形而有所减小，所以可避免热裂。

(a)不合理　(b)合理

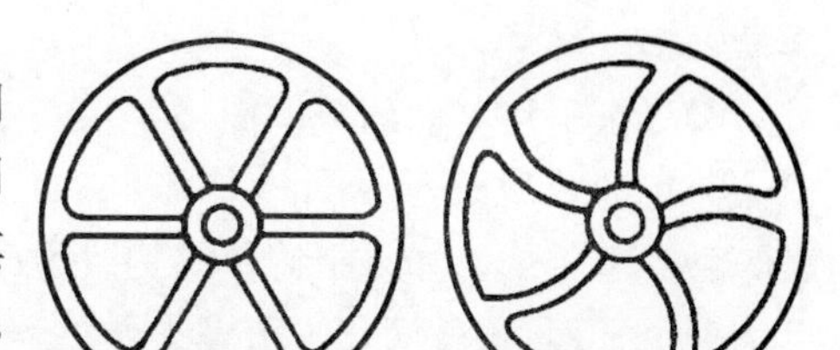

图 1-44　轮辐的设计

⑦尽量避免壁上开孔而降低其承载能力

铸件壁上开孔，往往会造成应力集中，降低承载能力。在不得已的情况下，为了增强壁上开孔处的承载能力，一般均在开孔处设置凸台，如图 1-45 所示。

(a)不合理　(b)合理

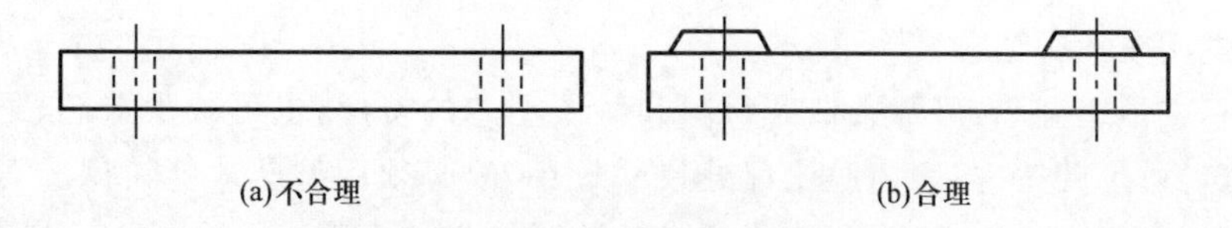

图 1-45　增强开孔处承载能力的凸台

平板类和细长形铸件，往往会因冷却不均匀而产生翘曲或弯曲变形。如图 1-46(a)中的四种铸件就容易发生变形。在平板上增加比板厚尺寸小的加强肋，或者改不对称结构为对称结构，均可有效地防止铸件变形，如图 1-46(b)所示。

(a)不合理　(b)合理

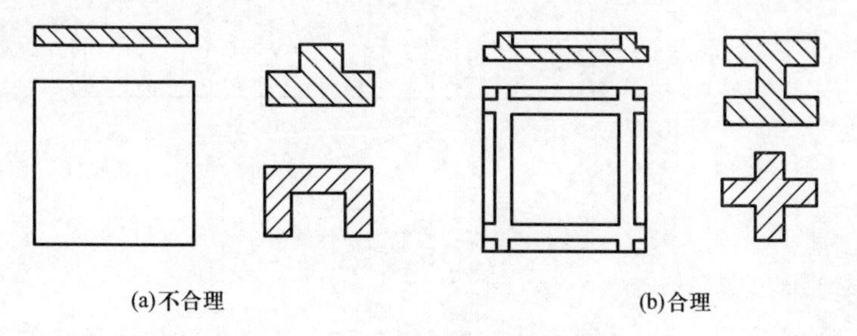

图 1-46　防止变形的铸件结构

(2)铸造工艺对铸件结构的要求

①简化铸件结构，减少分型面

图 1-47(a)所示的铸件有两个分型面，必须采用三箱造型方法生产，生产率低，而且易产生错型缺陷。在不影响使用性能的前提下，改为图 1-47(b)所示的结构后，只有一个分型面，可

采用两箱造型法。

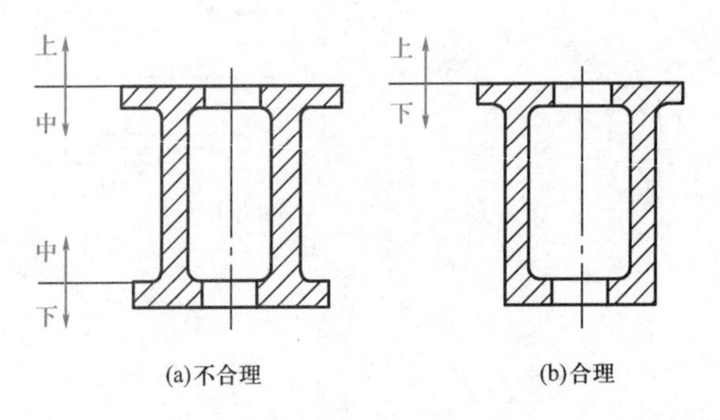

(a)不合理　(b)合理

图 1-47　减少铸件分型面的结构

②尽量采用平面的分型面

铸型的分型面若不平直(图 1-48(a)),造型时必须采用挖砂造型或其他造型,这种造型方法的生产率较低。如果把铸件结构改为图 1-48(b)所示的结构,分型面就位于铸件端面上,而且是一个平面,这就简化了造型操作过程,从而提高了生产率。

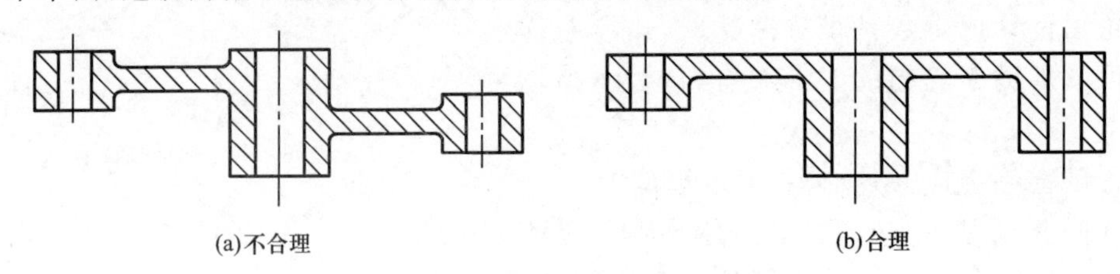
(a)不合理　(b)合理

图 1-48　使分型面平直的铸件结构

③尽量少用或不用型芯

减少型芯或不用型芯,可节省造芯材料和烘干型芯的费用,也可减少造芯、下芯等操作过程。图 1-49(a)所示的铸件,因内腔出口处尺寸较小,故必须用型芯才能铸出。若将内腔形状改为图 1-49(b)所示的结构,则可用自带型芯法构成铸件的内腔。

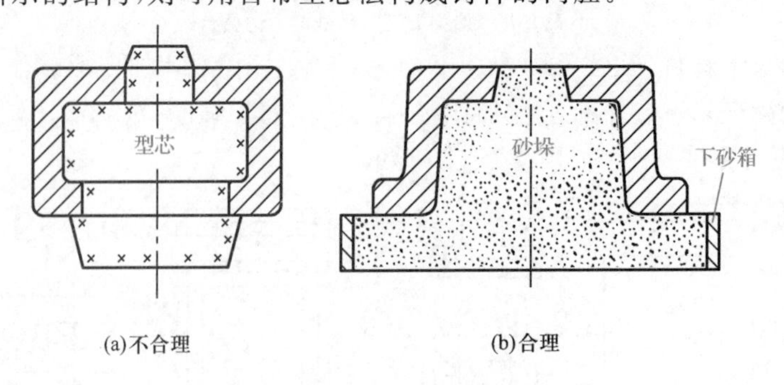

(a)不合理　(b)合理

图 1-49　减少型芯的铸件结构

④尽量不用或少用活块

铸件侧壁上如果有凸台,可采用活块造型(图 1-50(a))。但活块造型法的造型工作量较大,而且操作难度也大。如果把离分型面不远的凸台延伸到便于起模的地方(图 1-50(b)),即可免去或减少取活块操作。

⑤垂直壁应考虑结构斜度

垂直于分型面的非加工表面,若具有一定的结构斜度,则不但便于起模,而且也因模样不需要较大的松动而提高了铸件的尺寸精度。图 1-51(b)所示为考虑结构斜度的铸件结构。

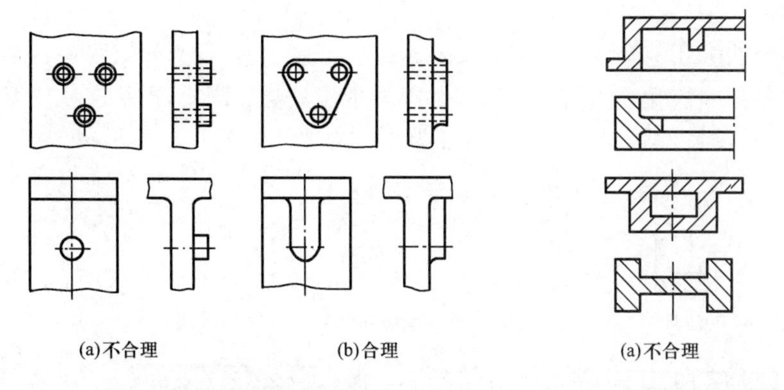

(a)不合理　(b)合理

图 1-50 避免取活块的铸件结构

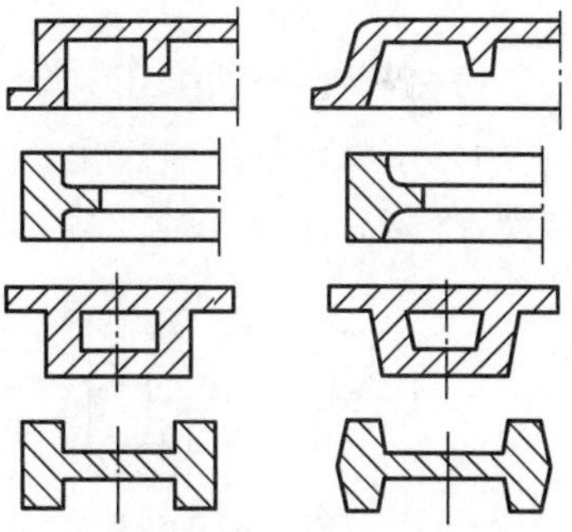

(a)不合理　(b)合理

图 1-51 考虑结构斜度的铸件结构

⑥型芯的设置要稳固并有利于排气与清理

型芯在铸型中只有固定牢靠，才能避免偏芯；只有出气孔道通畅，才能避免产生气孔；只有清理时出砂方便，才能减少清理工时。图 1-52(a)中的铸件有两个型芯，其中 2# 型芯处于悬臂状。为了使型芯稳固，必须在下芯时使用芯撑。但芯撑常因表面氧化或铸件壁薄而不能很好地与液态合金熔合，致使铸件的气密性较差。又因 2# 型芯只靠一端排气，气体排出比较困难。另外，2# 型芯也不便于清理。若将其改为图 1-52(b)所示的结构后，则型芯为一个整体，其稳定性得到保障，排气比较通畅，清理出砂也比较方便。

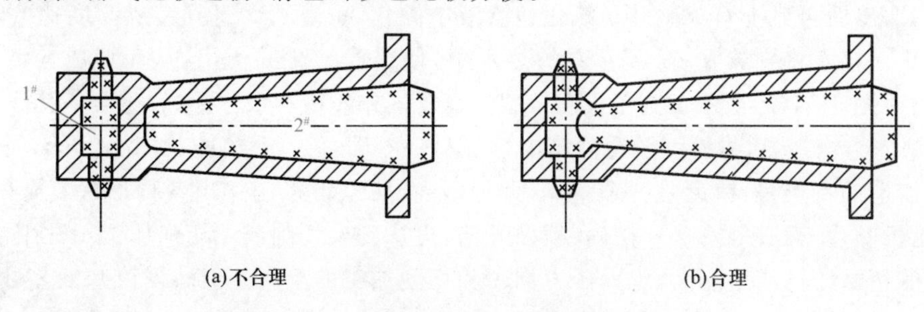

(a)不合理　(b)合理

图 1-52 便于型芯固定、排气和清理的铸件结构

8. 特种铸造

与砂型铸造不同的其他铸造方法称为特种铸造。常用的特种铸造方法有金属型铸造、熔模铸造、压力铸造、离心铸造等。

(1)金属型铸造

金属型铸造是指在重力作用下将金属液浇入金属铸型获得铸件的方法。如图 1-53 所示为垂直分型式金属型。

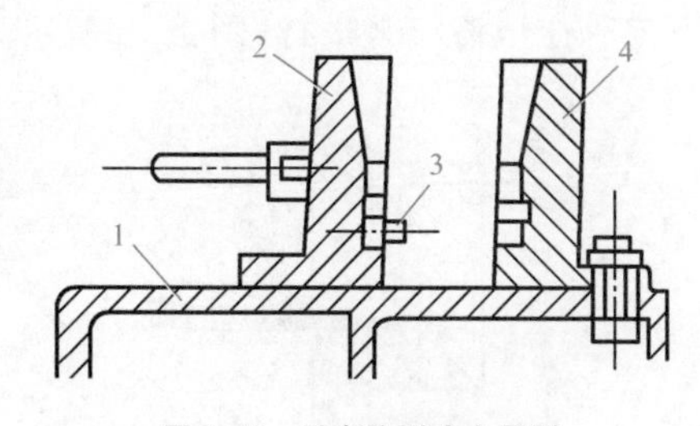

图 1-53 垂直分型式金属型

1—底座；2—活动半型；3—定位销；4—固定半型

金属型铸造的主要优点是：一个金属型可浇注几百次至几万次，节省了造型材料和造型工时，提高了生产率，改善了劳动条件，所得铸件尺寸精度较高，金属型导热能力强，铸件晶粒组织细小，铸件力学性能也变好。但金属型铸造生产周期较长，费用较高，故不适于单件小批生产。目前，金属型铸造主要用于有色金属铸件的大批生产，如内燃机活塞、气缸体、气缸盖、轴瓦、衬套等。

(2)熔模铸造

熔模铸造又称失蜡铸造,用易熔材料(如蜡料)制成模样,然后在模样上涂以耐火材料。待其晾干后,用热水将内部蜡料熔化。将熔化完蜡料的模样取出焙烧成陶模,再从浇注口灌入液态金属熔液,冷却后,所需的铸件就制成了。熔模铸造的工艺过程如图 1-54 所示。

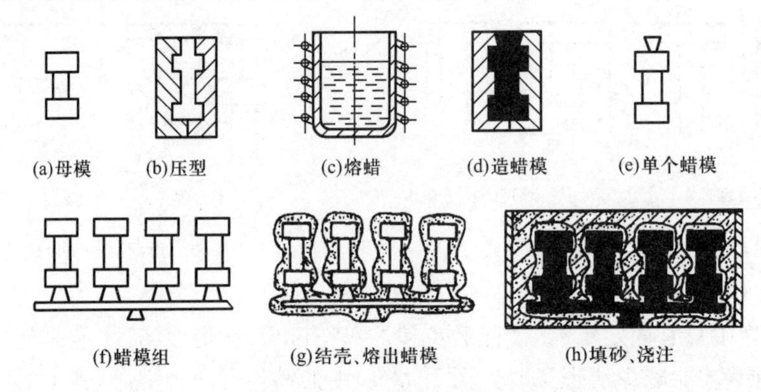

图 1-54 熔模铸造的工艺过程

图 1-54 中母模是用钢或铜合金制成的标准模样,用来制造压型。压型是用来制造蜡模的特殊铸型。将配成的蜡模材料(常用的是 50%石蜡和 50%硬脂酸)熔化挤入压型中,即得到单个蜡模。再把许多蜡模黏合在蜡质浇注系统上,成为蜡模组。蜡模组浸入以水玻璃与石英粉配制的涂料中,取出后再撒上石英砂并在氯化铵溶液中硬化,重复数次直到结成厚度达 5~10 mm 的硬壳为止。接着将它放入 85 ℃左右的热水中,使蜡模熔化并流出,从而形成铸型型腔,如图 1-54(a)~图 1-54(g)所示。为了提高铸型强度及排除残蜡和水分,最后还需将其放入 850~950 ℃的炉内焙烧,然后将铸型放在砂箱内,周围填砂,即可进行浇注,如图 1-54(h)所示。

熔模铸造的特点是:铸型是一个整体,无分型面,所以可以制作出各种形状复杂的小型零件(如汽轮机叶片、刀具等);尺寸精确、表面光洁,可达到少切削或无切削加工。常用于中小型形状复杂的精密铸件或熔点高、难以压力加工和切削加工的金属。但熔模铸造工艺过程复杂,生产周期长,铸件制造成本高。由于型壳强度不高,故熔模铸造不能制造尺寸较大的铸件。

(3)压力铸造

压力铸造是将金属液在高压下高速充填金属型腔,并在压力下凝固成铸件的铸造方法。压力铸造在压铸机上进行,图 1-55 所示为卧式冷压室压铸机的工作原理。

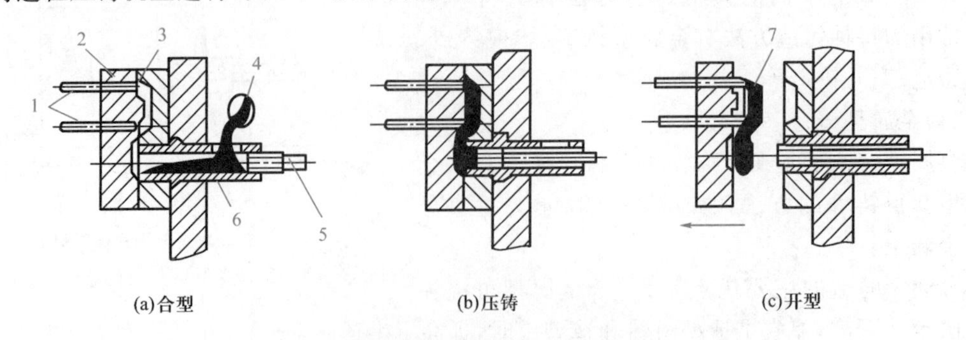

图 1-55 卧式冷压室压铸机的工作原理

1—顶杆;2—活动半型;3—固定半型;4—金属液;5—压射冲头;6—压射室;7—铸件

压力铸造是在高压高速下注入金属液的,可得到形状复杂的薄壁件,其生产率高。由于压力铸造保留了金属型铸造的一些特点,合金又是在压力下结晶的,所以铸件晶粒细,组织致密,强度较高。但铸件易产生气孔与缩松，而且设备投资较大，压铸型制造费用较高，因此，压力铸造适用于大批生产壁薄的有色合金中小型铸件。

(4)离心铸造

离心铸造是将金属液浇入绕水平或倾斜立轴旋转着的铸型中，并在离心力的作用下使其凝固成铸件的铸造方法。离心铸造的铸型可以是金属型，也可以是砂型。铸型在离心铸造机上根据需要可以绕垂直轴旋转，也可绕水平轴旋转，如图 1-56 所示。

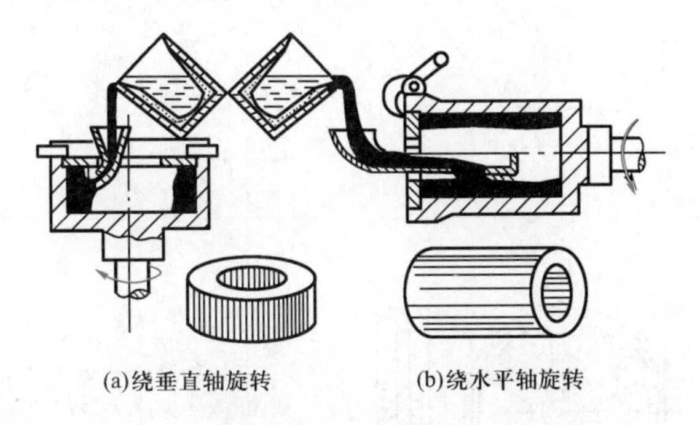

(a)绕垂直轴旋转　　(b)绕水平轴旋转

图 1-56　离心铸造

由于离心力的作用，金属液中质量轻的气体、熔渣都集中于铸件的内表面，金属呈定向性结晶，因而铸件组织致密，力学性能较好，但其内表面质量较差，所以应增大内孔的加工余量。离心铸造可以省去型芯并不设浇注系统，因此减少了金属液的消耗量。离心铸造主要用于生产圆形中空铸件，如各种管子、缸套、轴套、圆环等。

常用的铸造合金有铸铁、铸钢和铸造有色金属。

9. 铸造生产常见缺陷

铸造产品很容易产生缺陷，表 1-4 列出了常见铸造缺陷的名称、图例、特征以及产生的主要原因。为了减少铸造缺陷，应当正确判断缺陷类型，找出产生缺陷的主要原因。

表 1-4　常见铸造缺陷的名称、图例、特征以及产生的主要原因

名称	图例及特征	产生的主要原因
气孔	铸件在分型面处有气孔	熔炼工艺不合理，金属液吸收了较多的气体； 铸型中的气体侵入金属液； 起模时刷水过多，型芯未干； 铸型透气性差； 浇注温度偏低； 浇包工具未烘干
砂眼	铸件表面或内部有型砂充填在当中	型砂、芯砂强度不够，紧实较松，合型时松落或被液态金属冲垮； 型腔或浇口内散砂未吹净； 铸件结构不合理，无圆角或圆角太小

续表

名称	图例及特征	产生的主要原因
夹渣	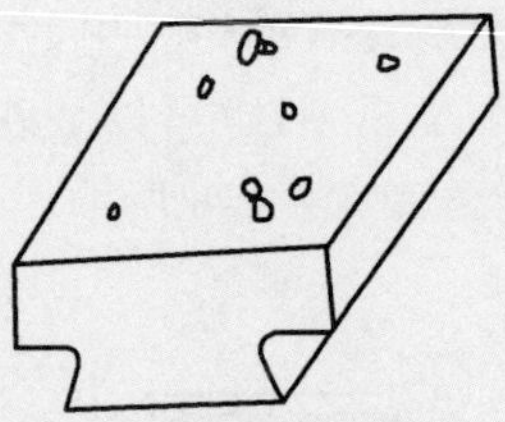 铸件表面上有不规则并含有熔渣的孔眼	浇注时挡渣不良； 浇注温度太低，熔渣不易上浮； 浇注时断流或未充满浇口，熔渣和液态金属一起流入型腔
裂纹	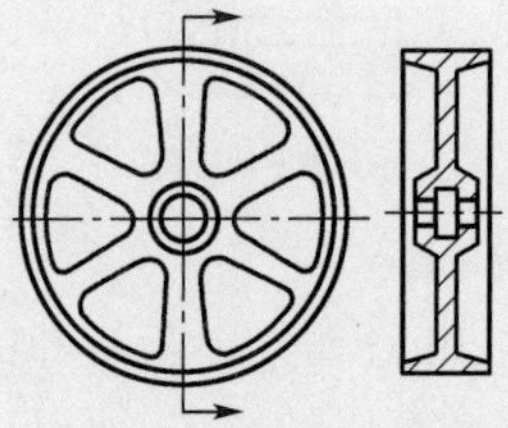 在夹角处或厚薄交接处的表面或内层产生裂纹	铸件厚薄不均，冷缩不一； 浇注温度太高； 型砂、芯砂退让性差； 合金内含硫、磷量较高
黏砂	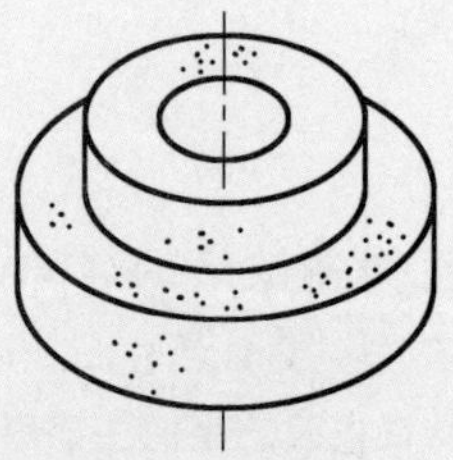 铸件表面黏有砂粒	浇注温度太高； 型砂选用不当，耐火度差； 未刷涂料或涂料太薄

10. 金属压力加工

金属压力加工是机械制造工程中的主要工艺方法之一，它可为其他工艺方法制造毛坯，也可以直接加工成品和半成品，在制造中应用非常广泛。本任务主要介绍金属可锻性、常用锻造工艺（包括自由锻、模锻、板料冲压）以及锻压件的结构工艺性。

金属压力加工是指借助外力的作用，使金属坯料产生塑性变形，达到所需要的形状、尺寸和机械性能要求的加工方法。压力加工分为如下几类：

(1)轧制

使坯料通过旋转轧辊的中间缝隙，受压而产生塑性变形，这种加工方法称为轧制，如图 1-57 所示。轧制生产所用的坯料主要是钢锭。在轧制过程中，金属坯料截面缩小，长度增加，从而获得各种截面形状的轧材，如钢板、型材、无缝钢管及各种型钢(图 1-58)。

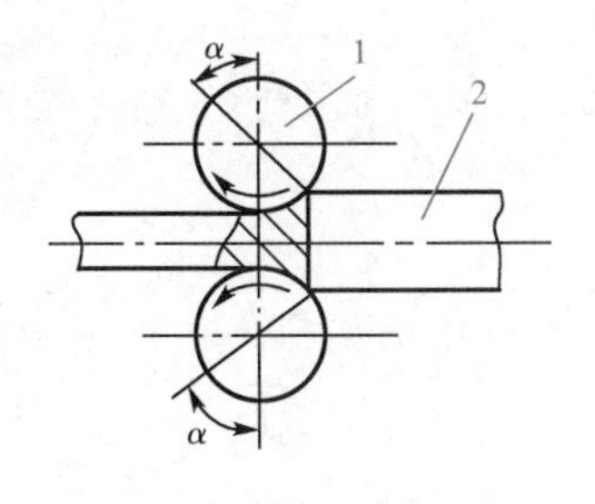

图 1-57　轧制

1—轧辊；2—坯料

图 1-58　型钢

(2)挤压

坯料通过挤压模内的模孔被挤出而产生塑性变形的加工方法称为挤压。挤压可分为两种：一种是凸模运动方向和坯料流动方向一致的，称为正挤压；另一种是凸模运动方向和坯料流动方向相反的，称为反挤压，反挤压可以节省挤压力。挤压如图 1-59 所示。

挤压后，可获得各种截面形状的型材或零件，如图 1-60 所示。挤压生产适用于加工低碳钢、有色金属及其合金、高合金钢和难熔合金。

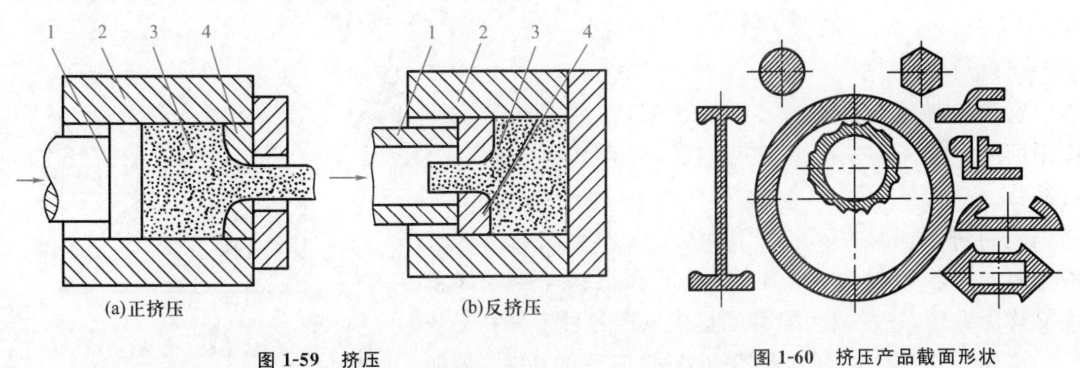

(a)正挤压　　(b)反挤压

图 1-59　挤压

1—凸模；2—挤压筒；3—坯料；4—挤压模

图 1-60　挤压产品截面形状

(3)拉拔

将坯料拉过拉拔模的模孔而产生塑性变形的加工方法称为拉拔，如图 1-61 所示。拉拔后的产品主要是各种细线材、薄壁管以及各种特殊几何形状截面的型材，如图 1-62 所示。所获得的产品具有较高的精度和较低的表面粗糙度，故也常用于对轧制件(棒料、管材)的再加工，以提高产品质量。拉拔生产适用于加工低碳钢及大多数的有色金属及其合金。

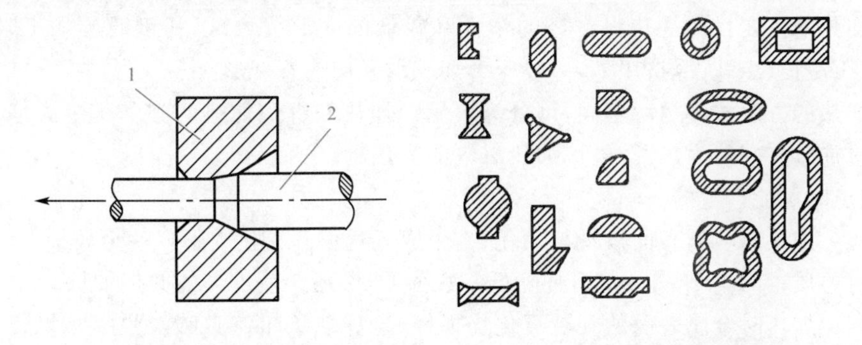

图 1-61　拉拔

1—拉拔模；2—坯料

图 1-62　拉拔产品截面形状

(4)自由锻

坯料在上、下砧铁(砧座与锤头)间受冲击或压力的作用而变形的加工方法称为自由锻,如图 1-63 所示。

(5)模锻

这是一种将坯料放在具有一定形状的锻模模膛内,在冲击力或压力作用下而充满模膛的加工方法,如图 1-64 所示。

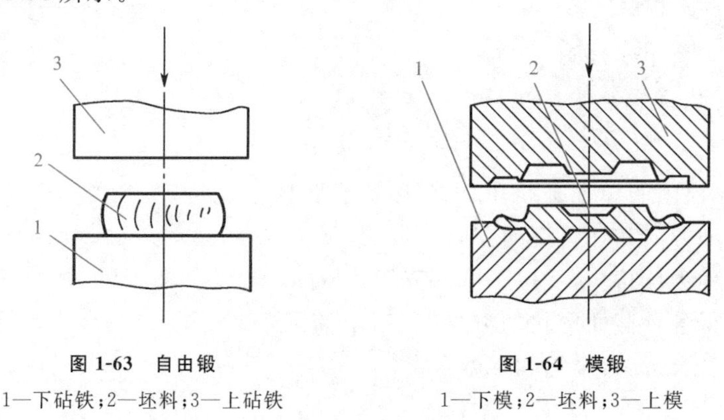

图 1-63 自由锻

1—下砧铁;2—坯料;3—上砧铁

图 1-64 模锻

1—下模;2—坯料;3—上模

(6)板料冲压

这是一种将金属板料放在冲模间,使其受冲击或压力作用而产生分离和变形的加工方法,板料冲压的基本工序有冲裁、弯曲、拉深、成形等,拉深如图 1-65 所示。

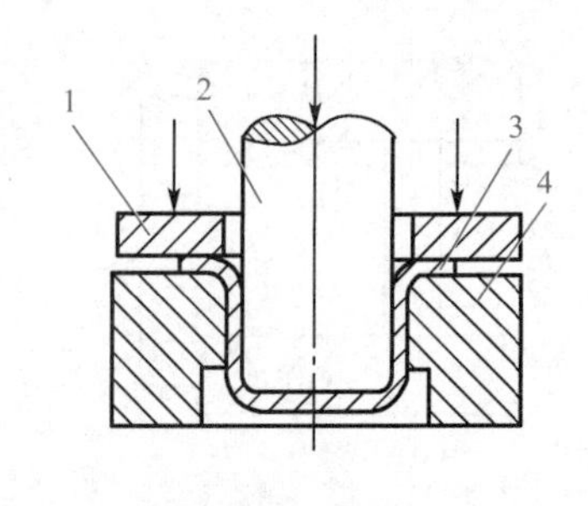

图 1-65 拉深

1—压板;2—凸模;3—坯料;4—凹模

轧制、挤压和拉拔等加工方法主要用于制造一般常用的型材、板材、线材等。自由锻、模锻和板料冲压等加工方法又称为锻压,通过锻压加工可直接生产各种零件和毛坯。

金属压力加工之所以能获得如此广泛的应用,是加工时产生塑性变形,使金属毛坯具有细晶粒结构,同时能压合铸件组织内部的缺陷(如微裂纹、气孔等),使材料产生加工硬化,因而提高了金属的机械性能。故在同样受力和工作条件下,可缩小零件截面尺寸,减轻产品重量。但是,压力加工与铸造方法比较也有不足之处,例如不能获得形状较为复杂的零件。

11. 金属的加热

金属加热的主要目的是获得良好的塑性和较低的变形抗力,以利于锻压加工时的成形。除板料冲压、冷拔、冷轧、冷挤压外,一般压力加工均采用热态变形。

金属加热的方法按其热源不同,可分为火焰炉加热和电炉加热两类。其中火焰炉加热以燃料(煤、重油、煤气等)为热源,电炉加热以电能为热源。

(1)加热时可能产生的缺陷

①氧化　加热时金属表面极易与氧化合,生成氧化皮。氧化皮不仅使金属损耗(每次加热损耗占钢料总质量的 1%~3%),而且降低了表面质量,还会使模具的磨损加快。

②脱碳　加热时金属表面的碳被氧化烧损掉,这种现象叫作脱碳。脱碳结果使材料表面硬度、强度和耐磨性降低。钢材的脱碳层深度不允许超过机械加工余量。

③过热　加热温度超过了工艺规范所允许的温度范围,从而引起金属内部组织粗大,这种

现象叫作过热。具有过热组织的钢材不仅机械性能下降，而且变脆。

④过烧　金属长时间在过高的温度中加热，炉气中的氧会渗透到金属的内部组织中，引起晶界的氧化和晶界上低熔点杂质的熔化，破坏了金属原子间的结合力，从而在锻压加工中出现裂纹，这种现象叫作过烧。

⑤裂纹　引起裂纹的原因有加热温度过高、加热速度过快以及装炉不当等。加热速度过快或装炉温度过高，使钢材表、里温差过大，产生很大的内应力，从而导致裂纹。故对于这类钢材必须采用缓慢加热或先预热。

(2)锻造温度范围

要获得优质的毛坯或零件，就应该保证金属具有良好的塑性状态。因此，热态塑性变形必须在规定的温度范围内进行。

从开始锻造的最高温度到终止锻造的最低温度之间的范围，叫作锻造温度范围。始锻温度过高，容易产生过热或过烧缺陷；终锻温度过低，则材料的塑性降低，变形阻力增大。高碳钢及合金钢的锻造温度范围较窄，而有色金属的锻造温度范围更窄。所以，锻造这些材料时应特别注意。

二、自由锻

只用简单的通用性工具，或在锻造设备的上、下砧铁之间直接使坯料变形而获得所需的几何形状及内部质量的锻件，这种方法称为自由锻。

1. 自由锻的基本工序

自由锻的基本工序包括拔长、镦粗、冲孔、弯曲、错移和扭转等。

(1)拔长

拔长是使坯料横截面面积减小、长度增加的锻造工序。拔长的方法主要有以下两种：

①在平砧上拔长　图 1-66(a)是在锻锤上、下平砧间拔长。高度为 H(或直径为 D)的坯料由右向左送进，每次送进量为 l。

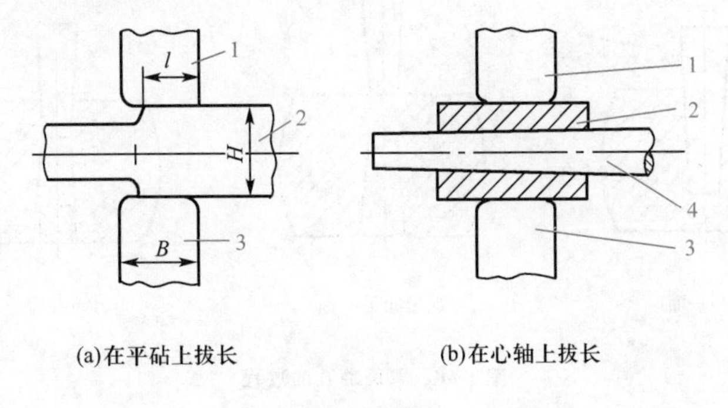

(a)在平砧上拔长　(b)在心轴上拔长

图 1-66　拔长

1—上砧；2—坯料；3—下砧；4—心轴

②在心轴上拔长　图 1-66(b)是在心轴上拔长空心坯料。锻造时，先把心轴插入冲好孔的坯料中，然后当作实心坯料进行拔长。

(2)镦粗

镦粗是使毛坯高度减小、横截面面积增大的锻造工序。镦粗常用于锻造齿轮坯、圆饼类锻件。

镦粗主要有以下三种形式：

①完全镦粗　完全镦粗是将坯料竖直放在砧面上，如图 1-67(a)所示，在上砧的锤击下，使坯料产生高度减小、横截面面积增大的塑性变形。

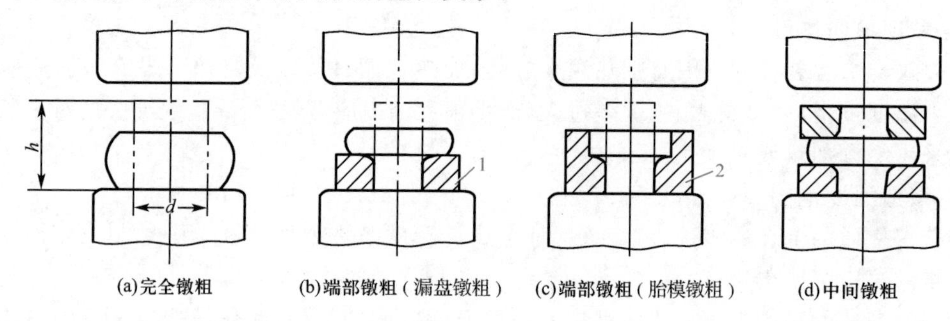

(a)完全镦粗　(b)端部镦粗（漏盘镦粗）　(c)端部镦粗（胎模镦粗）　(d)中间镦粗

图 1-67　镦粗

1—漏盘；2—胎模

②端部镦粗　将坯料加热后，一端放在漏盘或胎模内，限制这一部分的塑性变形，然后锤击坯料的另一端，使之镦粗成形。图 1-67(b)所示为用漏盘镦粗的方法，多用于单件小批生产；图 1-67(c) 所示为用胎模镦粗的方法，多用于大批生产。在单件小批生产条件下，可将需要镦粗的部分局部加热，或者全部加热后将不需要镦粗的部分在水中激冷，然后进行镦粗。

③中间镦粗　这种方法用于锻造中间断面大、两端断面小的锻件，如图 1-67(d)所示。坯料镦粗前，需先将坯料两端拔细，然后使坯料直立在两个漏盘中间进行锤击，将坯料中间部分镦粗。

(3)冲孔

冲孔是利用冲头在镦粗后的坯料上冲出透孔或不透孔的锻造工序。常用于锻造杆类、齿轮坯、环套类等空心锻件。冲孔的方法主要有以下两种：

①双面冲孔　用冲头在坯料上冲至 2/3～3/4 深度时，取出冲头，翻转坯料，再用冲头从反面对准位置，冲出孔来。双面冲孔的过程如图 1-68 所示。

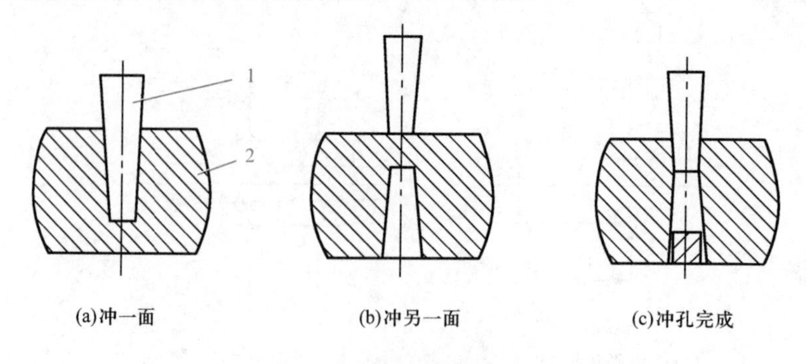

(a)冲一面　(b)冲另一面　(c)冲孔完成

图 1-68　双面冲孔的过程

1—冲头；2—坯料

②单面冲孔　厚度小的坯料可采用单面冲孔的方法。冲孔时，将坯料置于垫环上，将一略带锥度的冲头大端对准冲孔位置，用锤击方法打入坯料，直至穿透孔为止，如图 1-69 所示。

(4)弯曲

弯曲是采用一定的工模具将毛坯弯成所规定的外形的锻造工序，常用于锻造角尺、弯板、吊钩等轴线弯曲的锻件。弯曲方法主要有以下两种：

①锻锤压紧弯曲　坯料的一端被上、下砧压紧，用大锤打击或用吊车拉另一端，使其弯曲

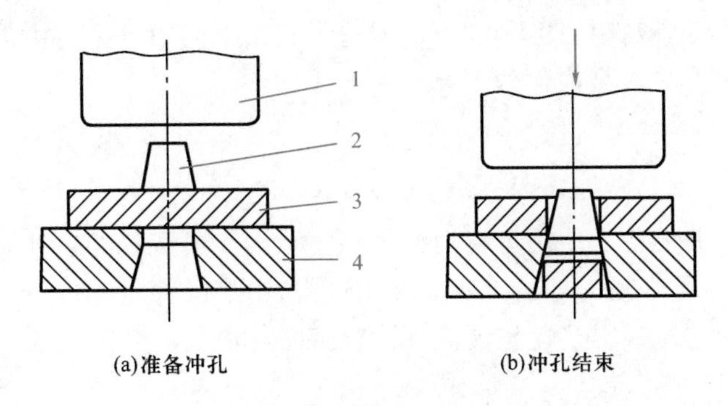

(a)准备冲孔　(b)冲孔结束

图 1-69　单面冲孔的过程

1—上砧；2—冲头；3—坯料；4—垫环

成形，如图 1-70 所示。

②垫模弯曲　在垫模中弯曲能得到形状和尺寸较准确的小型锻件，如图 1-71 所示。

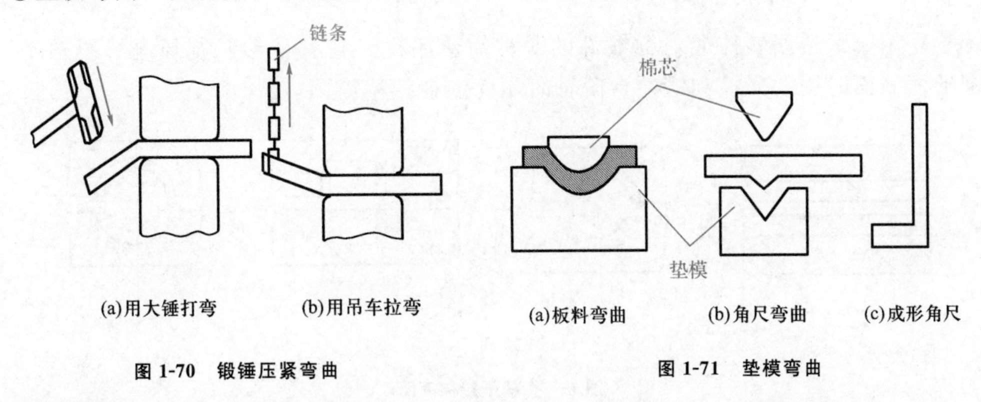

(a)用大锤打弯　(b)用吊车拉弯　(a)板料弯曲　(b)角尺弯曲　(c)成形角尺

图 1-70　锻锤压紧弯曲　**图 1-71　垫模弯曲**

(5)错移

错移是指将坯料的一部分相对另一部分平行错开一段距离的锻造工序，如图 1-72 所示，常用于锻造曲轴类零件。错移时，先对坯料进行局部切割，然后在切口两侧分别施加大小相等、方向相反且垂直于轴线的冲击力或压力，使坯料实现错移。

(6)扭转

扭转是将坯料的一部分相对于另一部分绕其轴线旋转一定角度的锻造工序，常用于锻造多拐弯曲件、麻花钻和校正某些锻件。小型坯料扭转角度不大时，可用锤击方法，如图 1-73 所示。

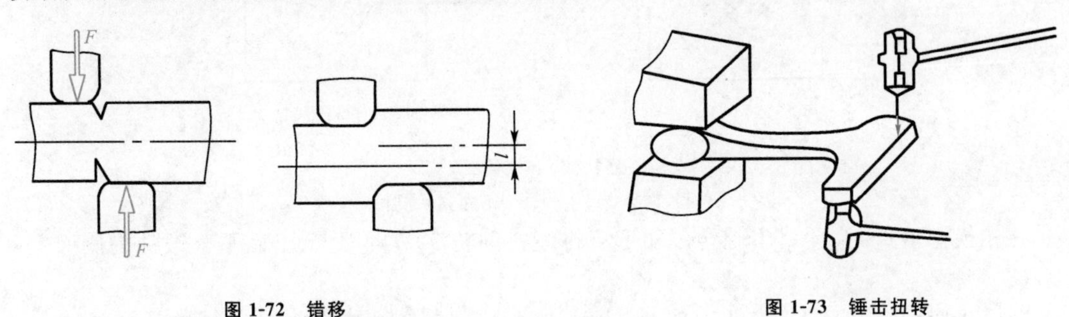

图 1-72　错移　**图 1-73　锤击扭转**

2. 自由锻的生产特点和应用

自由锻时，坯料只有部分与上、下砧接触而产生塑性变形，其余部分则为自由表面，所以要求锻造设备的吨位比较小。自由锻的工艺灵活性较大，更改锻件品种时，生产准备的时间较短。自由锻的生产率低，锻件精度不高，不能锻造形状复杂的锻件。自由锻主要在单件小批生产条件下采用。自由锻是大型锻件的主要生产方法。

三、胎模锻

胎模锻是在自由锻设备上使用可移动模具(胎模)生产模锻件的一种锻造方法。胎模不固定在锤头或砧座上，只是在用时才放上去。在生产中、小型锻件时，广泛采用自由锻制坯、胎模锻成形的工艺方法。胎模锻工艺比较灵活，胎模的种类也比较多，因此了解胎模的结构和成形特点是掌握胎模锻工艺的关键。

1. 胎模的种类

根据胎模的结构特点，胎模可以分为摔子、扣模、套模和合模四种。

(1)摔子

摔子是用于锻造回转体或对称锻件的一种简单胎模。它有整形和制坯之分。图 1-74 是锻造圆形横截面时用的光摔和锻造台阶轴时用的型摔结构简图。

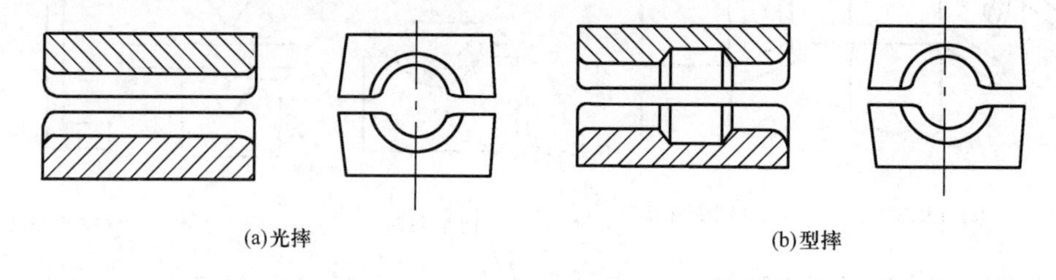

(a)光摔　　(b)型摔

图 1-74　摔子结构简图

(2)扣模

扣模是相当于锤锻模成形具有模膛作用的胎模，多用于简单非回转体轴类锻件局部或整体的成形。扣模一般由上、下扣组成(图 1-75(a))，或者只有下扣，而上扣由上砧代替，即单扣(图 1-75(b))。

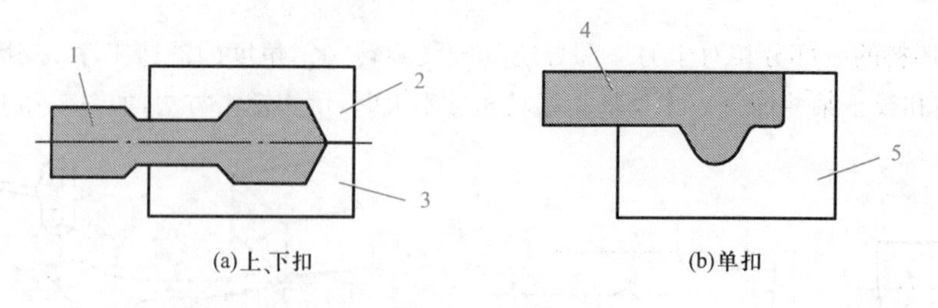

(a)上、下扣　　(b)单扣

图 1-75　扣模简图

1、4—坯料；2—上扣；3—下扣；5—单扣

在扣模中锻造时，坯料不翻转。扣形后将坯料翻转 90°，再用上、下砧平整锻件的侧面。

(3)套模

套模一般由模套及上、下模垫组成。它有开式套模和闭式套模两种。最简单的开式套模只有下模(模套)，上模由上砧代替，如图 1-76(a)所示。图 1-76(b)是有模垫的开式套模，模垫的作用是使坯料的下端面成形。开式套模主要用于回转体锻件(如齿轮、法兰盘等)的成形。

闭式套模是由模套和上、下模垫组成的，也可只有上模垫，如图 1-77 所示。它与开式套模的不同之处在于，上砧的打击力是通过上模垫作用于坯料上的，坯料在模膛内成形，一般不产生飞边或毛刺。闭式套模主要用于凸台和凹坑的回转体锻件，也可用于非回转体锻件。

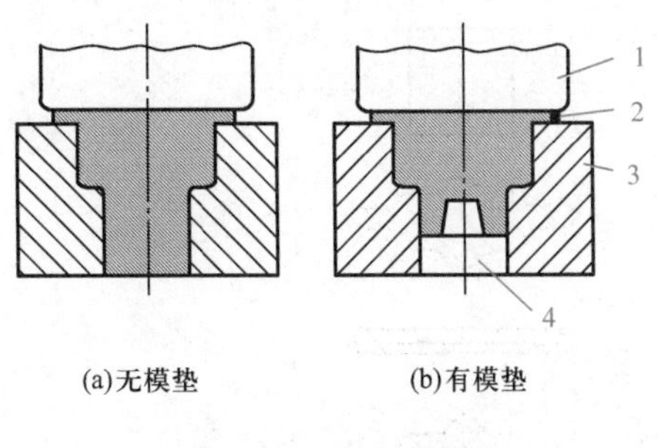

图 1-76 开式套模简图

1—上砧；2—飞边；3—模套；4—模垫

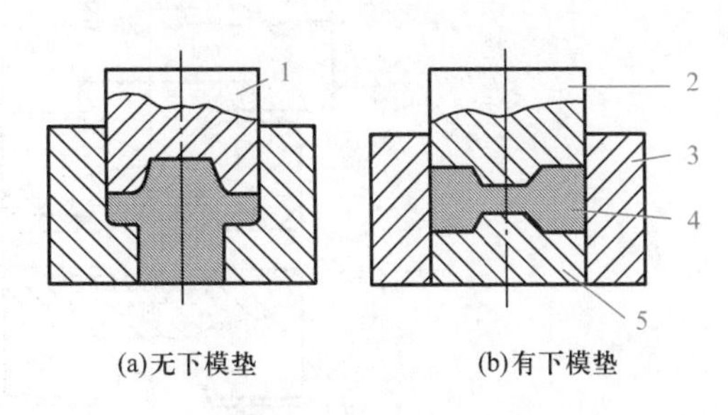

图 1-77 闭式套模简图

1、2—上模垫；3—模套；4—坯料；5—下模垫

(4)合模

合模由上、下模和导向装置组成，如图 1-78 所示。在上、下模的分型面上，环绕模膛开有飞边槽，锻造时多余的金属被挤入飞边槽中。锻件成形后须将飞边切除。合模锻多用于非回转体类且形状比较复杂的锻件，如连杆、叉形锻件。

与前述几种胎模锻相比，合模锻生产的锻件的精度和生产率都比较高，但是模具制造也比较复杂，所需锻锤的吨位也比较大。

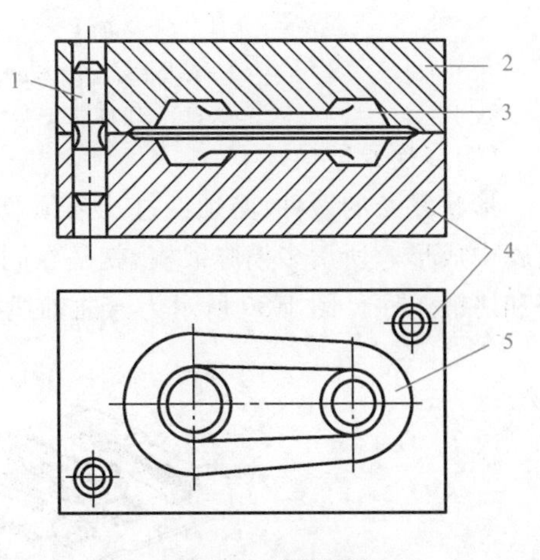

图 1-78 合模简图

1—导销；2—上模；3—锻件；4—下模；5—飞边槽

2. 胎模锻的特点和应用

胎模锻与自由锻相比有如下优点：

(1)由于坯料在模膛内成形，所以锻件尺寸比较精确，表面比较光洁，流线组织的分布比较合理，所以质量较高。

(2)由于锻件形状由模膛控制，所以坯料成形较快，生产率比自由锻高 1～5 倍。

(3)能锻出形状比较复杂的锻件。

(4)锻件余块少，因而加工余量较小，既可节省金属材料，又能减少机械加工工时。

胎模锻也有一些缺点：需要吨位较大的锻锤；只能生产小型锻件；胎模的使用寿命较短；工作时一般要靠人力搬胎模，因而劳动强度较大。胎模锻用于生产中、小批量的锻件。

四、锤上模锻

锤上模锻简称模锻，它是在模锻锤上利用模具(锻模)使毛坯变形而获得锻件的锻造方法。

1. 锻模的种类

使坯料成形而获得模锻件的工具称为锻模。锻模分为单模膛锻模和多模膛锻模两类。

(1)单模膛锻模

图 1-79 所示为单模膛锻模及锻件成形过程。加热好的坯料直接放在下模的模膛内，然后上、下模在分型面上进行锻打，直至上、下模在分型面上近乎接触为止。切去锻件周围的飞边，

即得到所需要的锻件。

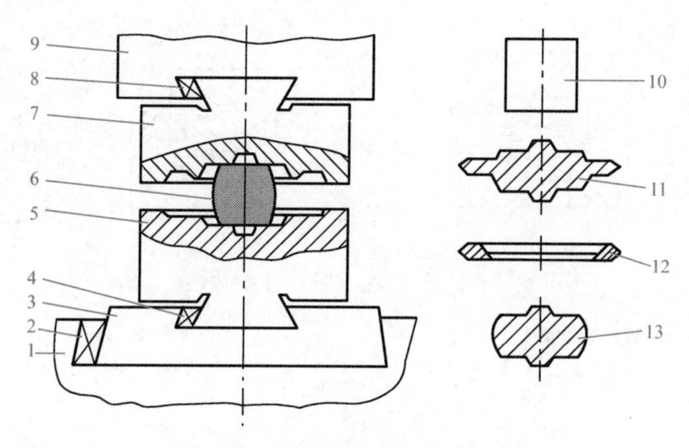

图 1-79　单模膛锻模及锻件成形过程

1—砧座；2、4、8—楔铁；3—模座；5—下模；6—坯料；7—上模；
9—锤头；10—坯料；11—带飞边的锻件；12—切下的飞边；13—成形锻件

(2)多模膛锻模

形状复杂的锻件，必须经过几道预锻工序才能使坯料的形状接近锻件形状，最后才在终锻模膛中成形。所谓多模膛锻模，就是在同一副锻模上能够进行各种拔长、弯曲、镦粗等预锻工序和终锻工序。图 1-80 所示为弯曲轴线类锻件的锻模及锻件成形过程。

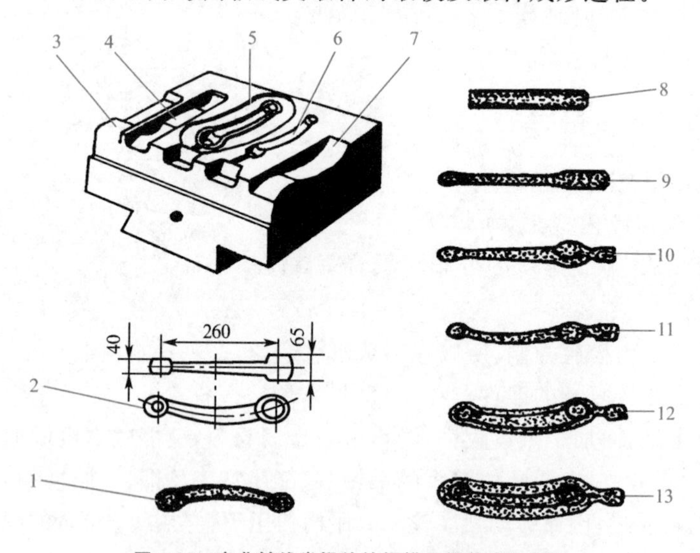

图 1-80　弯曲轴线类锻件的锻模及锻件成形过程

1—锻件；2—零件图；3—延伸模膛；4—滚压模膛；5—终锻模膛；
6—预锻模膛；7—弯曲模膛；8—坯料；9—延伸坯料；10—滚压坯料；
11—弯曲坯料；12—预锻坯料；13—带飞边锻件

2. 锤上模锻的特点和应用

锤上模锻与自由锻、胎膜锻比较，有如下优点：

生产率高，表面质量高，加工余量小，余块少甚至没有，尺寸准确，可节省大量金属材料和机械加工工时；操作简单，劳动强度比自由锻和胎模锻都低。

锤上模锻的主要缺点如下：

模锻件的质量受到一般模锻设备能力的限制，大多在 50～70 kg 以下；锻模需要贵重的模具钢，加上模膛的加工比较困难，所以锻模的制造周期长、成本高；模锻设备的投资费用比自由锻大，主要用于生产大批量锻件。

五、板料冲压

使板料经分离或成形而得到制件的工艺统称为冲压。因通常都是在冷态下进行的，故称冷冲压。

1. 冲压的基本工序

冲压的基本工序可分为分离和成形两大类。分离工序是指使板料的一部分与另一部分相互分离，如切断、落料、冲孔、切口、切边等。成形工序是指使板料的一部分相对另一部分产生位移而不破裂，如弯曲、拉深等。

下面介绍几种常用的冲压工序：

(1)切断

切断是指使坯料沿不封闭的轮廓分离的工序。切断通常是在剪床(又称剪板机)上进行的。图 1-81 是常见的一种切断形式。当剪床机构带动滑块沿导轨下降时，在上刀刃与下刀刃的共同作用下，使板料被切断。

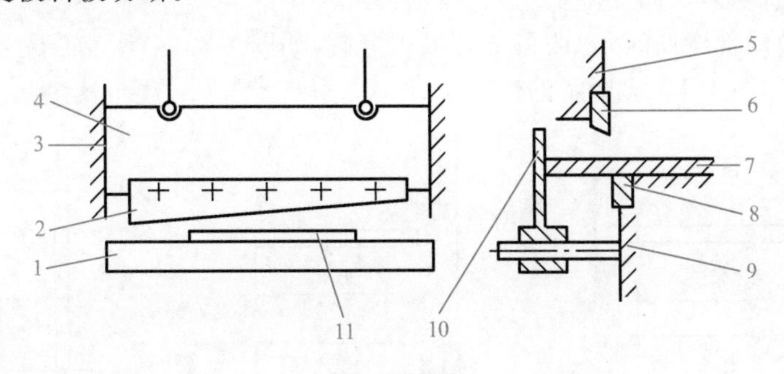

图 1-81　切断

1、8—下刀刃；2、6—上刀刃；3—导轨；4、5—滑块；7、11—钢板；9—工作台；10—挡铁

切断工序可直接获得平板形制件。但是，生产中切断主要用于下料。

(2)落料与冲孔

落料与冲孔又称为冲裁，是指利用冲模将板料以封闭轮廓与坯料分离的工序，冲裁大多在冲床上进行。冲裁如图 1-82 所示，当冲床滑块使凸模下降时，在凸模与凹模刃口的相互作用下，圆形板料被切断而分离出来。

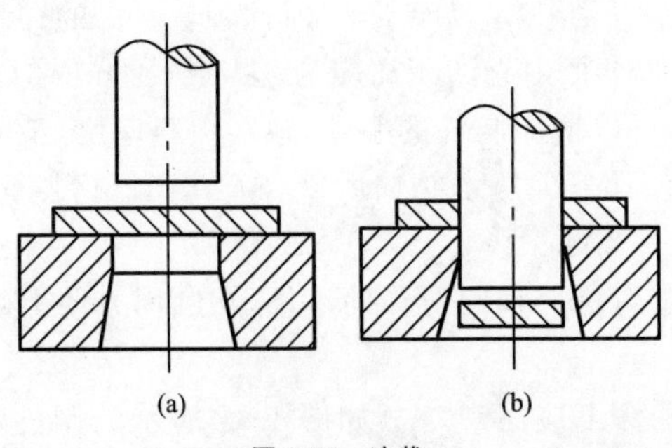

图 1-82　冲裁

对于落料工序而言，从板料上冲下来的部分是产品，剩余板料则是余料或废料；对于冲孔而言，板料上冲出的孔是产品，而冲下来的板料则是废料。

2. 冲压件的结构工艺性

冲压件的结构工艺性，是指冲压件在结构、形状、尺寸、材料和精度要求等方面，要尽可能做到制造容易、节省材料、模具寿命长、不易出现废品。

(1)冲裁件的结构工艺性要求

①冲裁件的形状应力求简单、对称，尽可能采用圆形或矩形等规则的形状，避免过长、过窄的槽和悬臂。

②冲裁件的转角处要以圆弧过渡，避免尖角。

③制件上孔与孔之间、孔与坯料边缘之间的距离不宜过小，否则凹模强度和制件质量会降低。

④冲孔时，孔的尺寸不能太小，否则会因凸模(即冲头)强度不足而发生折断。一般冲模能冲出的最小孔径与板料厚度 t 有关。

(2)弯曲件的结构工艺性要求

①弯曲件的弯曲半径不应小于最小弯曲半径，但是也不应过大，否则回弹不易控制。

②弯曲边长 $h \geqslant R+2t$，如图 1-82(a)所示。h 过小，弯曲边在模具上支持的长度过小，坯料容易向长边方向位移，从而会降低弯曲精度。

③在坯料一边局部弯曲时，弯曲根部容易被撕裂，如图 1-83(a)所示。可减小坯料宽度(A 减为 B)或者改成如图 1-83(b)所示的结构。

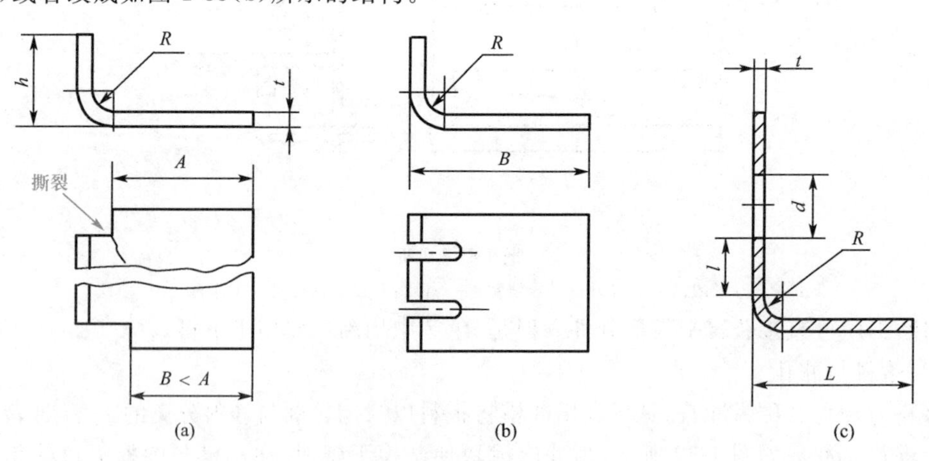

图 1-83 弯曲件的结构工艺性

④若在弯曲附近有孔时，则孔容易变形。因此，应使孔的位置离开弯曲变形区，如图 1-83(c)所示。从孔缘到弯曲半径中心的距离应为 $l \geqslant t$($t<2$ mm 时)或 $l \geqslant 2t$($t \geqslant 2$ mm时)。

⑤弯曲件上合理加肋，可以增加制件的刚性，减小板料厚度，节省金属材料。在图1-84中，图 1-84(a)所示结构改为图 1-84(b)所示结构后，$t_2<t_1$，既省材料，又减小弯曲力。

(3)拉深件的结构工艺性要求

①拉深件的形状应尽量对称。轴向对称的零件，在圆周方向上的变形比较均匀，模具也容易制造，工艺性最好。

②空心拉深件的凸缘和深度应尽量小。如图 1-85 所示的制件，其结构工艺性就不好，一般应使 $d_{凸}<3d$，$h<2d$。

③拉深件的制造精度(如制件的内径、外径和高度)要求不宜过高。

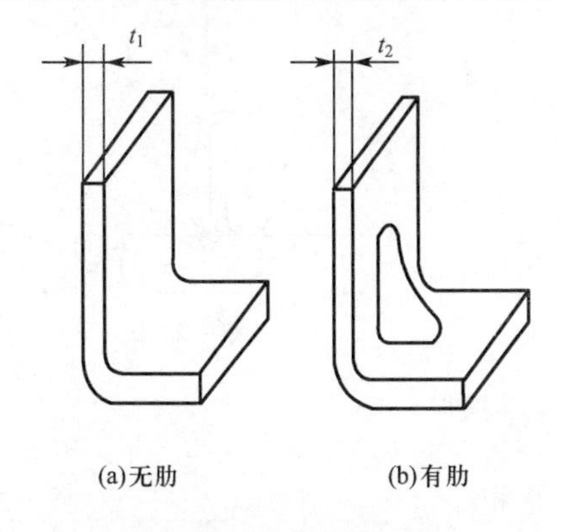

图 1-84　弯曲件加肋

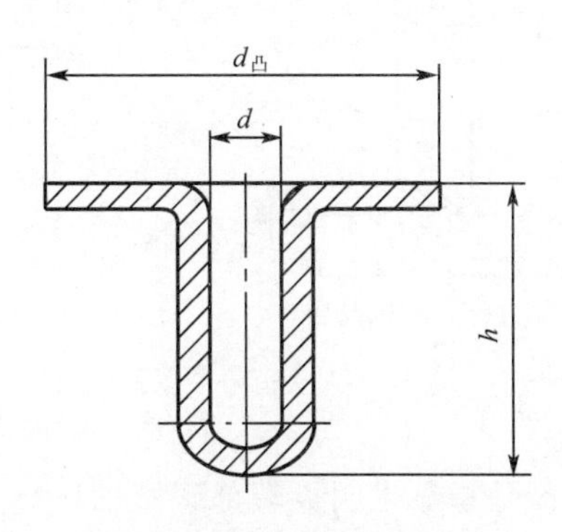

图 1-85　拉深件的结构工艺性

六、常用焊接方法

焊接是现代工业生产中,制造各种金属结构和机械零部件常用的一种连接金属的工艺方法。焊接就是通过加热或加压,或两者并用,借助于金属原子扩散和结合,使分离的材料牢固地连接在一起的加工方法。

1. 手工电弧焊

手工电弧焊(又称为焊条电弧焊)是用手工操纵焊条进行焊接的电弧焊方法,如图1-86所示。

手工电弧焊设备简单,操作灵活,对空间不同位置、不同接头形式的焊件都能进行焊接。因此,手工电弧焊是焊接生产中应用最广泛的焊接方法。

焊接电弧是由焊接电源供给的,它是在具有一定电压的两电极间或电极与焊件间,在气体介质中产生的强烈而持久的放电现象。

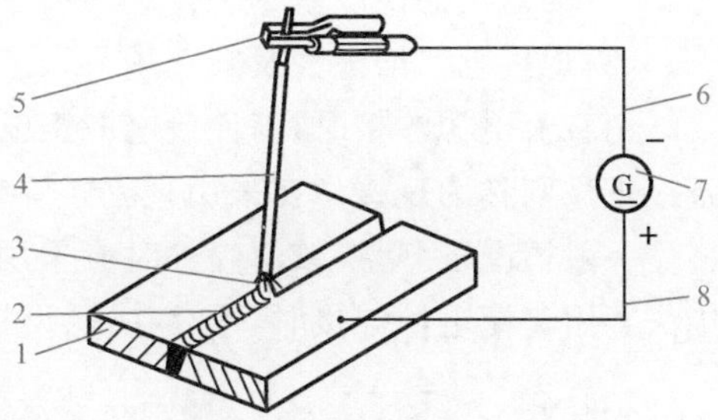

图 1-86　手工电弧焊原理

1—焊件;2—焊缝;3—电弧;4—焊条;5—焊钳;6—接焊钳的电缆;7—电焊机;8—接焊件的电缆

(1)焊接电弧的产生

焊接电弧的产生有接触引弧和非接触引弧两种方式,手工电弧焊采用接触引弧方式。焊接电弧的产生过程如图 1-87 所示。焊接时,当焊条末端与焊件接触时,造成短路,而且由于焊件和焊条的接触表面不平整,因而接触处电流密度很大,在短时间内产生大量的热,使焊条末端温度迅速升高并熔化。在很快提起焊条的瞬间,电流只能从已熔化金属的细颈处通过,使细颈部分的金属温度急剧升高、蒸发和汽化,引起强烈的电子发射和热电离。在电场力作用下,自由电子奔向阳极,正离子奔向阴极。在它们运动过程中和到达两电极时不断发生碰撞和复合,使动能转变为热能,并产生大量的光和热,便形成了电弧。

(2)焊接电弧的构造及热量分布

焊接电弧分三个区域,如图 1-88 所示,即阴极区、阳极区和弧柱区。当采用直流电源时,如焊条接负极,焊件接正极,则阴极区在焊条末端,阳极区在焊件上。

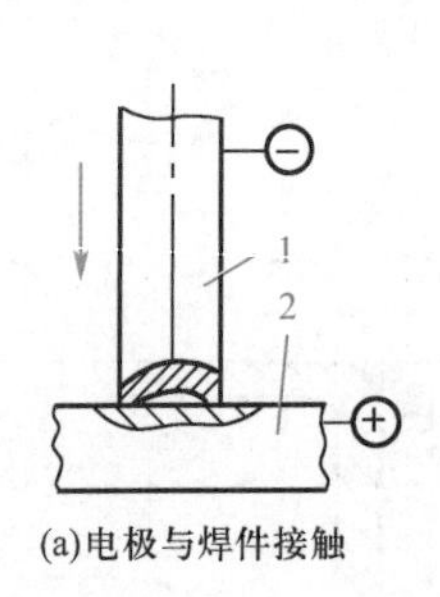

(a)电极与焊件接触

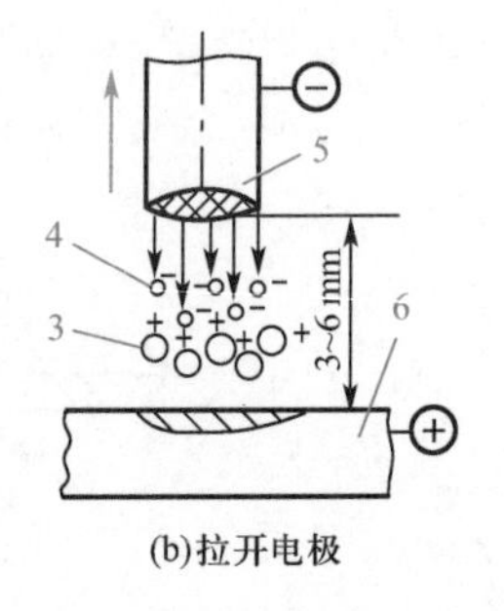

(b)拉开电极

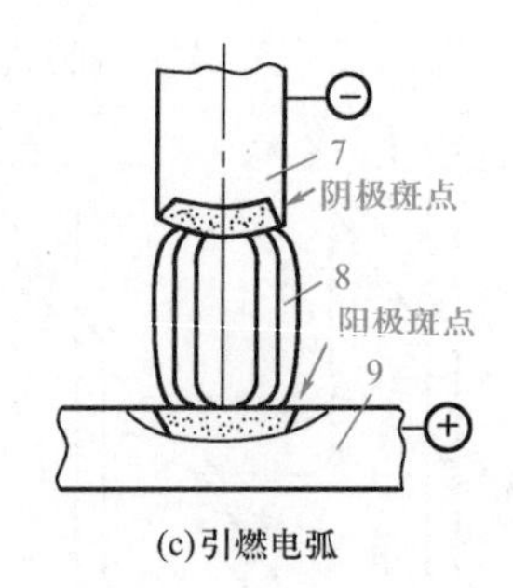

(c)引燃电弧

图 1-87 焊接电弧的产生过程

1、5、7—电极；2、6、9—焊件；3—正离子；4—自由电子；8—弧柱

阴极区是指靠近阴极端部很窄的区域，阳极区是指靠近阳极端部的区域，处于阴极区和阳极区之间的气体空间区域是弧柱区，其长度相当于整个电弧的长度。用钢焊条焊接钢材时，阴极区释放的热量约占电弧总热量的 36%，温度约为 2 100 ℃；阳极区释放的热量约占电弧总热量的 43%，温度约为 2 300 ℃；弧柱区释放的热量约占电弧总热量的 21%，弧柱中心温度可达 5 700 ℃以上。

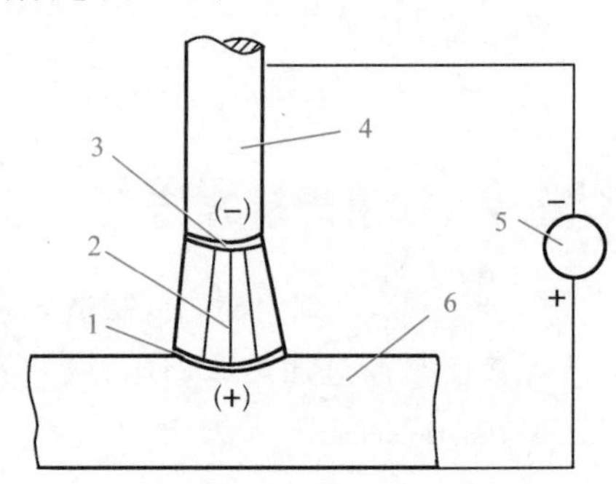

图 1-88 焊接电弧的组成

1—阳极区；2—弧柱区；3—阴极区；4—焊条；5—直流电源；6—焊件

当使用交流焊接电源时，由于电源极性快速交替变化，所以两电极的温度基本一样。

(3)焊接电弧的极性及其选用

用直流电源焊接时，焊件接电源正极、焊条接电源负极的接法称为正接；若焊件接负极、焊条接正极则称为反接。在采用直流焊接电源时，要根据焊件的厚薄来选择正、负极的接法。

一般情况下，焊接较薄焊件时应采用反接法，如图 1-89 所示；如果焊接较厚件，则采用正接法。用交流电源焊接时，不存在正、反接问题。

2. 气焊

气焊是指将可燃气体乙炔和助燃气体氧气按一定比例混合后，从焊炬喷嘴喷出，点燃后形成高温火焰(温度可达 3 000 ℃)，将焊件加热到一定温度后，再将焊丝熔化，充填焊缝，然后用火焰将接头吹平，待其冷凝后，便形成焊缝，如图 1-90 所示。

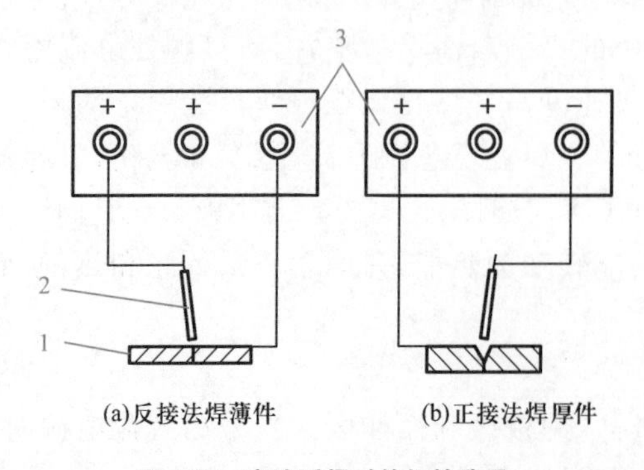

(a)反接法焊薄件　(b)正接法焊厚件

图 1-89 直流弧焊时的极性选用

1—焊件；2—焊条；3—直流弧焊电源二次接线板

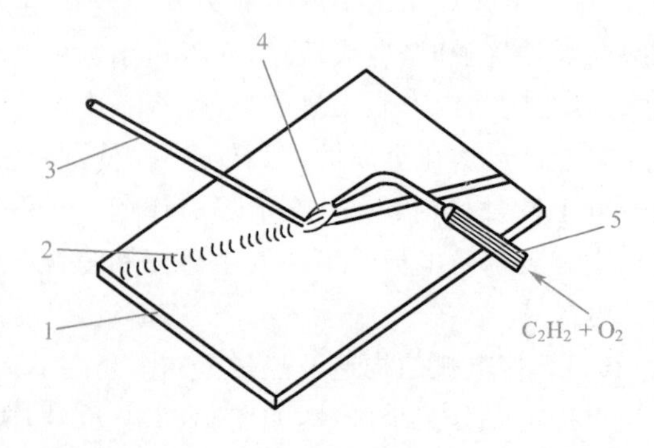

图 1-90 气焊

1—焊件；2—焊缝；3—焊丝；4—火焰；5—焊炬

气焊时所用的火焰，按可燃气体乙炔(C_2H_2)与助燃气体氧气(O_2)的体积比值分为三种：

(1)当 $V_{O_2}:V_{C_2H_2}<1$ 时称为碳化焰。火焰中乙炔过剩，有游离态的碳，有较强的还原作用，也有一定的渗碳作用。

(2)当 $V_{O_2}:V_{C_2H_2}=1.0\sim1.2$ 时称为中性焰。中性焰中氧气与乙炔充分燃烧，没有过剩的氧气和乙炔，这种火焰的用途最广。

(3)当 $V_{O_2}:V_{C_2H_2}>1.2$ 时称为氧化焰。氧化焰中氧气过剩，焊接时对金属有氧化作用。

碳化焰主要用于焊接含碳量较高的高碳钢、高速钢、硬质合金等材料，也可用于铸铁件的焊补。因为这种火焰有增碳作用，可补充焊接过程中碳的烧损。中性焰主要用于焊接低碳钢、低合金钢、高铬钢、不锈钢和紫铜等材料。氧化焰主要用于焊接黄铜、青铜等材料。因为氧化焰可在熔化金属表面生成一层硅的氧化膜(焊丝中含硅)，可保护低熔点的锌、锡不被蒸发。

焊接碳钢时，可直接用焊丝焊接。而焊接不锈钢、耐热钢、铜及铜合金、铝及铝合金时，必须用气焊熔剂，以防止金属氧化和消除已经形成的氧化物。

由于气焊火焰的温度比电弧低，热量少，所以主要用于焊接厚度约为 2 mm 的薄板。

3. 埋弧焊

电弧在焊剂层下燃烧进行焊接的方法称为埋弧焊。

(1)埋弧焊工艺原理

埋弧焊工艺原理如图 1-91 所示。焊接前，在焊件接头上覆盖一层 30～50 mm 厚的颗粒状焊剂，然后将焊丝插入焊剂中，使它与焊件接头处保持适当距离，并使其产生电弧。电弧产生的热量使周围的焊剂熔化成熔渣，并形成高温气体，高温气体将熔渣排开形成一个空腔，电弧就在这一空腔中燃烧。覆盖在上面的液态熔渣和最下表面未熔化的焊剂将电弧与外界空气隔离。焊丝熔化后形成熔滴落下，并与熔化了的焊件金属混合形成熔池。随着焊丝沿箭头所指方向的不断移动，熔池中的液态金属也随之凝固，形成焊缝。同时，浮在熔池上面的熔渣也凝固成渣壳。

按焊丝沿焊缝移动方法的不同，埋弧焊可分为埋弧自动焊和埋弧半自动焊两类。

图 1-92 所示为埋弧自动焊的焊接过程。焊接时，焊件放在垫板上，垫板的作用是保持焊件具有适宜焊接的位置。焊丝通过送丝机构插入焊剂中。焊丝和焊剂管一起固定在可自动行走的小车上(图中未画出)，按图中箭头所指方向匀速运动。焊丝送进的速度与小车运动的速度相配合，以保证电弧的稳定燃烧，使焊接过程自始至终正常进行。

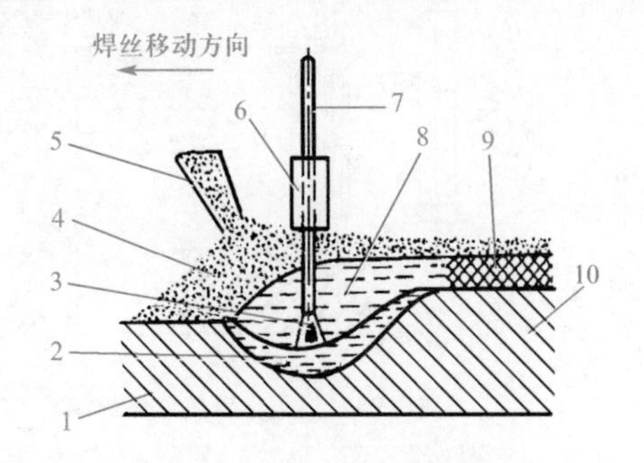

图 1-91 埋弧焊工艺原理

1—焊件；2—熔池；3—熔滴；4—焊剂；5—焊剂斗；6—导电嘴；7—焊丝；8—熔渣；9—渣壳；10—焊缝

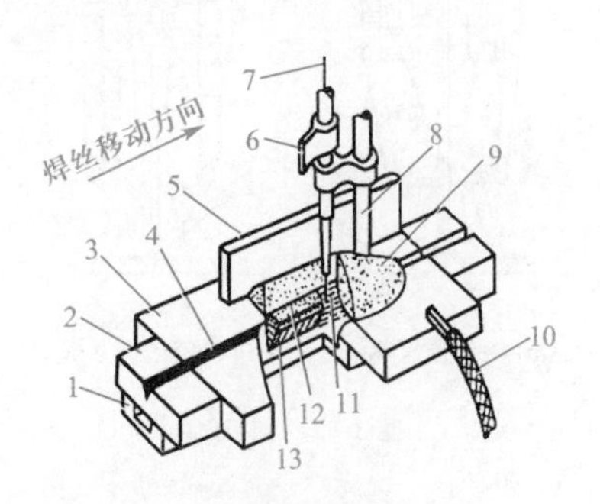

图 1-92 埋弧自动焊的焊接过程

1—垫板；2—导向板；3—焊件；4、13—焊缝；5—挡板；6—导电嘴；7—焊丝；8—焊剂管；9—焊剂；10—电缆；11—熔池；12—渣壳

埋弧半自动焊是依靠手工沿焊缝移动焊丝的，这种方法仅适宜较短和不太规则焊缝的焊接。

(2)埋弧焊的工艺特点和应用

与手工电弧焊相比，埋弧焊的优点是：焊接质量好，生产率高，节省焊接材料，易实现自动化，劳动强度低，劳动条件较好，操作也简单。

埋弧焊的缺点是：设备费用高；一般情况下只能焊接平焊缝，而不适宜焊接结构复杂、有倾斜焊缝的焊件；又因看不见电弧，焊接时检查焊缝质量不方便。

埋弧焊适用于低碳钢、低合金钢、不锈钢、铜、铝等金属材料厚板的长焊缝焊接。

4. 气体保护电弧焊

用外加气体作为电弧介质并保护电弧和焊接区的电弧焊称为气体保护电弧焊，简称为气体保护焊。

最常用的气体保护焊方法有氩弧焊和二氧化碳气体保护焊。

(1)氩弧焊

氩弧焊是指用氩气作为保护气体的电弧焊。氩弧焊按电极在焊接过程中是否熔化而分为熔化极氩弧焊(图 1-93(a))和非熔化极氩弧焊(图 1-93(b))两种。熔化极氩弧焊是采用直径为 0.80～2.44 mm 的实心焊丝，由氩气来保护电弧和熔池的一种焊接方法。焊丝既是电极，也是填充金属，所以称为熔化极氩弧焊。

非熔化极氩弧焊是以钨极作为电极，用氩气作为保护气体的气体保护焊。在焊接过程中，钨极不熔化，所以称为非熔化极氩弧焊。填充金属是送进电弧区后熔化的焊丝。

氩弧焊与其他电弧焊方法相比，焊接时不必用焊剂就可获得高质量焊缝。由于是明弧焊接，操作和观察都比较方便，可进行各种空间位置的焊接。

氩弧焊几乎可用于所有金属材料的焊接，特别是焊接化学性质活泼的金属材料。目前氩弧焊多用于焊接铝、镁、钛、铜及其合金、低合金钢、不锈钢和耐热钢等材料。

(2)二氧化碳气体保护焊

二氧化碳气体保护焊是在实心焊丝连续送出的同时，用二氧化碳作为保护气体进行焊接的熔化电弧焊，如图 1-94 所示。

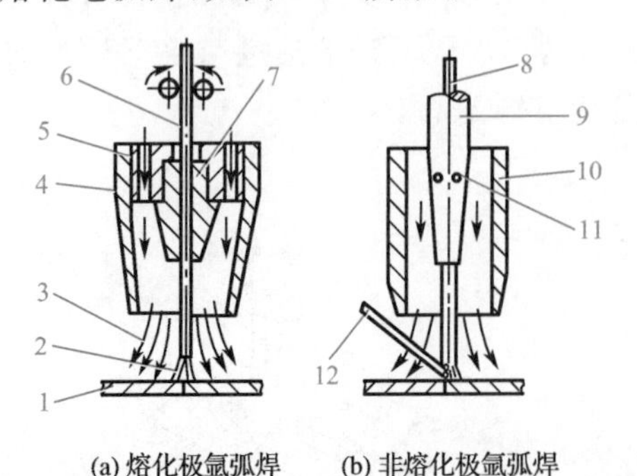

图 1-93　氩弧焊

1—焊件；2—熔滴；3—氩气；4、10—喷嘴；5、11—氩气喷管；6—熔化极焊丝；7、9—导电嘴；8—非熔化极钨丝；12—外加焊丝

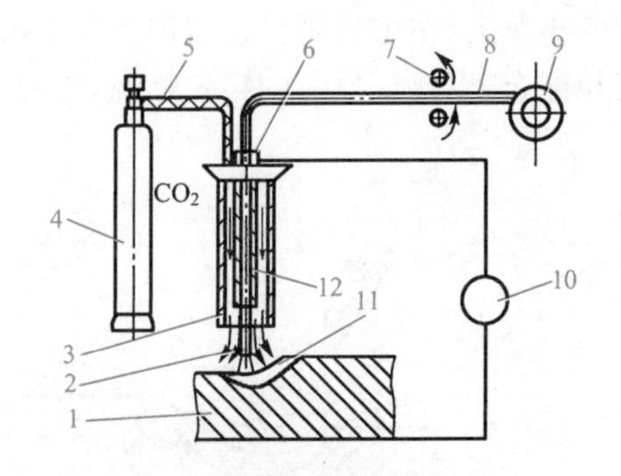

图 1-94　二氧化碳气体保护焊

1—焊件；2—CO_2气体；3—喷嘴；4—CO_2气瓶；5—送气软管；6—焊枪；7—送丝机构；8—焊丝；9—绕丝盘；10—电焊机；11—焊缝金属；12—导电嘴

二氧化碳气体保护焊的优点是生产率高。二氧化碳气体的价格比氩气低，电能消耗少，所

以成本较低。由于电弧热量集中，所以熔池小，焊件变形小，焊接质量高。缺点是不宜焊接容易氧化的有色金属等材料，也不宜在有风的场地工作，电弧光强，熔滴飞溅较严重，焊缝成形不够光滑。

二氧化碳气体保护焊常用于碳钢、低合金钢、不锈钢和耐热钢的焊接，也适用于修理机件，如磨损零件的堆焊。

5. 电阻焊

焊件装配好后通过电极施加压力，利用电流通过接头的接触面及临近区域产生的电阻热，将其加热至塑性或熔化状态，在外力作用下形成原子间结合的焊接方法称为电阻焊，也称为接触焊。电阻焊按接触方式分为对焊、点焊和缝焊，如图 1-95 所示。

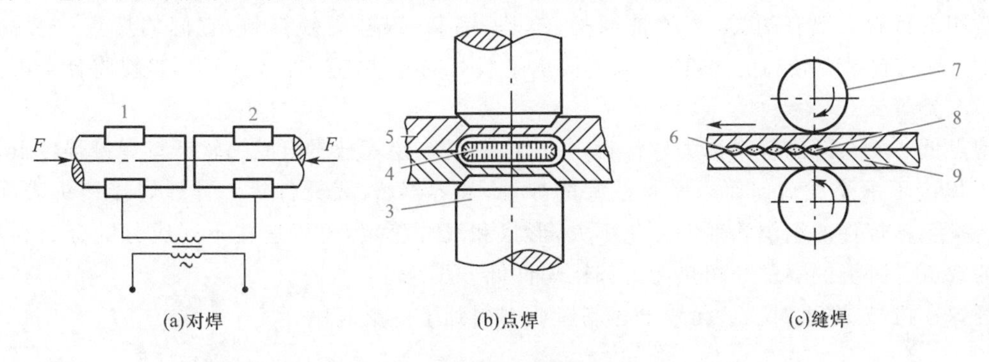

图 1-95　电阻焊

1—固定电极；2—移动电极；3—电极；4、8—熔池；5、9—焊件；6—焊缝；7—滚轮

(1)对焊

按焊接过程和操作方法的不同，对焊可分为电阻对焊和闪光对焊两种。

①电阻对焊　是将焊件装配成对接接头，使其端面紧密接触，利用电阻热加热至塑性状态，然后迅速施加压力完成焊接的方法。

②闪光对焊　是将焊件装配成对接接头，略有间隙，接通电源，并使其端面逐渐移近达到局部接触，利用电阻热加热这些接触点(产生闪光)，使端面金属熔化，直至端部在一定深度范围内达到预定温度时，迅速施加顶锻力完成焊接的方法。

电阻对焊的接头外形光滑无毛刺，但接头强度较低。闪光对焊接头强度较高，但金属损耗大，接头有毛刺。对焊广泛应用于刀具、钢筋、锚链、自行车车圈、钢轨和管道的焊接。

(2)点焊

点焊是将焊件装配成搭接接头，并压紧在两电极之间，利用电阻热熔化母材金属，形成焊点的电阻焊方法。

点焊时，熔化金属不与外界空气接触，焊点缺陷少，强度高，焊件表面光滑，变形小。点焊主要用于焊接薄板构件，低碳钢点焊板料的最大厚度为 2.5～3.0 mm。此外，还可焊接不锈钢、铜合金、钛合金和铝镁合金等材料。

(3)缝焊

缝焊是将焊件装配成搭接接头，并置于两滚轮电极之间，滚轮压紧焊件并转动，连续或断续送电，形成一条连续焊缝的电阻焊方法。

缝焊焊缝表面光滑平整，具有较好的气密性，常用于焊件要求密封的薄壁容器，在汽车、飞机制造业中应用很广泛。缝焊也常用来焊接低碳钢、合金钢、铝及铝合金等薄板材料。

6. 钎焊

钎焊是采用比母材熔点低的金属材料作钎料，将焊件和钎料加热到高于钎料熔点、低于母材熔点的温度，利用液态钎料润湿母材，填充接头间隙并与母材相互扩散实现连接焊件的方法。

钎焊时，将焊件接合表面清洗干净，以搭接形式组合焊件，把钎料放在接合间隙附近或接合面之间的间隙中。当焊件与钎料一起加热到稍高于钎料的熔化温度后，液态钎料便借助毛细管作用被吸入并流进两焊件接头的缝隙中，于是在焊件金属和钎料之间进行扩散渗透，凝固后便形成钎焊接头。

钎焊的特点是钎料熔化而焊件接头并不熔化。为了使钎焊部分连接牢固，增强钎料的附着作用，钎焊时要用钎剂，以便清除钎料和焊件表面的氧化物。

常用的钎料一般有两类，一类是铜基、银基、铝基、镍基等硬钎料，它们的熔点一般高于450 ℃。硬钎料具有较高的强度，可以连接承受载荷的零件，应用比较广泛，如硬质合金刀具、自行车车架等。

熔点低于450 ℃的钎料称为软钎料，一般由锡、铅、铋等金属组成。软钎料焊接强度低，主要用于焊接不承受载荷但要求密封性好的焊件，如容器、仪表元件等。钎焊焊接接头表面光洁，气密性好，焊件的组织和性能变化不大，形状和尺寸稳定，可以连接不同成分的金属材料。钎焊的缺点是钎缝的强度和耐热能力都比焊件低。

钎焊在机械、电机、仪表、无线电等制造业中得到了广泛应用。

七、常用金属的焊接性能

了解金属材料的焊接性，才能正确地进行焊接结构设计、焊前准备和拟定焊接工艺。

1. 金属的焊接性

金属的焊接性是指金属材料对焊接加工的适应性，主要指在一定的焊接工艺条件下，获得优质焊接接头的难易程度。它包括两方面的内容：其一是工艺性能，即在一定焊接工艺条件下，金属对形成焊接缺陷（主要是裂纹）的敏感性；其二是使用性能，即在一定焊接工艺条件下，金属的焊接接头对使用要求的适应性。

在焊接低碳钢时，很容易获得无缺陷的焊接接头，不需要采取复杂的工艺措施。如果用同样的工艺焊接铸铁，则常常会产生裂纹，得不到良好的焊接接头，所以说低碳钢的焊接性比铸铁好。

完整的焊接接头并不一定具备良好的使用性能。例如，焊补铸铁时，即使未发现裂纹等缺陷，但是由于在熔合区和半熔合区容易形成白口组织，因此，会因不能加工和脆性大而无法使用。这就是说铸铁的焊接性不好。

2. 碳钢和低合金结构钢的焊接性

（1）低碳钢的焊接性

低碳钢的焊接性好，一般不需要采取特殊的工艺措施即可得到优质的焊接接头。另外，低碳钢几乎可用各种焊接方法进行焊接。

低碳钢焊接一般不需要预热，只有在气候寒冷或焊件厚度较大时才需要考虑预热。例如，当板材厚度大于30 mm或环境温度低于－10 ℃时，需要将焊件预热至100～150 ℃。

(2)中碳钢的焊接性

中碳钢的焊接性比低碳钢差。中碳钢焊件的热影响区容易产生淬硬组织。当焊件厚度较大、焊接工艺不当时,焊件很容易产生冷裂纹。同时,焊件接头处有一部分碳要熔入焊缝熔池,使焊缝金属的碳当量提高,降低焊缝的塑性,容易在凝固冷却过程中产生热裂纹。

中碳钢焊前需要预热,以减小焊接接头的冷却速度,降低热影响区的淬硬倾向,防止产生冷裂纹。预热的温度一般为 100～200 ℃。

中碳钢焊件接头要开坡口,以减小焊件金属熔入焊缝金属中的比例,防止产生热裂纹。

(3)低合金结构钢的焊接性

低合金结构钢的焊件热影响区有较大的淬硬性。强度等级较低的低合金结构钢,含碳量少,淬硬倾向小。随着强度等级的提高,钢中含碳量增多,加上合金元素的影响,使热影响区的淬硬倾向增大。因此,导致焊接接头处的塑性下降,产生冷裂纹的倾向也随之增大。可见,低合金结构钢的焊接性随着其强度等级的提高而变差。

在焊接低合金结构钢时,应选择较大的焊接电流和较小的焊接速度,以减小焊接接头的冷却速度。如果能够在焊接后及时进行热处理或者焊前预热,均能有效地防止冷裂纹的产生。

3. 铸铁的焊接性

铸铁的焊接性很差。在焊接铸铁时,一般容易出现以下问题:

(1)焊后易产生白口组织

为了防止产生白口组织,可将焊件预热到 400～700 ℃后进行焊接,或者在焊接后将焊件保温一段时间后缓慢冷却,以减慢焊缝的冷却速度;也可增加焊缝金属中石墨化元素的含量,或者采用非铸铁焊接材料(镍、镍铜、高钒钢焊条)。

(2)产生裂纹

由于铸铁的塑性极差,抗拉强度又低,当焊件因局部加热和冷却造成较大的焊接应力时,就容易产生裂纹。

在生产中,铸铁是不作为焊接材料的。只是当铸铁件表面产生不太严重的气孔、缩孔、砂眼和裂纹等缺陷时,才采用焊补的方法。

八、焊接变形和焊件结构工艺性

金属结构在焊接后,经常发现其形状有变化,有时还出现裂纹,这是由于焊接时,焊件受热不均匀而引起的收缩应力造成的。变形的程度除了与焊接工艺有关外,还与焊件的结构是否合理有很大关系。

1. 焊接变形及防止方法

(1)焊接变形产生的原因

焊接构件因焊接而产生的内应力称为焊接应力,因焊接而产生的变形称为焊接变形。产生焊接应力与焊接变形的根本原因是焊接时工件局部的不均匀加热和冷却。

焊接变形的基本形式有弯曲变形、角变形、波浪变形和扭曲变形等,如图 1-96 所示。

(2)焊接变形的防止方法

①反变形法

根据某些焊件易变形的规律,焊前在放置焊件时,使其形态与焊接时发生的变形方向相

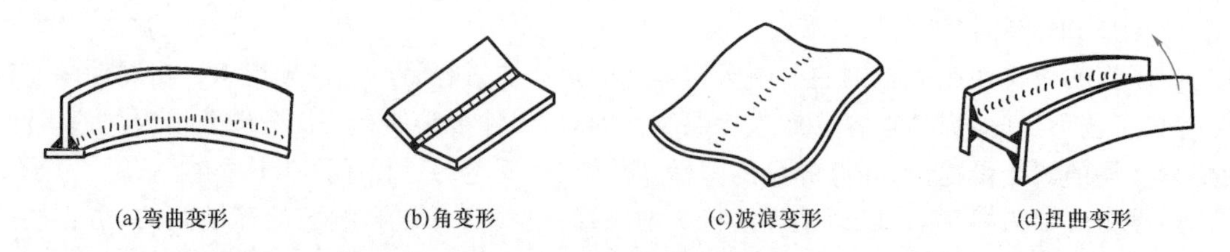

图 1-96 焊接变形的基本形式

反，以抵消焊接后产生的变形。图 1-97 是针对板料焊接易产生角变形的规律，焊前将两块板料放在垫块上，使其向下弯折一个角度，这个角度就是 V 形坡口焊后向上弯折的角度，于是焊后的两块板料就平直了。

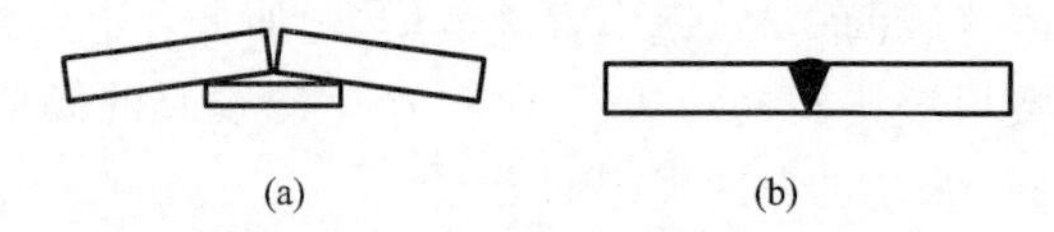

图 1-97 防止角变形的反变形法

②焊前固定法

焊前用夹具或重物压在焊件上，以抵抗焊接应力，防止焊件变形，如图 1-98(a)和图 1-98(b) 所示。也可预先将焊件点焊固定在平台上，然后再焊接，如图1-98(c)所示。为了防止将固定装置去除后再发生变形，一般在焊接时用手锤敲击焊缝，使焊接应力及时释放，使焊件形状比较稳定。

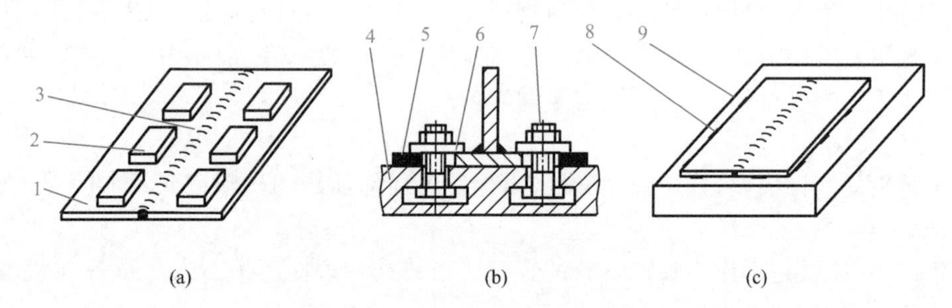

图 1-98 焊前固定法防止变形

1—焊件；2—压铁；3—焊缝；4、9—平台；5—垫铁；6—压板；7—螺栓；8—定位焊点

③焊接顺序变换法

这是一种通过变换焊接的顺序，将焊接时施加给焊件的热量尽快发散掉，从而防止焊接变形的方法。常用的焊接顺序变换法有对称法、跳焊法和分段倒退法，如图 1-99 所示。图中小箭头为焊接时焊条运行的方向，数字由小到大为焊接顺序。

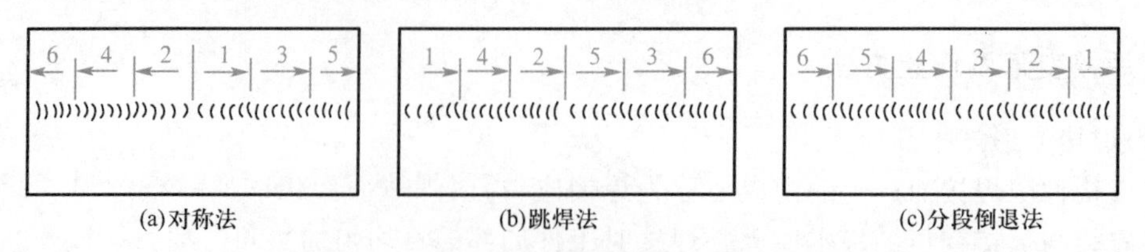

图 1-99 焊接顺序变换法

④锤击焊缝法

这种方法是在焊接过程中，用手锤或风锤敲击焊缝金属，以促使焊缝金属产生塑性变形，焊接应力得以松弛减小。

2. 焊件的结构工艺性

所谓焊件的结构工艺性，是指所设计的焊件结构能确保焊接工艺过程顺利地进行，它主要包含以下内容：

(1)尽可能选用焊接性好的原材料

一般情况下，碳的质量分数小于0.25%的碳钢和碳的质量分数小于0.2%的低合金结构钢都具有良好的焊接性，应尽量选用它们作为焊接材料。而碳的质量分数大于0.5%的碳钢和碳的质量分数大于0.4%的合金钢，焊接性都比较差，一般不宜采用。

另外，焊件结构应尽可能选用同一种材料的焊接。

(2)焊缝位置应便于焊接操作

在采用电弧焊或气焊进行焊接时，焊条或焊枪、焊丝必须有一定的操作空间。图1-100(a)所示的焊件结构，焊件是无法按合理倾斜角度伸到焊接接头处的。改成如图1-100(b)所示的结构后，就容易进行焊接操作了。

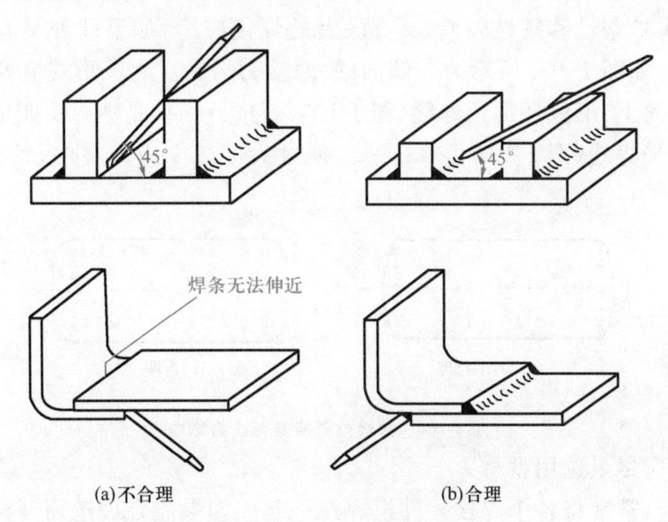

(a)不合理　　(b)合理

图1-100　焊缝位置应便于焊接操作

在埋弧焊时，因为在焊接接头处要堆放一定厚度的颗粒状焊剂，所以焊件结构的焊缝周围应有堆放焊剂的位置，如图1-101所示。

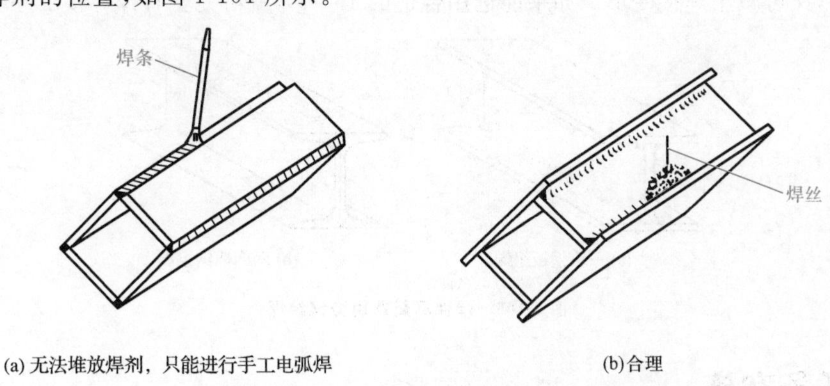

(a)无法堆放焊剂，只能进行手工电弧焊　　(b)合理

图1-101　埋弧焊焊缝位置应便于堆放焊剂

(3)焊缝应尽量均匀、对称,避免密集、交叉

焊缝均匀、对称可防止因焊接应力分布不对称而产生变形,如图 1-102 所示;避免焊缝交叉和过于密集可防止焊件局部热量过于集中而引起较大的焊接应力,如图 1-103 所示。

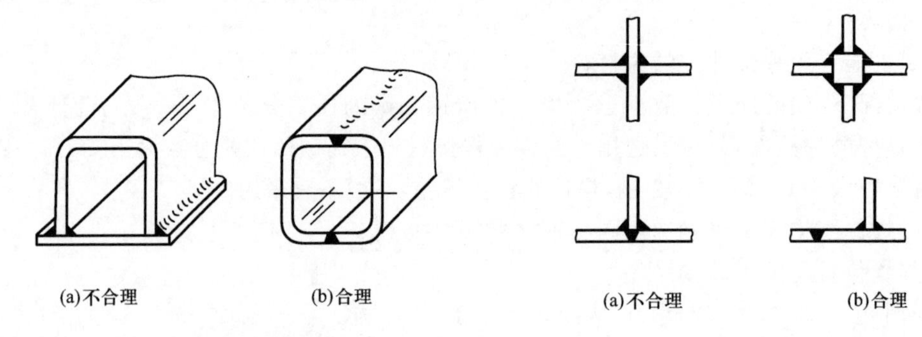

(a)不合理　(b)合理

图 1-102　焊缝应对称分布

(a)不合理　(b)合理

图 1-103　焊缝应避免交叉、密集

(4)焊缝位置应避免应力集中

由于焊接接头处塑性和韧性较差,又有较大的焊接应力,如果此处又有应力集中现象,则很容易产生裂纹。如图 1-104 所示为一储油罐,两端为封头。封头形式有两种:一种是球面封头,直接焊在圆柱筒上,形成环形角焊缝(图 1-104(a));另一种是把封头制成盆形,然后与圆柱筒焊接,形成环形平焊缝(图 1-104(b))。第二种封头可减少应力集中,其结构比第一种更加合理。

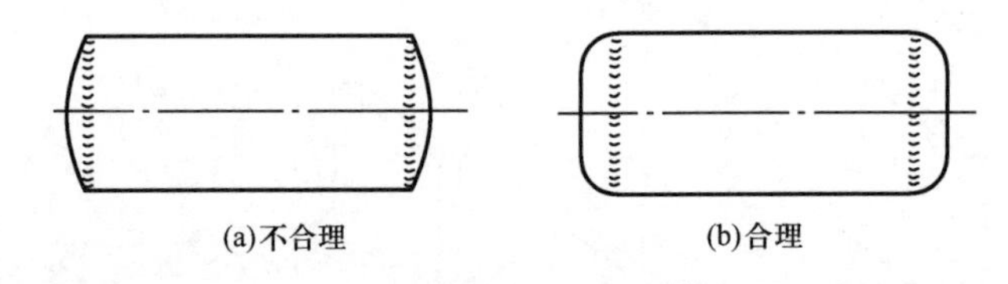

(a)不合理　(b)合理

图 1-104　焊缝位置应避免应力集中

(5)焊接元件应尽量选用型材

在焊接结构中,常常将各个焊接元件组焊在一起。如果能合理选用型材,就可以简化焊接工艺过程,有效地防止焊接变形。如图 1-105(a)所示的焊件是用三块钢板组焊而成的,它有四道焊缝。而图 1-105(b)所示的焊件由两个槽钢组焊而成,只需在接合处采用分段法焊接,既可简化焊接工艺,又可减小焊接变形。如果能选用合适的工字钢,就可完全省掉焊接工序。

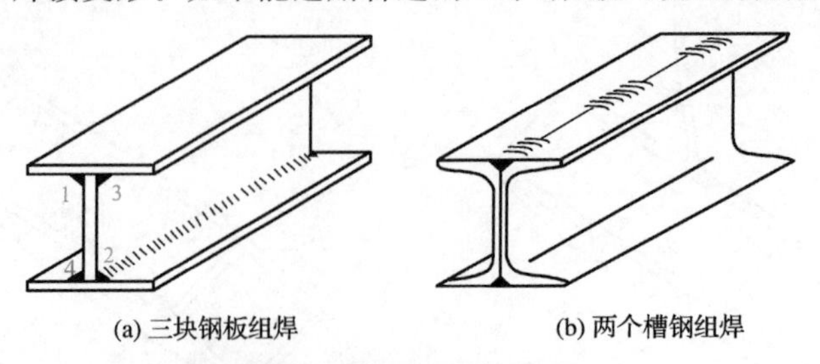

(a) 三块钢板组焊　(b) 两个槽钢组焊

图 1-105　焊件尽量选用型钢组焊

任务实施

1. 根据零件图上的技术要求确定毛坯材料;

2. 分析材料性质；

3. 根据零件尺寸和结构、用途确定加工方法；

4. 制订加工工艺路线。

拓展训练

分组讨论实习与生活环境中所能见到的零件的毛坯的生产方法。

习题与训练

1. 铸造生产的特点是什么？举出 1～2 个生产、生活用品的零件是铸造生产的，并进行分析。

2. 在你的学习、实习与生活环境中，举出几个砂型铸造的零件，试分析其分型面和内浇道、冒口的位置。

3. 在加工灰铸铁毛坯的工件时，一般不用加切削液，这是为什么？

学习情境二

轴类、箱体类零件的冷加工

任务一 刀具的认识与切削现象分析

学习目标

1. 了解切削运动与切削用量。
2. 掌握车刀结构和组成。
3. 掌握切削变形与刀具角度的关系。
4. 掌握切削加工中各种物理现象对加工的影响。

情境导入

同学们，大家了解图 2-1 中所示的这些车削常用刀具吗？它们由哪些部分组成？在加工中如何在相同条件下使刀具使用寿命最长？这些内容是我们学习车削加工知识都必须要面临的问题。机械产品由毛坯到成品的加工过程用什么样的刀具、机床？怎样操作才能加工出合格产品？这些问题同学们思考过吗？加工过程中伴随刀具与机床会出现哪些加工现象？这些问题让我们通过下面的学习来一起解决吧。

任务描述

独立完成外圆车刀角度绘制。已知刀具主偏角 $\kappa_r=45°$，副偏角 $\kappa_r'=10°$，前角 $\gamma_o=15°$，后角 $\alpha_o=5°$，刃倾角 $\lambda_s=10°$，刀体厚度与宽度自定义。同时阐述车削加工过程中伴随有哪些物

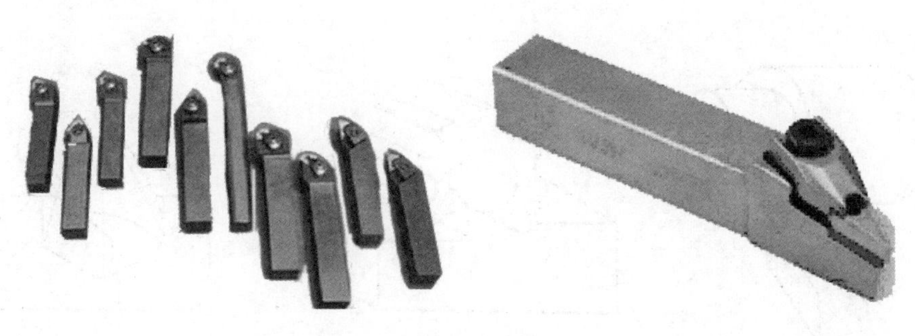

图 2-1　常用车刀

理现象发生，对刀具寿命有何影响，对零件进行简单工艺分析，学会车刀角度的刃磨，并能独立加工出合格产品。

任务分析

本任务以外圆车刀为例，全面介绍车刀的组成、角度、切削变形、切削力、切削温度、刀具磨损等详细内容，以刀具角度绘制为任务载体引入相关知识点，重点掌握刀具几何角度等难点问题，为后续内容奠定基础。

相关知识

一、金属切削的基本知识

1. 切削运动

为切除工件上多余的金属层，获得形状精度、位置精度和表面质量都符合要求的工件，刀具与工件之间必须做相对运动，这种相对运动就称为切削运动。切削运动按其作用不同可分为主运动和进给运动，如图 2-2 所示。

(1)主运动

主运动是由机床或人力提供的主要运动，使刀具与工件之间产生主要相对运动。它是进行切削的最基本运动。主运动的速度最高，消耗功率最多。切削加工中只有一个主运动，它可以由工件完成，也可以由刀具完成。如车削时工件的旋转运动，铣削、钻削时铣刀、钻头的旋转运动都是主运动。

(2)进给运动

进给运动是为了使切削运动能够连续或间断地进行下去所必需的运动。进给运动使金属层不断投入切削，配合主运动加工出完整表面。进给运动的速度较低，消耗功率较小。进给运动可以是一个，也可以是几个；可以是连续运动，也可以是间歇运动；可以是工件的运动，如刨削，也可以是刀具的运动，如车削。

(3)合成切削运动

当主运动与进给运动同时进行时，刀具切削刃上某一点相对于工件的运动称为合成切削运动，其大小与方向用合成切削速度 v_e 表示。如图 2-3 所示，在工作平面 P_{fe} 内，车削外圆时的

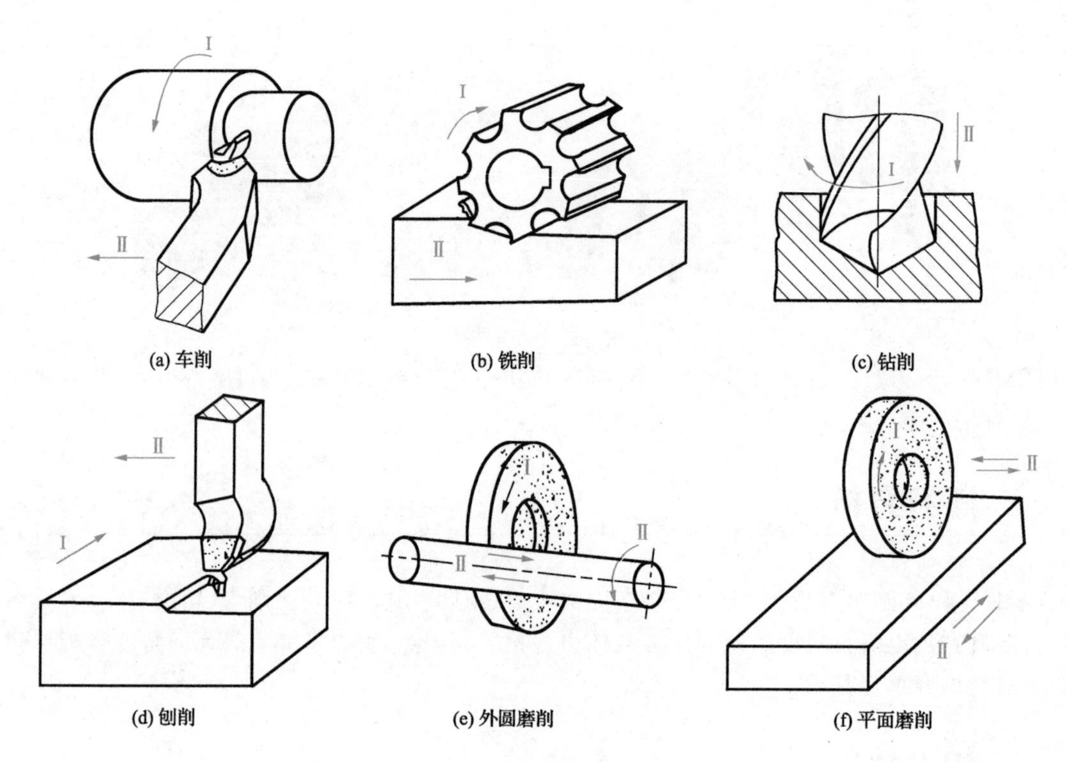

图 2-2 主运动与进给运动

Ⅰ—主运动；Ⅱ—进给运动

合成切削速度为

$$\boldsymbol{v}_{e}=\boldsymbol{v}_{c}+\boldsymbol{v}_{f} \tag{2-1}$$

由于进给速度 v_f 远远小于主运动速度 v_c，故常将主运动近似认为是合成切削运动。

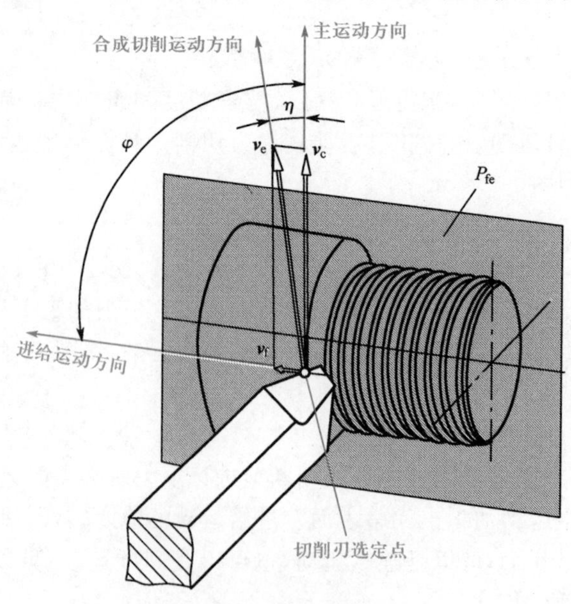

图 2-3 合成切削运动

φ—进给运动角，瞬时主运动方向与进给运动方向的夹角；

η—合成切削速度角，瞬时主运动方向与合成切削运动方向的夹角

2. 加工表面与切削用量

（1）工件的加工表面

在切削加工过程中，随着工件上的金属层被不断地去除，工件上依次有三个不断变化着的表面，如图 2-4所示，即待加工表面、过渡表面（也称为切削表面）和已加工表面。

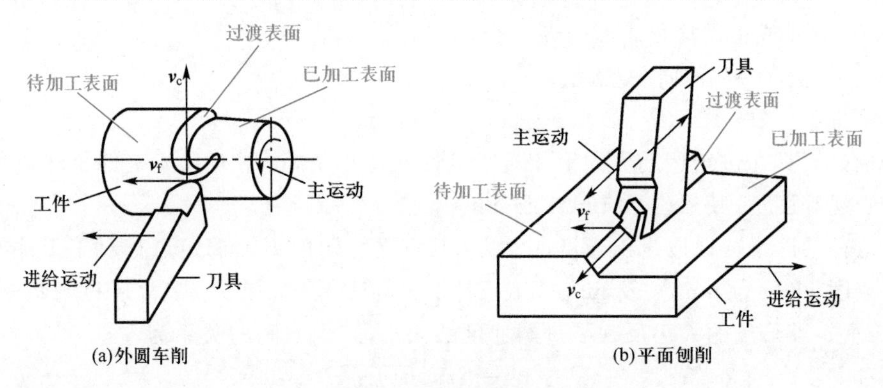

图 2-4　工件上的表面

①待加工表面：工件上待切除的表面。

②已加工表面：工件上经刀具切削后产生的表面。

③过渡表面（也称为切削表面）：切削刃正在切削着的表面。它是待加工表面和已加工表面的连接面。

（2）切削用量

切削速度、进给量（或进给速度）和背吃刀量称为切削用量三要素，也称为工艺切削要素，它是调整机床，计算切削力、切削功率和工时定额的重要参数，如图 2-5 所示。

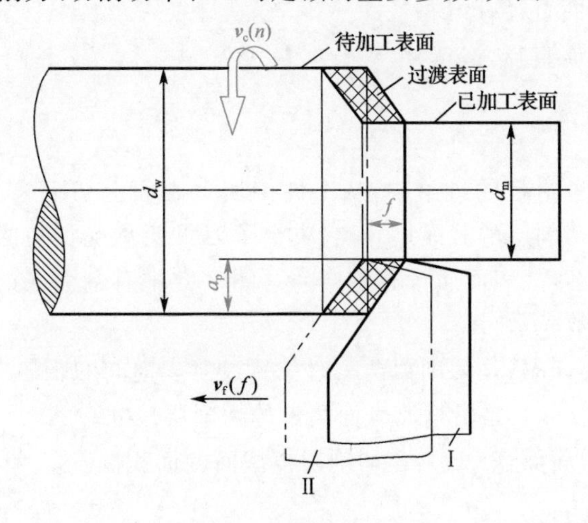

图 2-5　切削用量三要素

①切削速度 v_c

切削速度 v_c 是刀具切削刃上选定点相对于工件的主运动瞬时线速度，它表示在单位时间内工件和刀具沿主运动方向相对移动的距离，单位是 m/s 或 m/min。

当主运动是回转运动时，切削速度由下式确定：

$$v_c = \pi dn/1000 \tag{2-2}$$

式中 d——完成主运动的刀具或工件上某一点的最大回转直径，mm；

n——主运动的转速，r/min 或 r/s。

当主运动为往复直线运动时，以其平均速度为切削速度，即

$$v_c = 2Ln_r/1000 \tag{2-3}$$

式中 L——刀具或工件往复直线运动的行程，mm；

n_r——主运动每分钟往复次数。

②进给量 f

进给量是刀具在进给运动方向上相对于工件的位移量，可用刀具或工件每转或每行程的位移量来表述和度量，其单位是 mm/r 或 mm/str。

进给运动的度量往往以进给速度 v_f 表示，其定义为切削刃上选定点相对于工件的进给运动的瞬时速度，单位为 mm/s 或 mm/min。对于多齿刀具（如铣刀）常常还以每齿进给量 f_z（mm/z）表示。进给量的大小反映了进给速度的大小，它们之间的关系为

$$v_f = nf = nzf_z \tag{2-4}$$

式中 n——刀具转速，r/s 或 r/min；

z——刀具的齿数。

习惯上常把进给运动称为走刀运动，进给量称为走刀量。

③背吃刀量 a_p

背吃刀量一般指工件上已加工表面和待加工表面间的垂直距离。

车削外圆时：

$$a_p = (d_w - d_m)/2 \tag{2-5}$$

式中 d_w——待加工表面直径，mm；

d_m——已加工表面直径，mm。

3. 切削层参数

刀具切削刃在一个进给量的进给中，从工件待加工表面上切下来的金属层称为切削层。切削层参数就是指这个切削层的截面尺寸，它决定了刀具所承受负荷的大小及切屑的尺寸大小，还影响切削力、刀具磨损、表面质量和生产率。图 2-6 中有剖面线的部分为切削层。切削层尺寸可用以下三个参数表示：

(1)切削层公称厚度(h_D)：是切削刃两瞬时位置过渡表面间的距离。

(2)切削层公称宽度(b_D)：是沿过渡表面测量的切削层尺寸。

(3)切削层公称横截面面积(A_D)：是切削层横截面的面积。

二、刀具的几何角度

1. 车刀的组成

以外圆车刀为例，车刀由刀柄和刀头组成，如图 2-7 所示。刀柄是刀具上的夹持部分，与车床连接。刀头则是刀具的切削部分。刀头由以下几部分构成：

(1)前刀面(A_γ)：切屑流出时经过的刀面称为前刀面。

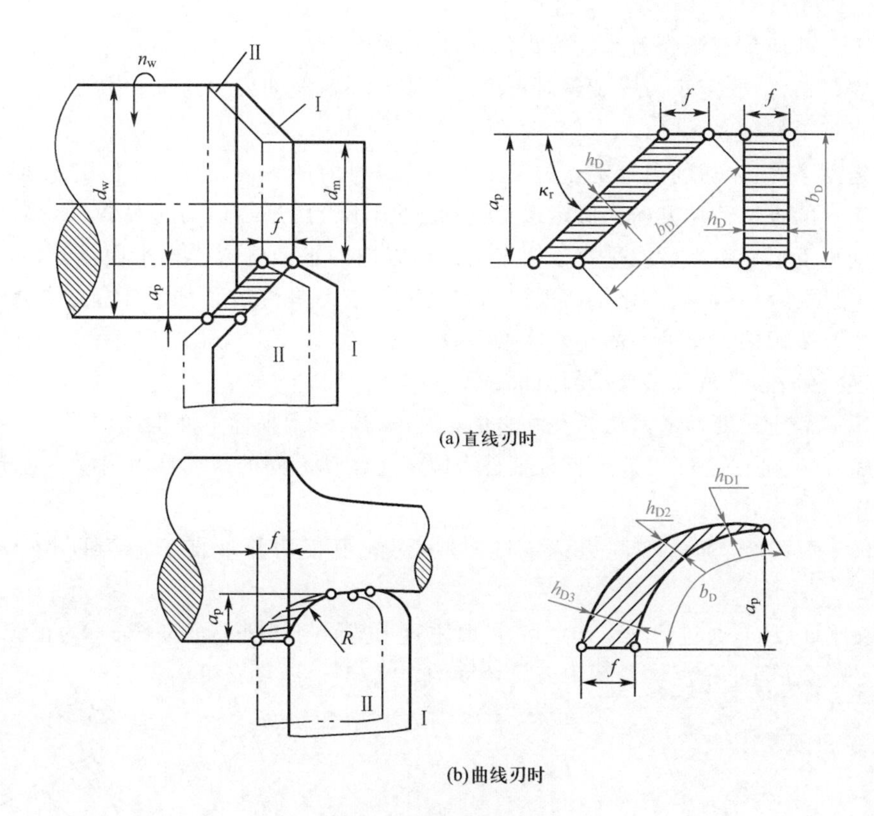

图 2-6　车外圆时切削层参数

(2)后刀面(A_α):与过渡表面相对的刀面称为后刀面。

(3)副后刀面(A'_α):与已加工表面相对的刀面称为副后刀面。

(4)切削刃(S):前、后刀面的交线,它担负主要的切削工作,也叫作主切削刃或主刀刃。

(5)副切削刃(S'):前刀面与副后刀面的交线,它配合切削刃完成切削工作。

(6)刀尖:主切削刃与副切削刃的交点,它可以是一个点(尖刀尖),也可以是刀尖处被刃磨成的一段微小的线段或圆弧。

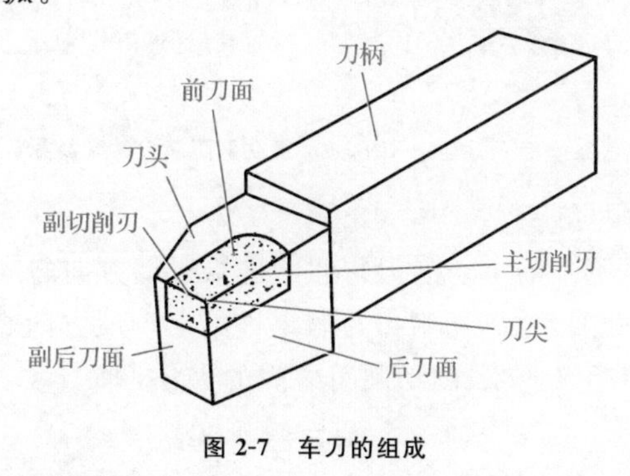

图 2-7　车刀的组成

2. 刀具的静止角度参考系

刀具的切削部分是由前、后刀面,切削刃和刀尖组成的一个空间几何体。为了确定刀具切削部分各几何要素的空间位置,就需要建立相应的参考系。为此目的设立的参考系一般有两大类:一类是刀具静止角度参考系;另一类是刀具工作角度参考系。其中,刀具静止角度参考系及其坐标平面是在假定条件(假定安装条件和假定运动条件)下建立的参考系。在该参考系中确定的刀具几何角度称为刀具的静止角度，即标注角度。

假定安装条件：假定车刀安装绝对正确。安装车刀时应使刀尖与工件中心等高，车刀刀杆对称面垂直于工件轴线。

假定运动条件：以切削刃选定点位于工件中心高度时的主运动方向为假定主运动方向；以切削刃选定点的进给运动方向为假定进给运动方向，不考虑进给运动的大小。

这样便可近似地用平行或垂直于假定主运动方向的平面构成坐标平面，即参考系。由此可见，静止角度参考系是在简化了切削运动和设立标准刀具位置条件下建立的参考系。下面介绍我国主要采用的正交平面静止角度参考系。

(1)正交平面静止角度参考系的组成

正交平面静止角度参考系由相互垂直的 P_r、P_s、P_o 三个坐标平面组成，如图 2-8 所示。

● 基面(P_r)：通过切削刃选定点且垂直于假定主运动方向的平面称为基面。对于车刀，基面平行于车刀刀杆底面。

● 切削平面(P_s)：通过切削刃选定点，与主切削刃相切并垂直于基面的平面称为切削平面。

● 正交平面(P_o)：通过切削刃选定点，同时垂直于基面与切削平面的平面称为正交平面。

(2)正交平面静止角度参考系中刀具角度的定义与标注(图 2-9)

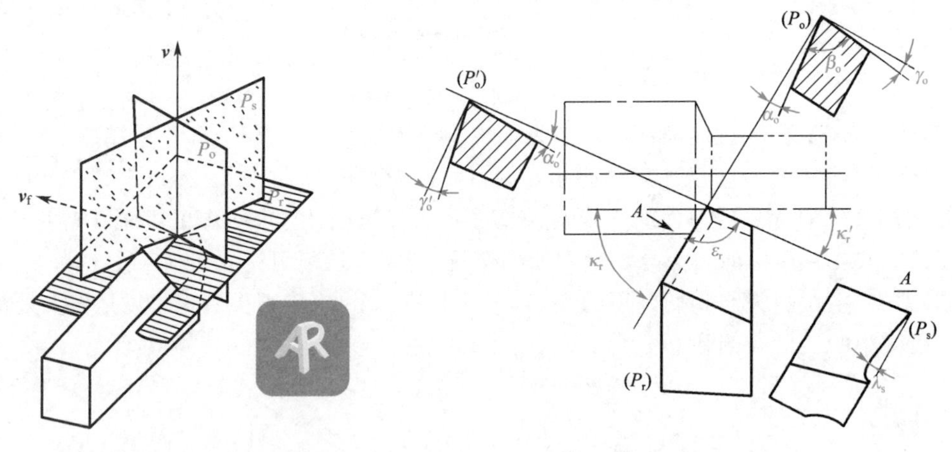

图 2-8 正交平面静止角度参考系坐标平面

图 2-9 正交平面静止角度参考系中刀具角度的定义与标注

①基面中定义和标注的角度

● 主偏角(κ_r)：基面中测量的主切削刃与假定进给运动方向之间的夹角。

● 副偏角(κ_r')：基面中测量的副切削刃与假定进给运动反方向之间的夹角。

● 刀尖角(ε_r)：基面中测量的主、副切削刃之间的夹角，即

$$\varepsilon_r = 180° - (\kappa_r + \kappa_r') \tag{2-6}$$

②切削平面中定义和标注的角度

● 刃倾角(λ_s)：切削平面中测量的主切削刃与基面之间的夹角。

③正交平面中定义和标注的角度

● 前角(γ_o)：正交平面中测量的前刀面与基面之间的夹角。

● 后角(α_o)：正交平面中测量的后刀面与切削平面之间的夹角。

● 楔角(β_o)：正交平面中测量的前、后刀面之间的夹角，即

$$\beta_o = 90° - (\gamma_o + \alpha_o) \tag{2-7}$$

④前角、后角、刃倾角正负的规定

如图 2-10 所示，在正交平面中，若前刀面在基面之上时前角为负，前刀面在基面之下时前角为正，前刀面与基面相重合时前角为零。后角也有正负之分，后刀面与基面间的夹角小于 90°时，后角为正；大于 90°时，后角为负。一般在切削加工中，为减少后刀面与加工表面之间的摩擦，后角多取为正值。

如图 2-11 所示，刀尖处于切削刃最高点时刃倾角为正，刀尖处于切削刃最低点时刃倾角为负，切削刃与基面相重合时刃倾角为零。

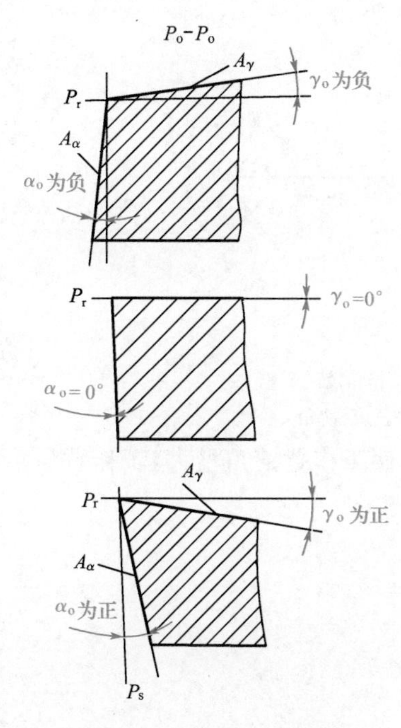

图 2-10　前、后角正负的规定

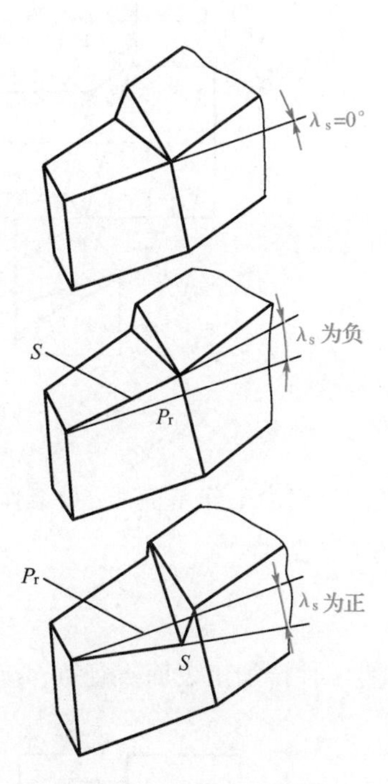

图 2-11　刃倾角正负的规定

3. 刀具的工作角度

上述标注刀具角度的正交平面静止角度参考系，在定义基面时只考虑了主运动，而未考虑进给运动，即假定运动条件确定。但刀具在实际使用过程中，这样的参考系所确定的刀具角度，往往不能确切反映切削加工的真实情况。只有用合成切削速度 v_e 来确定参考系，才符合切削加工的实际情况。

(1)纵向进给运动对刀具工作角度的影响

如图 2-12 所示，刀具做纵向进给运动时，由于是以合成切削速度(v_e)为依据建立工作参考系，因此，工作基面与工作切削平面均发生偏转而使工作前角增大，工作后角减小。

(2)横向进给运动对刀具工作角度的影响

当刀具做横向进给运动时，如图 2-13 所示，刀具的工作前角较静止前角增大，刀具的工作后角较静止后角减小。

(3)刀具安装高、低对刀具工作角度的影响

如图 2-14 所示，切削刃选定点不在工件中心高度上，则该点切削速度方向不与基面垂直，

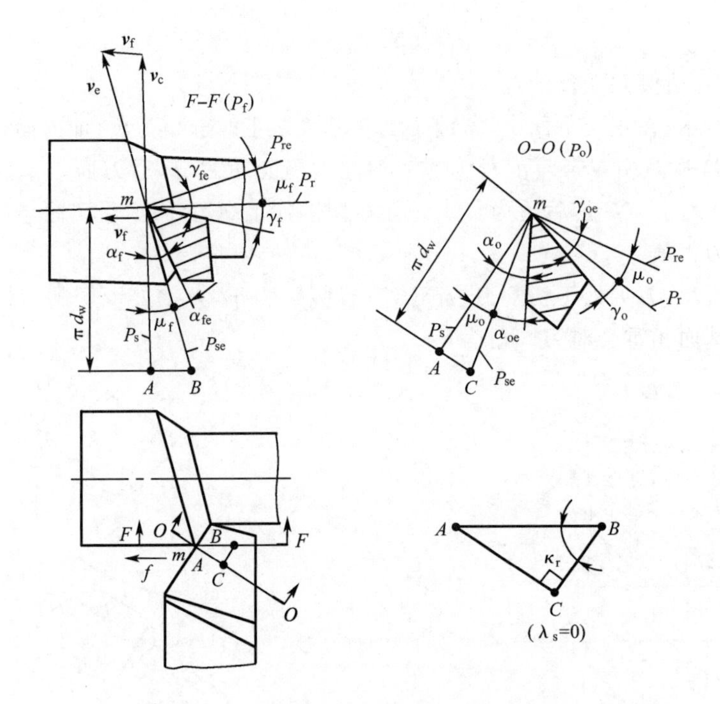

图 2-12 纵向进给运动对刀具工作角度的影响

α_f—纵向进给后角；γ_f—纵向进给前角

即由 P_r 和 P_s 变为工作基面 P_{re} 和工作切削平面 P_{se}，使工作背前角增大，工作背后角减小，增大与减小量为 θ_p，即

$$\sin\theta_p=\frac{2h}{d_w} \tag{2-8}$$

式中，d_w 为工件待加工表面直径，mm。

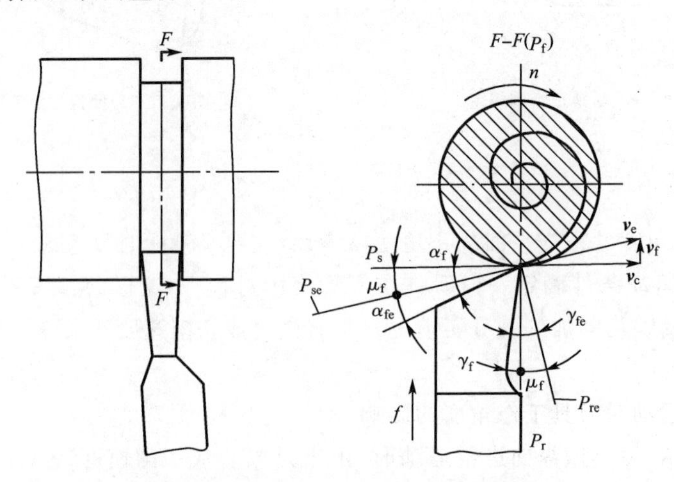

图 2-13 横向进给运动对刀具工作角度的影响

则刀具的工作背前角和背后角为

$$\gamma_{pe}=\gamma_p+\theta_p \tag{2-9}$$

$$\alpha_{pe}=\alpha_p-\theta_p \tag{2-10}$$

当刀尖低于工件中心高度时，工作前角减小，工作后角增大。内孔镗削时与外圆车削相反。

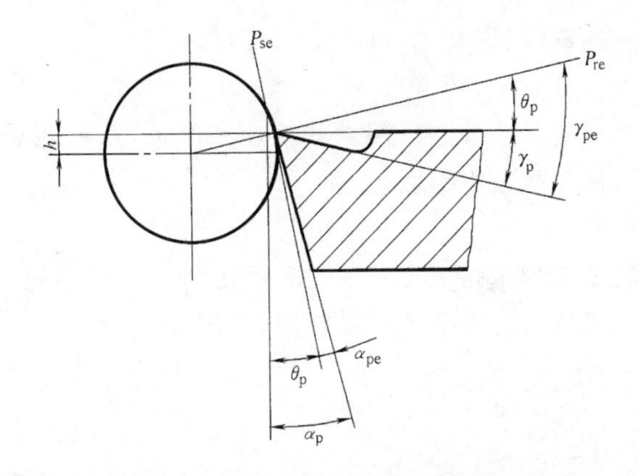

图 2-14　刀具安装高、低对刀具工作角度的影响

α_p—工作后角；γ_p—工作前角

（4）刀杆轴线不垂直于进给运动方向时对刀具工作角度的影响

如图 2-15 所示，在基面内，若刀具轴线在安装时不垂直于进给运动方向，则刀具的工作主偏角和工作副偏角将增大或减小。

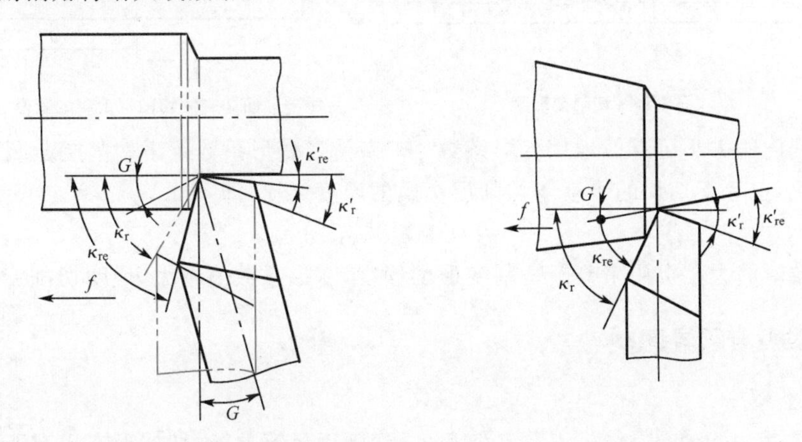

图 2-15　刀杆轴线不垂直于进给运动方向时对刀具工作角度的影响

三、金属切削变形

1. 切削变形与变形系数

（1）切削变形

切削层金属形成切屑的过程就是在刀具的作用下发生变形的过程。切削变形的本质是工件受到刀具推挤后产生弹性和塑性变形，使切削层与母体金属分离。切削过程中切削层金属的变形大致可划分为三个区域，如图 2-16 所示。

①第一变形区

从 *OA* 线开始发生塑性变形，到 *OM* 线金属晶粒的剪切滑移基本完成。从 *OA* 线到 *OM* 线区域（图中Ⅰ区）称为第一变形区。*OA* 称作始滑移线，*OM* 称作终滑移线。在第一变形区内，变形的主要特征就是沿滑移线的剪切变形以及随之产生的加工硬化。

②第二变形区

切屑沿前刀面排出时进一步受到前刀面的挤压和摩擦，使靠近前刀面处的金属纤维化，基本上和前刀面平行。这一区域(图中Ⅱ区)称为第二变形区。

③第三变形区

已加工表面受到切削刃钝圆部分和后刀面的挤压和摩擦,造成表层金属纤维化与加工硬化。这一区域(图中Ⅲ区)称为第三变形区。

(2)变形系数

切削层金属经过切削加工形成的切屑,其长度较切削层长度缩短,厚度较切削层厚度增大,说明切削层金属发生了变形,总体呈现收缩趋势,如图 2-17 所示。

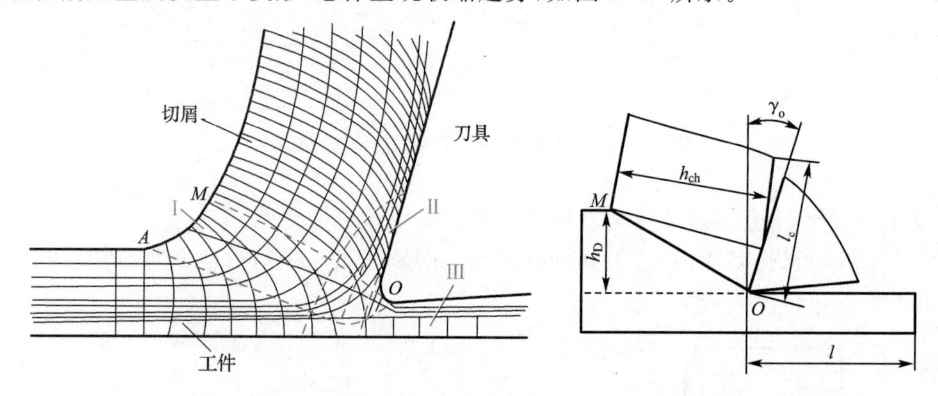

图 2-16 切削变形区

图 2-17 切削层金属的变形

其变形程度的大小可近似地用变形系数 ξ 来衡量。变形系数等于切削层金属的长度与切屑的长度之比,也等于切屑的厚度与切削层金属的厚度之比,即

$$\xi = l/l_c = h_{ch}/h_D \geqslant 1$$

变形系数值的大小可用来判断切削变形的程度,变形系数值越大,说明切削变形越严重。

2. 切屑类型与积屑瘤

(1)切屑类型

切削金属时,由于工件材料、刀具几何角度、切削用量等差异,切屑形态也有所不同。观察切屑的不同形态,便于分析切削过程,主动地控制切削条件,使切屑形态向着有利于生产的方向转化。通常根据切屑形态,可将切屑分为图 2-18 所示的四种类型。

①带状切屑

切屑连续,呈较长的带状,底面光滑,背面无明显裂纹,呈微小锯齿形,如图 2-18(a)所示。一般加工塑性金属(如低碳钢、铜、铝等材料)时形成此类切屑,必要时需采取断屑措施。

②节状切屑

切屑背面有较深的裂纹,呈较大的锯齿形,如图 2-18(b)所示。这是剪切面上的局部剪切应力达到材料强度极限的作用结果。

③粒状切屑(单元切屑)

切削塑性材料时,若整个剪切面上的剪切应力超过了材料断裂强度,所产生的裂纹贯穿切屑断面时,切屑被挤裂呈粒状,如图 2-18(c)所示。

④崩碎切屑

切削铸铁、青铜等脆性材料时,切屑通常在弹性变形后未经塑性变形就突然崩碎,成为碎粒状,如图 2-18(d)所示。

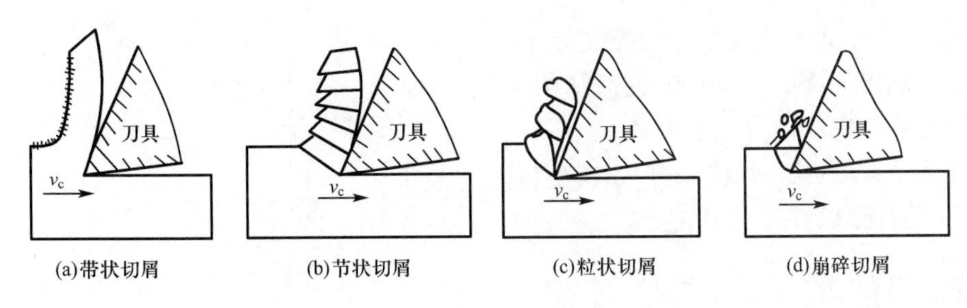

图 2-18　切屑的基本形态

(2)积屑瘤

在一定的切削速度范围内，加工钢材、有色金属等塑性材料时，在切削刃附近的前刀面上会出现一块高硬度的楔状金属，它包围着切削刃，且覆盖着部分前刀面，可代替切削刃对工件进行切削加工，这块硬度很高(硬度为工件材料的 2～3 倍)的金属称为积屑瘤。

①积屑瘤的产生与成长

通常认为积屑瘤是由切屑在前刀面上的黏结造成的。在一定的切削速度范围内，切屑底层与前刀面发生剧烈摩擦，使切屑底层流动缓慢，称为滞留层。滞留层与前刀面发生黏结，随着切削的进行，滞留层不断堆积，黏结越来越大，逐渐成长为积屑瘤，如图 2-19 所示。

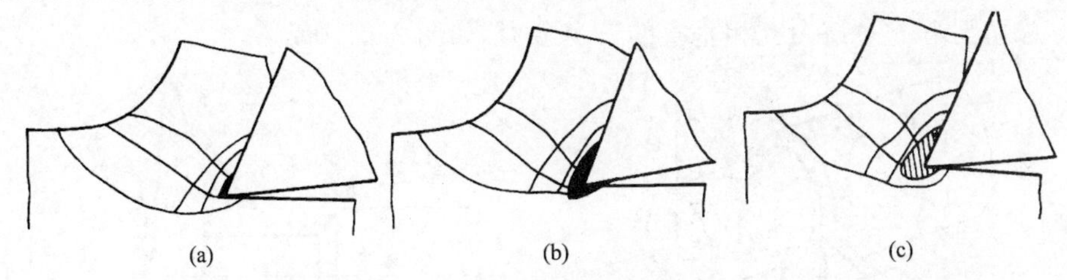

图 2-19　积屑瘤的产生与成长

②积屑瘤的脱落与消失

随着切削速度的提高，切削温度达到或超过 500～600 ℃时，由于温度高，加工硬化消失，金属软化，前刀面上的积屑瘤被切屑带走，这样积屑瘤便脱落或消失。

③积屑瘤对切削过程的影响

● 增大刀具前角　积屑瘤使刀具实际工作前角增大(γ_o 可增至 35°)，减小切削变形和切削力。

● 影响刀具的寿命　积屑瘤包围着刀具切削刃及刀具部分前刀面，可代替刀具切削刃进行切削，减少了刀具磨损，提高了刀具寿命。但是积屑瘤的生长是一个不稳定的过程，积屑瘤随时会产生破裂、脱落的现象。脱落的碎片会粘走刀面上的金属材料，或者严重擦伤刀面，使刀具寿命下降。

● 增大切削厚度　积屑瘤前端伸出切削刃外，导致切削厚度增大，不利于保证加工尺寸的精度。

● 降低工件表面质量　由于积屑瘤的外形不规则，被切削的工件表面不平整。同时由于积屑瘤不断地破碎和脱落，脱落的碎片使工件表面粗糙，产生缺陷。

根据上述积屑瘤对加工的影响，精加工时应防止积屑瘤的产生，即不希望出现积屑瘤。

④控制积屑瘤的措施

● 降低工件材料的塑性　减小刀具与切屑间的摩擦系数，减少黏结，抑制积屑瘤的生长。

● 控制切削速度　当切削速度控制为 $v_c<10$ m/min 的低切削速度和 $v_c>100$ m/min 的高切削速度时，前刀面不会产生积屑瘤，如图 2-20 所示。

也可通过采用切削液、增大前角、减小切削厚度等方法，减小以至消除积屑瘤。

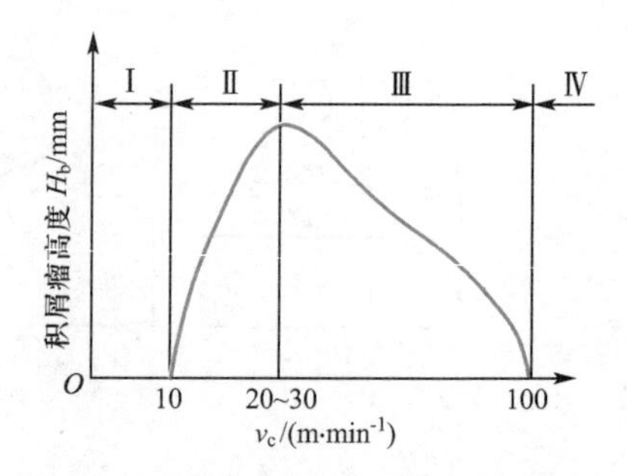

图 2-20　积屑瘤高度与切削速度的关系

四、切削力

切削过程中作用在刀具与工件上的力称为切削力。在切削过程中，切削力直接影响切削热的产生，并进一步影响刀具磨损、刀具耐用度、加工精度和已加工表面质量。

1. 切削力的来源及分解

金属切削时，切削力主要来源于两个方面：一是克服切屑形成过程中金属产生弹、塑性变形的变形抗力所需要的力；二是克服切屑与刀具前刀面、工件表面与后刀面之间的摩擦阻力所需要的力。这两方面的合力就是总切削力 $\boldsymbol{F}$。实际加工中，总切削力 $\boldsymbol{F}$ 是一个空间力，为便于测量，常将总切削力 $\boldsymbol{F}$ 分解为互相垂直的三个分力，如图 2-21 所示。

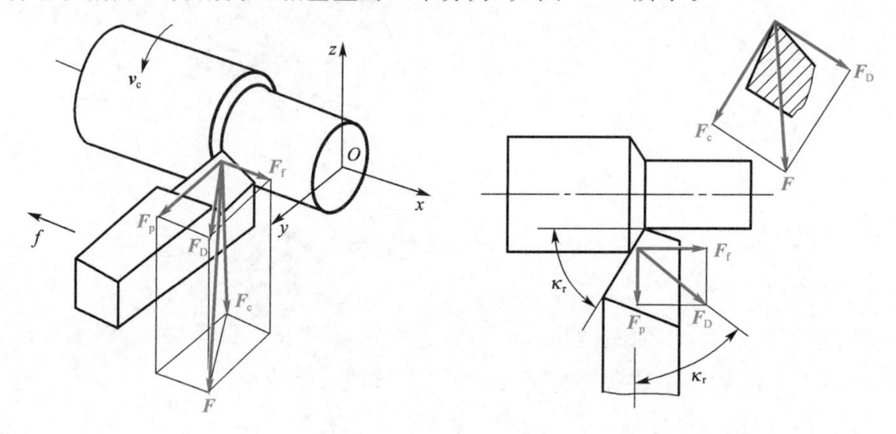

图 2-21　总切削力及其分力

总切削力可以分解为：

(1)主切削力 $\boldsymbol{F}_c$

总切削力 $\boldsymbol{F}$ 在主运动方向上的分力，也称为切向力，与基面垂直。它是计算刀具强度、设计机床零件、确定机床功率的主要依据，消耗切削总功率的 95%左右。

(2)进给力 $\boldsymbol{F}_f$

总切削力 $\boldsymbol{F}$ 在进给方向上的分力，也称为进给抗力、走刀抗力或轴向力。它作用在工件与机床刚性最差的方向上，使工件在水平面内变形，影响加工精度，并易引起振动。它是校验机床刚度的主要依据。

(3)背向力 $\boldsymbol{F}_p$

总切削力 $\boldsymbol{F}$ 在垂直进给方向上的分力，也称为径向力或吃刀抗力。它用来计算工艺系统刚度等。

2. 影响切削力的因素

(1)工件材料的强度、硬度越高,切削力越大。

(2)切削用量的影响:背吃刀量增大一倍时,切削力增大一倍;进给量增大一倍时,切削力增大 70%～80%。

(3)刀具角度:前角增大,切削力减小。主偏角对三个分力 $\boldsymbol{F}_c$、$\boldsymbol{F}_p$、$\boldsymbol{F}_f$ 都有影响,对 $\boldsymbol{F}_p$ 与 $\boldsymbol{F}_f$ 影响较大。刃倾角 λ_s 变化时,对 $\boldsymbol{F}_c$ 没什么影响,但 λ_s 增大时,$\boldsymbol{F}_f$ 增大,$\boldsymbol{F}_p$ 减小。

(4)合理使用切削液,可以减小切削力。

五、切削热与切削温度

1. 切削热的来源与传导

切削层金属在刀具的作用下产生弹性和塑性变形所做的功,是切削热的一个重要来源。此外,切屑与前刀面、工件与后刀面之间的摩擦也要耗功,也产生大量的热量。因此,切削热主要来源于加工过程中的三个变形区。

切削中,切削热分别由切屑、工件、刀具和周围介质传导出去,所占的百分比大致为:车削时,切削热有 50%～86%由切屑带走,10%～40%传入工件,3%～9%传入刀具,1%传入周围介质;钻削时,切削热约有 28%由切屑带走,15%传入钻头,52%传入工件,5%传入周围介质。切削热的产生和传导如图 2-22 所示。

2. 切削温度

在生产实践中,切削温度除了用仪器测定外,还可以通过切屑的颜色大致估计。例如切削碳钢时,随着切削温度的升高,切屑的颜色也发生相应的变化,切屑为淡黄色时,切削温度约为 200 ℃,切屑为蓝色时,切削温度约为 320 ℃。

切削温度具有以下规律:

(1)温度最高的部位不在主切削刃上,而是在离它一定距离的地方,该处称为温度中心。

(2)温度分布不均匀,温度梯度大。当工件材料塑性较大时,温度分布较均匀;当工件材料脆性较大时,温度分布不均匀,如图 2-23 所示。

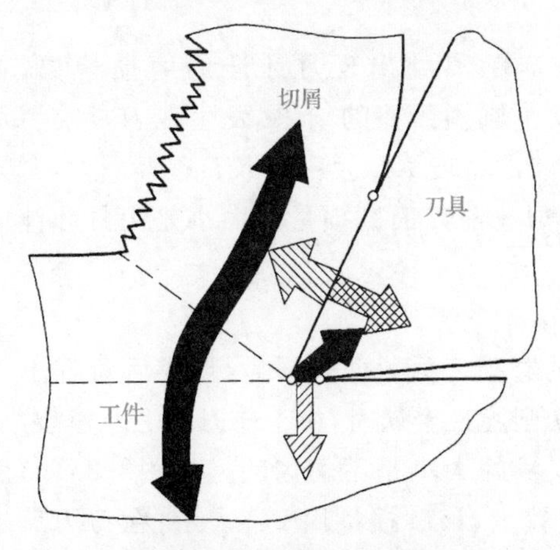

图 2-22　切削热的产生和传导

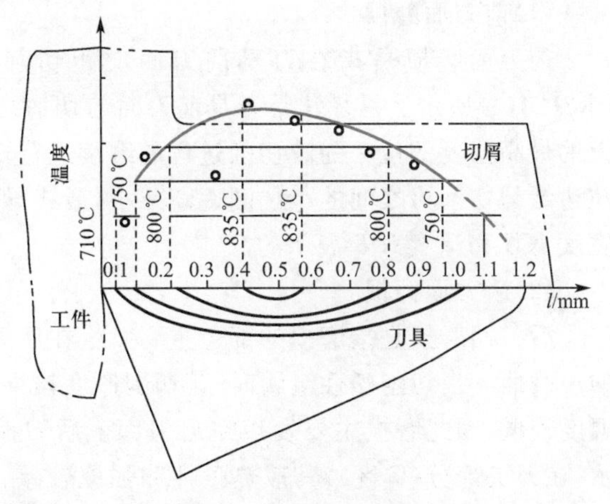

图 2-23　切削温度的分布

3. 影响切削温度的因素

(1)工件材料的强度与硬度高,切削时产生的切削力大,切削热多,切削温度高。工件材料的塑性大,切削时切削变形大,产生的切削热多,切削温度高。工件材料的热导性好,其本身吸热、散热快,热量不易积聚,切削温度低。

(2)切削用量是影响切削温度的主要因素,其规律是:切削用量 v_c、f、a_p 增大,切削温度升高,其中 v_c 对切削温度的影响最大,f 的影响次之,a_p 的影响最小。因此在相同的金属切除率条件下,为了减小切削温度的影响、防止刀具迅速磨损、保持刀具寿命,增大背吃刀量 a_p 或进给量 f 比增大切削速度 v_c 更有利。

(3)前角 γ_o 增大,切削变形减小,产生的切削热减少,使切削温度下降。但是,如果 γ_o 过分增大,楔角 β_o 减小,刀具散热体积减小,反而会使切削温度升高。一般情况下前角 γ_o 不大于 15°。在背吃刀量 a_p 相同的条件下,增大主偏角 κ_r,将使主切削刃与切削层的接触长度变短,刀尖角 ε 减小,使散热条件变差,因此会提高切削温度。

(4)冷却是切削液的一个重要功能。合理选用切削液,可以减少切削热的产生,降低切削温度,提高工件的加工质量,延长刀具寿命和提高生产率。水溶液、乳化液、煤油等都有很好的冷却效果,被广泛应用于生产中。

六、刀具磨损与刀具耐用度

在切削过程中,刀具在高温高压下与切屑及工件在接触区里产生强烈的摩擦,使锋利的切削部分逐渐磨损而失去正常的切削能力,这种现象称为刀具的磨损。由于冲击、振动、热效应等原因,刀具崩刃、碎裂而损坏,称为非正常磨损。非正常磨损主要包括脆性与塑性磨损,这里主要讨论正常磨损刀具磨损后会直接影响加工精度、表面质量、生产率与加工成本,严重时会引起振动,增大切削力及切削功率。刀具磨损主要取决于刀具、被加工材料及切削条件。

1. 刀具磨损的形式

刀具磨损有正常磨损和非正常磨损两种。正常磨损是指刀具在设计与使用合理、制造与刃磨质量符合要求的情况下,刀具在切削过程中逐渐产生的磨损。刀具正常磨损有以下三种形式:

(1)前刀面磨损

前刀面磨损是指在刀具前刀面上距切削刃一定距离处出现月牙洼的磨损现象,如图 2-24(a)所示。月牙洼是刀具前刀面与切屑之间发生剧烈摩擦的结果,发生在刀具前刀面上的最高温度部位。随着切削过程的继续进行,月牙洼的宽度 KB 及深度 KT 逐渐增大,月牙洼边缘与切削刃之间的小狭面逐渐减小,最终导致崩刃。前刀面磨损量的大小是用月牙洼的宽度 KB 和深度 KT 表示的。

(2)后刀面磨损

后刀面磨损是指磨损的部位主要发生在后刀面的磨损。后刀面磨损后,形成后角等于 0°的小棱面。当切削塑性金属时,若切削厚度较小,或切削脆性金属时,由于前刀面上摩擦较小,温度较低,因此磨损主要发生在后刀面。后刀面磨损量的大小是不均匀的。如图2-24(b)所示,在刀尖部分(C 区),其散热条件和强度较差,磨损较大,该磨损量用 VC 表示;在刀刃靠近工件表面处(N 区),由于毛坯的硬皮或加工硬化等原因,磨损也较大,该磨损量用 VN 表示;

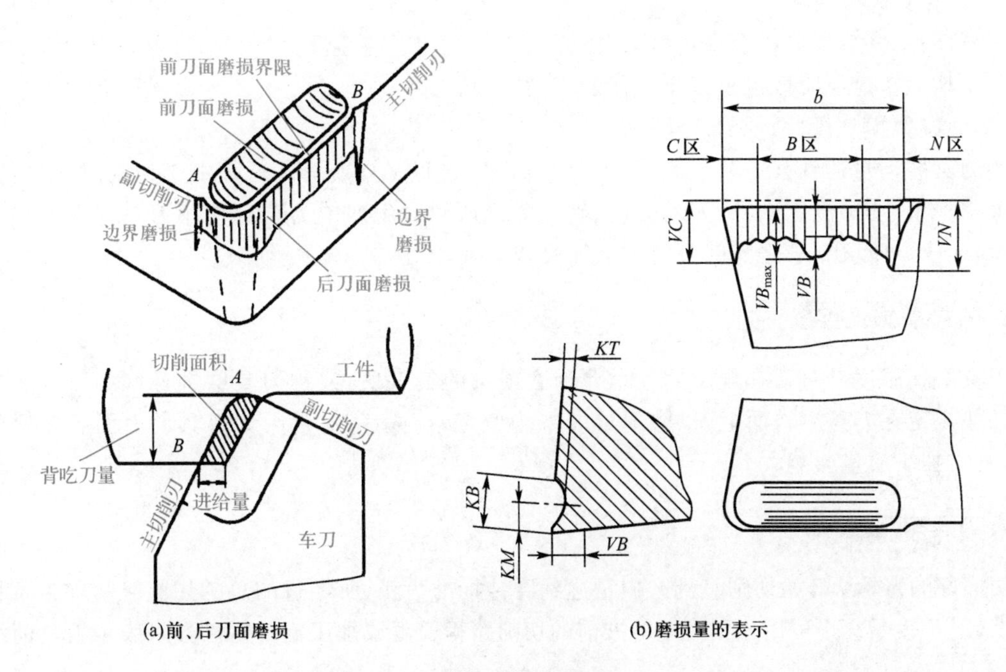

(a)前、后刀面磨损　(b)磨损量的表示

图 2-24　刀具磨损

只有在刀刃中间(B 区),磨损较均匀,此处的磨损量用 VB 表示,其最大磨损量用 VB_{max} 表示。

(3)前、后刀面同时磨损

当切削塑性金属时,如果切削厚度适中,则经常会发生前刀面与后刀面同时磨损的磨损形式。

刀具发生磨损的原因主要是刀具在高温和高压下,受到机械和热化学的作用而发生的。一般切削温度越高,刀具磨损越快。

2. 刀具磨损过程

正常磨损情况下,刀具的磨损量随切削时间的增加而逐渐增大。以后刀面磨损为例,其典型磨损过程大致分为三个阶段,如图 2-25 所示。

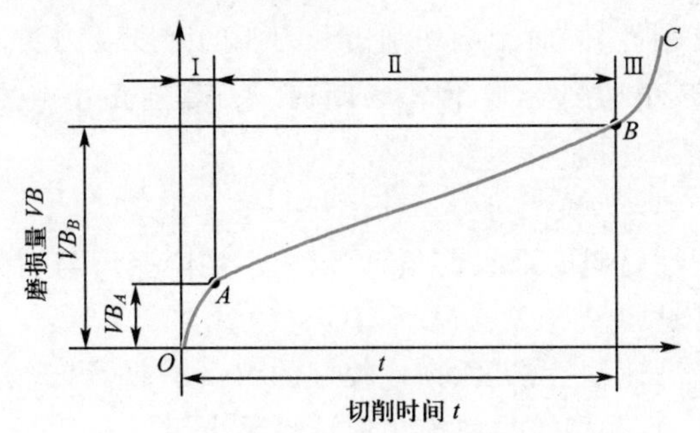

图 2-25　刀具磨损过程

(1)初期磨损阶段(图示 OA 阶段)

在刀具开始切削的短时间内磨损较快。这是由于刀具在刃磨后,刀面的表面粗糙度值大,表层组织不耐磨所致。

(2)正常磨损阶段(图示 AB 阶段)

随着切削时间的增加,磨损量以较均匀的速度加大。这是由于刀具表面高低不平及不耐磨的表层已被磨去，形成一个稳定区域，因而磨损速度较以前缓慢。但磨损量随切削时间的增加而逐渐增大。这一阶段也是刀具工作的有效阶段。

(3)急剧磨损阶段(图示 *BC* 阶段)

当刀具磨损量达到某一数值后，磨损急剧加速，继而刀具损坏。这是由于切削时间过长，刀具磨损严重，切削温度剧升，刀具强度、硬度降低所致。生产中为合理使用刀具并保证加工质量，应在这一阶段到来之前就及时重磨刀具或更换新刀。

3. 刀具磨损限度

刀具磨损限度是对刀具规定的一个允许磨损量的最大值，或称刀具磨钝标准。刀具磨损限度一般规定在刀具后刀面上，以磨损量的平均值 *VB* 表示。这是因为刀具后刀面磨损便于测量，且对加工质量影响大。

4. 刀具耐用度

刃磨好的刀具从开始切削直到磨损量达到磨钝标准为止，所经过的总的切削时间称为刀具耐用度，用 *T* 表示。也可用达到磨钝标准前的切削路程长度或加工出的零件数来表示刀具的耐用度。

刀具耐用度是确定换刀时间的重要依据，也是衡量工件材料切削加工性和刀具切削性能优劣以及刀具几何参数和切削用量选择是否合理的重要指标。刀具耐用度与刀具寿命的概念不同。所谓刀具寿命，是指一把新刀从投入使用到报废为止总的切削时间，它等于刀具耐用度乘以刃磨次数。

七、刀具几何参数的合理选择

1. 刀具前角对加工的影响

(1)前角的功用

①前角影响切削变形和摩擦，从而影响了切削力、切削热和切削功率。

②前角影响刀具的锋利性，同时影响切削刃和刀头的强度及刀头散热条件。

③刀具前角大，可以减小切削变形，但不易断屑。刀具前角小或采用负前角，将会使刀具在切削时振动加大，加工表面粗糙。

(2)前角选择的原则

①工件材料　加工塑性材料时取大前角，可以减小切削变形与切削力；加工脆性材料时取小前角，目的是增加刀尖强度。

②刀具材料　对于像高速钢等强度、韧性较好的刀具材料，可选大前角；对于硬质合金等脆性较大的材料应选小前角，陶瓷等材料前角应选得更小。

③加工条件　粗加工、断续切削和承受冲击载荷时，为保证切削刃强度，应取较小的前角，甚至负前角，反之取大前角；成形刀具为防止刃形畸变，常选用较小的前角。

通常情况下，采用硬质合金刀具加工有色金属时，前角较大，可达 30°；加工铸铁和钢时，硬度和强度越高，前角越小；加工高锰钢、钛合金时，为提高刀具的强度和导热性能，选用小于 10°的较小前角；加工淬硬钢选用负前角，$-5° > \gamma_o > -15°$。

(3)倒棱及前刀面形式

倒棱是指沿着切削刃在前刀面上磨出负前角的小棱面，如图 2-26所示。倒棱可以提高刀刃强度、增强散热能力，从而提高刀具耐用度。倒棱有两个参数：倒棱前角和倒棱宽度。

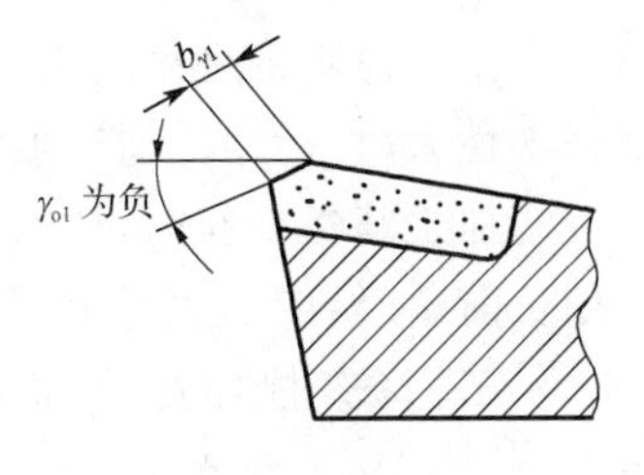

图 2-26　车刀倒棱

①正前角平面型

如图 2-27(a)所示，正前角平面型的特点是刃口锋利，制造简单，但强度低，传热能力差。一般用于精加工刀具、成形刀具、铣刀和脆性材料的加工。

②正前角平面带倒棱型

如图 2-27(b)所示，倒棱的宽度很窄，在切削塑性材料时，可按 $b_{\gamma1}=(0.5\sim1.0)f$、$\gamma_{o1}=-15°\sim-5°$选取。此时，切屑仍沿前刀面而不沿倒棱流出。倒棱形式一般用于粗切铸锻件或断续表面的加工。

③正前角曲面带倒棱型

如图 2-27(c)所示，它是在正前角平面带倒棱型的基础上，为了卷屑和增大前角，在前刀面上磨出一定的曲面而形成的。卷屑槽的参数为 $l_{Bn}=(6\sim8)f$，$r_{Bn}=(0.7\sim0.8)l_{Bn}$。一般用于粗加工或精加工塑性材料的刀具。

(4)负前角单面型

当磨损主要发生在后刀面时，可制成如图 2-27(d)所示的负前角单面型。此时刀片承受压应力，具有好的刀刃强度。因此，常用于切削高硬度(强度)材料和淬火钢材料。

(5)负前角双面型

如图 2-27(e)所示，当磨损同时发生在前、后两个刀面时，制成负前角双面型，可使刀片的重磨次数增多。此时负前角的棱面应有足够的宽度。

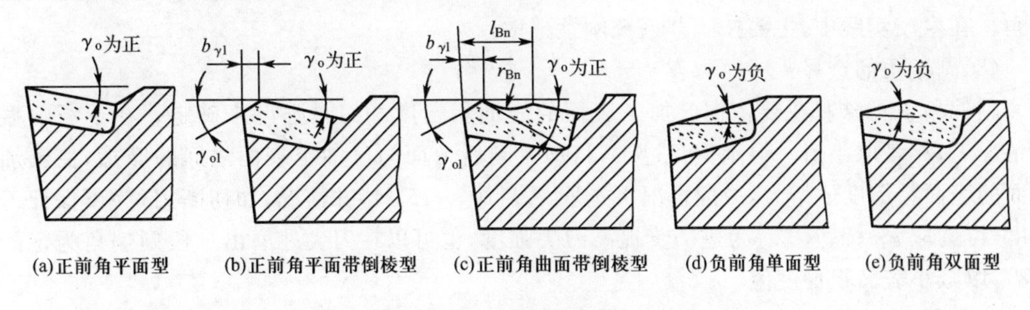

图 2-27　前刀面形式

2. 刀具后角功用及选择

(1)后角的功用

①后角的主要作用是减小后刀面与加工表面间的摩擦，降低刀具磨损，提高工件表面质量。

②配合前角工作，后角越大，切削刃钝圆半径越小，切削刃越锋利。

③影响切削刃和刀头的强度及散热体积。

(2)后角选择的原则

①粗加工时，强力切削及承受冲击载荷的刀具，为增加其刀具强度，后角应选取小些(3°～6°)；精加工时，增大后角可提高刀具耐用度和加工表面的质量。

②工件材料的硬度与强度高时，取较小的后角，以保证刀头强度；工件材料的硬度与强度低而塑性大时，后角应适当加大。

③加工脆性材料时，切削力集中在刃口附近，宜取较小的后角。对于特别硬而脆的材料，采用负前角时，应加大后角，可取 12°～15°。

④工艺系统刚性差、易振动时，应减小后角。还可以在后刀面上磨出 $b_{\alpha}=0.1\sim0.3$ mm、$\alpha_{o1}=-5°\sim-10°$的消振棱，如图 2-28 所示。

⑤定尺寸刀具取较小的后角，以防止重磨后刀具尺寸的变化，增加刃磨次数，延长刀具使用寿命。

综上，后角大小总的选择原则应是在保证加工质量和刀具寿命前提下，取小值。

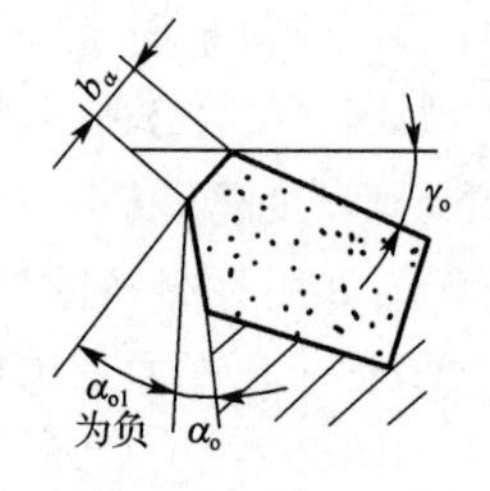

图 2-28 消振棱车刀

副后角的作用主要是减少副后刀面与工件已加工表面之间的摩擦，其数值一般与主后角相同，但对于切断刀、割槽刀等，为保证刀头的强度，一般副后角取较小值，$\alpha'_o=1°\sim3°$。

3. 主偏角、副偏角的选择

(1)主偏角和副偏角的功用

①减小主偏角和副偏角，可使加工残留面积高度降低，利于得到较小的表面粗糙度值。

②在背吃刀量和进给量一定的情况下，主偏角增大使切削厚度增大，切削宽度减小，切屑容易折断。

③主偏角增大使背向力减小，有利于改善工艺系统的刚性。

(2)主偏角选择的原则

当工艺系统刚性不足时，为了减小、避免切削中的振动，应减小背向力，因此应选取较大主偏角。在生产实践中，主要按工艺系统刚性选取。

(3)副偏角的选择

副偏角 κ'_r 的选择主要依据已加工表面的表面粗糙度和刀具强度来确定。在不影响振动的情况下，尽量取小值。但副偏角过小，将增大副后刀面与已加工表面之间的摩擦，使已加工表面的表面粗糙度值增大，一般情况下选取 $\kappa'_r=10°\sim15°$；特殊情况，如切断刀，为了保证刀头强度，可选取 $\kappa'_r=1°\sim2°$。为进一步提高刀尖强度，也可以在刀尖处磨出一段副偏角为零的修光刃，以减小表面粗糙度值。

4. 刃倾角的选择

(1)刃倾角的作用

①影响排屑方向

当刃倾角 $\lambda_s=0°$时，切屑垂直于切削刃流出；当 λ_s 为负值时，切屑向已加工表面流出；当 λ_s 为正值时，切屑向待加工表面流出，如图 2-29 所示。

②控制切削刃切入、切出时与工件的接触位置及平稳性

断续切削时，负刃倾角因刀尖位于切削刃的最低点，使离刀尖较远部分的切削刃首先接触工件，这样避免了刀尖受冲击，起到了保护刀尖的作用。而正刃倾角因刀尖位于切削刃的最高点，刀尖首先与工件接触，受到冲击载荷作用，容易引起崩刃。同时，切入、切出时切削刃上各点都是逐渐切入和切离工件的，故切削过程平稳。当刃倾角为零时，切削刃与工件同时接触和

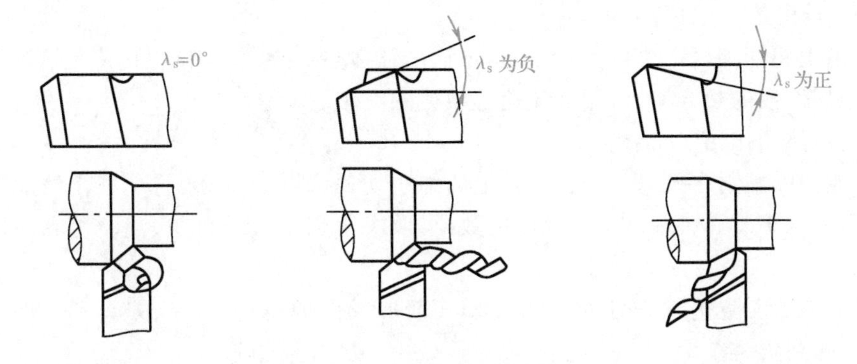

图 2-29　刃倾角对排屑方向的影响

同时切离，会引起振动。

③影响切削刃锋利性

经生产实践证实，当刃倾角的绝对值增大时，刀具的实际切削前角增大，这将使刀具的切削刃变得锋利，可以切下很薄的切削层。

④控制背向力与进给力的比值，影响工件的加工质量

刃倾角为正值，背向力减小，进给力增大；刃倾角为负值，背向力增大，进给力减小。小刃倾角使背向力增大，进给力减小，特别是当刃倾角为负值时，被加工的工件容易产生弯曲变形（车削外圆件）和振动，使工件质量下降。

(2)刃倾角选择的原则

刃倾角选择的原则，主要是根据刀具强度、排屑方向和加工条件而定，一般情况下可按加工性质选取。

①粗加工时，为保证刀具的强度，通常刃倾角选取较小值，$\lambda_s=-5°\sim0°$，若是断续切削或是切削高强度、高硬度的工件材料，刃倾角还应选取得更小些。

②精加工时，为了提高工件的表面质量，不让切屑流向已加工表面，一般刃倾角选取较大值，$\lambda_s=0°\sim5°$。

③有冲击载荷时，$\lambda_s=-15°\sim-5°$。

④车削淬硬钢时，$\lambda_s=-12°\sim-5°$。

⑤微量精车外圆、精车孔和精刨平面时，$\lambda_s=45°\sim75°$。

⑥刨刀强力切削时，$\lambda_s=-20°\sim-10°$。

⑦工艺系统刚性差，切削时不宜选用负刃倾角。

八、切削液的合理选择

使用切削液可以带走大量的切削热，降低切削区的温度。同时，由于润滑作用，可以减小刀具与工件、刀具与切屑的摩擦阻力，降低动力消耗，提高表面质量。合理使用切削液是提高金属切削效率的有效途径之一。

1. 切削液的作用

(1)润滑作用

在切屑、工件与刀具的接触面之间形成润滑性能较好的润滑膜时，能得到比较好的润滑效果。切削液的润滑性能与切削液的渗透性、形成润滑膜的能力及润滑膜的强度有着密切关系。

(2)冷却作用

切削液可以将切削区产生的热量带走,从而增强散热效果,使切削温度降低。冷却性能的好坏,取决于切削液的热导率、流量和流速等数值的大小。

(3)清洗与防锈作用

切削液能清除黏附在机床、刀具、夹具上的细小切屑和磨料细粉,避免划伤已加工表面和机床的导轨,并减小刀具磨损。清洗性能的效果,取决于切削液的种类、流动性和使用的压力和流量。

在切削液中加入防锈添加剂后,能在金属表面形成保护膜,使机床、刀具和工件不受周围介质的腐蚀,起到防锈作用。

2. 切削液的种类

(1)水溶液

水溶液是以水为主要成分并加入防锈添加剂的切削液。由于水的热导率、比热和汽化热较大,因此,水溶液主要起冷却作用,同时由于其润滑性能较差,所以主要用于粗加工和普通磨削加工中。

(2)切削油

切削油是以矿物油为主要成分并加入一定的添加剂而构成的切削液。切削油主要起润滑作用。

(3)乳化液

乳化液是乳化油加 95%～98%的水稀释成的一种切削液。乳化油由矿物油、乳化剂配制而成。乳化剂可使矿物油与水乳化形成稳定的切削液。

3. 切削液的合理选用和使用方法

(1)切削液的合理选用

切削液应根据刀具材料、工件材料、加工方法和技术要求等具体情况进行选用。

硬质合金刀具耐热性高,一般不用切削液。若要使用切削液,则必须连续、充分地供应,否则因骤冷骤热,产生的内应力将导致刀片产生裂纹。高速钢刀具耐热性差,需采用切削液。通常粗加工时,可采用 3%～5%的乳化液,主要以冷却为主;精加工时,可以采用 15%～20%的乳化液,主要目的是改善加工表面质量,降低刀具磨损,减少积屑瘤。

切削铸铁时一般不用切削液。切削铜合金和有色金属时,一般不用含硫的切削液,以免腐蚀工件表面。切削铝合金时不用切削液。

钻孔、攻螺纹、拉削等半封闭与封闭状态的加工,冷硬等难切削加工的材料,刀具与工件摩擦严重,宜用乳化液、极压乳化液或极压切削油;成形加工应采用润滑性好的极压切削油或高浓度极压切削液;磨削加工选用的切削液应具有较好的冷却与清洗作用,常用水溶液或普通乳化液。

(2)切削液的使用方法

切削液的合理使用非常重要,其浇注部位、充足的程度与浇注方法的差异,将直接影响切削液的使用效果。切削液应浇注在切削变形区,该区是发热的核心区,不应该浇注在刀具或零件上。

切削液浇注的方法有浇注前刀面切削区、浇注切削刃的交角区、浇注后刀面切削区和周环浇注法。

任务实施

已知外圆车刀主偏角 $\kappa_r=45°$，副偏角 $\kappa_r'=10°$，前角 $\gamma_o=15°$，后角 $\alpha_o=5°$，刃倾角 $\lambda_s=10°$，刀体厚度与宽度自定义。以二维图表示刀具各几何角度，如图 2-30 所示。

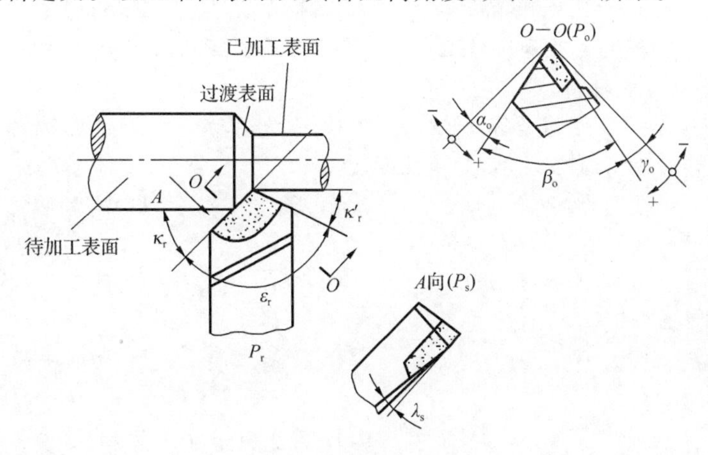

图 2-30　外圆车刀几何角度

拓展训练

1. 正交平面中各几何角度是如何标注的？
2. 90°外圆车刀角度应该如何标注？
3. 钻削运动中三个加工表面怎样确定？
4. 了解标准麻花钻头几何角度。
5. 了解常用刀具材料有哪些？

习题与训练

一、填空题

1. 主切削刃是________与后刀面相交构成的切削刃。
2. 基面是过切削刃选定点并________假定主运动方向的平面。
3. 前角是前刀面与________间的夹角。
4. 后角是后刀面与________间的夹角。
5. 后角一般取 $\alpha_o=$________。
6. 刀具材料应具备的性能有________、强度、韧性、耐磨性、耐热性、工艺性。
7. 耐磨性材料是硬度、强度、________等因素的综合反映。
8. 后角大小总的选用原则是在保证加工质量和刀具寿命前提下，取________值。
9. 常见的切削种类有________、________、________。

二、选择题

1. 车床车削工件表面时，车刀的进给运动属于(　　)。
A. 简单成形运动　B. 复合成形运动　C. 进给运动　D. 主运动
2. 在齿轮加工机床上加工齿轮所使用的成形方法是(　　)。
A. 轨迹法　B. 仿形法　C. 展成法　D. 相切法
3. 机床的运动包含主运动和进给运动，(　　)的数量有且只有一个，(　　)的数量可能有一个或者多个，甚至可能没有。
A. 简单成形运动　B. 复合成形运动　C. 进给运动　D. 主运动
4. (　　)工作时没有进给运动，只有主运动。
A. 车床　B. 铣床　C. 磨床　D. 拉床
5. 前角是前刀面与(　　)间的夹角。
A. 切削平面　B. 主剖面　C. 基面　D. 后刀面
6. 后角是后刀面与(　　)间的夹角。
A. 基面　B. 主剖面　C. 待加工面　D. 切削平面
7. 每台机床(　　)。
A. 只有一个主运动　B. 至少有一个主运动
C. 可以没有主运动　D. 有多个主运动
8. 金属切削机床(　　)。
A. 都有进给运动　B. 有些没有进给运动
C. 都没有进给运动　D. 都不对

三、简答题

1. 简述刀具角度对切削力大小的影响。
2. 前角、后角的正负是如何判定的？
3. 刀具的辅助平面有哪些？如何定义的？
4. 刀具主要角度有哪些？对切削加工有何影响？
5. 试述切削液的种类和用途。

任务二　阶梯轴的车削加工

学习目标

1. 了解我国机床的分类与型号编制。
2. 了解车削加工范围、CA6140 型普通卧式车床组成与结构。
3. 掌握常用车刀结构分类。
4. 能够进行刀具选用与刃磨。
5. 掌握阶梯轴车削的加工方法。

情境导入

在我们的日常生活中回转类阶梯轴(图 2-31)随处可见,如变速箱中支承齿轮的传动轴、机床的各种主轴等,这些零件是如何加工出来的呢? 加工过程中,除了我们学习过的刀具相关知识外,加工用车床也是我们接下来要学习的重要部分,只有这样,才能使用刀具与机床加工出合格的产品。

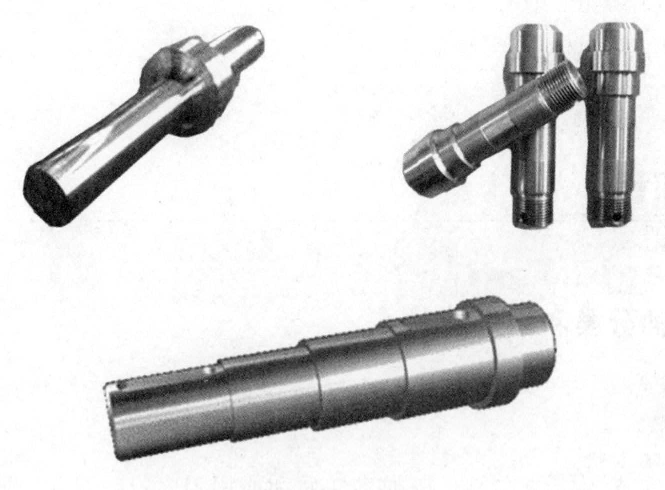

图 2-31 阶梯轴

任务描述

独立完成如图 2-32 所示阶梯轴的加工操作。要求:仿照企业生产实际,在加工中分析毛坯材料,了解加工中所涉及的加工表面,对零件进行简单工艺分析。学会车刀角度的刃磨,并能独立加工出合格产品。

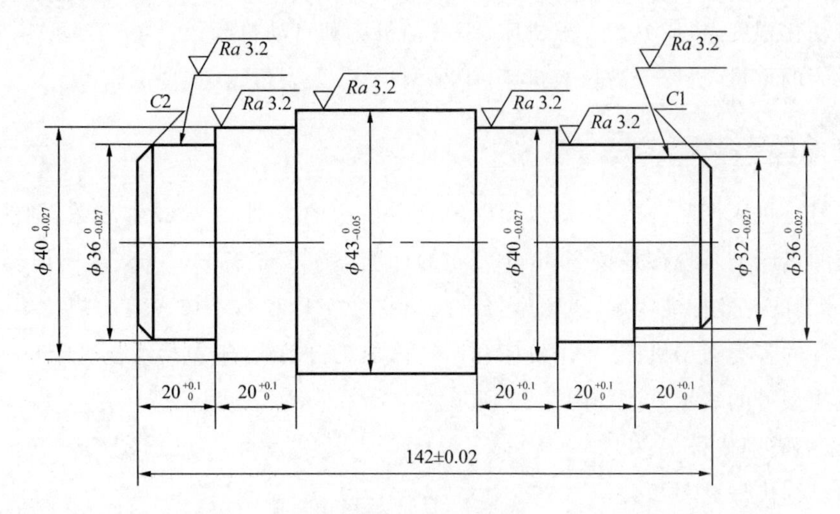

图 2-32 加工用阶梯轴

任务分析

本任务是以 CA6140 型普通卧式车床为例，全面介绍车床型号、组成、种类、车刀类型、刀具刃磨等相关知识，以阶梯轴加工任务为载体引入相关知识点，重点掌握机床结构等难点问题，为后续内容奠定基础。通过分析零件图，完成以下具体任务：

(1)认识车刀，了解车刀的组成。

(2)能正确选用车刀材料与刃磨车刀。

(3)阶梯轴加工方法分析。

相关知识

一、机床的分类和型号编制

1. 机床的分类

我国机床的传统分类方法主要是按加工性质和所用刀具进行分类，即将机床分为 11 大类：车床、钻床、镗床、磨床、齿轮加工机床、螺纹加工机床、铣床、刨插床、拉床、锯床、其他机床(含特种加工机床)。在每一类机床中，又按工艺范围、布局形式和结构等分为若干组，每一组又细分为若干系列。

除了上述分类方法之外，还可以按其他方法分类，如：

根据加工精度，机床分为普通机床、精密机床和高精度机床；

根据使用范围，机床分为通用机床、专门化机床和组合机床；

根据自动化程度，机床分为一般机床、半自动机床和自动机床；

根据机床的重量，机床分为仪表机床、中小型机床、大型机床、重型机床等。

2. 机床的型号编制方法

机床型号是机床产品的代号，用以简明地表示机床的类别、主要技术参数、性能和结构特点等。我国的机床型号现在是按 2008 年发布的标准 GB/T 15375—2008《金属切削机床 型号编制方法》编制的。此标准规定，机床型号由汉语拼音字母和数字按一定的规律组合而成，它适用于新设计的各类通用机床、专用机床和回转体加工自动线(不包括组合机床)。

通用机床型号的表示方法如图 2-33 所示。

(1)机床的类别代号

机床的类别代号见表 2-1。

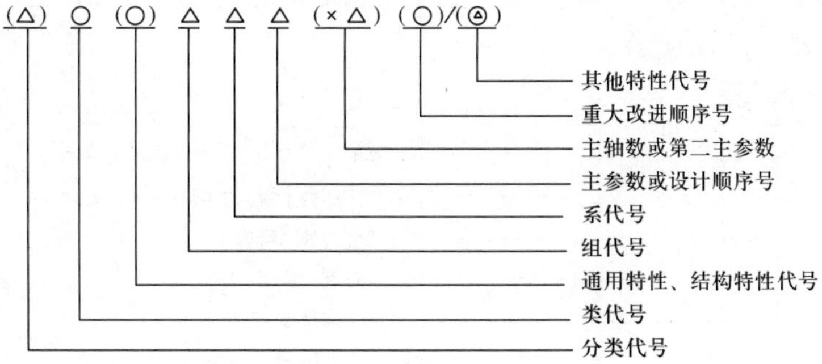

(△) ○ (○) △ △ △ (×△) (○)/(◎)

其他特性代号
重大改进顺序号
主轴数或第二主参数
主参数或设计顺序号
系代号
组代号
通用特性、结构特性代号
类代号
分类代号

注：1.有“( )”的代号或数字，当无内容时，则不表示；若有内容则不带括号。

2.有“○”符号者，为大写的汉语拼音字母。

3.有“△”符号者，为阿拉伯数字。

4.有“◎”符号者，为大写的汉语拼音字母或阿拉伯数字，或两者兼有之。

图 2-33　通用机床型号的表示方法

表 2-1　机床的类别代号

类别	车床	钻床	镗床	磨床	齿轮机床	螺纹机床	铣床	刨床	电加工机床	锯床	拉床	其他机床
代号	C	Z	T	M	Y	S	X	B	D	G	L	Q
读音	车	钻	镗	磨	牙	丝	铣	刨	电	割	拉	其他

(2)机床的组和系代号

随着机床工业的发展，每类机床按用途、结构、性能划分为若干组和系，位于特性代号之后，用两位阿拉伯数字表示。第一位数字表示组，第二位数字表示系。

(3)机床的主参数

机床的主参数是反映机床规格大小的参数。主参数在型号中位于组、系代号之后，用数字表示，其数字是实际值或为实际值的 1/10、1/100，见表 2-2。

表 2-2　几种机床主参数名称及折算系数

机床名称	主参数名称	主参数折算系数
卧式车床	床身上最大回转直径	1/10
摇臂钻床	最大钻孔直径	1/1
卧式坐标镗床	工作台面宽度	1/10
外圆磨床	最大磨削直径	1/10
立式升降台铣床	工作台面宽度	1/10
卧式升降台铣床	工作台面宽度	1/10
龙门刨床	最大刨削宽度	1/100
牛头刨床	最大刨削长度	1/10

(4)机床的重大改进顺序号

当机床的性能和结构有重大改进，并按新的机床产品重新试制鉴定时，分别用汉语拼音 *A*、*B*、*C*……在原机床型号的最后表示设计改进的次序。

例如 MG1432A 表示经过一项重大改进，最大磨削直径为 320 mm 的高精度万能外圆磨床。其表示方法如图 2-34 所示。

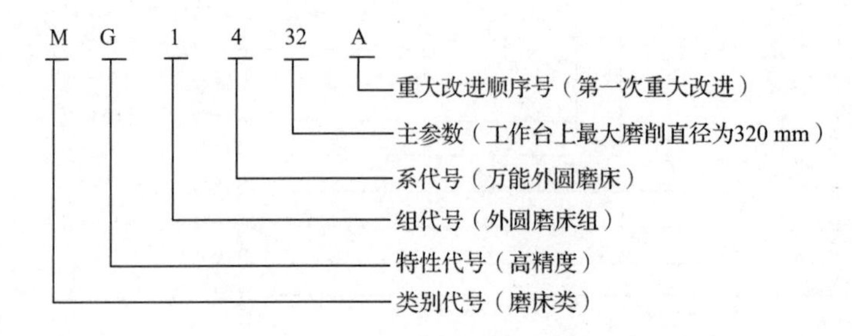

图 2-34 型号 MG1432A 表示方法示例

二、车削加工范围与特点

1. 车削加工范围

车削加工主要用来加工各种回转体表面以及回转体的端面，可进行切断、切槽、车螺纹、钻孔、铰孔、扩孔等工作。对车床进行适当改装或使用其他附件和夹具，可加工形状更为复杂的零件，还可实现镗削、磨削、研磨、抛光、滚花、绕弹簧等加工。车削加工可以对钢、铸铁、有色金属及许多非金属材料进行加工，也可对淬硬钢进行加工。

2. 车削加工特点

(1)生产率高、工艺范围广

车刀刚度好，可选择很大的背吃刀量和进给量。又由于车削加工时工件的旋转运动一般不受惯性力的限制，可以采用很高的切削速度连续地车削，故生产率高。

(2)生产成本低

车刀结构简单，价格低廉，刃磨和安装都很方便，车削生产准备时间短。

车床价格居中，许多车床夹具已经作为车床附件生产，可以满足一般零件的装夹需要，故车削加工与其他加工相比成本较低。

(3)高速细车是加工小型有色金属零件的主要方法

对有色金属零件进行磨削时，磨屑往往糊住砂轮，使磨削无法进行。在高精度车床上，用金刚石刀具进行切削，工件尺寸精度可达 IT6～IT5，表面粗糙度 *Ra* 值为 1.0～0.1 μm，甚至还能达到接近镜面的效果。

(4)精度范围大

毛坯为自由锻件或大型铸件时，利用荒车可去除大部分余量，荒车精度一般为 IT18～IT15，表面粗糙度 *Ra* 值大于 80 μm；中小型锻件和铸件可直接进行粗车。粗车后的尺寸精度为 IT13～IT11，表面粗糙度 *Ra* 值为 30～12.5 μm；尺寸精度要求不高的工件或精加工工序之前可安排半精车。半精车后的尺寸精度为 IT10～IT8，表面粗糙度 *Ra* 值为 6.3～3.2 μm；精车一般作为最终工序或光整加工的预加工工序。精车后工件尺寸精度可达 IT8～IT7，表面粗糙度 *Ra* 值为 1.6～0.8 μm。

三、普通车床

1. 车床的种类

车床的种类很多，按其用途和结构不同，主要可分为卧式车床、立式车床、转塔车床、马鞍车床、多刀半自动车床、仿形车床及仿形半自动车床、单轴自动车床、多轴自动车床及多轴半自动车床等。此外，还有各种专门化车床，如凸轮轴车床、铲齿车床、曲轴车床、高精度丝杠车床等。其中以普通卧式车床应用最为广泛。

2. CA6140 型普通卧式车床

CA6140 型普通卧式车床外观如图 2-35 所示。

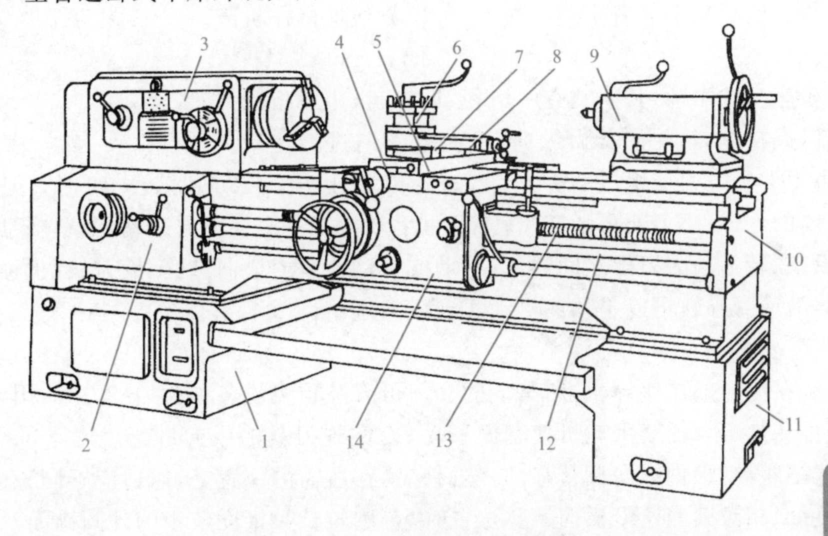

图 2-35　CA6140 型普通卧式车床外观

1、11—床腿；2—进给箱；3—主轴箱；4—床鞍；5—中滑板；6—刀架；7—回转盘；8—小滑板；9—尾座；10—床身；12—光杠；13—丝杠；14—溜板箱

(1)机床的主要技术参数

床身上最大加工直径/mm	400
刀架上最大加工直径/mm	210
主轴可通过的最大棒料直径/mm	48
最大加工长度/mm	650　900　1 400　1 900
中心高/mm	205
顶尖距/mm	750　1 000　1 500　2 000
主轴内孔锥度	莫氏 6 号
主轴转速范围/(r・min^{-1})	10～1 400(24 级)
纵向进给量/(mm・r^{-1})	0.028～6.33(64 级)
横向进给量/(mm・r^{-1})	0.014～3.16(64 级)
加工米制螺纹/mm	1～192(44 种)
加工英制螺纹/(牙・英寸$^{-1}$)	2～24(20 种)

加工模数螺纹/mm　　0.25～48(39种)
加工径节螺纹/(牙·英寸$^{-1}$)　　1～96(37种)
主电动机功率/kW　　7.5

(2)机床主要部件与功能

①主轴箱

主轴箱内装有主轴和变速、变向等机构,由电动机经变速机构带动主轴旋转,实现主运动,并获得所需转速及转向,主轴前端可安装卡盘等夹具,用以装夹工件。

②进给箱

进给箱的作用是改变机动进给的进给量或被加工螺纹的导程。

③溜板箱

溜板箱的作用是将进给箱传来的运动传递给刀架,使刀架实现纵向进给、横向进给、快速移动或车螺纹。溜板箱上装有手柄和按钮,可以方便地操作机床。

④床鞍

床鞍位于床身的中部,其上装有中滑板、回转盘、小滑板和刀架。

刀架用以夹持车刀,并使其做纵向、横向或斜向进给运动。它是由大刀架、横刀架(中刀架)、转盘、小刀架和方刀架组成的。方刀架安装在最上方,可以同时装夹四把车刀,能够转动并固定在需要的方位;小刀架可随转盘转动,可手动使刀具实现斜向运动,如车削锥面;横刀架(又称小拖板)在转盘与大刀架之间,可以手动或机动使车刀横向进给;大刀架(也称大拖板)与溜板箱连接,沿床身导轨可以手动或机动实现纵向进给。

⑤尾座

尾座安装在床身的尾座导轨上,其上的套筒可安装顶尖或各种孔加工刀具,用来支承工件或对工件进行孔加工。摇动手轮可使套筒移动,以实现刀具的纵向进给。尾座可沿床身顶面的一组导轨(尾座导轨)做纵向调整移动,然后夹紧在所需的位置上,以适应不同长度工件的需要。尾座还可以相对其底座沿横向调整位置,以车削较长且锥度较小的外圆锥面。

⑥床身

床身是车床的基本支承件。车床的主要部件均安装在床身上,并保持各部件间具有准确的相对位置。

3. 立式车床

立式车床布局的主要特点是主轴垂直布置,并有一水平布置的圆形工作台供装夹工件用。立式车床主要用于加工径向尺寸大而轴向尺寸相对较小,且形状比较复杂的大型或重型盘轮类零件。立式车床有单柱立式车床和双柱立式车床两种,如图2-36所示。图2-36(a)所示为单柱立式车床,它的加工直径较小,一般小于1 600 mm。工作台由安装在底座内的垂直主轴带动旋转,工件装夹在工作台上并随其一起旋转,实现主运动。进给运动由垂直刀架和侧刀架实现,垂直刀架可在横梁导轨上移动做横向进给,还可沿刀架滑座的导轨做纵向进给,可车削外圆、端面、内孔等。把刀架滑座扳转一个角度,可斜向进给车削内、外圆锥面。在垂直刀架上有一五角形转塔刀架,除安装车刀外还可安装各种孔加工刀具,扩大了加工范围。横梁平时夹紧在立柱上,为适应工件的高度,可松开夹紧装置调整横梁上下位置。侧刀架可做横向和垂直进给,以车削外圆、端面、沟槽和倒角。

图2-36(b)所示为双柱立式车床,它的最大加工直径可达2 500 mm以上。其结构及运动

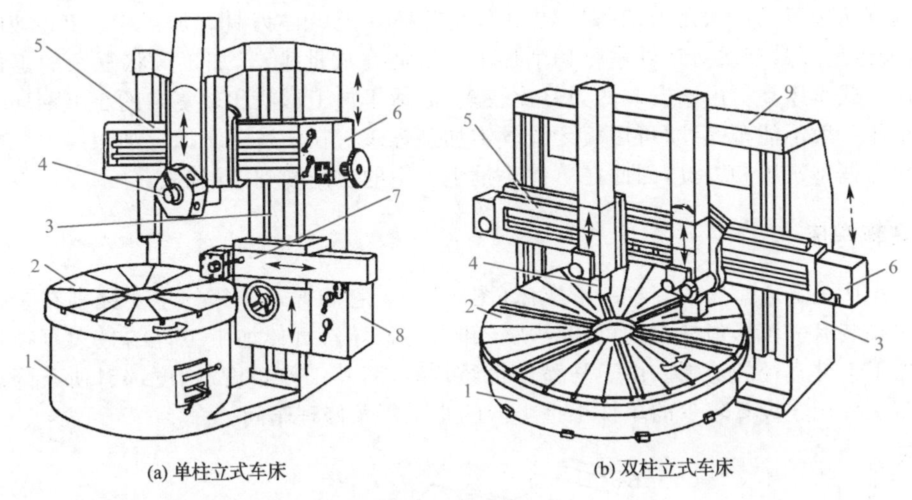

(a) 单柱立式车床　　(b) 双柱立式车床

图 2-36　立式车床

1—底座；2—工作台；3—立柱；4—垂直刀架；5—横梁；

6—垂直刀架进给箱；7—侧刀架；8—侧刀架进给箱；9—顶梁

基本上与单柱立式车床相似，不同之处是双柱立式车床有两根立柱，在立柱顶端连接一顶梁，构成封闭框架结构，有很高的刚度，适用于较重型零件的加工。

在汽轮机、重型电机、矿山冶金等大型机械制造企业的超重型、特大零件加工中，普遍使用的是落地式双柱立式车床。

4. 转塔式车床

转塔式车床也叫作六角车床，其结构与普通车床相似，如图 2-37(a)所示，有床身、主轴箱、溜板箱、方刀架等。

转塔式车床与卧式车床的主要区别是取消了尾座和丝杠，并在床身尾座部位装有一个可沿床身导轨纵向移动并可转位的多工位刀架(图 2-37(b))，即转塔刀架，因其有六个角，又称为六角刀架，其上可以装夹六把(组)刀具，既能加工孔，又能加工外圆。转塔式车床在加工前

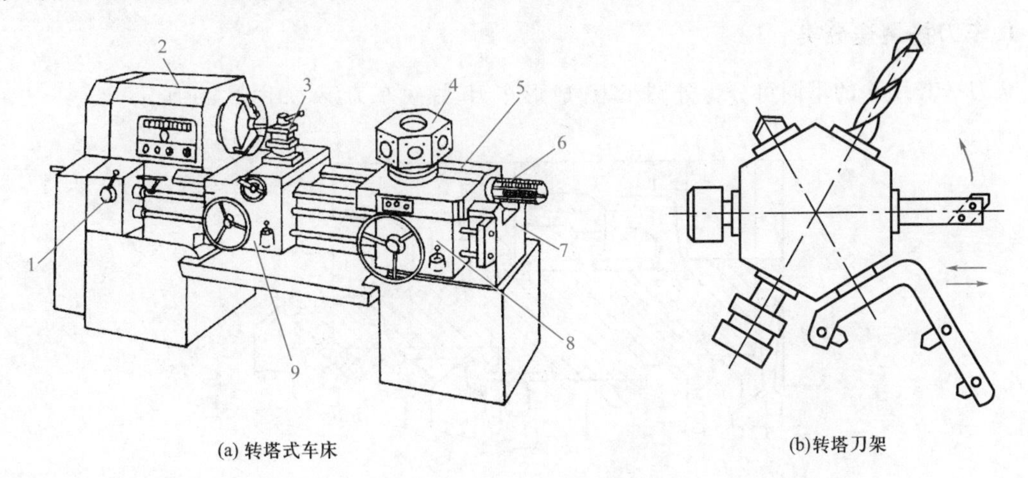

(a) 转塔式车床　　(b)转塔刀架

图 2-37　转塔式车床及其刀架

1—进给箱；2—主轴箱；3—前刀架；4—转塔刀架；5—纵向溜板；

6—定程装置；7—床身；8—转塔刀架溜板箱；9—前刀架溜板箱

需预先调好所用刀具。六角刀架每回转 60°，便转换一把(组)刀具。加工中多工位刀架周期地转位，使这些刀具依次对工件进行切削加工。因此在成批生产、加工形状复杂的工件时，生产效率比卧式车床高。由于安装的刀具比较多，故适于加工形状比较复杂的小型回转类工件。转塔式车床一般不能车螺纹，可用板牙或丝锥加工螺纹。在转塔式车床上加工时，需要花费较多的时间来调整机床和刀具，因此在单件小批生产中的使用受到了限制。

5. 马鞍车床

马鞍车床是普通车床的一种变形车床(图 2-38)。它和普通车床的主要区别在于，在靠近主轴箱一端装有一段形似马鞍的可卸导轨。卸去马鞍导轨可使加工工件的最大直径增大，从而扩大加工工件直径的范围。由于马鞍导轨经常装卸，其工作精度、刚度都有所下降。所以，这种机床主要用在设备较少的单件小批生产的小工厂及修理车间。

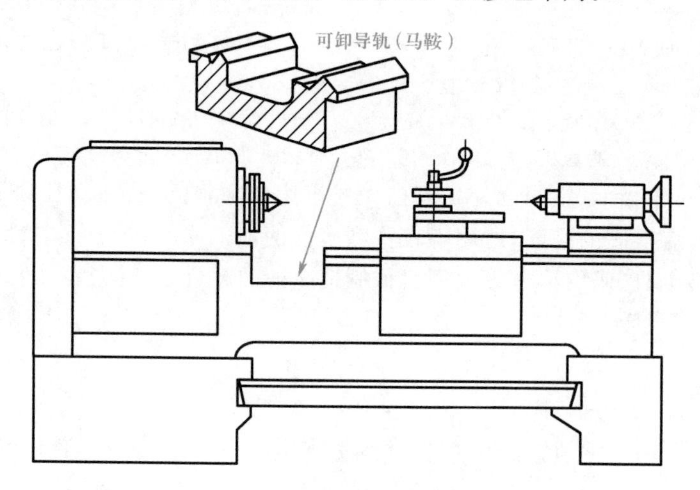

图 2-38 马鞍车床

四、车刀

1. 车刀按用途分类

车刀按其用途的不同可分为外圆车刀、成形车刀、螺纹车刀等，如图 2-39 所示。

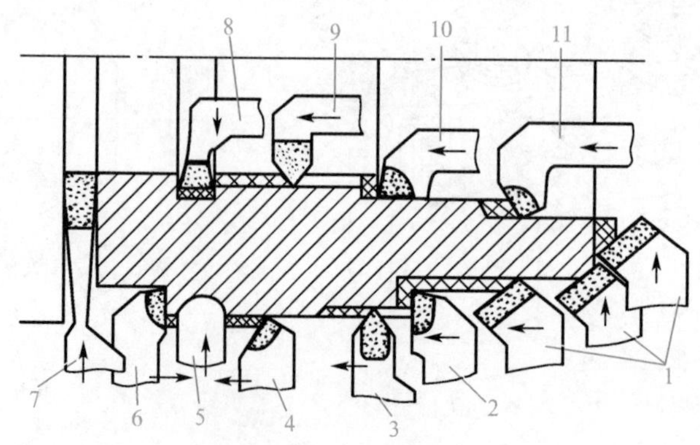

图 2-39 车刀按用途分类

1—45°弯头车刀；2—90°右外圆车刀；3—外螺纹车刀；4—75°外圆车刀；5—成形车刀；6—90°左外圆车刀；7—车槽刀；8—内孔车槽刀；9—内螺纹车刀；10—闭孔车刀；11—通孔镗刀

2. 车刀按结构分类

车刀按其结构的不同可分为整体车刀、焊接车刀、机夹车刀、可转位车刀和成形车刀等，如图2-40所示。

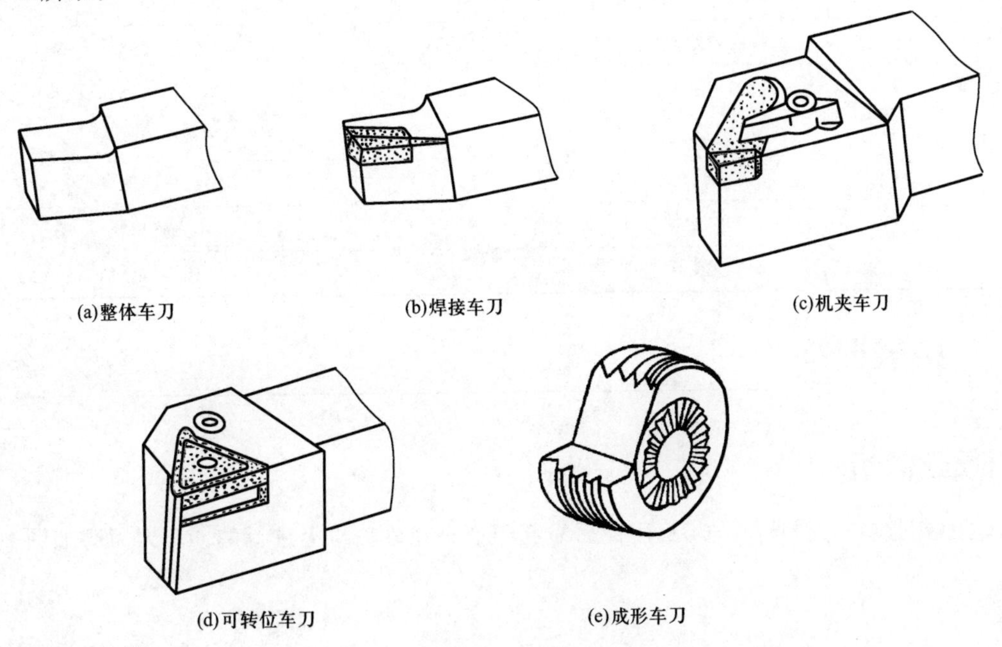

(a)整体车刀　(b)焊接车刀　(c)机夹车刀

(d)可转位车刀　(e)成形车刀

图 2-40　车刀按结构分类

(1)整体式高速钢车刀

这种车刀刃磨方便，刀具磨损后可以多次重磨。但刀杆为高速钢材料，造成刀具材料的浪费。刀杆强度低，当切削力较大时，会造成破坏。一般用于较复杂成形表面的低速精车。

(2)硬质合金焊接车刀

这种车刀是将一定形状的硬质合金刀片钎焊在刀杆的刀槽内制成的。其结构简单，制造刃磨方便，刀具材料利用充分，在一般的中小批生产和修配生产中应用较多。但其切削性能受工人的刃磨技术水平和焊接质量的影响，不适应现代制造技术发展的要求，且刀杆不能重复使用，浪费材料。

(3)可转位车刀

如图 2-40(d)所示，可转位车刀包括刀杆、刀片、刀垫和夹固元件等部分。这种车刀用钝后，只需将刀片转过一个角度，即可使新的刀刃投入切削。当几个刀刃都用钝后，更换新的刀片。可转位车刀的刀具几何参数由刀片和刀片槽保证，不受工人技术水平的影响，切削性能稳定，适于大批生产和数控车床使用。由于节省了刀具的刃磨、装卸和调整时间，辅助时间减少。同时避免了由于刀片的焊接、重磨而造成的缺陷。

此外，还有成形车刀。它是将车刀制成与工件成形面相应的形状后对工件进行加工的刀具。

任务实施

完成如图 2-32 所示阶梯轴加工。综合考虑材料与毛坯余量因素，独立制订工序，阶梯轴加工评分标准见表 2-3。

表 2-3　　阶梯轴加工评分标准

序号	质检内容	配分	评分标准
1	外圆公差 6 处	5×6	超 0.01 mm 扣 2 分，超 0.02 mm 不得分
2	外圆 Ra 3.2 μm 6 处	3×6	降一级扣 2 分
3	长度公差 6 处	3×6	超差不得分
4	倒角 2 处	2×2	不合格不得分
5	清角去锐边 10 处	10	不合格不得分
6	平端面 2 处	2×2	不合格不得分
7	工件外观	6	不完整扣分
8	安全文明操作	10	违章扣分

拓展训练

1. 车刀的刃磨

车刀(指整体车刀与焊接车刀)用钝后重新刃磨是在砂轮机上进行的。车刀刃磨如图 2-41 所示。

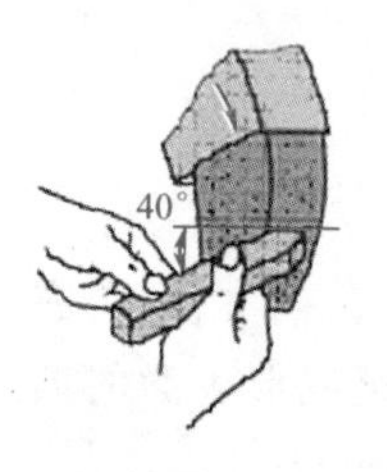

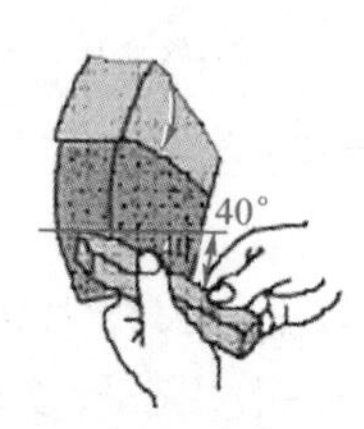

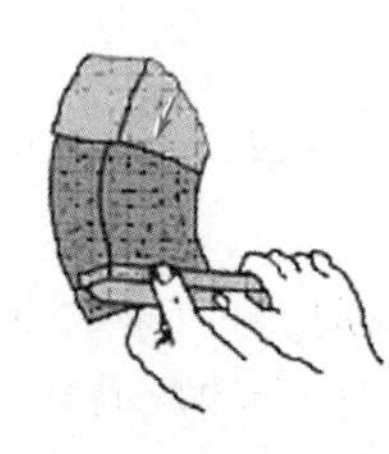
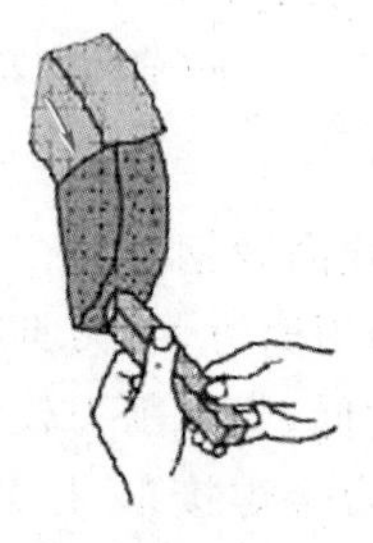

图 2-41　车刀刃磨

2. 砂轮的选择

砂轮的特性由磨料、粒度、硬度、结合剂和组织五个因素决定。刃磨时根据刀具材料正确选用砂轮。刃磨高速钢车刀时，应选用粒度为 46 号到 60 号的软或中软的氧化铝砂轮(白色)。刃磨硬质合金车刀时，应选用粒度为 60 号到 80 号的软或中软的碳化硅砂轮(绿色)，两者不能搞错。

3. 车刀刃磨的步骤

(1)磨主后刀面，同时磨出主偏角及后角。

(2)磨副后刀面，同时磨出副偏角及副后角。

(3)磨前刀面，同时磨出前角。

(4)修磨各刀面及刀尖。

4. 刃磨车刀的姿势及方法

(1)人应站立在砂轮机的侧面，以防砂轮碎裂时，碎片飞出伤人。

(2)两手握刀的距离放开,两肘夹紧腰部,以减小磨刀时的抖动。

(3)磨刀时,车刀要放在砂轮的水平中心,刀尖略向上翘 3°～8°,车刀接触砂轮后应做左右方向水平移动。当车刀离开砂轮时,车刀需向上抬起,以防磨好的刀刃被砂轮碰伤。

(4)磨后刀面时,刀杆尾部向左偏过一个主偏角的角度;磨副后刀面时,刀杆尾部向右偏过一个副偏角的角度。

(5)修磨刀尖圆弧时,通常用左手握车刀前端,并以握刀点为支点,用右手转动车刀的尾部。

5. 磨刀安全知识

(1)刃磨刀具前,应首先检查砂轮有无裂纹,砂轮轴螺母是否拧紧,并经试转后使用,以免砂轮碎裂或飞出伤人。

(2)刃磨刀具不能用力过大,否则会使手打滑而触及砂轮面,造成工伤事故。

(3)磨刀时应戴防护眼镜,以免砂砾和铁屑飞入眼中。

(4)磨刀时不要正对砂轮的旋转方向站立,以防意外。

(5)磨小刀头时,必须把小刀头装入刀杆上。

(6)砂轮支架与砂轮的间隙不得大于 3 mm,若发现过大,应调整适当。

习题与训练

一、填空题

1. 车床大致可分为________、________、________、________、________等。

2. 车床由________、________、________、________、________、________等部分组成。

3. 转塔式车床也叫作________车床,与普通车床所不同的是没有________,并由六角刀架代替________。

4. 整体式高速钢车刀一般用于________的低速精车。

5. 车刀刃磨的步骤包括________、________、________和________。

6. 转塔车床与卧式车床相比,其结构上的主要区别在于________。

7. 荒车精度一般为________,表面粗糙度 Ra 值大于________。

8. 车削加工精度范围一般在________之间。

9. 车削加工具有________、________和________的特点。

10. 顶尖有________和________之分。

二、选择题

1. 丝杠主要用于(　　)。

A. 车削螺纹　　B. 车削外圆表面　　C. 车削端面　　D. 车削锥面

2. 转塔车床与卧式车床相比,其结构上的主要区别在于(　　)。

A. 没有主轴箱　　B. 没有尾座和丝杠　　C. 没有刀架　　D. 没有底座

3. 车床上加工的各种零件具有一个共同的特点,即(　　)。

A. 不具有回转表面　　B. 带有平面表面

C. 带有回转表面　　D. 带有螺纹表面

4. 车削加工精度范围一般在(　　)之间。

A. IT9～IT5　　B. IT17～IT12　　C. IT10～IT7　　D. IT8～IT7

三、简答题

1. 常用车床种类有哪些? CA6140 型号的含义是什么?
2. 试述 CA6140 型普通卧式车床的主要部件及功用。
3. 试述车削加工的工艺范围及特点。
4. 常用车床附件有哪些? 各适用于什么场合?
5. 车削外圆时,应如何选择工件的装夹方式?

任务三　变速箱壳体的铣削加工

学习目标

1. 了解铣削加工的范围。
2. 掌握常用卧式万能铣床和立式铣床的结构。
3. 了解铣削用量。
4. 掌握铣削加工方式。
5. 掌握铣刀种类,能正确选用铣刀。

情境导入

图 2-42 所示为铣削加工中一些典型零件,这些腔体类零件、凸台、轴上的各种键槽是如何铣削出来的呢? 用什么样的刀具、机床? 怎样操作才能加工出合格产品? 这些问题同学们思考过吗? 加工过程中铣削刀具与铣削用机床会出现哪些加工现象? 这些问题让我们通过下面的学习来一起解决吧。

图 2-42　铣削加工中的一些典型零件

任务描述

铣削如图 2-43 所示台阶面零件。

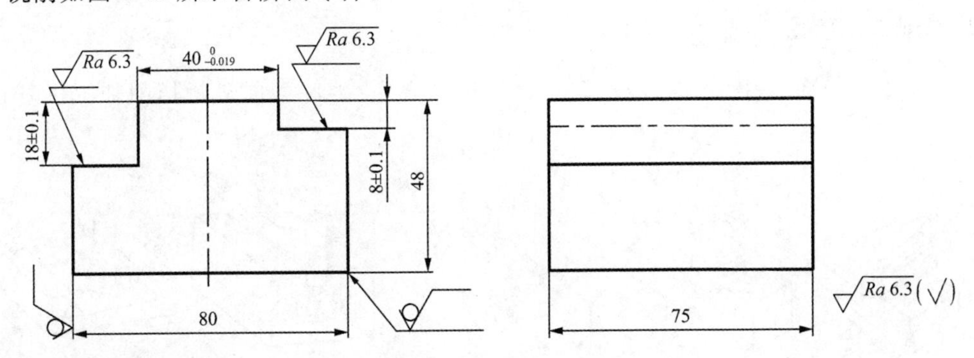

图 2-43　铣削台阶面零件

任务分析

本任务以台阶面铣削为载体，要求学生熟知常用铣床的操作，掌握铣削加工方式的分类与各自特点，能自主根据加工工件选择相应铣刀，能独立进行铣刀的安装与调整。以台阶面铣削为载体引入相关知识点，通过分析零件图，完成以下具体任务，为后续内容奠定基础。

(1)零件图加工表面分析。

(2)认识铣刀，了解铣削加工方式。

(3)能正确安装铣刀。

(4)台阶面加工。

相关知识

一、铣削加工特点及应用

1. 铣削加工特点

(1)生产率较高

铣刀是多刃刀具，它的每个刀齿相当于一把车刀，铣削时有多个刀刃同时进行切削，总的切削宽度较大。铣削的主运动是铣刀的旋转，便于采用高速铣削，所以其生产率较高。

(2)铣削过程不平稳

铣刀刀刃的切入和切出会产生切削力冲击，并引起同时工作刀刃数的变化；每个刀刃的切削厚度是变化的，这将使切削力发生波动。因此，铣削过程不平稳，易产生振动。为保证铣削加工质量，要求铣床在结构上有较高的刚度和抗振性。

(3)散热条件较好

铣刀刀刃间歇切削,可以进行一定的冷却,因而散热条件较好。但是,切入和切出时温度的变化、切削力的冲击,将加速刀具的磨损,甚至可能引起硬质合金刀片的碎裂。此外,铣床结构比较复杂,铣刀的制造和刃磨比较困难。

2. 铣削加工应用

铣削主要对平面、台阶面、沟槽、成形表面、型腔表面、螺旋表面进行切削加工,如图2-44所示。

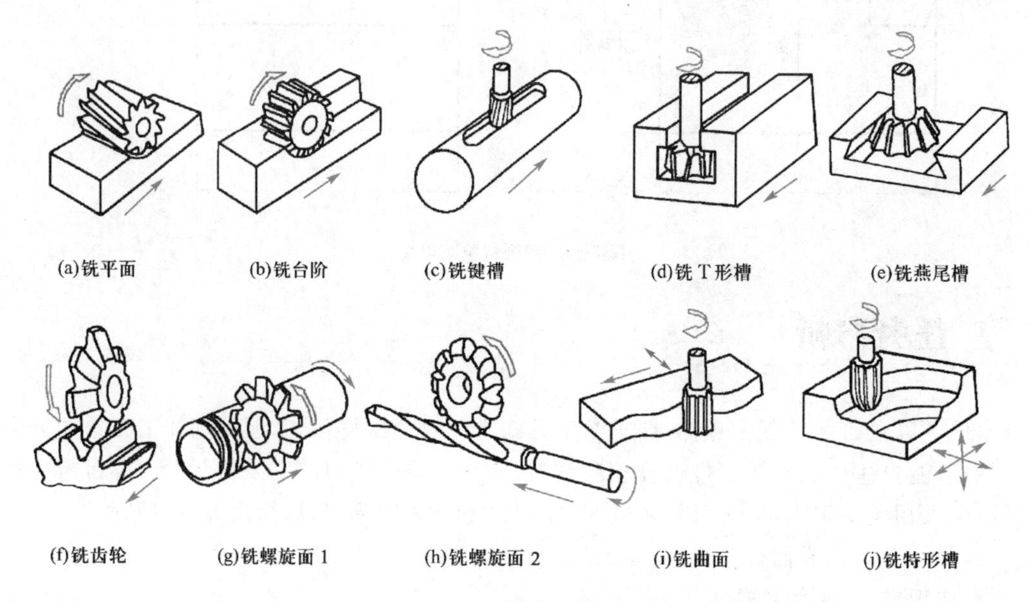

图 2-44 铣削加工应用

一般情况下,铣削时铣刀的旋转为主运动,工件的移动为进给运动。铣削可以完成工件的粗加工和半精加工,其加工精度可达 IT9~IT7,精铣表面粗糙度 Ra 值可达 3.2~1.6 μm。

二、铣削加工用量

1. 铣削运动

由图 2-44 可知,不论哪一种铣削加工,为完成铣削过程必须有以下运动:

(1)主运动:铣刀的旋转;

(2)进给运动:工件随工作台缓慢的直线移动。

2. 铣削用量

铣削时的铣削用量由铣削速度 v_c、进给量 f、背吃刀量(又称铣削深度)a_p 和侧吃刀量(又称铣削宽度)a_e 四要素组成。

(1)铣削速度 v_c

铣削速度即铣刀最大直径处的线速度,可由下式计算:

$$v_c = \pi dn/1\,000(\mathrm{m/min}) \tag{2-11}$$

式中 d——铣刀直径,mm;

n——铣刀转速,r/min。

(2)进给量 f

铣削时,工件在进给运动方向上相对于刀具的移动量即为铣削时的进给量。由于铣刀为多刃刀具,计算时按单位时间不同,有以下三种度量方法:

①每齿进给量 f_z,其单位为毫米每齿(mm/z)。

②每转进给量 f,其单位为毫米每转(mm/r)。

③每分钟进给量 v_f,又称进给速度,其单位为毫米每分钟(mm/min)。

上述三者的关系为

$$v_f = fn = f_z zn(\text{mm/min}) \tag{2-12}$$

一般铣床铭牌上所指出的进给量为 v_f 值。

(3)背吃刀量(铣削深度)a_p

如图 2-45 所示,背吃刀量为平行于铣刀轴线方向测量的切削层尺寸,单位为毫米(mm)。因周铣与端铣时相对于工件的方位不同,故 a_p 在图中的标示也有所不同。

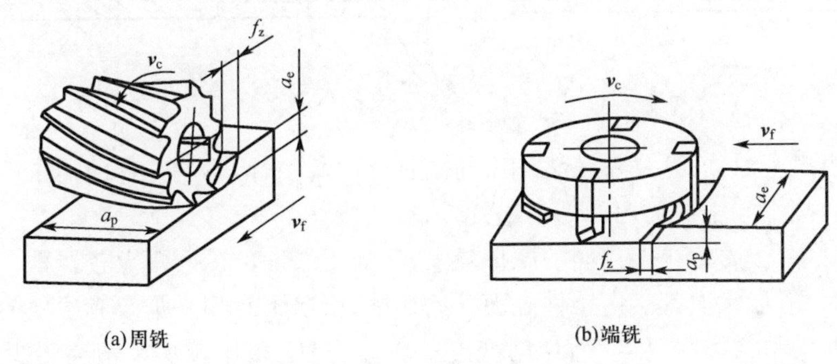

(a)周铣　　(b)端铣

图 2-45　铣削运动和铣削要素

(4)侧吃刀量(铣削宽度)a_e

如图 2-45 所示,侧吃刀量为垂直于铣刀轴线和工件进给方向测量的切削层尺寸,单位为毫米(mm)。端铣时,a_e 为被加工表面宽度;而圆周铣削时,a_e 为切削层深度。

三、铣削加工方式

1. 圆柱铣刀铣削

圆柱铣刀铣削有逆铣和顺铣两种方式。如图 2-46 所示,铣刀旋转切入工件的方向与工件的进给方向相反时称为逆铣,相同时称为顺铣。

顺铣和逆铣的特点:

(1)顺铣时,刀齿的切削厚度都是由小到大逐渐变化的。当刀齿刚与工件接触时,切削厚度为零,只有当刀齿在前一刀齿留下的切削表面上滑过一段距离,切削厚度达到一定数值后,刀齿才真正开始切削。逆铣时,切削厚度是由大到小逐渐变化的,刀齿在切削表面上的滑动距离也很小。而且顺铣时,刀齿在工件上走过的路程也比逆铣短。因此,在相同的切削条件下,采用逆铣时,刀具易磨损。

(2)逆铣时,由于铣刀作用在工件上的水平切削力方向,与工件进给运动方向相反,所以工作台丝杠与螺母能始终保持螺纹的一个侧面紧密贴合。而顺铣时则不然,由于水平铣削力的方向与工件进给运动方向一致,当刀齿对工件的作用力较大时,因工作台丝杠与螺母间间隙的

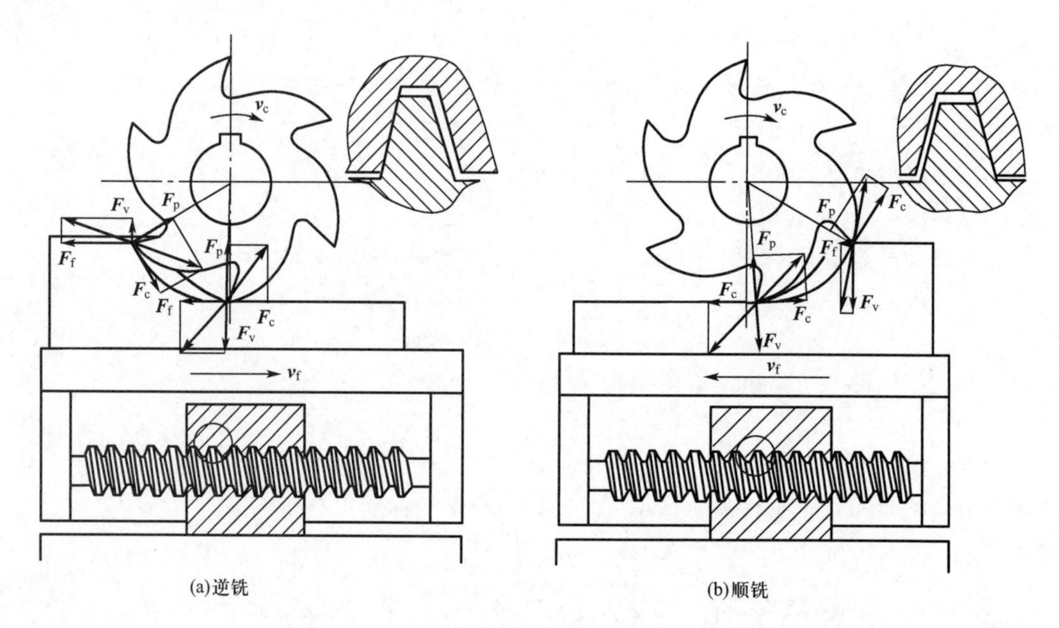

图 2-46 逆铣与顺铣

存在，工作台会产生窜动，这样不仅破坏了切削过程的平稳性，影响工件的加工质量，而且严重时会损坏刀具，故生产中一般用的都是逆铣。

(3)逆铣时，由于刀齿与工件间的摩擦较大，已加工表面的冷硬现象较严重。

(4)顺铣时，刀齿每次都是由工件表面开始切削，所以不宜用来加工有硬皮的工件。

(5)顺铣时的平均切削厚度大，切削变形较小，与逆铣相比较功率消耗要少些(铣削碳钢时，功率消耗可减少 5%，铣削难加工材料时可减少 14%)。

2. 端铣刀铣削

用端铣刀铣削平面时，可分为三种不同的铣削方式，如图 2-47 所示。

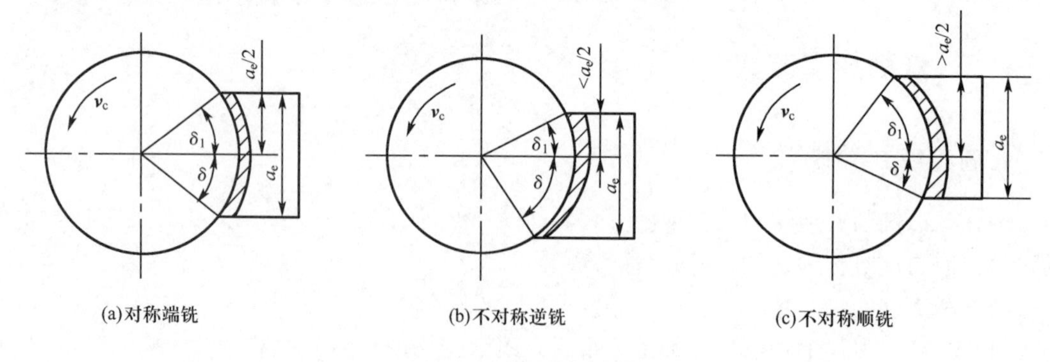

图 2-47 端铣的铣削方式

(1)对称端铣

铣刀轴线位于工件的对称中心位置，对称中心两边的顺铣与逆铣相等，切入、切出时的切削厚度相同。一般端铣时常用这种铣削方式。

(2)不对称逆铣

刀齿切入时的切削厚度最小，切出时的切削厚度较大，其逆铣部分大于顺铣部分。

(3)不对称顺铣

刀齿切出时的切削厚度最小,其顺铣部分大于逆铣部分。

四、常用铣床

常用的铣床有卧式铣床、立式铣床、万能工具铣床和龙门铣床等。

1. 卧式铣床

如图 2-48 所示为中型卧式万能铣床。它具有功率大、转速高、刚性好、工艺范围广、操纵方便等优点。这种铣床主要适用于单件小批生产,也可用于成批生产。它的主要部件及其用途如下:

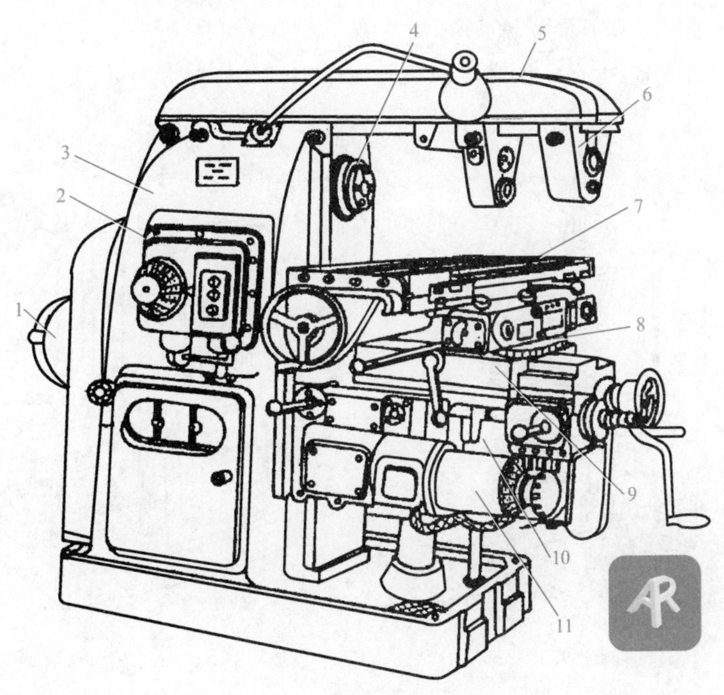

图 2-48　中型卧式万能铣床

1—电动机;2—变速机构;3—床身;4—主轴;5—横梁;6—吊架;
7—纵向工作台;8—转台;9—溜板;10—升降台;11—操纵机构

箱形的床身 3 固定在底座上,在床身内装有主轴传动机构及主轴变速操纵机构。在床身的顶部有水平导轨,其上装有带着一个或两个刀杆支架的悬梁。刀杆支架用来支承安装铣刀的心轴的一端,而心轴的另一端则固定在主轴上。在床身的前方有垂直导轨,一端悬持的升降台可沿之做上下移动。在升降台上面的水平导轨上,装有可平行于主轴轴线方向移动(横向移动)的溜板 9。升降台 10 可沿溜板 9 上部转动部分的导轨在垂直于主轴轴线的方向移动(纵向移动)。这样,安装在工作台上的工件可以在三个方向调整位置或完成进给运动。此外,由于转动部分对溜板 9 可绕垂直轴线转动一个角度(通常为±45°),故工作台于水平面上除能平行或垂直于主轴轴线方向进给外,还能在倾斜方向进给,从而完成铣螺旋槽的加工。

2. 立式铣床

(1)立式升降台铣床

这类铣床与卧式升降台铣床的区别在于主轴采用立式布置，与工作台面垂直，如图2-49(a)所示。主轴2安装在立铣头1内，可沿其轴线方向进给或手动调整位置。立铣头1可根据加工要求，在垂直平面内向左或向右在45°范围内回转角度，使主轴与工作台面倾斜成所需的角度，以扩大机床的工艺范围。立式铣床的其他部分，如工作台3、床鞍4及升降台5的结构与卧式万能铣床相同。

(2)万能回转头铣床

万能回转头铣床结构(图2-49(b))与卧式万能铣床的结构极其相似，只是在它的滑座两端分别装上了电动机1和万能立铣头3，其万能立铣头3可任意方向偏转角度，当工件上不同角度的位置均需加工时，可在一次装夹中只改变铣刀轴线倾斜方向就能完成加工。

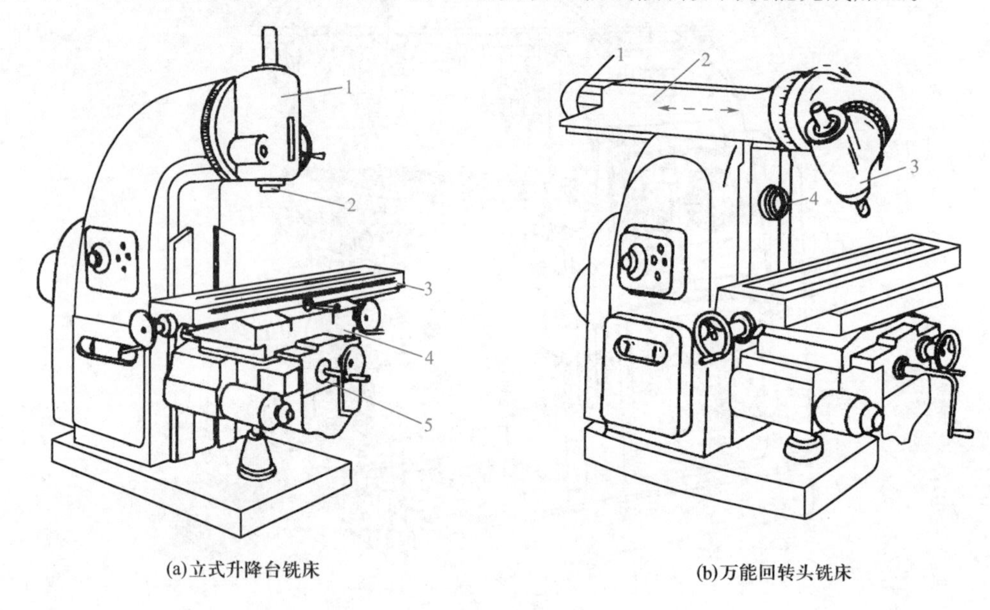

(a)立式升降台铣床　　(b)万能回转头铣床

图2-49　立式铣床

(a)1—立铣头；2—主轴；3—工作台；4—床鞍；5—升降台

(b)1—电动机；2—滑座；3—万能立铣头；4—水平主轴

立式铣床是一种生产率比较高的机床，在立式铣床上可安装面铣刀或立铣刀，能加工平面、台阶、斜面、键槽等，还可以加工内外圆弧、T形槽以及凸轮等。

3. 万能工具铣床

如图2-50所示为万能工具铣床。这种铣床的特点是操纵方便，精度较高，并备有多种附件，主要适于工具车间使用。

4. 龙门铣床

龙门铣床是一种大型、高效的通用机床，如图2-51所示。它在结构上呈框架式布局，具有较高的刚度及抗振性。在横梁及立柱上均安装有铣削头，每个铣削头都是一个独立的主运动部件，其中包括单独的驱动电动机、变速机构、传动机构、操纵机构及主轴等部分。加工时，工作台带动工件做纵向进给运动，其余运动由铣削头实现。

龙门铣床主要用于大中型工件的平面和沟槽加工，可以对工件进行粗铣、半精铣加工，也可以进行精铣加工。由于龙门铣床上可以用多把铣刀同时加工几个表面，所以它的生产效率很高，在成批和大量生产中得到广泛的应用。

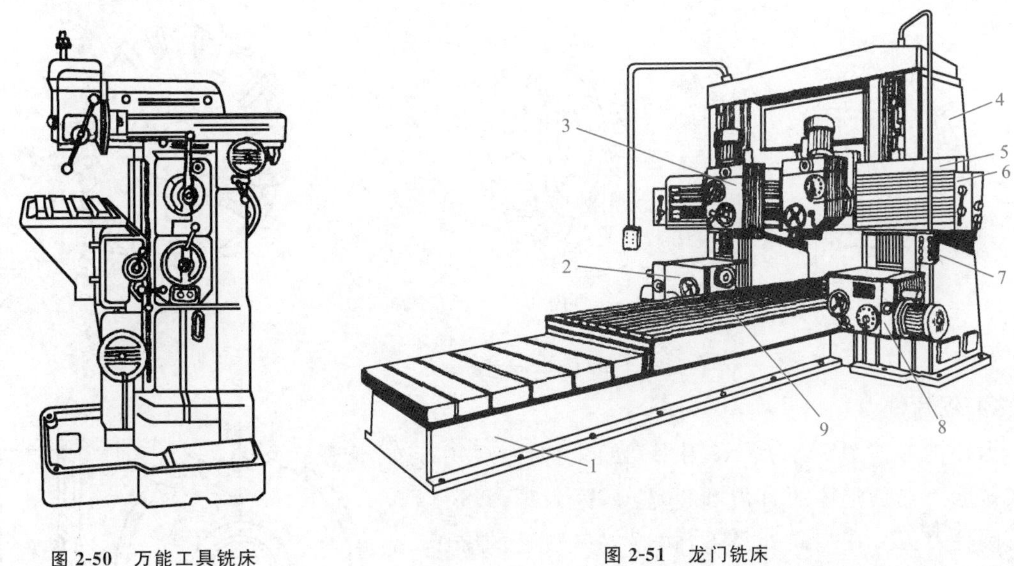

图 2-50　万能工具铣床

图 2-51　龙门铣床

1—床身；2、8—侧铣头；3、6—立铣头；
4—立柱；5—横梁；7—操纵箱；9—工作台

五、常用铣刀

常用的铣刀是高速钢铣刀，其切削部分的材料是高速钢，其结构有整体的，也有镶齿的。镶齿铣刀的刀齿为高速钢，刀体则为中碳钢或合金结构钢。高速钢铣刀按刀具用途可分为如下几种：

(1)圆柱铣刀

圆柱铣刀(图 2-52)的螺旋形切削刃分布在圆柱表面，没有副切削刃，主要用于卧式铣床上铣平面。螺旋形的刀齿切削时是逐渐切入和脱离工件的，其切削过程比较平稳，一般适用于加工工件上的狭长平面和收尾带圆弧的平面。

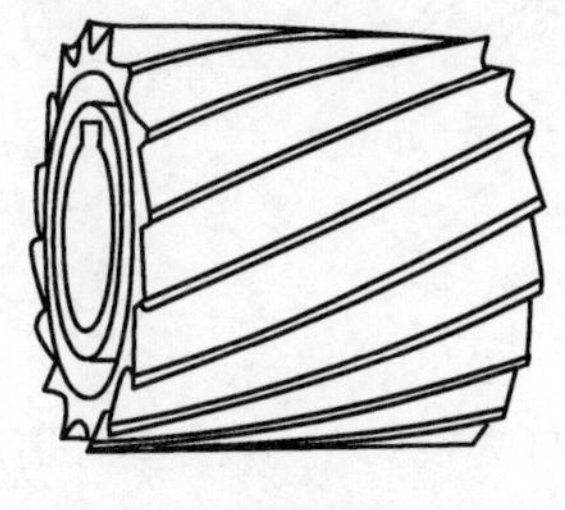

(a)整体式

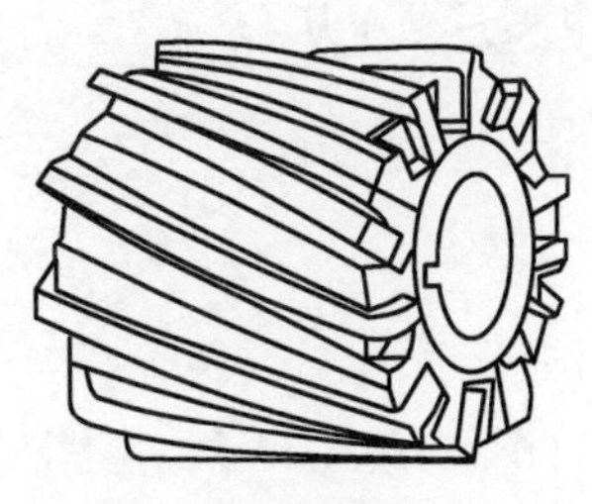

(b)镶齿式

图 2-52　圆柱铣刀

(2)三面刃铣刀

三面刃铣刀如图 2-53 所示,由于在刀体的圆周上及两侧环形端面上均有刀刃,故称为三面刃铣刀,也称盘铣刀。它主要用在卧式铣床上,可加工台阶、小平面和沟槽,它的圆柱刀刃担负主要切削作用,端面刀刃担负修光作用。按照刀齿的排列方式,可分为直齿、错齿和镶齿三种类型。

(a)直齿

(b)错齿

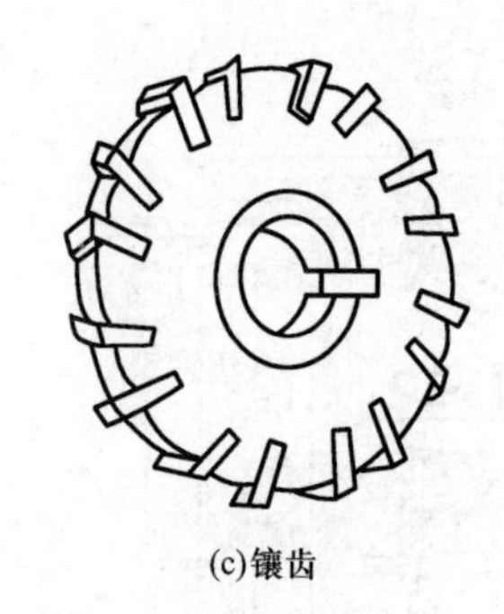
(c)镶齿

图 2-53　三面刃铣刀

(3)锯片铣刀

锯片铣刀如图 2-54 所示,用来切断工件,主要用于卧式铣床。它是整体的直齿圆盘铣刀,因为很薄,所以只有圆柱刀刃。在相同外径下,按照刀齿数量的多少,分为粗齿和细齿两种。粗齿锯片铣刀的刀齿数量少,容屑槽较大,排屑容易,切削轻快,在切断有色金属和非金属材料时特别应当选用粗齿。锯片铣刀的规格以外径和宽度表示。

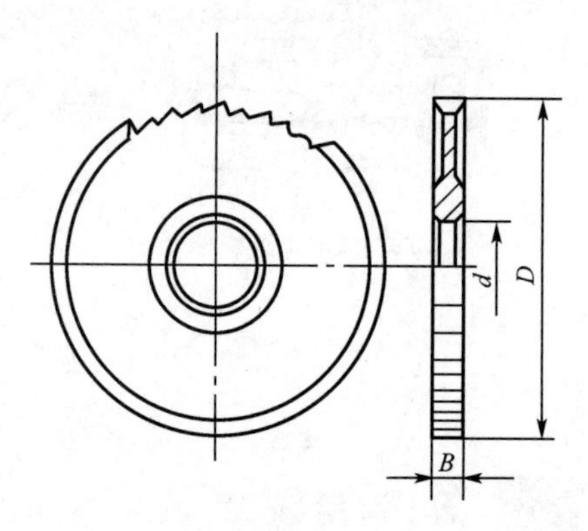

图 2-54　锯片铣刀

(4)立铣刀

立铣刀(图 2-55)用来铣削台阶、小平面和沟槽,主要用于立式铣床。立铣刀的柄部安装在立铣头主轴中,小直径为直柄,大直径为莫氏锥柄。它的圆柱刀刃担负主要切削作用,端面刀刃担负修光作用。

立铣刀也有细齿和粗齿两种。细齿立铣刀刀齿的螺旋角比较小,粗齿立铣刀刀齿的螺旋角比较大。增大刀齿的螺旋角可使切削过程更加平稳,排屑顺利,有利于采用较大的进给量和铣削深度,以提高生产率。

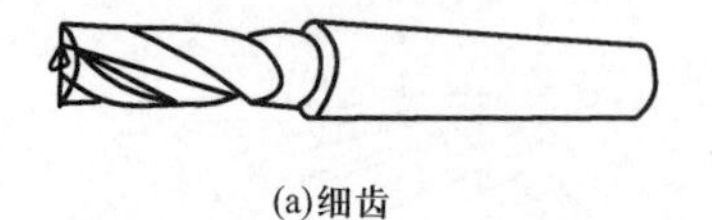
(a)细齿

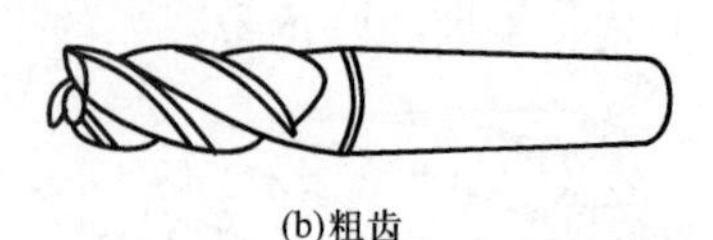
(b)粗齿

图 2-55　立铣刀

(5)键槽铣刀

键槽铣刀(图 2-56(a))主要用来铣削轴上的键槽。它与立铣刀的主要差别是这种铣刀的端面刀刃直至中心,而立铣刀的端面刀刃不到中心。因此,键槽铣刀的端面刀刃也可以担负主要切削作用,做轴向进给,直接切入工件。

还有一种半圆键槽铣刀(图 2-56(b)),专门用来加工轴上的半圆键槽,它的规格以外径和宽度来表示。

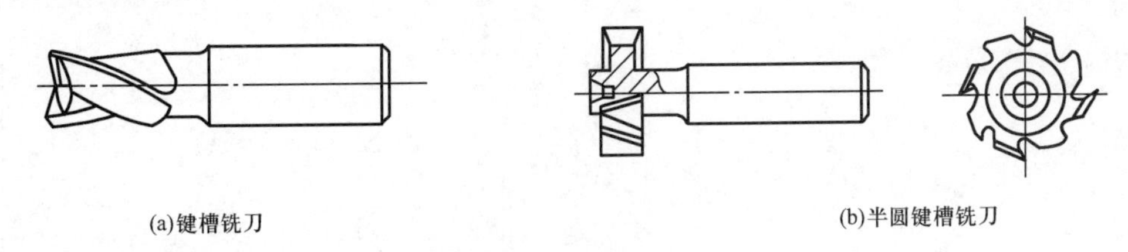

(a)键槽铣刀　(b)半圆键槽铣刀

图 2-56　键槽铣刀

(6)角度铣刀

角度铣刀(图 2-57)用来加工带有角度的沟槽和小斜面,特别是加工多齿刀具的容屑槽。它分为单角铣刀和双角铣刀两种。双角铣刀又分为对称双角铣刀和不对称双角铣刀。

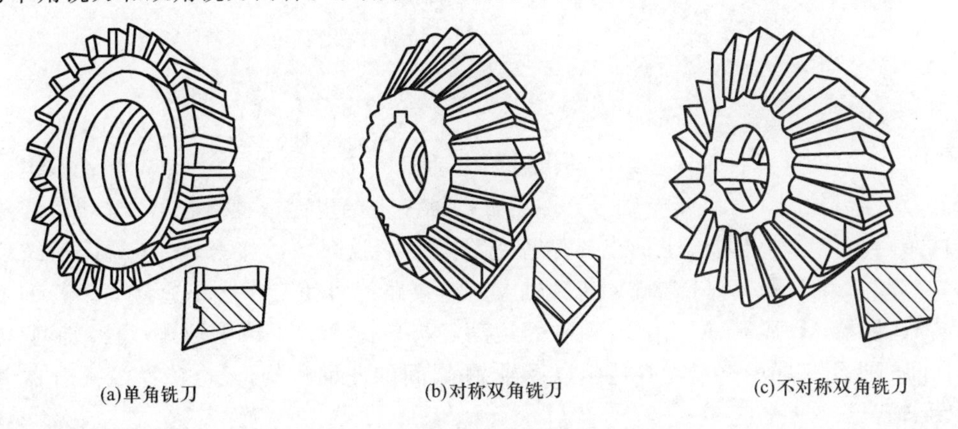

(a)单角铣刀　(b)对称双角铣刀　(c)不对称双角铣刀

图 2-57　角度铣刀

其他还有加工 T 形槽的 T 形槽铣刀、加工圆弧形状的半圆铣刀、加工齿轮的齿轮盘铣刀以及加工平面的套式面铣刀等,这里就不再一一叙述了。

六、常用铣床操作

1. X6132 型万能升降台铣床主运动传动链

具体如下:

$$\text{电动机}(7.5\ \text{kW},1450\ \text{r/min})—\text{I}—\frac{\phi150}{\phi290}—\text{II}—\begin{bmatrix}\frac{16}{38}\\ \frac{22}{33}\\ \frac{19}{36}\end{bmatrix}—\text{III}—\begin{bmatrix}\frac{38}{26}\\ \frac{17}{46}\\ \frac{27}{37}\end{bmatrix}—\text{IV}—\begin{bmatrix}\frac{18}{71}\\ \frac{80}{40}\end{bmatrix}—\text{V}(\text{主轴})$$

主运动传动链的两端分别是主电动机与主轴。主电动机通过主传动装置使主轴获得工作时所需的各种转速、转向以及停止前的制动。主运动传动链通过三个串联的齿轮变速组,使主轴获得 3×3×2=18 级转速。主轴的换向通过改变主电动机的正、反转实现。主轴停止前的制动由装在轴Ⅱ右端的电磁制动器 M 实现。

2. X6132 型万能升降台铣床进给运动传动链

具体如下：

$$\underset{\begin{pmatrix}1.5\ \text{kW}\\ 1410\ \text{r/min}\end{pmatrix}}{\text{电动机}}-\frac{17}{32}-\mathrm{VI}-\left\{\begin{array}{l}\dfrac{20}{44}-\mathrm{VII}-\begin{bmatrix}\dfrac{29}{29}\\ \dfrac{36}{22}\\ \dfrac{26}{32}\end{bmatrix}-\mathrm{VIII}-\begin{bmatrix}\dfrac{29}{29}\\ \dfrac{22}{36}\\ \dfrac{32}{26}\end{bmatrix}-\mathrm{IX}-\begin{bmatrix}\dfrac{40}{49}\\ \dfrac{18}{40}\times\dfrac{18}{40}\times\dfrac{18}{40}\times\dfrac{18}{40}\times\dfrac{40}{49}\\ \dfrac{18}{40}\times\dfrac{18}{40}\times\dfrac{40}{49}\end{bmatrix}-M_1\ \text{合(工作进给)}\\ \dfrac{40}{26}\times\dfrac{44}{22}-M_2\ \text{合(快速)}\end{array}\right\}-$$

$$\mathrm{X}-\frac{38}{52}-\mathrm{XI}-\frac{29}{49}-\begin{bmatrix}\dfrac{47}{38}-\mathrm{XIII}-\begin{bmatrix}\dfrac{18}{18}-\mathrm{XVIII}-\dfrac{16}{20}-M_5\ \text{合}-\mathrm{XIX}\text{(纵向进给)}\\ \dfrac{38}{47}-M_4\ \text{合}-\mathrm{XIV}\text{(横向进给)}\end{bmatrix}\\ M_3\ \text{合}-\mathrm{XII}-\dfrac{22}{27}-\mathrm{XV}-\dfrac{27}{33}-\mathrm{XVI}-\dfrac{22}{44}-\mathrm{XVII}\text{(垂直进给)}\end{bmatrix}$$

X6132 型万能升降台铣床进给运动由进给电动机(1.5 kW、1410 r/min)驱动。电动机的运动经一对锥齿轮副 17/32 传至轴Ⅵ。然后根据轴Ⅹ上的电磁摩擦离合器 M_1、M_2 的接合情况，分两条路线传动。若轴Ⅹ上的电磁摩擦离合器 M_1 脱开、M_2 接合，轴Ⅵ的运动经齿轮副 40/26、44/22 及电磁摩擦离合器 M_2 传到轴Ⅹ。这条路线可使工作台快速移动。若轴Ⅹ上的电磁摩擦离合器 M_2 脱开，M_1 接合，轴Ⅵ的运动经齿轮副 20/44 传至轴Ⅶ，再经轴Ⅶ-Ⅷ间和轴Ⅷ-Ⅸ间的两组三联滑移齿轮变速组以及轴Ⅷ-Ⅸ间的曲回机构，经电磁摩擦离合器 M_1，将运动传至轴Ⅹ。

3. 孔盘变速操作机构

如图 2-58(a)所示，孔盘 4 上划分了几组直径不同的圆周，每个圆周又划分成 18 等份，根据变速时滑移齿轮不同位置的要求，这 18 个位置分为钻有大孔、钻有小孔和未钻孔三种状态。齿条轴 2、2′上加工出直径分别为 D 和 d 的两段台肩。直径为 d 的台肩能穿过孔盘上的小孔，而直径为 D 的台肩只能穿过孔盘上的大孔。变速时，先将孔盘右移，使其退离齿条轴，然后根据变速要求，转动孔盘一定角度，再使孔盘左移复位。孔盘在复位时，可通过孔盘上对应齿条轴之处为大孔、小孔或无孔的不同情况，而使滑移齿轮获得三种不同位置，从而达到变速目的。

三种工作状态分别为：孔盘上对应齿条轴 2 的位置无孔，而对应齿条轴 2′的位置为大孔。孔盘复位时，向左顶齿条轴 2，并通过拨叉 1 将三联滑移齿轮推到左位。齿条轴 2′则在齿条轴 2 及齿轮 3 的共同作用下右移，台肩 D 穿过孔盘上的大孔，如图 2-58(b)所示；孔盘对应两齿条轴的位置均为小孔，齿条轴上的小台肩 d 穿过孔盘上小孔，两齿条轴均处于中间位置，从而通过拨叉 1 使三联滑移齿轮处于中间位置，如图 2-58(c)所示；孔盘上对应齿条轴 2 的位置为大孔，对应齿条轴 2′的位置无孔，这时孔盘顶齿条轴 2′左移，从而通过齿轮 3 使齿条轴 2 的台肩穿过大孔右移，并使齿轮 3 处于右位，如图 2-58(d)所示。

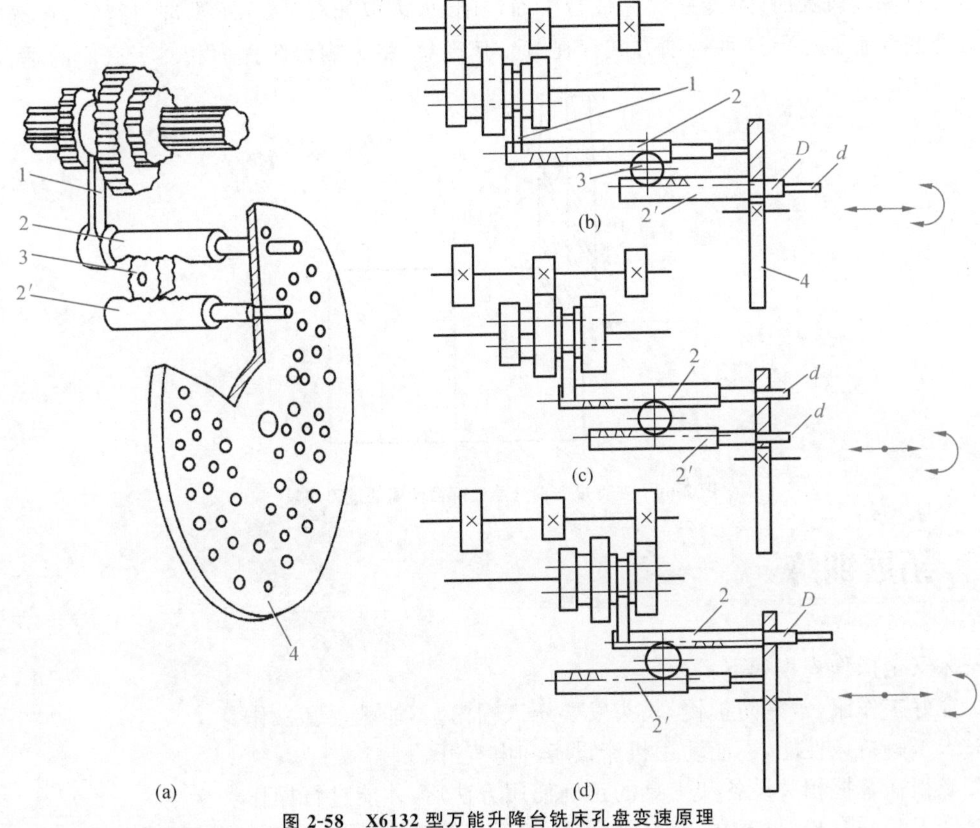

图 2-58 X6132 型万能升降台铣床孔盘变速原理

1—拨叉；2、2′—齿条轴；3—齿轮；4—孔盘

任务实施

完成图 2-43 所示台阶面铣削加工：准备立式铣床，ϕ16 mm 立铣刀 5 把，ϕ10 mm 钻头 5 个(配相应刀柄)，百分表 5 个，磁性表座 5 个，25～50 mm 外径千分尺 5 把，游标卡尺 5 把。

当台阶面深度不大时，在刀具及机床功率允许的前提下，可以一次完成台阶面铣削，刀具进给路线如图 2-59 所示。如果台阶底面及侧面加工精度要求高时，可在粗铣后留 0.3～1 mm 余量进行精铣。

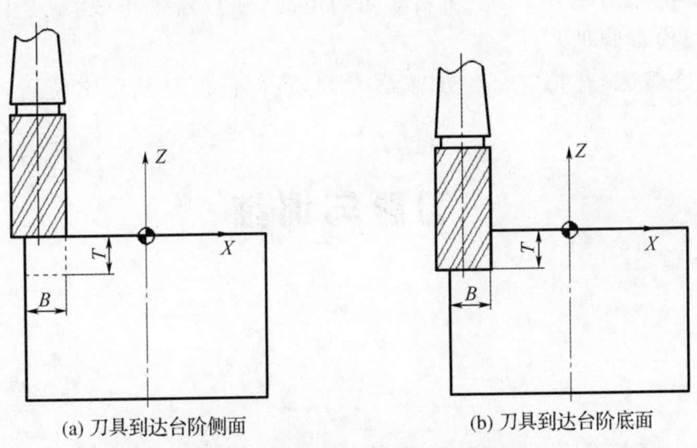

图 2-59 一次铣削台阶面的进刀路线

当台阶深度较大时，不能一次完成台阶面铣削，可采取如图 2-60 所示进刀路线，在宽度方向分层铣削台阶面。但这种铣削方式存在“让刀”现象，将影响台阶侧面相对于底面的垂直度。

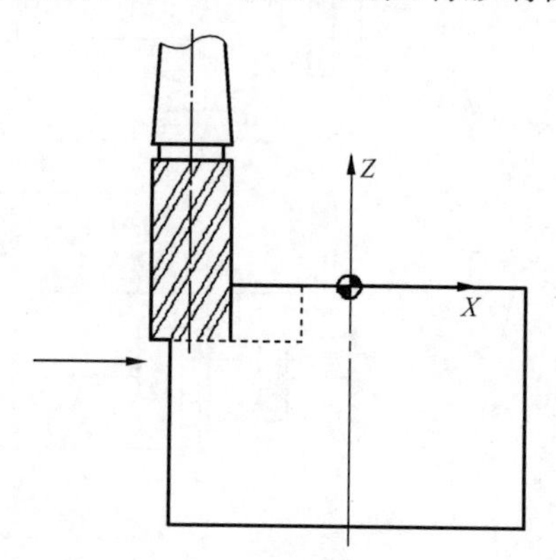

图 2-60　在宽度方向分层铣削台阶面的进刀路线

拓展训练

铣床安全操作规程如下：

1. 穿好工作服，戴好防护镜，长头发要压入帽内，不能戴手套操作。

2. 未了解机床性能，不能动用机床设备和电气开关。

3. 必须在掌握相关设备和工具的正确使用方法后，才能进行操作。

4. 铣刀和衬套与刀杆的配合必须合理，并保持清洁。铣削前检查刀具运转方向及工作台进给方向是否正确，工件及刀具是否夹持牢固，切削用量选择应适当。

5. 加工过程中不准用手触摸运动的工件和刀具，不要站在切屑飞出的方向，不准用嘴吹或手拿直接清理切屑，不得擅自离开工作岗位。

6. 使用快速进给时，当工件快接近刀具时必须停止快速进给，一般情况下只采用逆铣而不用顺铣。

7. 使用分度头分度时，必须等铣刀完全离开工件后，才能转动分度头手柄。

8. 铣床自动走刀行程挡块要调整准确，不得任意松动。

9. 设备上不准存放夹具、量具、工件、刀具等物品。

10. 操作中如果机床出现异常，必须立即切断电源，一旦发生事故，应立即采取措施保护现场，并报告有关部门检查修理。

11. 结束后，擦净铣床，在指定部位加注润滑油，各部件调整到正常位置，将场地清扫干净，然后关闭电源。

习题与训练

一、填空题

1. 铣削加工的特点是________、________、________。

2. 铣床种类有________、________、________和________。

3. 平口虎钳钳口宽度常用值有________、________、________、________和________等。

4. 万能分度头常用的分度方法有________和________两种。
5. X6132 型万能升降台铣床主轴变速操纵机构采用________机构。
6. 铣削加工精度范围为________。
7. 铣床工作台的纵向进给运动是用________机构来实现的。
8. 圆柱铣刀在铣削时有________和________两种方式。

二、选择题

1. 铣削加工精度范围是(　　)。
A. IT18～IT11　B. IT10～IT8　C. IT9～IT7　D. IT10～IT9
2. 普通铣床工作台的纵向进给运动是用(　　)机构来实现的。
A. 滚珠丝杠　B. 丝杠螺母传动　C. 液压　D. 蜗轮蜗杆
3. 铣床运动部件工作间隙用(　　)来调整。
A. 垫块　B. 高度尺　C. 塞铁　D. 地脚螺栓

三、简答题

1. 简述铣削的应用。
2. 铣削加工的特点有哪些?
3. 简述铣床的常用类型。
4. 什么是顺铣? 什么是逆铣? 会画图表示,并说明各自特点与适用场合。

任务四　零件的磨削加工

学习目标

1. 能够根据零件选用砂轮。
2. 能够完成圆柱面、圆锥面及台阶面的磨削。
3. 能够独立操作、排除机床常见故障,分析加工中的各种物理现象。

情境导入

如图 2-61 所示为日常生活中常见的齿轮,为了保证齿轮传动过程中传动平稳、噪音小,每个齿轮的牙齿面都是要经过磨削才能用于生产生活的,磨削用的砂轮怎么选用? 选什么样的磨床? 如何装夹、找正工件? 采用何种操作方法才能加工出合格产品? 磨削过程是否使用磨削液? 这些问题大家思考过吗? 让我们通过下面的学习一起来解决吧。

图 2-61　磨削用齿轮

任务描述

磨削图 2-61 所示齿轮。

任务分析

按齿形的形成方法，磨齿可分为成形法和展成法两种。大多数磨齿均以展成法原理来加工。磨齿加工主要用于对高精度齿轮或淬硬的齿轮进行齿形的精加工，齿轮的精度可达 IT6 级以上。

相关知识

一、磨削加工特点

1. 加工精度高

磨削属于多刃、微刃切削，砂轮上每个磨粒都相当于一个刃口半径很小且锋利的切削刃，能切下很薄一层金属，可以获得很高的加工精度和低的表面粗糙度。磨削所能达到的精度为 IT6～IT5，表面粗糙度 Ra 值一般为 0.8～0.2 μm。

2. 加工范围广，可以加工高硬度材料

磨削不但可以加工软材料，如未淬火钢、铸铁等多种金属，还可以加工一些高硬度的材料，如淬火钢、高强度合金、各种切削刀具以及硬质合金、陶瓷材料等，这些材料用一般的金属切削刀具是很难加工甚至是无法加工的，而且比较经济。

3. 砂轮的自锐性

砂轮的自锐性使得磨粒总能以锐利的刀刃对工件连续进行切削，这是一般刀具所不具备的特点。

4. 磨削速度高，磨削厚度小，径向磨削力大

5. 磨削温度高

磨削时，砂轮相对工件做高速旋转，加之绝大部分磨粒以负前角工作，因而磨削时产生大量的切削热。为保证加工质量，磨削时需使用大量的磨削液。

二、磨床种类

磨床的种类很多，主要有外圆磨床、内圆磨床、平面磨床、工具磨床，还有专门用来磨削特

定表面和工件的专门化磨床，如花键轴磨床、凸轮轴磨床、曲轴磨床等。大多数磨床以砂轮为切削工具，也有以柔性砂带为切削工具的砂带磨床，以油石和研磨剂为切削工具的精磨磨床等。

1. 外圆磨床

外圆磨床包括万能外圆磨床、普通外圆磨床、无心外圆磨床等，主要用于轴、套类零件的外圆柱、外圆锥面，台阶轴外圆面及端面的磨削。

(1)万能外圆磨床

如图 2-62 所示为 M1432A 型万能外圆磨床外形。其床身上面的纵向导轨上装有工作台，工作台分为上、下两部分，上工作台可绕下工作台的心轴在水平面内调整至某一角度位置，以磨削锥度较小的长圆锥面。工作台台面上装有头架和尾架。被加工工件支承在头、尾架顶尖上，或夹持在头架主轴上的卡盘中，由头架上的传动装置带动旋转，以适应工件长短的需要。砂轮架安装在床身后部顶面的横向导轨上，砂轮架内装有砂轮主轴及其传动装置，利用横向进给机构可实现周期的或连续的横向进给运动。另外，在床身内还有液压部件，在床身后侧有冷却装置。

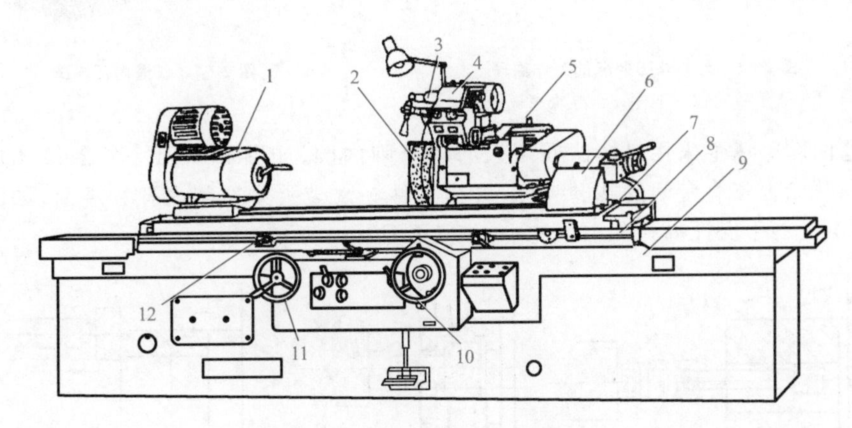

图 2-62　M1432A 型万能外圆磨床外形

1—头架；2—砂轮；3—内圆磨头；4—磨架；5—砂轮架；6—尾座；7—上工作台；8—下工作台；9—床身；10—横向进给手轮；11—纵向进给手轮；12—换向挡块

(2)普通外圆磨床

普通外圆磨床的头架和砂轮架都不能绕垂直轴线调整角度，头架主轴不能转动，没有内圆磨头。因此，工艺范围较窄，只能磨削外圆柱面和锥度较小的外圆锥面。但由于主要部件的结构层次少、刚性好，可采用较大的磨削用量，因此生产率较高，同时也易于保证磨削质量。

(3)无心外圆磨床

用无心外圆磨床进行磨削时，工件不是支承在顶尖上或夹持在卡盘中，而是直接放在砂轮和导轮之间，由托板和导轮支承，工件被磨削的外圆表面本身就是定位基准面，如图 2-63 所示，磨削时工件在磨削力以及导轮和工件间摩擦力的作用下被带动旋转，实现圆周进给运动。正常磨削情况下，砂轮通过磨削力带动工件旋转，导轮则依靠摩擦力对工件进行“制动”，限制工件的圆周速度，使之基本上等于导轮的圆周速度，从而在砂轮和工件间形成很大的速度差，产生磨削作用。改变导轮的转速，便可调节工件的圆周进给速度。

2. 内圆磨床

内圆磨床的主要类型有普通内圆磨床、无心内圆磨床、行星内圆磨床和坐标磨床等。

(1)普通内圆磨床

普通内圆磨床如图 2-64 所示，头架常用多速电动机经带传动，或采用单速电动机配以塔轮变速机构，也有采用机械无级变速器或直流电动机传动的。工作台由液压传动，可无级调速，在快速退回和趋进过程中还能自动转换速度，从而节省时间。砂轮架的周期横向进给运动一般是自动的，由液压-机械装置或由挡块碰撞杠杆经棘轮机构传动，工作台每完成一次往复行程，砂轮架进给一次。

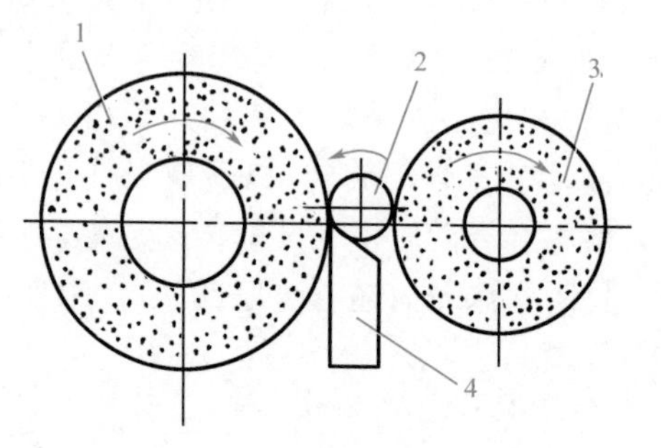

图 2-63 无心外圆磨床的工作原理

1—磨削砂轮；2—工件；3—导轮；4—托板

图 2-64 普通内圆磨床

在普通内圆磨床上采用纵磨法或切入磨法磨削内圆，如图 2-65(a)、图 2-65(b)所示。有些普通内圆磨床上备有专门的端磨装置，可在工件一次装夹中磨削内孔和端面，如图 2-65(c)所示，这样不仅易于保证内孔和端面的垂直度，而且生产率较高。

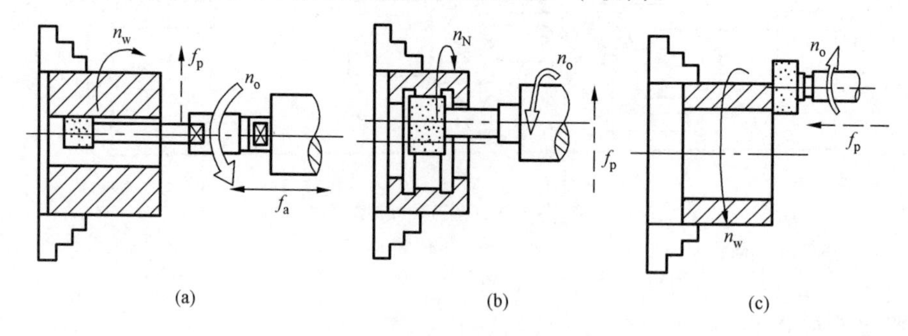

图 2-65 普通内圆磨床的磨削方法

(2)无心内圆磨床

如图 2-66 所示，无心内圆磨削时，工件 3 支承在滚轮 1 和导轮 4 上，压紧轮 2 使工件紧靠导轮，工件即由导轮带动旋转，实现圆周进给运动。砂轮旋转的同时，还做纵向进给运动(f_a)和周期横向进给运动(f_r)。磨削完后，压紧轮沿箭头 A 方向松开，以便装卸工件，这种磨削方式适用于大批生产中，加工外圆表面已经精加工过的薄壁工件，如轴承套圈等。

(3)行星内圆磨削

如图 2-67 所示，行星内圆磨削时，工件固定不转，砂轮除了绕其自身轴线高速旋转实现主运动(n_t)外，同时还绕被磨内孔的轴线做公转运动，以完成圆周进给运动(n_w)。纵向往复运动(f_a)由砂轮或工件完成。周期地改变砂轮与被磨内孔轴线间的偏心距，即增大砂轮公转运动的旋转半径，可实现横向进给运动(f_r)。这种磨削方式适用于磨削大型或形状不对称、不便于旋转的工件。

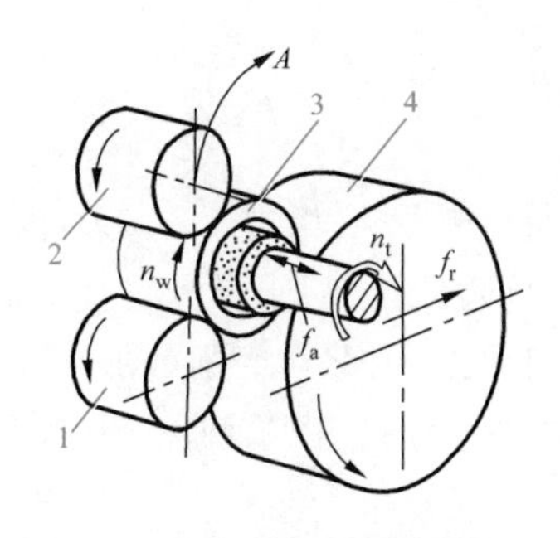

图 2-66　无心内圆磨削

1—滚轮；2—压紧轮；3—工件；4—导轮

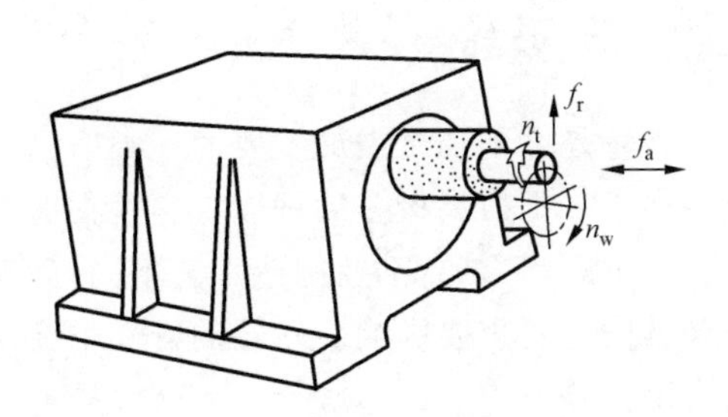

图 2-67　行星内圆磨削

3. 平面磨床

平面磨床包括卧轴矩台平面磨床、立轴圆台平面磨床、卧轴圆台平面磨床、立轴矩台平面磨床等。主要用于各种零件的平面及端面的磨削，如图 2-68 所示。

(1)卧轴矩台平面磨床

工件由矩形电磁工作台吸住或夹持在工作台上，并做纵向往复运动。砂轮架可沿滑座的燕尾导轨做横向间歇进给运动，滑座可沿立柱的导轨做垂直间歇进给运动，用砂轮周边磨削工件，磨削精度较高。

(2)立轴圆台平面磨床

竖直安置的砂轮主轴以砂轮端面磨削工件，砂轮架可沿立柱的导轨做间歇的垂直进给运动。工件装在旋转的圆工作台上可连续磨削，生产率较高。为了便于装卸工件，圆工作台还能沿床身导轨纵向移动。

(3)卧轴圆台平面磨床

卧轴圆台平面磨床适用于磨削圆形薄片工件，并可利用工作台倾斜磨出厚薄不等的环形工件。

4. 工具磨床

工具磨床包括工具曲线磨床、钻头沟槽磨床、丝锥沟槽磨床等。主要用于磨削各种切削刀具的刃口，如车刀、铣刀、铰刀、齿轮刀具、螺纹刀具等。装上相应的机床附件，可对体积较小的轴类外圆、矩形平面、斜面、沟槽和半球面等外形复杂的机具、夹具、模具进行磨削加工，如图 2-69 所示。

图 2-68　平面磨床

图 2-69　工具磨床

三、砂轮

砂轮是磨削加工中最主要的一类磨具。砂轮上的每一颗磨粒相当于一个刀齿，整块砂轮就相当于一把刀齿极多的铣刀。它是在磨料中加入结合剂，经压坯、干燥和焙烧而制成的多孔体。由于磨料、结合剂及制造工艺不同，砂轮的特性差别很大，因此对磨削的加工质量、生产率和经济性有着重要影响。砂轮的特性主要由磨料、粒度、结合剂、组织、硬度、形状和尺寸等因素决定。

1.砂轮的特性

(1)磨料

磨料是制造砂轮的主要原料，它担负着切削工作。因此，磨料必须锋利，并具备高的硬度、良好的耐热性和一定的韧性。常用磨料的类别、名称、代号、特性和用途见表 2-4。

表 2-4　常用磨料的类别、名称、代号、特性和用途

类别	名称	代号	特性	用途
氧化物系	棕刚玉	A(GZ)	含 91%～96%氧化铝。棕色，硬度高，韧性好，价格便宜	磨削碳钢、合金钢、可锻铸铁、硬青铜等
	白刚玉	WA(GB)	含 97%～99%的氧化铝。白色，比棕刚玉硬度高，韧性低，自锐性好，磨削时发热少	精磨淬火钢、高碳钢、高速钢及薄壁零件
碳化物系	黑色碳化硅	C(TH)	含 95%以上的碳化硅。呈黑色或深蓝色，有光泽。硬度比白刚玉高，性脆而锋利，导热性和导电性良好	磨削铸铁、黄铜、铝、耐火材料及非金属材料
	绿色碳化硅	GC(TL)	含 97%以上的碳化硅。呈绿色，硬度和脆性比黑色碳化硅高，导热性和导电性好	磨削硬质合金、光学玻璃、宝石、玉石、陶瓷、珩磨发动机气缸套等
高硬磨料系	人造金刚石	D(JR)	无色透明或淡黄色、黄绿色、黑色。硬度高，比天然金刚石性脆。价格比其他磨料贵很多	磨削硬质合金、宝石等高硬度材料
	立方渗氮硼	CBN (JLD)	立方形晶体结构，硬度略低于金刚石，强度较高，导热性能好	磨削、研磨、珩磨各种既硬又韧的淬火钢和高钼、高矾、高钴钢，不锈钢

注：括号内的代号是旧标准代号。

(2)粒度

粒度指磨料颗粒的大小。粒度分为磨粒与微粉两类。磨粒用筛选法分类，它的粒度号以筛网上一英寸长度内的孔眼数来表示。例如 60＃粒度的磨粒，说明能通过每英寸长度内有 60 个孔眼的筛网，而不能通过每英寸长度内有 70 个孔眼的筛网。微粉用显微测量法分类，它的粒度号以磨料的实际尺寸来表示(W)。磨料粒度号及其颗粒尺寸见表 2-5。

表 2-5　磨料粒度号及其颗粒尺寸

粒度号	颗粒尺寸/ mm	粒度号	颗粒尺寸/mm	粒度号	颗粒尺寸/mm
14 ＃	1 600～1 250	70 ＃	250～200	W40	40～28
16 ＃	1 250～1 000	80 ＃	200～160	W28	28～20
20 ＃	1 000～800	100 ＃	160～125	W20	20～14

续表

粒度号	颗粒尺寸/mm	粒度号	颗粒尺寸/mm	粒度号	颗粒尺寸/mm
24 #	800～630	120 #	125～100	W14	14～10
30 #	630～500	150 #	100～80	W10	10～7
36 #	500～400	180 #	80～63	W7	7～5
46 #	400～315	240 #	63～50	W5	5～3.5
60 #	315～250	280 #	50～40	W3.5	3.5～2.5

注：比 14#粗的磨粒及比 W3.5 细的微粉很少使用，表中未列出。

(3)结合剂

砂轮中用以黏结磨料的物质称为结合剂。砂轮的强度、抗冲击性、耐热性及抗腐蚀能力主要决定于结合剂的性能，常用的结合剂种类、代号、性能及用途见表 2-6 。

表 2-6　常用的结合剂种类、代号、性能及用途

种类	代号	性 能	用 途
陶瓷结合剂	V(A)	耐水、油、酸、碱的腐蚀，能保持正确的几何形状。气孔率大，磨削率高，强度较大，韧性、弹性、抗振性差，不能承受侧向力	$v_{轮}$<35 m/s 的磨削，应用最广，能制成各种磨具，适用于成形磨削和磨螺纹、齿轮、曲轴等
树脂结合剂	B(S)	强度大并富有弹性，不怕冲击，能在高速下工作。有摩擦抛光作用，但坚固性和耐热性比陶瓷结合剂差，不耐酸、碱，气孔率小，易堵塞	$v_{轮}$>50 m/s 的高速磨削，能制成薄片砂轮磨槽，刃磨刀具前刀面。高精度磨削。湿磨时切削液中含碱量应< 1.5%
橡胶结合剂	R(X)	弹性比树脂结合剂大，强度也大。气孔率小，磨粒容易脱落，耐热性差，不耐油，不耐酸，而且有臭味	制造磨削轴承沟道的砂轮和无心磨削砂轮、导轮以及各种开槽和切割用的薄片砂轮，制成柔软抛光砂轮等
金属结合剂（青铜、电镀镍）	J	韧性、成形性好，强度大，自锐性能差	制造各种金刚石磨具，使用寿命长

注：括号内的代号是旧标准代号。

(4)组织

砂轮的组织是指磨粒、结合剂和气孔三者体积的比例关系，用来表示结构紧密或疏松的程度，也反映磨粒与结合剂的黏固程度。砂轮的组织用组织号的大小来表示，把磨粒在磨具中占有的体积百分数称为组织号。

(5)硬度

砂轮的硬度是指砂轮表面上的磨粒在磨削力作用下脱落的难易程度，也反映磨粒与结合剂的黏固程度。砂轮的硬度软，表示砂轮的磨粒容易脱落，砂轮的硬度硬，表示磨粒较难脱落。砂轮的硬度和磨料的硬度是两个不同的概念。同一种磨料可以做成不同硬度的砂轮，这主要决定于结合剂的性能、数量以及砂轮制造的工艺。磨削与切削的显著差别是砂轮具有“自锐性”，选择砂轮的硬度，实际上就是选择砂轮的自锐性，希望锋利的磨粒不要太早脱落，也不要磨钝了还不脱落。

根据规定，常用砂轮的硬度等级见表 2-7。

表 2-7　　　　常用砂轮的硬度等级

硬度等级	大级	软			中软		中		中硬			硬	
	小级	软 1	软 2	软 3	中软 1	中软 2	中 1	中 2	中硬 1	中硬 2	中硬 3	硬 1	硬 2
代号		G (R 1)	H (R 2)	J (R 3)	K (ZR 1)	L (ZR 2)	M (Z 1)	N (Z 2)	P (ZY 1)	Q (ZY 2)	R (ZY 3)	S (Y 1)	T (Y 2)

注：括号内的代号是旧标准代号；超软，超硬未列入；表中 1、2、3 表示硬度递增的顺序。

(6)形状和尺寸

根据机床结构与磨削加工的需要，砂轮制成各种形状与尺寸。表 2-8 是常用砂轮的名称、简图、代号、尺寸及主要用途。砂轮的外径应尽可能选得大些，以提高砂轮的圆周速度，这样对提高磨削加工生产率与降低表面粗糙度有利。此外，在机床刚度及功率许可的条件下，如选用宽度较大的砂轮，同样能收到提高生产率和降低表面粗糙度的效果，但是在磨削热敏性高的材料时，为避免工件表面的烧伤和产生裂纹，砂轮宽度应适当减小。

表 2-8　　　　常用砂轮的名称、简图、代号、尺寸及主要用途

砂轮名称	简　图	代号	尺寸表示法	主要用途
平形砂轮	D　H　d	P	$PD \times H \times d$	用于磨外圆、内圆、平面和无心磨等
双面凹砂轮	D　d_1　t_1　t_2　d　H	PSA	PSA $D \times H \times d\text{-}2\text{-}d_1 \times t_1 \times t_2$	用于磨外圆、无心磨和刃磨刀具
双斜边砂轮	H　d　D	PSX	$PSXD \times H \times d$	用于磨削齿轮和螺纹
筒形砂轮	D　H　d	N	$ND \times H \times d$	用于立轴端磨平面
碟形砂轮	D　H　d	D	$DD \times H \times d$	用于刃磨刀具前刀面
碗形砂轮	D　H　d	BW	$BWD \times H \times d$	用于导轨磨及刃磨刀具

为了使用方便，在砂轮的非工作面上标有砂轮特性、形状和尺寸代号，如图 2-70 所示。

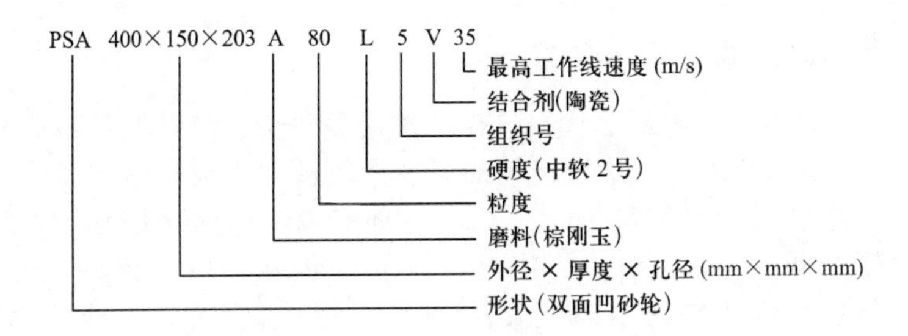

图 2-70　砂轮型号示例

2. 砂轮选用

(1)按工件材料及其热处理方法选择磨料

工件材料为一般钢材,选用棕刚玉;工件材料为淬火钢、高速钢,可选用白刚玉;工件材料为硬质合金,可选用人造金刚石或绿色碳化硅;工件材料为铸铁、黄铜,可选用黑色碳化硅。

(2)按工件表面粗糙度和加工精度选择粒度

细粒度的砂轮可磨出光洁的表面,粗粒度的则相反,但由于其颗粒粗大,所以砂轮的磨削效率高。一般常用 46#～80#。粗磨时选用粗粒度砂轮,精磨时选用细粒度砂轮。

(3)砂轮硬度的选择

加工软金属时,为了使磨料不至于过早脱落,应选用硬砂轮。加工硬金属时,为了能及时地使磨钝的磨粒脱落,从而露出具有尖锐棱角的新磨粒(即自锐性),应选用软砂轮。前者是因为在磨削软材料时,砂轮的工作磨粒磨损很慢,不需要太早脱离;后者是因为在磨削硬材料时,砂轮的工作磨粒磨损较快,需要较快更新。

精磨时,为了保证磨削精度和表面粗糙度,应选用稍硬的砂轮。为工件材料的导热性差,易产生烧伤和裂纹时(如磨硬质合金等),选用的砂轮应软一些。

(4)结合剂的选择

①在绝大多数磨削工序中,一般采用陶瓷结合剂砂轮。

②在荒磨和粗磨等冲击较大的工序中,为避免工件发生烧伤和变形,常用树脂结合剂。

③在切断与开槽工序中,常用树脂结合剂或橡胶结合剂。

任务实施

完成图 2-61 所示齿轮牙的磨削加工,采用如下方法:

1. 连续分度展成法磨齿的工作原理

连续分度展成法磨齿是利用蜗杆形砂轮来磨削齿轮轮齿的,其工作原理和滚齿相同,如图 2-71 所示。由于在加工过程中,蜗杆形砂轮连续地磨削工件的齿形,所以其生产率是最高的。这种磨齿方法的缺点是砂轮修磨困难,磨削不同模数的齿轮时需要更换砂轮,因此这种磨齿方法适用于中小模数齿轮的成批和大量生产。

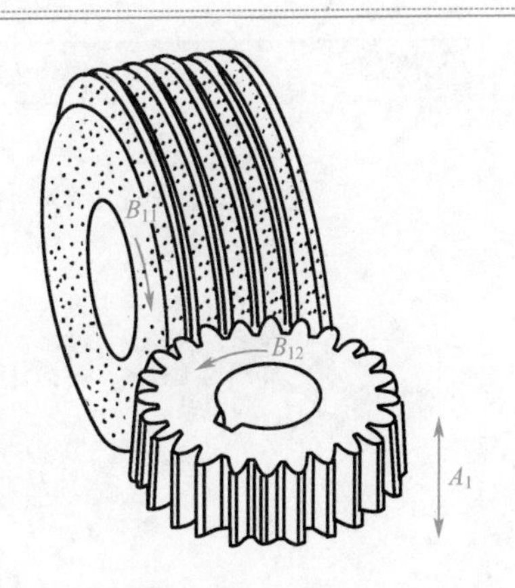

图 2-71　连续分度展成法磨齿的工作原理

B_{11}—砂轮旋运动;B_{12}—齿轮旋转运动;

A_1—齿轮上下运动

2. 单齿分度展成法磨齿的工作原理

单齿分度展成法磨齿根据砂轮形状不同有双片碟形砂轮磨齿和锥形砂轮磨齿两种方法，都是利用齿条和齿轮的啮合原理来磨削齿轮的。磨齿时被加工齿轮每往复滚动一次，完成一个或两个齿面的磨削，因此，须经多次分度及加工才能完成全部轮齿齿面的加工。

双片碟形砂轮磨齿用两个碟形砂轮的端平面来形成假想齿条的两个齿，其侧面如图 2-72(a) 所示，同时磨削齿槽的左、右齿面。磨削过程中，主运动为砂轮的高速旋转运动 B_1；工件既做旋转运动 B_{31}，同时又做直线往复移动 A_{32}，工件的这两个运动就是形成渐开线齿形所需的展成运动。为了要磨削整个齿轮宽度，工件还需要做轴向进给运动 A_2；在每磨完一个齿后，工件还需进行分度。

锥形砂轮磨齿的方法是用锥形砂轮的两侧面来形成假想齿条一个齿的两齿侧来磨削齿轮的，如图 2-72(b)所示。磨削过程中，砂轮除了做高速旋转的主运动 B_1 外，还做纵向直线往复运动 A_2，以便磨出整个齿宽。其展成运动是由工件做旋转运动 B_{31} 同时又做直线往复运动 A_{32} 来实现的。工件往复滚动一次，磨完一个齿槽的两侧面后，再进行分度，磨削下一个齿槽。

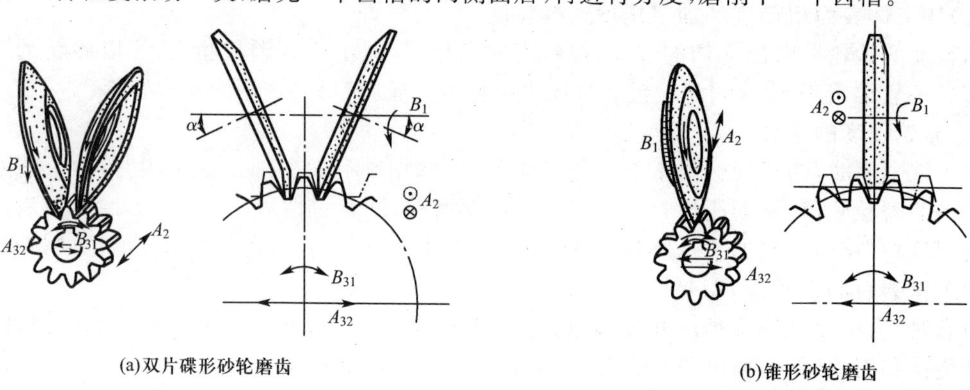

(a)双片碟形砂轮磨齿　　(b)锥形砂轮磨齿

图 2-72　单齿分度展成法磨齿的工作原理

拓展训练

外圆磨削中常见缺陷的产生原因及消除方法见表 2-9。

表 2-9　外圆磨削中常见缺陷的产生原因及消除方法

工件缺陷	产生原因	消除方法
工件表面出现直波形振痕	1. 砂轮不平衡； 2. 砂轮硬度太高； 3. 砂轮钝化后没有及时修整； 4. 砂轮修得过细，或金刚石笔顶角已磨平，修出的砂轮不锋利； 5. 工件圆周速度过大，工件中心孔有多边形； 6. 工件直径、重量过大，不符合机床规格； 7. 砂轮主轴轴承磨损，配合间隙过大，产生径向圆跳动； 8. 头架主轴轴承松动	1. 注意保持砂轮平衡： (1)新砂轮需经过两次静平衡； (2)砂轮使用一段时期后，如果又出现不平衡，则需要再做静平衡； (3)停机前，先关掉切削液，使砂轮空转进行脱水，以免切削液聚集在下部而引起不平衡； 2. 根据工件材料性质选择合适的砂轮硬度。 3. 及时修整砂轮。 4. 合理选择修整用量或翻身重焊金刚石，或对金刚石笔琢磨修尖。 5. 适当降低工件转速，修研中心孔。 6. 改在规格较大的磨床上磨削，当受设备条件限制而不能这样做时，可以降低背吃刀量和纵向进给量，或把砂轮修得锋利些。 7. 按机床说明书规定调整轴向间隙。 8. 调整头架主轴轴承间隙

续表

工件缺陷	产生原因	消除方法
工件表面有螺旋形痕迹	1. 砂轮硬度高，修得过细，而背吃刀量过大； 2. 纵向进给量太大； 3. 砂轮磨损，素线不直； 4. 金刚石在修整器中未夹紧或金刚石在刀杆上焊接不牢，有松动现象，使修出的砂轮凸凹不平； 5. 切削液太少或太淡； 6. 工作台导轨润滑油浮力过大使工件漂起，在运动中产生摆动； 7. 工作台运行时有爬行现象； 8. 砂轮主轴有轴向窜动	1. 合理选择砂轮硬度和修整用量，适当减小背吃刀量； 2. 适当降低纵向进给量； 3. 修整砂轮； 4. 把金刚石装夹牢固，如金刚石有松动，则重新焊接； 5. 加大或加浓切削液； 6. 调整导轨润滑油的压力； 7. 打开放气阀，排除液压系统中的空气，或检修机床； 8. 检修机床
工件表面有烧伤现象	1. 砂轮太硬或粒度太细； 2. 砂轮修得过细不锋利； 3. 砂轮太钝； 4. 背吃刀量、纵向进给量过大或工件的圆周速度过低； 5. 切削液不充足	1. 合理选择砂轮； 2. 合理选择修整用量； 3. 修整砂轮； 4. 适当减小背吃刀量和纵向进给量或增大工件的转速； 5. 加大切削液
工件有圆度误差	1. 中心孔形状不正确或中心孔内有污垢、铁屑及尘埃等； 2. 中心孔或顶尖因润滑不良而磨损； 3. 工件顶得过松或过紧； 4. 顶尖在主轴和尾座套筒锥孔内配合不紧密； 5. 砂轮过钝； 6. 磨削液不充分或供应不及时； 7. 工件刚性较差而毛坯形状误差又大，磨削余量不均匀而引起背吃刀量变化，使工件弹性变形，发生相应变化，结果磨削后的工件表面部分地保留着毛坯形状误差； 8. 工件有不平衡重量； 9. 砂轮主轴轴承间隙过大； 10. 卡盘装夹磨削外圆时，头架主轴径向圆跳动过大	1. 根据具体情况可重新修正中心孔，重钻中心孔或把中心孔擦净； 2. 注意润滑，如已磨损需重新修磨顶尖； 3. 重新调节尾座顶尖压力； 4. 把顶尖卸下，擦净后重新装上； 5. 修整砂轮； 6. 保证充足的磨削液； 7. 背吃刀量不能太大，并应随着余量减小而逐步减小，最后多做几次“光磨”行程； 8. 磨削前事先加以平衡； 9. 调整主轴轴承间隙； 10. 调整头架和主轴轴承间隙
工件有锥度	1. 工作台未调整好； 2. 工件和机床的弹性变形发生变化； 3. 工作台导轨润滑油浮力过大，运行中产生摆动； 4. 头架和尾座顶尖的中心线不重合	1. 仔细找正工作台； 2. 应在砂轮锋利的情况下仔细找正工作台。每个工件在精磨时，砂轮锋利程度、磨削用量和“光磨”行程次数应与找正工作台时的情况基本一致，否则需要用不均匀进给加以消除； 3. 调整导轨润滑油压力； 4. 擦净工作台和尾座的接触面。如果接触面已磨损，则可在尾座底下垫一层纸垫或铜皮，使前、后顶尖中心线重合
工件有鼓形	1. 工件刚性差，磨削时产生弹性弯曲变形； 2. 中心架调整不当	1. 减小工件的弹性变形： (1)减小背吃刀量，多做“光磨”行程； (2)及时修整砂轮，使其经常保持良好的磨削性能； (3)工件很长时，应使用适当数量的中心架； 2. 正确调整撑块和支块对工件的压力
工件弯曲	1. 磨削用量太大； 2. 磨削液不充分，不及时	1. 适当减小背吃刀量； 2. 保持充足的磨削液供给

续表

工件缺陷	产生原因	消除方法
两端尺寸较小（或较大）	1. 砂轮越出工件端面太大（或太小）； 2. 工作台换向时停留时间太长（或太短）	1. 正确调整工作台上换向撞块位置，使砂轮越出工件端面为(1/3～1/2)砂轮宽度； 2. 正确调整停留时间
轴肩端面有跳动	1. 进给量过大，退刀过快； 2. 磨削液不充分； 3. 工件顶得过紧或过松； 4. 砂轮主轴有轴向窜动； 5. 头架主轴推力轴承间隙过大； 6. 用卡盘装夹磨削端面时，头架主轴轴向窜动过大	1. 进给地纵向摇动工作台要慢而均匀，“光磨”时间要充分； 2. 加大磨削液； 3. 调节尾座顶尖压力； 4. 检修机床； 5. 调整推力轴承间隙； 6. 调整推力轴承间隙
台肩端面内部凸起	1. 进刀过快，“光磨”时间不够； 2. 砂轮与工件接触面积大，磨削压力大； 3. 砂轮主轴中心线与工作台运动方向不平行	1. 进刀要慢而均匀，并光磨至没有火花为止； 2. 把砂轮端面修成内凹，使工作面尽量减窄，同时先把砂轮退出一段距离后吃刀，然后逐渐摇进砂轮，磨出整个端面； 3. 调整砂轮架位置
台阶轴各外圆表面有同轴度误差	1. 与工件圆度误差原因 1～5 相同； 2. 磨削用量过大及“光磨”时间不够； 3. 磨削步骤安排不当； 4. 用卡盘装夹磨削时，工件找正不对，或头架主轴径向圆跳动太大	1. 与消除圆度误差的方法 1～5 相同； 2. 精磨时减小背吃刀量并多做“光磨”行程； 3. 同轴度要求高的表面应分清粗磨、精磨，同时尽可能在一次装夹中精磨完毕； 4. 仔细找工件基准面，主轴径向圆跳动过大时应调整轴承间隙
表面粗糙度有误差	1. 机床运行不平稳，有爬行； 2. 旋转件不平衡，轴承间隙大，产生振动； 3. 砂轮选用不当，粒度大、硬度低，修整不好； 4. 磨削用量过大，砂轮圆周速度偏低； 5. 磨削液不充分、不清洁； 6. 工件塑性变形大或材质不均匀	1. 排出液压系统中空气，或检修机床； 2. 装夹时加平衡物，做好平衡，检修机床； 3. 合理选用砂轮的粒度、硬度，仔细修整砂轮，增加光磨次数； 4. 适当减小背吃刀量和纵向进给量，提高砂轮圆周速度； 5. 加大磨削液，更换不清洁磨削液； 6. 减小工件塑性变形，最后多做几次光磨

习题与训练

一、填空题

1. 常用的磨刀砂轮有________、________。
2. 砂轮的特性取决于________、________、________、________及________因素。
3. 为了改善磨削性能，可以用________浸充于砂轮中，以增加砂轮的润滑性。
4. 砂轮形状有________、________、________和________等。
5. 砂轮磨料常用的是________和________。
6. 氧化物系砂轮主要用于磨削________。
7. 碳化物系砂轮主要用于磨削________、________、________和________等。
8. 磨床种类有________、________、________等。
9. 普通磨床有________、________、________、________等。
10. 粒度分为________和________两类。

二、选择题

1. 氧化铝砂轮用来刃磨(　　)刀具。

A. 铸铁　　B. 塑料　　C. 合金钢　　D. 高速钢

2. 碳化硅砂轮用来刃磨(　　)刀具。

A. 硬质合金　　B. 塑料　　C. 铸铁　　D. 非金属

3. 磨削加工除具有切削作用外,还具有(　　)作用。

A. 刻划和磨光　　B. 检验　　C. 检测　　D. 修饰

4. 磨削加工精度为(　　)。

A. IT10～IT7　　B. IT6～IT5　　C. IT5～IT4　　D. IT15～IT10

三、简答题

1. 简述磨床的种类及其工艺范围。

2. 在万能外圆磨床上磨削圆锥面有哪几种方法?

3. 采用定程磨削法磨削一批零件后,发现工件直径大了 0.02 mm,应如何进行补偿调整?说明调整步骤?

4. 在万能外圆磨床上,用顶尖支承工件磨削外圆和用卡盘夹持工件磨削外圆,哪一种情况的加工精度高?为什么?

5. 试述磨削加工安全操作应注意的事项。

任务五　刨削、钻削、镗削及拉削加工

学习目标

1. 了解刨削、钻削、镗削及拉削加工的工艺范围。

2. 熟悉刨削、钻削、镗削及拉削机床的结构、种类、主要组成部件。

3. 了解钻床和镗床的操作要点。

情境导入

变速箱壳体的加工,要经过毛坯件刨削、组合机床群钻钻削等加工;对于方孔等不规则零件内孔要经过拉削等加工,下面让我们一起学习刨削、钻削、镗削及拉削加工。

任务描述

如图 2-73 所示变速箱壳体，安排加工工艺，完成由毛坯到成品的加工。

图 2-73　变速箱壳体

任务分析

重点掌握加工过程中涉及的刨削、钻削等加工方法的应用，全面了解常规机械加工设备的使用与操作，熟悉这些设备的加工范围，为全面掌握机械加工方法奠定基础。

相关知识

一、刨床

1. 牛头刨床

牛头刨床是指刨刀安装在滑枕的刀架上，做纵向往复运动的刨床。牛头刨床的组成如图 2-74 所示。

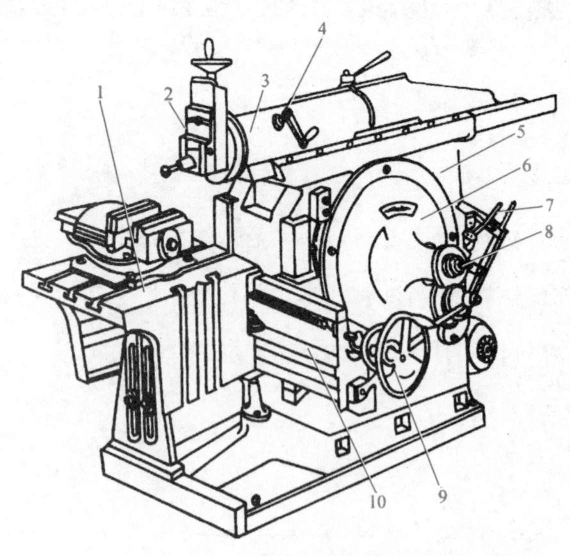

图 2-74　牛头刨床的组成

1—工作台；2—刀架；3—滑枕；4—行程位置调节手柄；5—床身；6—摆杆机构；7—变速手柄；8—行程长度调整方榫；9—进给机构；10—横梁

(1)床身

用以支承和连接刨床上各个部件。顶面的水平导轨用以支承滑枕做往复直线运动，前侧面的垂直导轨用于工作台的升降。床身的内部装有传动机构。

(2)刀架

转动刀架的手柄,滑板即可沿转盘上的导轨带动刀架上下移动,松开转盘上的螺母,将转盘转过一定的角度,可使刀架斜向进给以刨削斜面,滑板上装有可偏转的刀座(又叫作刀盒),可使反刀板向上抬起,以便在返回行程时,刀夹内的刨刀上抬,减小刀具与工件间的摩擦。

(3)滑枕

滑枕前端装有刀架,带动刨刀做往复直线运动,由床身内部的一套摆杆机构带动滑枕的往复运动。摆杆上端与滑枕内的螺母相连,下端与支架相连。偏心滑块与摆杆齿轮相连,嵌在摆杆的滑槽内,可沿滑槽运动。

(4)工作台

工作台上开有多条 T 形槽,以便安装工件和夹具,工作台可随横梁一起做上下调整,并可沿横梁做水平进给运动。

2. 龙门刨床

龙门刨床如图 2-75 所示,用于加工大型或重型零件上的各种平面、沟槽和各种导轨面(如棱形、V 形导轨面),也可在工作台上一次装夹数个中小型零件进行多件加工。

图 2-75　龙门刨床

龙门刨床具有双立柱和横梁,工作台沿床身导轨做纵向往复运动,立柱和横梁上分别装有可移动的侧立架和垂直刀架。由床身、立柱、横梁及顶梁组成龙门刨床的框架,保证机床有较高的刚度。工作台的往复运动为主运动,刀架移动为进给运动。横梁上的刀架可在横梁导轨上做横向进给运动,以刨削工件的水平面。立柱上的侧刀架可沿立柱导轨做垂直进给运动,以刨削垂直面。刀架也可偏转一定角度以刨削斜面。横梁可沿立柱导轨上下升降,以调整刀具和工件的相对位置。

3. 刨削方法

(1)刨平面

刨水平面时,刀架和刀座均处于中间位置上。

水平面既可以是零件所需要的加工表面,又可以是精加工基准面,水平面粗刨采用平面刨刀,精刨采用圆头精刨刀。刨削用量一般为:刨削深度 a_p 为 0.2～0.5 mm,进给量 f 为0.33～0.66 mm/str,刨削速度 v 为 15～50 m/min。粗刨时刨削深度和进给量可取大值,刨削速度取小值;精刨时刨削速度取高值,刨削深度和进给量取低值。对于两个相对平面有平行度要求、两相邻平面有垂直度要求的矩形工件。设矩形四个平面在按逆时针方向分别为 1、2、3、4 面。一般刨削方法是先刨出一个较大的平面 1 为基准面,然后将该基准面贴紧平口钳钳口一面,用圆棒或斜垫夹入基准面对面的钳口中,刨削平面 2,再刨削平面 2 相对的平面 4,最后刨削平面 1 相对的平面 3。在水平面刨削时,刨削深度由手动控制刀架的垂直运动决定,进给量由进给运动手柄调整。

(2)刨垂直面

垂直面的刨削由刀架做垂直进给运动实现。刨削前,先将刀架转盘刻度线对准零线,以保证加工面与工件底平面垂直,转动刀架手柄,从上往下加工工件。手动进给刀架时保证刨刀做垂直进给运动；再将刀座转动至上端，偏离要加工的垂直面 10°～15°，使抬刀板回程时，能带动刨刀抬离工件的垂直面，减少刨刀磨损及避免划伤已加工表面。

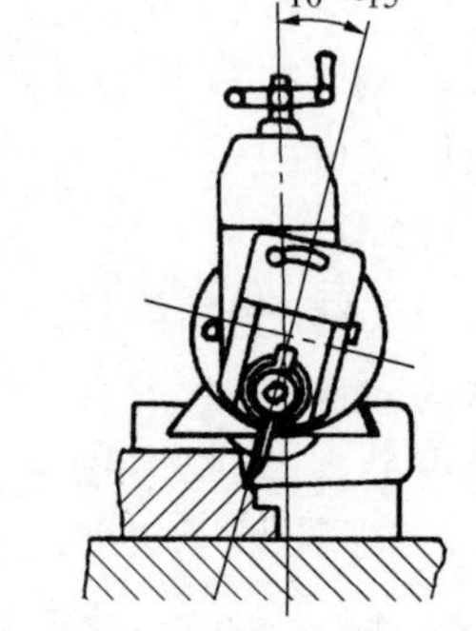

图 2-76　刀座偏离加工面的方向

应注意刀座推偏，偏刀的主刀刃应指向所加工的垂直面，不能将刨刀所偏方向及推偏方向选错。另外，安装偏刀时，刨刀伸出的长度应大于整个刨削面的高度。在垂直面刨削时，刨削深度由工作台水平手柄控制，进给量由刀架转动手柄调整。刀架偏离加工面的方向如图 2-76 所示。

工件上若有不能或不便用水平面刨削方法加工的平面，可将该平面调整到与水平面垂直的位置，然后用刨垂直面的方法进行加工，如加工台阶面和长工件的端面。

(3)刨斜面

工件上的斜面有内斜面和外斜面两种，如 V 形槽、燕尾槽由内斜面组成；V 形楔、燕尾榫由外斜面组成。内斜面和外斜面均可采用倾斜刀架法加工。刨削前，先将转盘与刀座一起转动一定角度，再将刀座转动至上端偏离所需加工的斜面 12°左右，然后从上往下转动刀架手柄刨削斜面。注意应针对是内斜面还是外斜面来选择左角度偏刀或右角度偏刀。一般内斜面左斜用左角度偏刀，外斜面左斜用右角度偏刀；内斜面右斜或外斜面右斜时则相反。角度偏刀伸出长度也应大于整个刨削斜面的宽度。在进行斜面刨削时，磨削深度与进给量的控制及调整同刨削垂直面一样，但要注意刨斜面时，磨削深度不可选得过大，如图 2-77 所示。

(4)刨 T 形槽

刨 T 形槽前，先划出加工线，如图 2-78 所示。然后按划线找正加工，刨削顺序如图 2-79 所示。

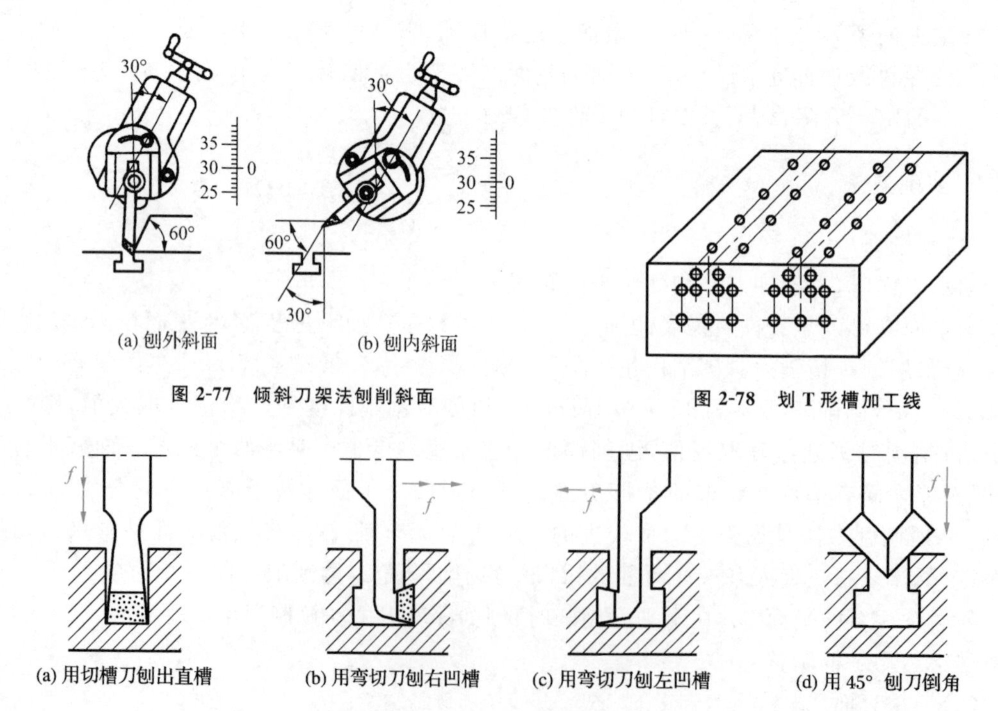

(a) 刨外斜面　(b) 刨内斜面

图 2-77　倾斜刀架法刨削斜面

图 2-78　划 T 形槽加工线

(a) 用切槽刀刨出直槽　(b) 用弯切刀刨右凹槽　(c) 用弯切刀刨左凹槽　(d) 用 45° 刨刀倒角

图 2-79　T 形槽刨削顺序

(5)刨燕尾槽

燕尾槽的燕尾部分是两个对称的内斜面。其刨削方法是刨直槽和刨内斜面的综合，但需要使用专门刨燕尾槽的左、右偏刀。刨燕尾槽的步骤如图 2-80 所示。

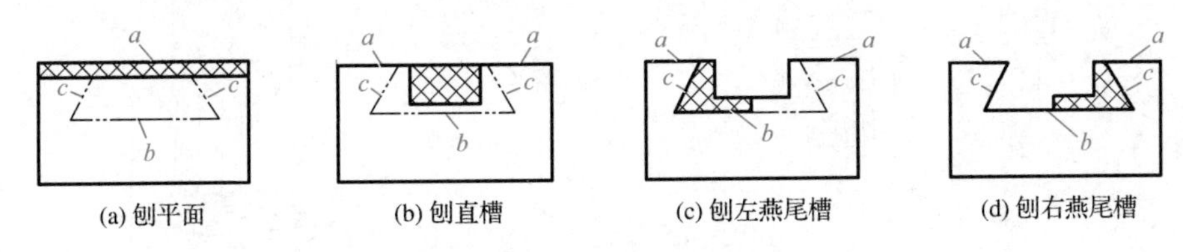

图 2-80　刨燕尾槽的步骤

二、钻床

钻床是孔加工用机床，主要用来加工外形比较复杂、没有对称回转轴线的工件上的孔，如杠杆、盖板、箱体和机架等零件上的各种孔。在钻床上加工时，工件固定不动，刀具旋转做主运动，同时沿轴向移动做进给运动。钻床可完成钻孔、扩孔、铰孔、攻螺纹、锪沉头孔和锪端面等工作。钻床的加工方法及所需的运动如图 2-81 所示。

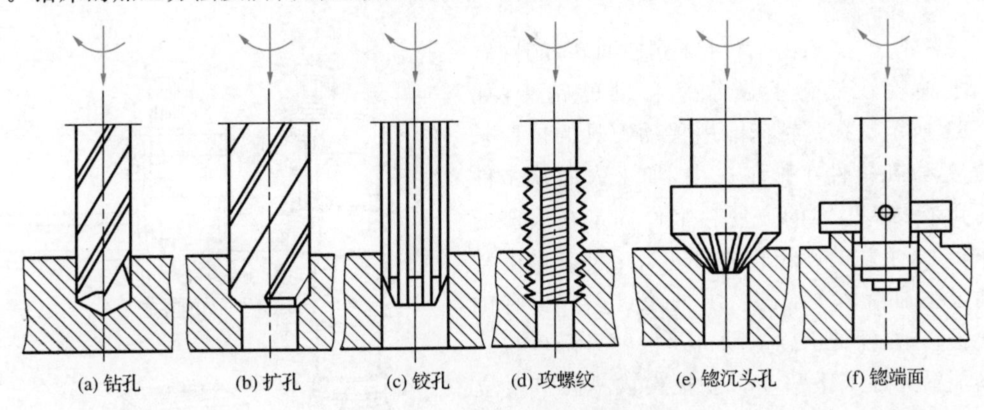

图 2-81　钻床的加工方法及所需的运动

钻床的主要类型有台式钻床、立式钻床、摇臂钻床、深孔钻床和其他钻床。它们中的大部分以最大钻孔直径为其主参数值。

1. 台式钻床

台式钻床简称台钻，是一种体积小巧、操作简便、通常安装在专用工作台上使用的小型孔加工机床。台式钻床钻孔直径一般在 13 mm 以下，最大不超过 16 mm。其主轴变速一般通过改变三角带在塔形带轮上的位置来实现，主轴进给靠手动操作。台式钻床可安放在作业台上，主轴垂直布置的小型台式钻床如图 2-82 所示。

2. 立式钻床

立式钻床是指主轴箱和工作台安置在立柱上，主轴垂直布置的钻床，如图 2-83 所示。它常用于机械制造和修配工厂加工中、小型工件的孔。加工前，须先调整工件在工作台上的位置，使被加工孔中心线对准刀具轴线。加工时，工件固定不动，主轴在套筒中旋转并与套筒一起做轴向进给。工作台和主轴箱可沿立柱导轨调整位置，以适应不同高度的工件。

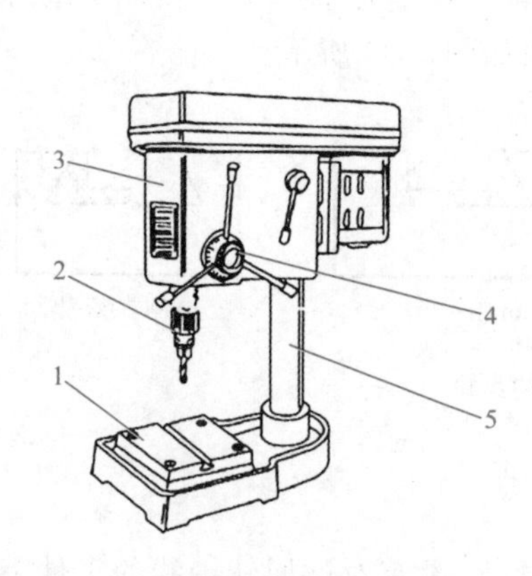

图 2-82　主轴垂直布置的小型台式钻床

1—底座；2—主轴；3—变速箱；4—手柄；5—立柱

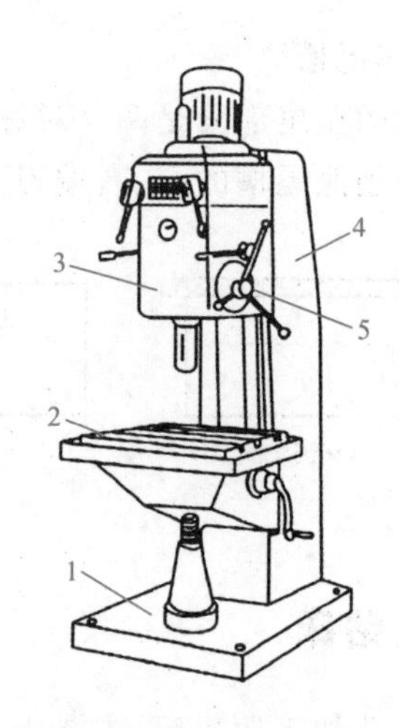

图 2-83　立式钻床

1—底座；2—工作台；3—主轴箱；4—立柱；5—手柄

3. 摇臂钻床

摇臂钻床是一种摇臂可绕立柱回转和升降，通常主轴箱在摇臂上做水平移动的钻床，如图 2-84 所示。摇臂钻床能用移动刀具的位置来对中，这给在单件小批生产中，加工大而重工件上的孔带来了很大的方便。工件固定在底座的工作台上，主轴的旋转和轴向进给运动是由电动机通过主轴箱来实现的。主轴箱可以在摇臂的导轨上移动，摇臂借助电动机及摇臂升降丝杠的传动能沿立柱上下移动。立柱由内立柱和外立柱所组成，内立柱固定在底座上，外立柱由滚动轴承支承，外立柱可绕内立柱在±180°范围内回转，因此主轴能很容易地调整到所需的加工位置。

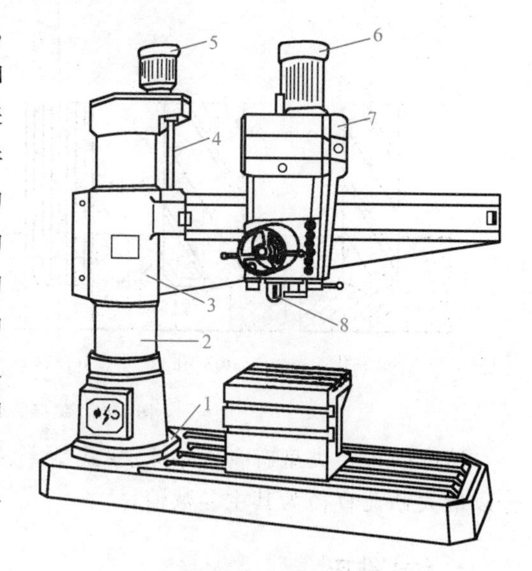

图 2-84　摇臂钻床

1—底座；2—立柱；3—摇臂；4—丝杠；5、6—电动机；7—主轴箱；8—主轴

4. 钻削加工刀具

(1)麻花钻

用钻头在实体材料上加工内圆面的方法称为钻孔，钻孔最常用的刀具是麻花钻。麻花钻主要由以下几部分组成，如图 2-85(a)、图 2-85(b)所示。

①工作部分

由切削和导向两部分组成。切削部分担负着主要的切削工作；导向部分保持钻头在切削过程中的方向，且是切削部分的备磨部分。

切削部分有两个主刀刃，由横刃连接(图 2-85(c))。形成主刀刃的螺旋面为前刀面，另一面为后刀面，副后刀面是钻头外缘的刃带棱面。前刀面与刃带相交的棱边为副刀刃，两后刀面相交形成横刃。

标准麻花钻的倒锥量为(0.03～0.12)mm/100 mm。大直径钻头取大值。

连接两刃瓣的部分为钻芯，不通过钻头中心的两主刀刃间的距离为钻芯直径 d_c，为保证钻头切削时的强度和刚度，钻芯在轴线上形成正锥体(图 2-85(d))，即钻芯直径由钻尖向尾部逐渐增大，称之为钻芯锥度。其增大量为(1.4～2.0)mm/100 mm。

②柄部也称为尾部，用于夹持钻头，传递扭矩和轴向力。柄部有直柄与锥柄两种。钻头直径 $d_0 \leqslant 12$ mm 时用直柄，$d_0 > 12$ mm 时用锥柄，采用莫氏标准锥度。

③颈部位于工作部分与柄部之间，为磨柄部时退砂轮之用，也是打印标记的地方。直柄麻花钻一般不制有颈部(图 2-85(b))。

④顶角 2φ。它是两条主刀刃在与它们平行的平面上投影之间的夹角。它决定钻刃长度及刀刃负荷情况。

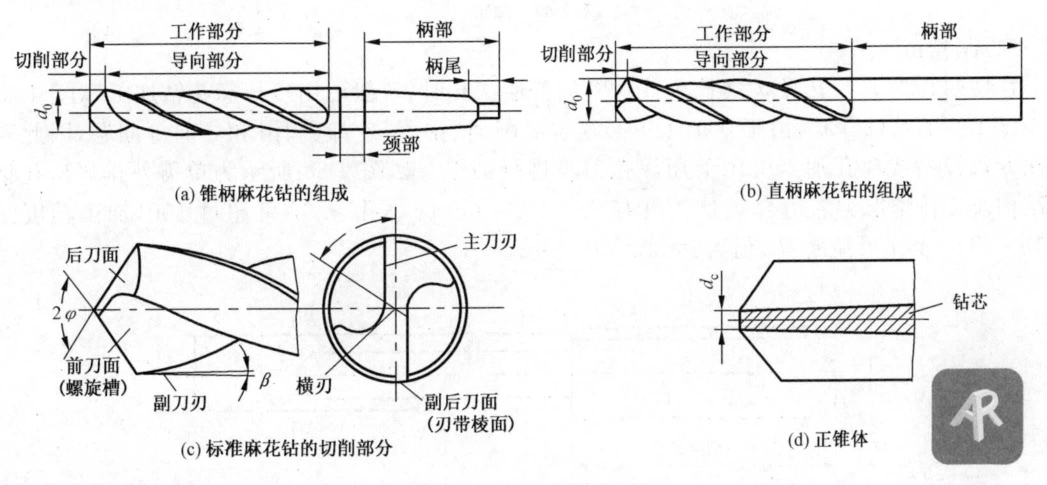

图 2-85　标准高速钢麻花钻

(2)扩孔钻

对工件上已有的孔进行扩大加工称为扩孔。扩孔钻主要有整体锥柄扩孔钻与套式扩孔钻两种，如图 2-86 所示。扩孔范围分别为 $\phi10 \sim \phi32$ mm 与 $\phi25 \sim \phi80$ mm。扩孔钻加工精度一般可达 IT11～IT10，表面粗糙度 Ra 值可达 6.3～3.2 μm，常用于铰孔或磨孔前的扩孔，以及一般精度孔的最后加工。扩孔钻形状与麻花钻相似，只是齿数多，一般有 3～4 个，故导向性能较好，切削平稳；扩孔加工余量小，参与工作的主刀刃较短，与钻孔相比，大大改善了切削条件；且扩孔钻的容屑槽浅，钻芯较厚，刀体强度高，刚性好，因此扩孔钻钻孔的加工质量比麻花钻高。

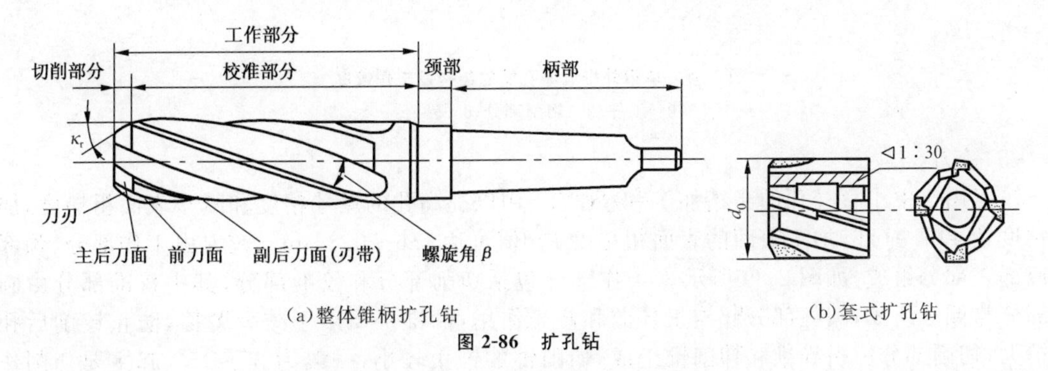

图 2-86　扩孔钻

(3)锪钻

一般用来加工各种沉头孔、锥孔、端面凸台等,如图 2-87 所示。

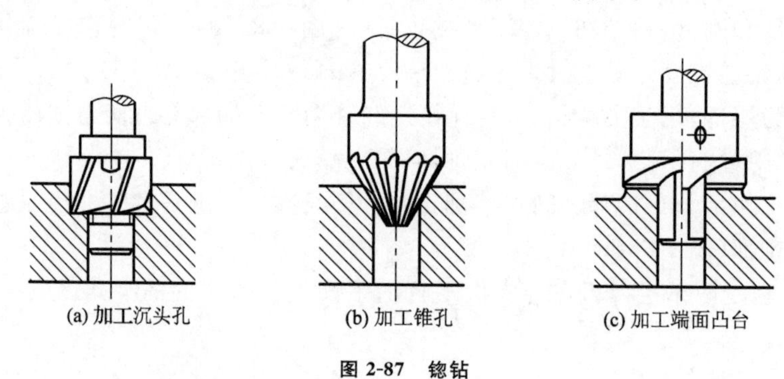

图 2-87 锪钻

(4)深孔钻

在钻削孔深 L 与孔径 d 之比为 5~20 的普通深孔时,一般可用接长麻花钻加工,对于L/d 为 20~100 的特殊深孔,由于在加工中必须解决断屑、排屑、冷却、润滑和导向等问题,因此需要在专用设备或深孔加工机床上用深孔刀具进行加工。如图 2-88 所示为单刃外排屑深孔钻的结构及工作情况。它适合于加工孔径为 3~20 mm 的小孔,L/d 可超过 100,加工精度达 IT10~IT8,表面粗糙度 Ra 值可达 3.2~0.8 μm。

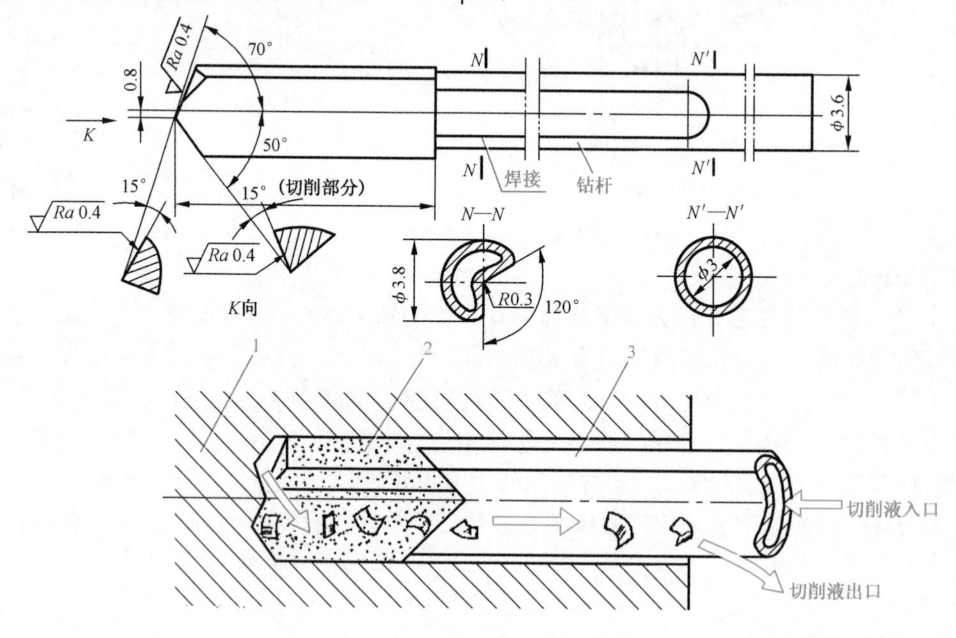

图 2-88 单刃外排屑深孔钻的结构及工作情况

1—工件;2—切削部分;3—钻杆

(5)铰刀

铰刀用于中小直径孔的半精加工和精加工,用以提高孔的尺寸精度和减小表面粗糙度,加工精度达 IT7~IT6,加工表面的表面粗糙度 Ra 值可达 1.6~0.8 μm。铰刀由工作部分、颈部及柄部三部分组成,如图 2-89 所示。工作部分包括切削部分和校准部分,其中校准部分由圆柱部分与倒锥组成,圆柱部分起校正导向和修光作用,倒锥主要用于减少摩擦,防止铰削后孔径扩大;切削部分由引导锥和切削锥组成,切削锥的锥角较小,一般为 3°~15°,起主要切削作用。引导锥起引入预制孔作用,也参与切削。

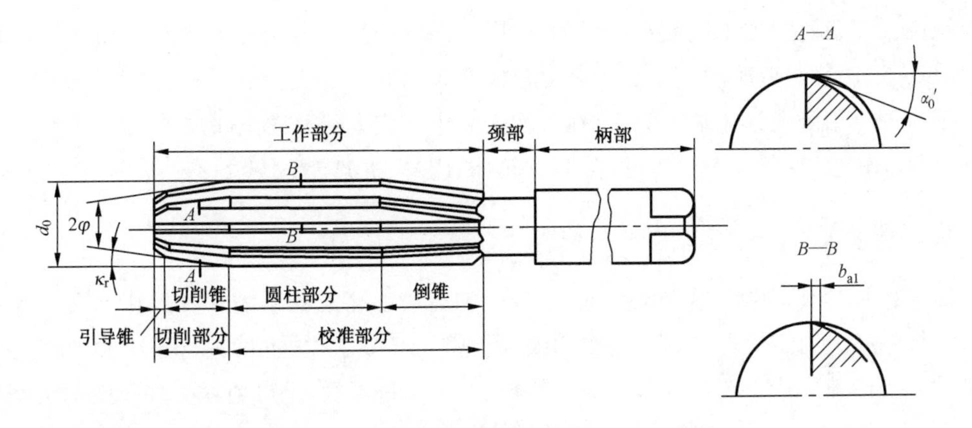

图 2-89　机用铰刀的结构

铰刀的种类很多，按使用方式可分为机用铰刀和手用铰刀，如图 2-90 所示。

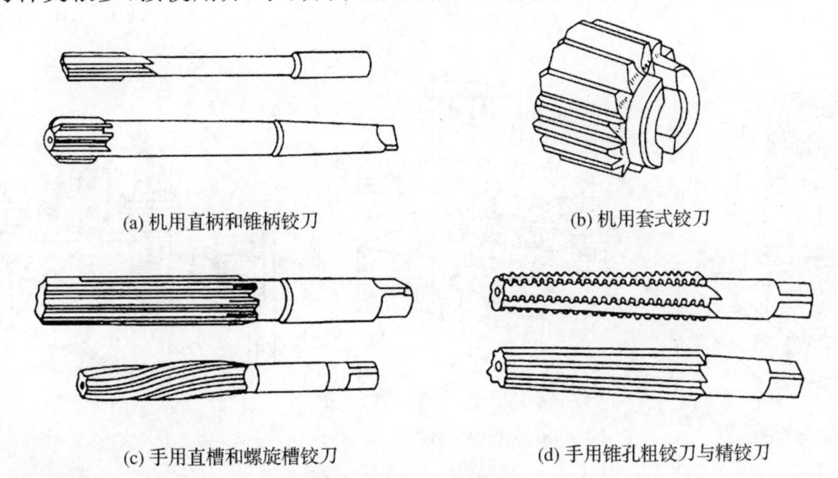

图 2-90　铰刀的种类

三、镗床

镗床主要用镗刀对工件已有的孔进行镗削，使用不同的刀具和附件还可进行钻削、铣削、加工螺纹及外圆和端面等。通常镗刀旋转为主运动，镗刀或工件的移动为进给运动。镗床主要用于加工高精度孔或一次定位完成多个孔的精加工，此外还可以从事与孔精加工有关的其他加工面的加工。镗削加工直径在 80 mm 以上的孔、孔内环形槽及有较高位置精度的孔系等，镗削加工的精度等级可达 IT6～IT5，表面粗糙度 Ra 值可达 6.3～0.8 mm。镗床种类很多，主要有立式镗床、卧式镗床、坐标镗床、落地镗床、精镗床等。

图 2-91　卧式镗床

1. 卧式镗床

卧式镗床是镗床中应用最广泛的一种，如图 2-91 所示。它主要用于孔加工，镗孔精度可达 IT7，除扩大工件上已铸出或已加工的孔外，卧式镗床还能铣削平面、钻削、加工端面和凸缘的外圆以及切螺纹等，主要用在单件小批生产和修理车间，加工孔的圆度误差不超过 5 μm，表面粗糙度 Ra 值为 1.25～0.63 μm。卧式镗床的主参数为主轴直径。用卧式镗床加工时，可在一次安装中完成大部分或全部加工工序，所以特别适用于加工尺寸较大、形状复杂的零件，如各种箱体、床身、机架等。

2. 坐标镗床

坐标镗床是具有精密坐标定位装置，用于加工高精度孔或孔系的一种镗床。在坐标镗床上还可进行钻孔、扩孔、铰孔、铣削、精密刻线和精密划线等工作，也可进行孔距和轮廓尺寸的精密测量。坐标镗床适于在工具车间加工钻模、镗模和量具等，也可用在生产车间加工精密工件，是一种用途较广泛的高精度机床。坐标镗床是高精度机床的一种。它的结构特点是有坐标位置的精密测量装置。坐标镗床可分为单柱式坐标镗床、双柱式坐标镗床和卧式坐标镗床，如图 2-92 所示。

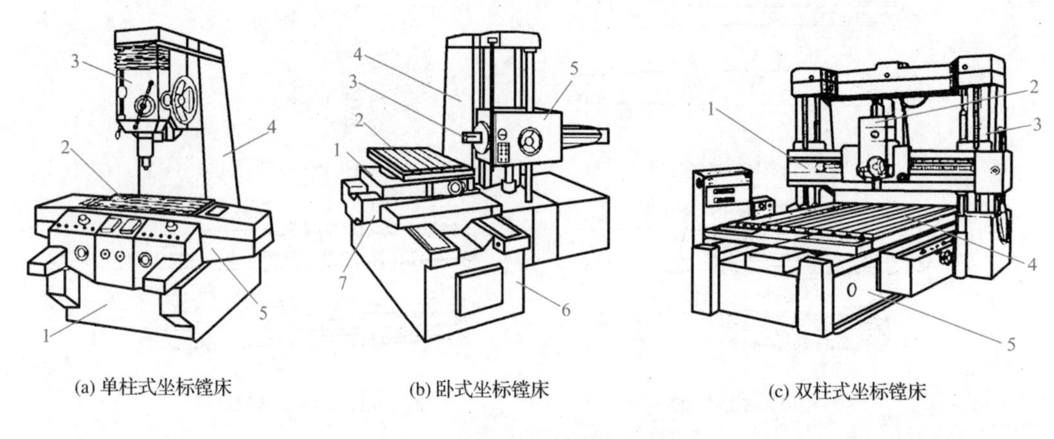

图 2-92 坐标镗床

(a)1—床身；2—工作台；3—主轴箱；4—立柱；5—床鞍

(b)1—上滑座；2—回转工作台；3—主轴；4—立柱；5—主轴箱；6—床身；7—下滑座

(c)1—横梁；2—主轴箱；3—立柱；4—工作台；5—床身

3. 落地镗床

落地镗床和落地镗铣床(图 2-93)是用于加工大而重的工件的重型机床，其镗轴直径一般在 125 mm 以上。这两种机床在布局结构上的主要特点是没有工作台，被加工工件直接安装在落地平台上，加工过程中的工作运动和调整运动全由刀具完成。

如图 2-93(a)所示为落地镗床外形简图。立柱 5 通过滑座 7 安装在横向床身 8 上，可沿床身导轨做横向移动。镗孔的坐标位置由主轴箱 6 沿立柱导轨上下移动和立柱横向移动来确定。当需用后支承架支承刀杆进行镗孔时，可在平台 4 上安装后立柱 3。后立柱也可沿其底座 1 上的导轨做横向移动，以便调整后支承架 2 的位置，使其支承孔与镗轴处于同一轴线上。

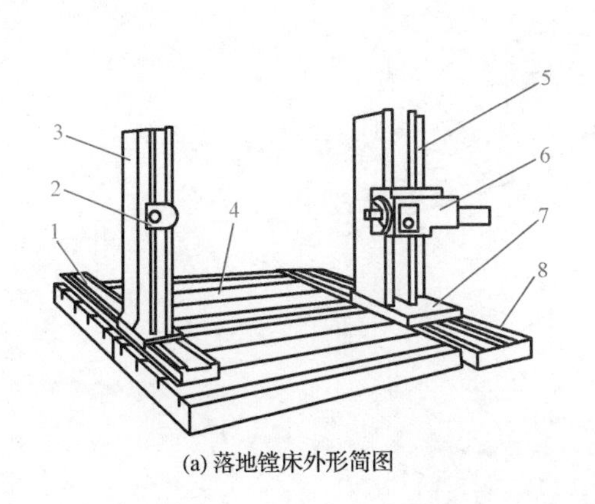

(a) 落地镗床外形简图

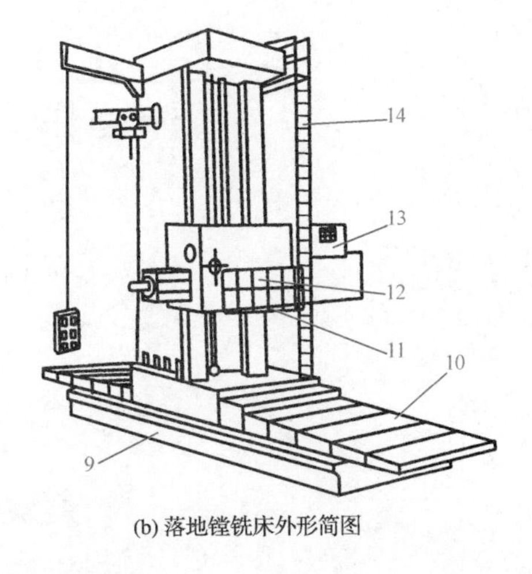

(b) 落地镗铣床外形简图

图 2-93 落地镗床和落地镗铣床

1—底座；2—后支承架；3—后立柱；4—平台；5—立柱；6—主轴箱；7—滑座；8—横向床身；

9—床身；10—工作台；11—立铣头；12—操纵箱；13—横梁；14—立柱

4. 金刚镗床

金刚镗床是一种高速精密镗床。因初期采用金刚石镗刀而得名，后已广泛使用硬质合金刀具。这种镗床的工作特点是进给量很小，切削速度很高(600～800 m/min)。它在大批生产的汽车、拖拉机等行业中应用很广，主要用于加工连杆轴瓦、活塞、油泵壳体等零件上的精密孔，在航空工业中也用于铝镁合金工件的加工。加工孔的圆度在 3 μm 以内，表面粗糙度 *Ra* 值为 0.63～0.08 μm，如图 2-94 所示为卧式双面金刚镗床。

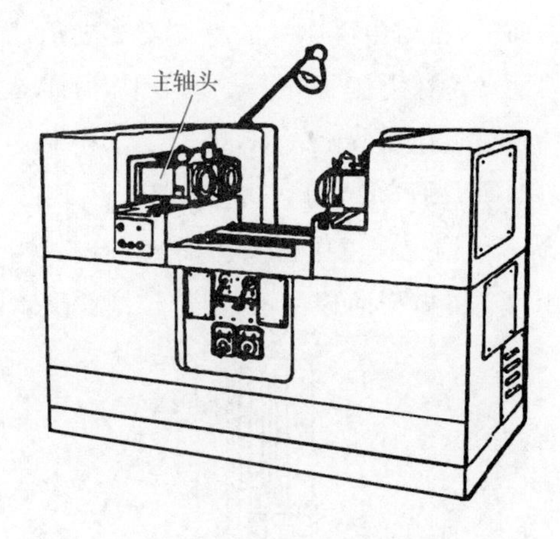

图 2-94 卧式双面金刚镗床

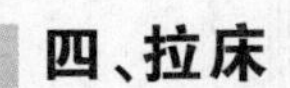

四、拉床

拉床是指用拉刀作为刀具，加工工件为通孔、平面和成形表面的机床。拉削能获得较高的尺寸精度和较小的表面粗糙度，生产率高，适用于成批大量生产。大多数拉床只有拉刀做直线拉削的主运动，而没有进给运动。拉床的主运动通常是由液压系统驱动的。拉床按用途可分为内拉床和外拉床；按机床布局可分为卧式、立式和链条式拉床。

1. 卧式内拉床

卧式内拉床用于加工内表面，如图 2-95 所示。床身 1 内部在水平方向装有液压缸 2，由高压变量液压泵供给压力油驱动活塞，通过活塞杆带动拉刀沿水平方向移动，对工件进行加工。工件在加工时，以其端平面紧靠在支承座 3 的平面上(或用夹具装夹)。护送夹头 5 及滚柱 4 用于支承拉刀。开始拉削前，护送夹头 5 及滚柱 4 向左移动，将拉刀穿过工件预制孔，并将拉刀左端柄部插入拉刀夹头。加工时滚柱 4 下降不起作用。

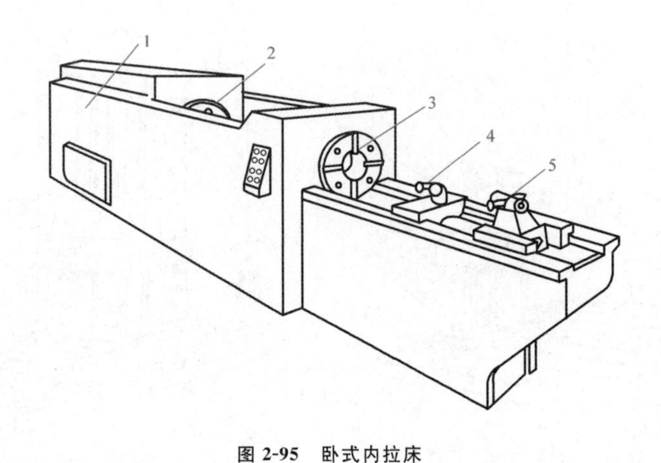

图 2-95 卧式内拉床

1—床身；2—液压缸；3—支承座；4—滚柱；5—护送夹头

2.立式拉床

立式拉床根据用途可分为立式内拉床和立式外拉床两类，如图 2-96 所示为立式内拉床。这种拉床可用拉刀或推刀加工工件的内表面。用拉刀加工时，工件以端面紧靠在工作台 2 的上平面上，拉刀由滑座 4 的上支架 3 支承，自上向下插入工件的预制孔及工作台的孔，将其下端刀柄夹持在滑座 4 的下支架 1 上，滑座 4 由液压缸驱动向下进行拉削加工。用推刀加工时，工件装在工作台的上表面，推刀支承在上支架 3 上，自上向下移动进行加工。

如图 2-97 所示为立式外拉床。滑块 2 可沿床身 4 的垂直导轨移动，滑块 2 上固定有外拉刀 3，工件固定在工作台 1 上的夹具内。滑块 2 垂直向下移动完成工件外表面的拉削加工。工作台 1 可做横向移动，以调整拉削深度，并用于刀具空行程时退出工件。

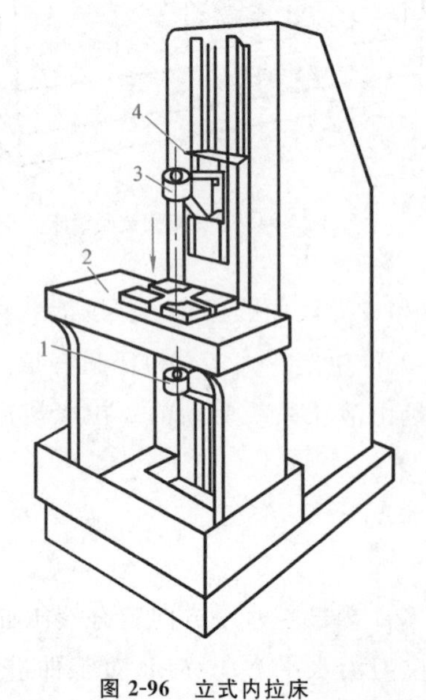

图 2-96 立式内拉床

1—下支架；2—工作台；3—上支架；4—滑座

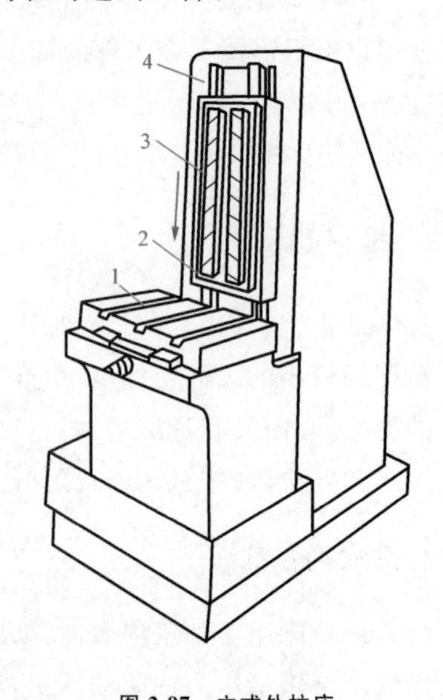

图 2-97 立式外拉床

1—工作台；2—滑块；3—外拉刀；4—床身

3. 连续式拉床

如图 2-98 所示是连续式拉床的工作原理。链条 7 上装有多个夹具 6。工件 1 在位置 A 被装夹在夹具中，经过固定在上方的拉刀 3 时进行拉削加工，此时夹具沿床身上的导轨 2 滑动。夹具移动至 B 处即自动松开，工件落入成品收集箱 5 内。这种拉床由于连续进行加工，因而生产率高，常用于大批生产中加工小型零件的外表面，如汽车、拖拉机连杆的连接及半圆凹面等。

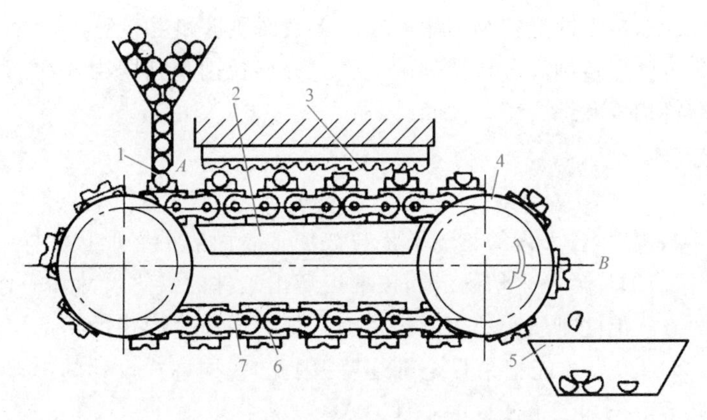

图 2-98　连续式拉床的工作原理

1—工件；2—导轨；3—拉刀；4—链轮；5—成品收集箱；6—夹具；7—链条

4. 拉刀

拉削质量和拉削精度主要依靠拉刀的结构和制造精度来保证。如图 2-99 所示为普通圆孔拉刀，它由头部、颈部、过渡锥部、前导部、切削部、校准部和后导部组成。如果拉刀太长，还可以在后导部后面加一个尾部，以便支承拉刀。

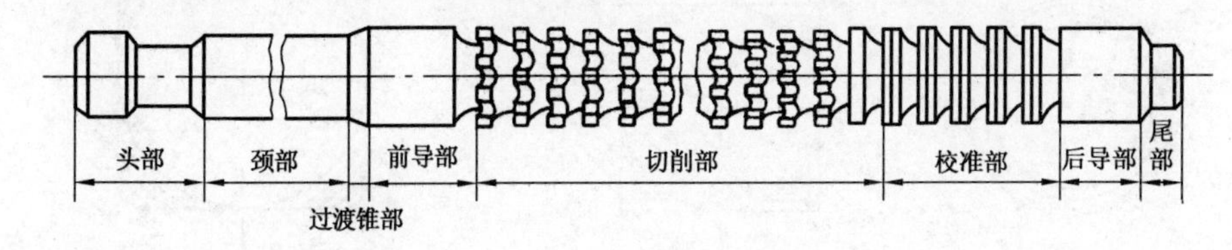

图 2-99　普通圆孔拉刀

(1)头部：它与机床相连，用以传递动力。

(2)颈部：拉刀头部和过渡锥部的连接部分，拉刀的规格等标记一般都打在颈部上。

(3)过渡锥部：引导拉刀前导部进入工件预加工孔的锥度部分，有对准中心的作用。

(4)前导部：引导拉刀切削齿正确地进入工件待加工表面的部分，并可检查拉前孔径是否太小，以免拉刀第一个刀齿负荷太重而损坏。

(5)切削部：切削部刀齿起切削作用，切除工件上的全部加工余量，它是由粗切齿、过渡齿和精切齿组成，各齿直径依次递增。

(6)校准部：具有几个尺寸、形状相同的齿，起校准和储备作用。

(7)后导部：是保证拉刀最后刀齿正确地离开工件的导向部分，以防止拉刀在即将离开工件时,工件下垂而损坏已加工表面和拉刀刀齿。

(8)尾部:当拉刀长而重时,拉床的托架或夹头支承在后导部上,防止拉刀下垂而影响加工质量,并减轻了装卸拉刀的劳动强度。

5. 拉削方式

拉削方式是指拉刀把加工余量从工件表面切下来的方式。它决定每个刀齿切下的切削层的截面形状,即所谓拉削图形。拉削方式选择的恰当与否,直接影响到刀齿负荷的分配、拉刀的长度、切削力的大小、拉刀的磨损和耐用度及加工表面质量和生产率。

拉削方式可分为分层拉削和分块拉削两大类。分层拉削包括同廓式和渐成式两种,分块拉削目前常用的有轮切式和综合轮切式两种。

(1)分层拉削方式

①同廓式

按同廓式设计的拉刀,各刀齿的轮廓形状与被加工表面的最终形状一样。它们一层层地切去加工余量,由拉刀的最后一个切削齿和校准齿切出工件的最终尺寸和表面,如图 2-100所示。采用这种拉削方式能达到较小的表面粗糙度。但由于每个刀齿的切削层宽而薄,单位切削力大,且需要较多的刀齿才能把余量全部切除,因此,按同廓式设计的拉刀较长,刀具成本高,生产率低,并且不适于加工带硬皮的工件。

②渐成式

按渐成式设计的拉刀,各刀齿可制成简单的直线或圆弧形状,它们一般与被加工表面的最终形状不同,被加工表面的最终形状和尺寸是由各刀齿切出的表面连接而成,如图 2-101 所示。这种拉刀制造比较方便,但它不仅具有同廓式的同样缺点,而且加工出的工件表面质量较差。

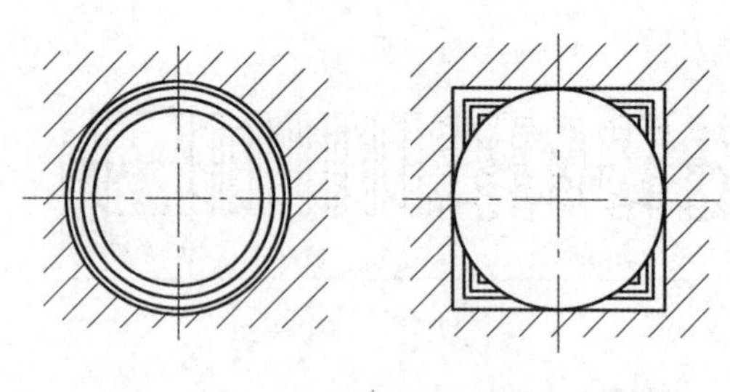

图 2-100　同廓式拉削图形

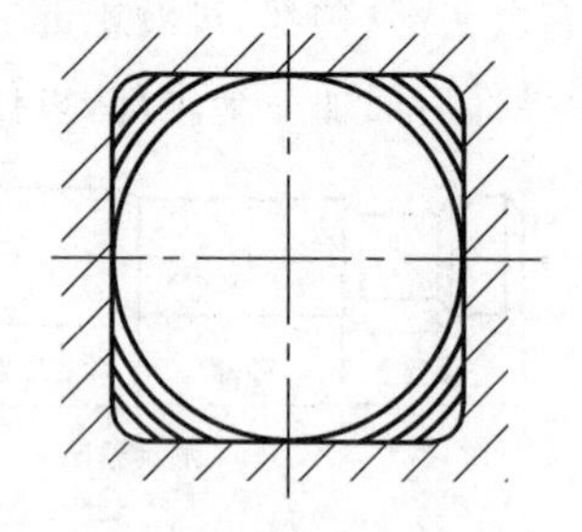

图 2-101　渐成式拉削图形

(2)分块拉削方式

①轮切式

按轮切式设计的拉刀,其切削部分是由若干齿组组成的。每个齿组中有 2～5 个刀齿,它们的直径相同,共同切下加工余量中的一层金属,每个刀齿仅切去一层中的一部分。如图 2-102(a)所示为三个刀齿列为一组的轮切式拉刀刀齿的结构与拉削图形。前两个刀齿(1、2)无齿升量,在切削刃上磨出交错分布的大圆弧分屑槽,但为了避免第三个刀齿切下整圈金属,其直径应较同组其他刀齿直径略小。

轮切式与分层拉削方式比较,它的优点是每一个刀齿上参加工作的切削刃的宽度较小,但切削厚度较分层拉削方式要大得多。因此虽然每层金属要由一组(2 或 3 个)刀齿去切除,但

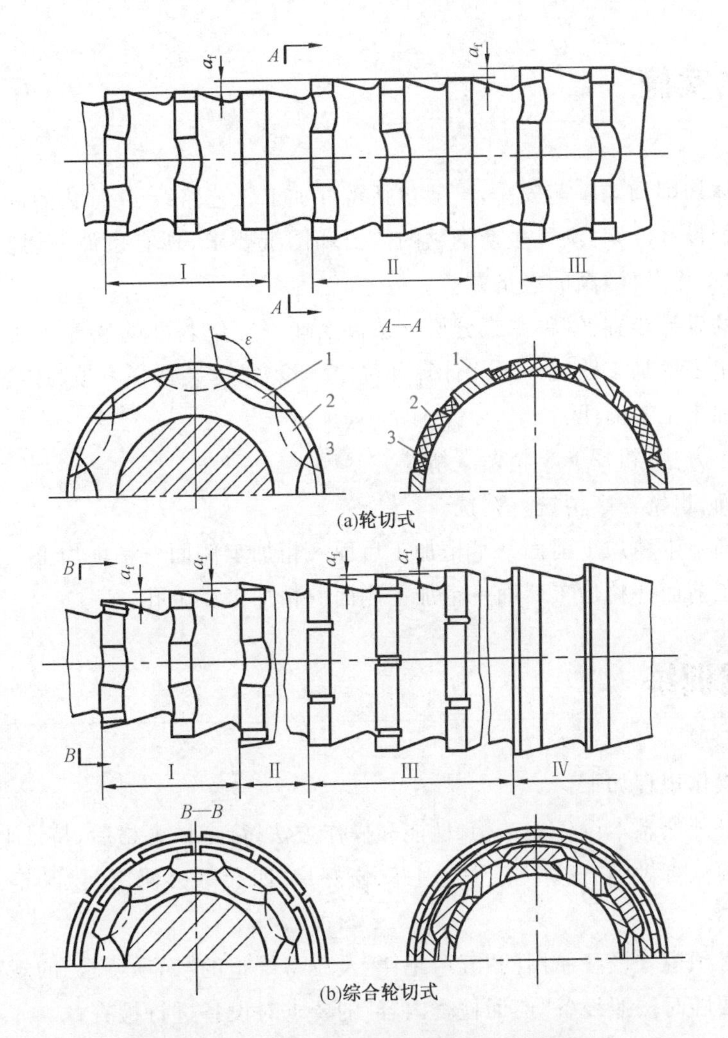

图 2-102　分块拉削方式拉刀刀齿的结构与拉削图形

由于切削厚度要比分层拉削方式大 2～10 倍，所以在同一拉削用量下，所需刀齿的总数减少了许多，拉刀长度大大缩短，不仅节省了贵重的刀具材料，生产率也大为提高。在刀齿上分屑槽的转角处，强度高、散热良好，故刀齿的磨损量也较小。

轮切式拉刀主要适用于加工尺寸大、余量多的内孔，并可以用来加工带有硬皮的铸件和锻件。但轮切式拉刀的结构较复杂，拉削后工件的表面粗糙度较大。

②综合轮切式

按综合轮切式设计的拉刀，集中了同廓式与轮切式的优点，即粗切齿制成轮切式结构，精切齿采用同廓式结构，这样既缩短了拉刀长度，提高了生产率，又能获得较好的工件表面质量。如图 2-102(b)所示为综合轮切式拉刀刀齿的结构与拉削图形。拉刀上粗切齿Ⅰ与过渡齿Ⅱ采用轮切式刀齿结构，各齿均有较大的齿升量。过渡齿齿升量逐渐减小。精切齿Ⅲ采用同廓式刀齿结构，其齿升量较小。校正齿Ⅳ无齿升量。

综合轮切式拉刀刀齿齿升量分布较合理，拉削较平稳，加工表面质量高。但综合轮切式拉刀的制造较困难。

任务实施

变速箱壳体切削加工工艺安排，一般包括零件加工工艺路线、工序内容和检验。

工艺规程的设计原则：满足生产纲领的需要和图纸要求，现有条件下切实可行，保证技术先进性，良好的工作条件，高的经济效益。

工艺规程的设计步骤：零件图纸分析→选择毛坯→定位基准的选择→确定各表面及路线加工方法→拟定零件加工路线→尺寸计算和确定→设备、工装选择→填写工艺文件。

安排如下加工工艺路线：

三个孔加工方法：粗镗→半精镗→精镗。

其余各表面：粗铣→半精铣→精铣。

粗加工前面→半精加工前面→半精加工后面→粗加工侧面→钻削加工三个孔→半精加工三个孔→精加工前面→精加工后面→精加工侧面→精加工三个孔。

拓展训练

拉床安全操作规程如下：

1. 操作者必须熟悉本设备的结构、性能和操作方法，待考试合格后，持证上岗；

2. 操作者要认真做到“三好”（管好、用好、修好）、“四会”（会使用、会保养、会检查、会排除故障）；

3. 操作者必须遵守设备使用的“五项纪律”及设备维护的“四项要求”的规定；

4. 操作者要随时按照设备“巡回检查内容”的要求对设备进行检查；

5. 按“设备润滑图表”规定进行加油，做到“五定”（定人、定点、定质、定时、定量），注油后将设备油杯（池）的盖子盖好；

6. 严禁超规范、超负荷使用设备；

7. 停机在 8 小时以上的设备，再次启动时应先低速运转 3～5 min，确认润滑系统通畅、各部位运转正常后，方可开始工作；

8. 拉刀的行程距离不得超过最大长度极限，以防撞坏密封圈，产生漏油现象；

9. 根据工件孔的直径、加工长度和材料，选择合适的拉刀及拉削行程距离和工作速度，更换卡具时，其接触面要清理干净；

10. 在工作负荷情况下，要检查活塞杆上有无漏油现象，若出现漏油应拧紧工作液压缸前盖上的法兰盘螺钉和辅助液压缸盖螺钉；

11. 禁止在机床运动部分及导轨面上放置任何物品，并保证有足够的冷却液；

12. 液压系统（包括各阀）必须保持工作正常、油压稳定、油温不得高于 60 ℃；

13. 工作中必须经常检查并消除拉杆、导轨、溜板和支承刀架等处的铁屑、油污等杂物；

14. 拉削的工件要放正，不得有倾斜现象，工作中禁止中途停车或变换行程速度。

习题与训练

一、选择题

1. 加工小孔一般用(　　),加工大孔一般用(　　)。

A. 车床　　B. 镗床　　C. 铣床　　D. 钻床

2. 粗加工较大箱体上的某个面上较多的中径孔用(　　)较好。

A. 立式钻床　　B. 摇臂钻床　　C. 卧式镗床　　D. 金刚镗床

3. 在钻床上加工一个较高精度孔,其加工顺序为(　　)。

A. 先钻孔,再铰孔,最后扩孔　　B. 先铰孔,再钻孔,最后扩孔

C. 先钻孔,再扩孔,最后铰孔　　D. 先钻孔,后铰孔

4. 加工一个六面箱体上的面和孔时,要求孔与孔之间的位置精度及面与面之间的位置精度较高,选用(　　)较好。

A. 龙门镗铣床　　B. 摇臂钻床　　C. 卧式镗床　　D. 金刚镗床

5. 刨削加工(　　)。

A. 通用性能好　　B. 精度高　　C. 生产率高　　D. 切削速度高

6. 用平口虎钳装夹工件时,常用(　　)轻击工件的上平面,使工件紧贴垫铁。

A. 木槌　　B. 钢锤　　C. 皮锤　　D. 铁锤

7. 龙门刨床中工件直线运动为(　　)。

A. 进给运动　　B. 主运动　　C. 辅助运动　　D. 上下运动

8. 较大的内外齿轮适宜在(　　)上加工。

A. 插床　　B. 车床　　C. 磨床　　D. 拉床

9. 拉削不能加工(　　)孔。

A. 圆　　B. 盲　　C. 三角　　D. 方

二、简答题

1. 台式钻床、立式钻床和摇臂钻床的结构和用途有何不同?

2. 试述麻花钻的基本结构组成。

3. 镗床有哪几种? 各有何特点?

4. 牛头刨床刨削平面时的主运动和进给运动各是什么?

5. 牛头刨床主要由哪几部分组成? 各有何作用? 刨削前机床需要如何调整?

6. 滑枕的往复直线运动的速度是如何变化的? 为什么?

7. 简述刨削正六面体的操作步骤。

8. 拉削有何特点? 适合加工何种表面?

学习情境三

轴类、壳体类零件加工工艺的编排

任务一 台虎钳夹具定位方法的分析

学习目标

1. 掌握工件定位及夹紧原理。

2. 会运用自由度分析方法确定工件定位。

3. 熟悉通用零件加工定位原则。

情境导入

虎钳又称台虎钳，是利用螺杆或其他机构使两钳口做相对移动而夹持工件的工具。一般由底座、钳身、固定钳口和活动钳口以及使活动钳口移动的传动机构组成。按使用的场合不同，有钳工虎钳和机用虎钳等类型。

任务描述

以平口虎钳为夹具，铣削一个 20 mm×20 mm×100 mm 的长方体，并分析平口虎钳的工作原理，说明其在装夹零件时是如何保证定位及夹紧的。

任务分析

机用平口虎钳是机床夹具的一种通用夹具，为了保证后续的加工精度，对安装好的虎钳要进行精度检测，主要包括：钳身导轨上平面对底平面平行度；固定钳口和活动钳口对导轨上平面的垂直度；活动钳口面与固定钳口面在宽度方向的平行度；固定钳口对钳身定位键槽的垂直度；导轨上平面对底座底平面的平行度；固定钳口面对底座定位键槽的平行度；检验块上平面对钳身底平面的平行度；检验块上平面对底座底平面的平行度；试块夹紧后顶面浮起。

相关知识

一、机床夹具概述

在机械制造中，用来固定加工对象，使之占有正确位置，以接受加工或检测的装置，统称为夹具。它广泛地应用于机械制造过程中，如焊接过程中用于拼焊的焊接夹具，零件检验过程中用的检验夹具，装配过程中用的装配夹具，机械加工过程中用的机床夹具等，都属于这一范畴。在金属切削机床上使用的夹具统称为机床夹具。在现代生产中，机床夹具是一种不可缺少的工艺装备，它直接影响着零件加工的精度、劳动生产率和产品的制造成本等。

在机床上加工零件时，为了使该工序所要加工的表面能够达到图纸所规定的尺寸、几何形状及与其他表面间的相互位置精度等技术要求，在加工前首先应将工件装好、夹牢。

把工件装好，就是在机床上使工件相对于刀具及机床有正确的位置。只有在这个位置上对工件进行加工，才能保证被加工表面达到所要求的各项技术要求。把工件装好这一过程称为定位。

把工件夹牢，就是指定位好的工件，在加工过程中不会受切削力、离心力、冲击、振动等外力的影响而变动位置。把工件夹牢这一过程称为夹紧。

因此，夹具的作用就是在加工过程中，对工件进行定位和夹紧，从而保证在加工过程中工件相对于机床保持正确的位置，保证达到该工序所规定的技术要求。

二、机床夹具的分类

1. 按夹具的通用特性分类

根据夹具在不同生产类型中的通用特性，机床夹具可分为通用夹具、专用夹具、可调夹具、组合夹具和自动线夹具等五大类。

(1)通用夹具

通用夹具是指结构、尺寸已规格化、标准化，而且具有一定通用性的夹具，如三爪自动定心卡盘、四爪单动卡盘、平口钳、万能分度头、顶尖、中心架和电子吸盘等。这类夹具通用性强，可用来装夹一定形状和尺寸范围内的各种工件。这类夹具已标准化，由专门厂家生产，作为机床附件供应给用户。

(2)专用夹具

这类夹具是指专为零件某一道工序的加工而设计制造的。在产品相对稳定、批量较大的生产中,常用各种专用夹具,可获得较高的生产率和加工精度。专用夹具的设计周期较长、投资较大。

除大批大量生产之外,中小批量生产中也需要采用一些专用夹具。但在结构设计时要进行具体的技术经济分析。

(3)可调夹具

可调夹具是针对通用夹具和专用夹具的缺陷而发展起来的一类新型夹具。对不同类型和尺寸的工件,只需调整或更换原来夹具上的个别定位元件和夹紧元件便可使用。它一般又可分为通用可调夹具和成组夹具两种。前者的通用范围比通用夹具更大;后者则是一种专用可调夹具,它按成组原理设计并能加工一组相似的工件,故在多品种、中小批量生产中使用有较好的经济效果。

(4)组合夹具

组合夹具是一种模块化的夹具。标准的模块元件具有较高精度和耐磨性,可组装成各种夹具。夹具用完可拆卸,清洗后留待组装新的夹具。由于组合夹具具有组装迅速,周期短,能反复使用等优点,因此,组合夹具在单件小批量生产和新产品试制中,得到广泛应用。组合夹具也已标准化。

(5)自动线夹具

自动线夹具一般分为两大类,一类是固定式夹具,它与专用夹具相似;另一类是随行夹具,使用中夹具随工件一起运动,并将工件沿自动线从一个工位移至下一个工位。

2. 按使用的机床分类

夹具按使用的机床不同,可分为车床夹具、铣床夹具、钻床夹具、镗床夹具、磨床夹具以及其他机床夹具等。

3. 按夹紧的动力源分类

夹具按夹紧的动力源不同,可分为手动夹具、气动夹具、液压夹具、气液增力夹具、电动夹具、电磁夹具、真空夹具、离心力夹具等。

三、机床夹具的组成

机床夹具的形式和结构虽然繁多,但它们的组成均可概括为以下几个部分。

1. 定位元件

夹具的首要任务是定位,因此无论任何夹具,都有定位元件。当工件定位基准面的形状确定后,定位元件的结构也就基本确定了。如加工图 3-1 所示的后盖零件上的径向孔,其定位基准面是后盖中心孔,选用的钻床夹具如图 3-2 所示,其中圆柱销 5、菱形销 9 和支承板 4 都是定位元件,通过它们使工件在夹具中保持正确的位置。

2. 夹紧装置

工件在夹具中定位后,在加工前必须将工件夹紧,以确保工件在加工过程中不因受外力作用而破坏其定位。图 3-2 中的螺杆 8(与圆柱销 5 合成一个零件)、螺母 7 和开口垫圈 6 构成夹紧装置。

3. 夹具体

夹具体是夹具的基体和骨架，通过它将夹具所有元件构成一个整体。如图 3-2 中的夹具体 3。

以上这三部分是夹具的基本组成部分，也是夹具设计的主要内容。

4. 对刀或导向装置

对刀或导向装置用于确定刀具相对于定位元件的正确位置。图 3-2 中钻套 1 和钻模板 2 组成导向装置，确定了钻头轴线相对定位元件的正确位置。

5. 连接元件

连接元件是确定夹具在机床上正确位置的元件。图 3-2 中夹具体 3 的底面为安装基面，保证了钻套 1 的轴线垂直于钻床工作台以及圆柱销 5 的轴线平行于钻床工作台。因此，夹具体可兼作连接元件。车床夹具上的过渡盘、铣床夹具上的定位键都是连接元件。

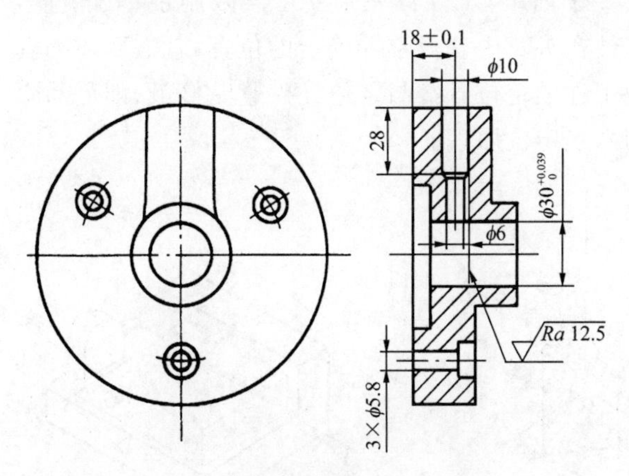

图 3-1　后盖零件钻径向孔的工序图

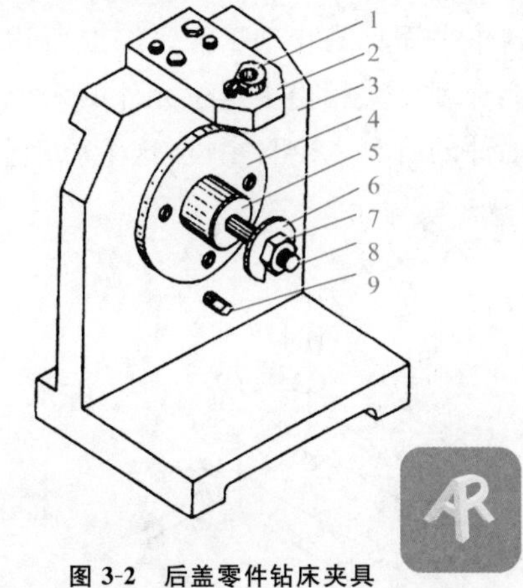

图 3-2　后盖零件钻床夹具

1—钻套；2—钻模板；3—夹具体；4—支承板；5—圆柱销；6—开口垫圆；7—螺母；8—螺杆；9—菱形销

6. 其他装置或元件

根据加工需要，有些夹具分别采用分度装置、靠模装置、上下料装置、顶出器和平衡块等。这些元件或装置也需要专门设计。

图 3-3 表示了专用夹具各组成部分及工件通过夹具组成部分与机床、刀具间的相互联系。

四、工件的定位与夹紧

1. 工件的定位

(1)定位原理

工件定位的实质，就是要使工件在夹具中占有某个确定的正确加工位置。这样的定位方

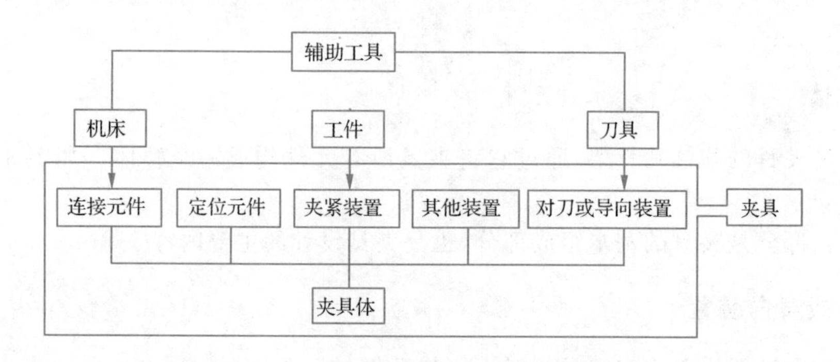

图 3-3 专用夹具与机床、刀具的相互联系

法可以转化为在空间直角坐标系中决定刚体坐标位置的问题来讨论。如图 3-4 所示，工件在空间具有六个自由度，要完全确定工件的位置，就必须限定这六个自由度。通常用六个支承点（即定位元件）来限制工件的六个自由度，其中每一个支承点限制相应的一个自由度。如图 3-5 所示，在 XOY 平面上，不在同一直线上的三个支承点限制了工件的 $\vec{Z}$、$\widehat{X}$、$\widehat{Y}$ 三个自由度，这个平面称为主基准面；在 YOZ 平面上，沿长度方向布置的两个支承点限制了工件的 $\vec{X}$、$\widehat{Z}$ 两个自由度，这个平面称为导向平面；在 XOZ 平面上，工件被一个支承点限制了 $\vec{Y}$ 自由度，这个平面称为止动平面。综上所述，若要使工件在夹具中获得唯一确定的位置，就需要在夹具上合理设置相当于定位元件的六个支承点，使工件的定位基准与定位元件紧贴接触，即可消除工件的所有六个自由度，这个原理称为工件的六点定位原理。

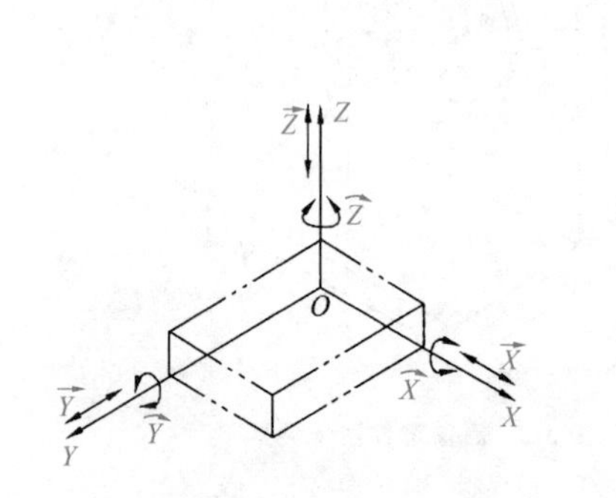

图 3-4 未定位工件的六个自由度

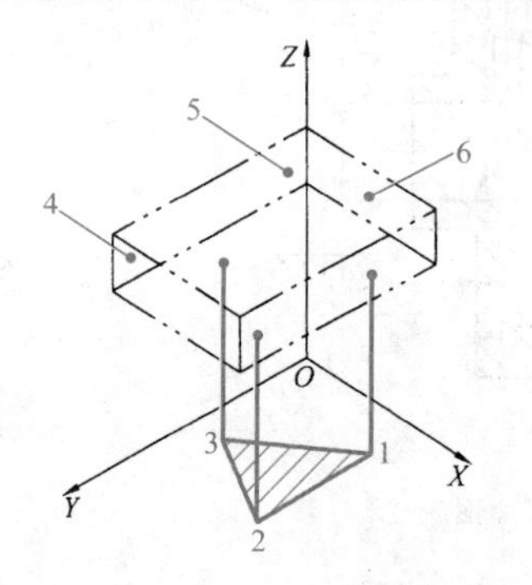

图 3-5 工件定位时支承点的分布

(2)工件的定位形式

①工件以平面定位

在机械加工过程中，有不少工件是以平面作为定位基准在夹具中进行定位的。例如一般箱体、机座、支架、杠杆、圆盘等类零件，在加工其平面和孔时，都要用平面作为定位基准进行定位。

根据选作定位基准用的平面是否经过加工，有粗基准和精基准之分。正是由于基准面有粗与精的不同，因此夹具中所用定位元件的结构也不尽相同。常用的定位元件有固定支承、可调支承、浮动支承、辅助支承等。在工件定位时，上述支承中除辅助支承以外，均对工件起定位作用。

工件以粗基准（毛面）定位时，由于基准面是粗糙不平的毛坯表面，如果用一个精密平板的平面保持接触，则只有此粗基准上的三个最高点与之接触，因此，为了保证这时的定位稳定可靠，对于作为主要定位面的粗基准，一般采用三点支承方式，使用的是球头支承钉或锯齿头支承钉，如图 3-6 所示。

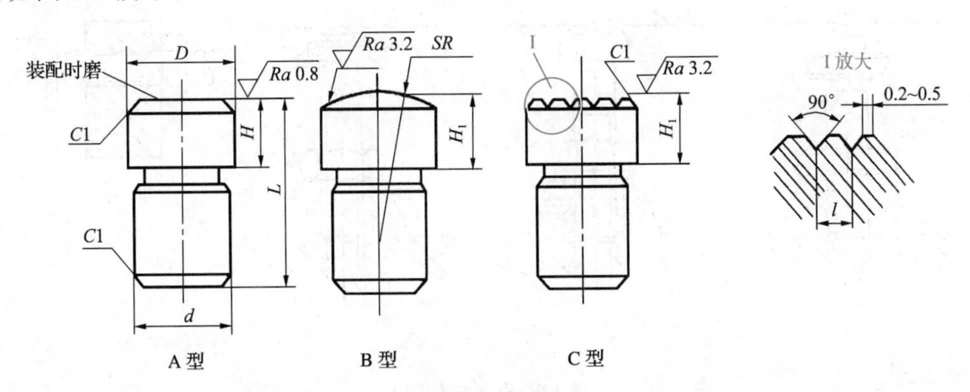

图 3-6　支承钉

这类支承钉头部采用球面或者锯齿面是为了适当减少接触面积，以便与毛面稳定接触。此外，锯齿面还能增大接触面间的摩擦力，防止工件受力移动。

工件用精基准定位时，定位基准面虽然经过加工，但是仍有平面度误差。因此，不能采用与工件上的精基准全面接触的整体大平面的定位元件来定位。实际上使用的是小平面式的定位元件、平头支承钉或支承板。图 3-7 所示为平头支承钉，用于接触平面较小的时候；图 3-8 所示为支承板，用于接触平面较大的时候。支承钉和支承板的结构和尺寸已经标准化，详见国家标准。支承钉和支承板结构简单，制造方便，但切屑容易堆聚在固定支承板用的埋头螺钉坑中，不易清除。

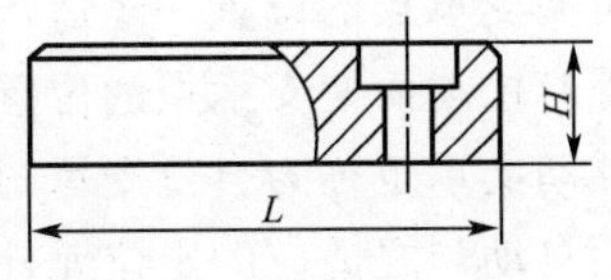

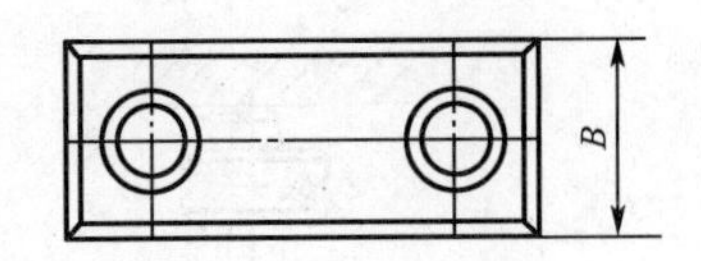

图 3-7　平头支承钉

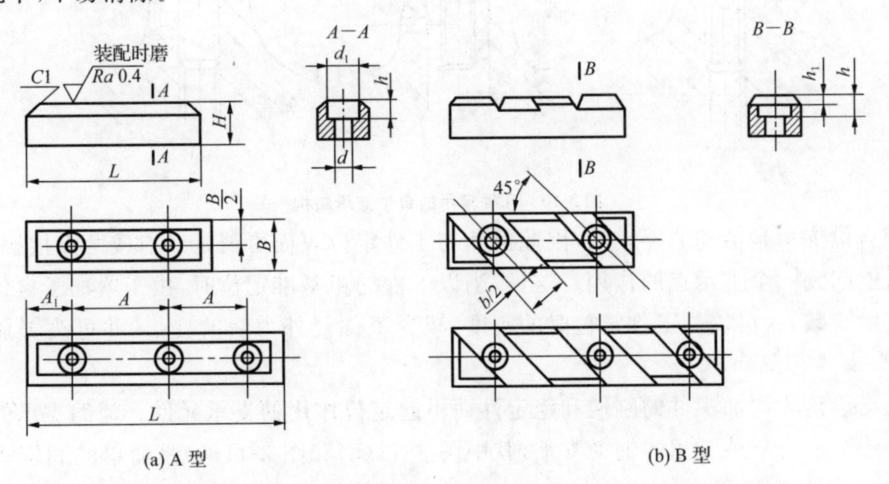

图 3-8　支承板

如图 3-9 所示为几种常用的可调支承结构。可调支承结构主要用于工件的毛坯制造精度不高，而又以未加工过的毛面作为定位基准的工序中。为了保证后续加工工序的加工精度，需使用可调支承对同一批次的工件进行调节定位。

图 3-9 所示的几种可调支承结构都是采用螺钉、螺母的形式，通过螺钉和螺母实现支承点位置的调节。图 3-9(a)所示为直接用手或者用扳手拧动球头螺钉进行调节，一般适用于重量较轻

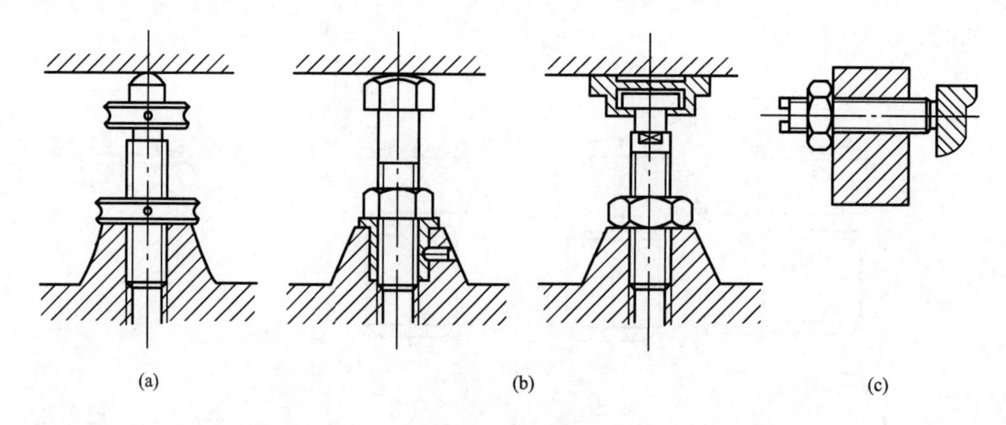

图 3-9 可调支承结构

的小型工件；图 3-9(b)所示为通过扳手进行调节，适用于较重的工件；图 3-9(c)所示为在工件侧面进行支承点位置调节的支承。

可调支承点的位置一经适当调节后，便通过锁紧螺母锁紧，以防止夹具在使用过程中定位支承螺钉松动而使支承点的位置发生变化。

浮动支承也称为自位支承，是指支承点的位置在工件定位过程中，随工件定位基准面位置变化而自动与之适应的定位元件。因此，这类支承在结构上均需设计成活动或浮动的。如图 3-10 所示为经常采用的几种自位支承结构。

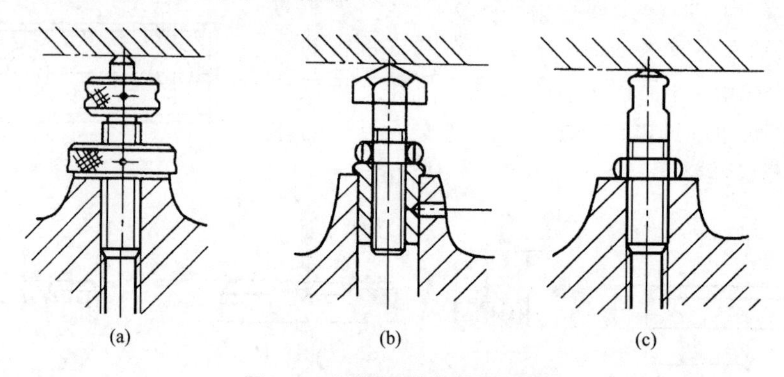

图 3-10 几种常用的自位支承结构

由于自位支承是活动或浮动的，因此虽然与工件定位表面可能是三点或两点接触，但实质上仍然只能起到一个支承点的作用。这样，当以工件的粗基准定位时，由于增加了自位支承与工件的接触点数，故可提高工件定位时的刚度，减少工件受外力后的变形，并可改善加工时的余量分配。

辅助支承是为增加工件的刚性和稳定性而不起定位作用的支承元件。辅助支承的结构很多，图 3-11 所示为三种常用的辅助支承，其中图 3-11(a)和图 3-11(b)是简单的螺旋式辅助支承；图 3-11(c)是自位式辅助支承，主要由支承销 1、弹簧 3、锁紧螺杆 6 和操作手柄 7 等零件组成。在未放工件时，支承销在弹簧的作用下其位置略超过与工件相接触的位置。当工件放在主要支承上定位之后，支承销受到工件重力被压下，并与其他主要支承一起保持与工件接触。然后通过操作手柄转动锁紧螺杆、滑柱使斜面顶销将支承销锁紧，从而使它成为一个刚性支承，并起到辅助支承的作用。

②工件以圆孔定位

在生产中，加工套筒、盘盖等类的零件时，是以其上的主要孔作为定位基准的。这时，夹具

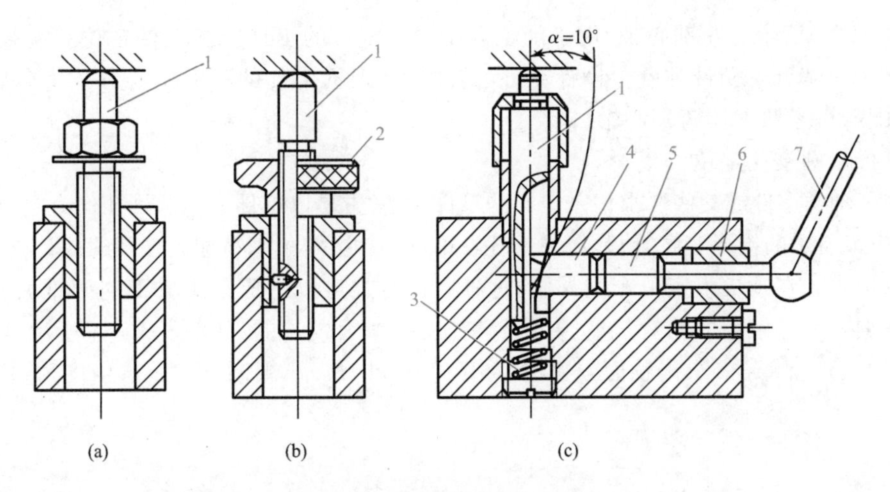

图 3-11　三种常用的辅助支承

1—支承销；2—螺母；3—弹簧；4—斜面顶销；

5—滑柱；6—锁紧螺杆；7—操作手柄

所用的相应的定位元件是心轴和定位销。

心轴的结构形式有很多，除以下将要介绍的刚性心轴外，还有弹簧心轴、液性塑料心轴等，这类心轴属于定心夹紧类型。图 3-12(a)所示为间隙配合心轴，心轴工作部分的基本尺寸取工件孔的最小极限尺寸，公差一般为 h6、g6 或 f7。这种心轴装卸工件方便，但是定心精度不高。加工中为能将旋转运动传给工件，工件常以内孔和端面联合定位，因而要求工件定位孔与定位端面之间、心轴外圆柱面与端面之间都有较高的垂直度，最好能在一次装夹中加工出来。

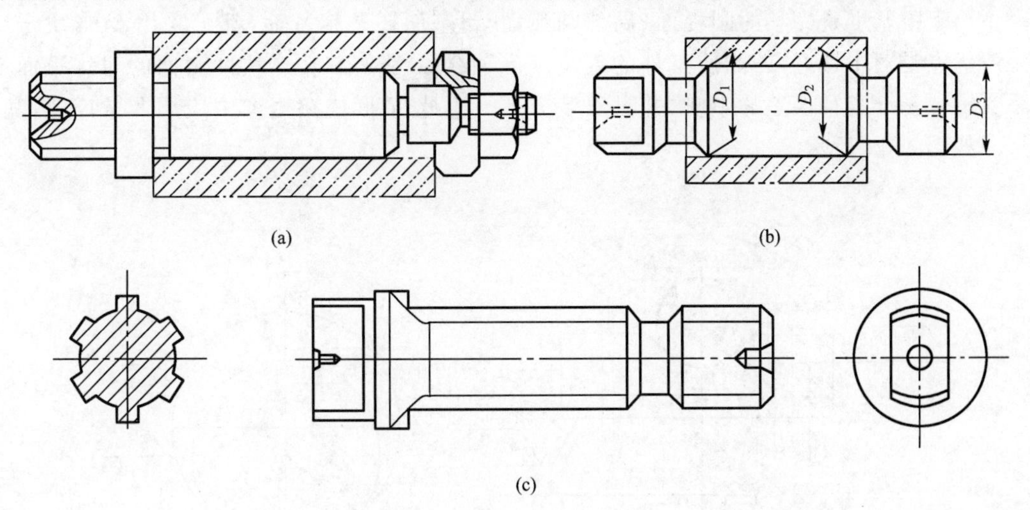

图 3-12　心轴

图 3-12(b)所示为过盈配合心轴，由引导部分、工作部分和传动部分组成。引导部分的作用是使工件准确而迅速地套入心轴。其直径 D_3 的基本尺寸为基准孔的最小极限尺寸，公差按 e8 制造，其长度约为基准孔长度的一半。工作部分 D_2 的作用是定位，其基本尺寸为基准孔直径的最大极限尺寸，公差按照 r6 制造。当工件基准孔的长径比 $L/D>1$ 时，心轴的工作部分应该稍带锥度。直径 D_1 的基本尺寸为基准孔的最大极限尺寸，公差按照 r6 制造。心轴上的凹槽供车削端面时退刀用。这种心轴制造简单，定心准确，但是装卸工件不便，且容易损伤工件定位孔，多用于定心精度要求较高的场合。

图 3-12(c)所示为花键心轴，用于加工以花键孔定位的工件。当工件定位孔的长径比 $L/D>1$ 时，工作部分可稍带锥度。设计花键心轴时，应根据工件的不同定心方式来确定心轴的结构，其配合可参照上述两种心轴。

③工件以圆锥孔定位

在加工轴类零件或某些要求精密定心的零件时，常常是以工件上的圆锥孔作为定位基准的。如图 3-13(a)所示的锥形套筒，便是以内锥孔在锥形心轴上定位来精加工外圆的；图 3-13(b)所示的轴是以顶尖孔在顶尖上定位车削外圆，这种定位方式可以看成是圆锥面与圆锥面相接触的方式。根据两者接触面的相对长度，有两种情况：接触面较长的，如图 3-13(a)所示，限制了五个自由度 $\vec{X}$、$\vec{Y}$、$\vec{Z}$、$\widehat{X}$、$\widehat{Z}$；接触面较短的，如图 3-13(b)所示，限制了三个自由度 $\vec{X}$、$\vec{Y}$、$\vec{Z}$。

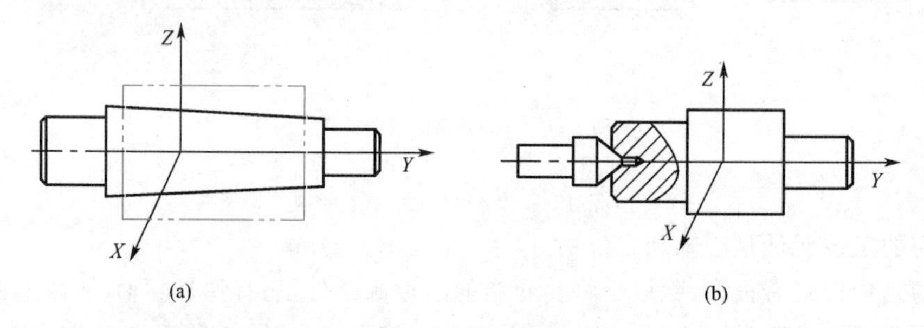

图 3-13　锥形心轴

④工件以外圆柱面定位

有许多零件在加工时是以其外圆作为定位基准的。根据外圆表面的完整程度和加工要求，可在圆孔或 V 形块中定位。下面主要介绍 V 形块。

不论定位基准是完整的圆柱面、局部圆弧面、粗基面还是精基面，都可采用 V 形块定位，其主要优点是对中性好，即能使工件的定位基准轴线始终落在 V 形块两斜面的对称平面上，而不受定位基准直径误差的影响，并且安装方便。因此 V 形块在生产中应用非常广泛，其结构尺寸如图 3-14 所示。

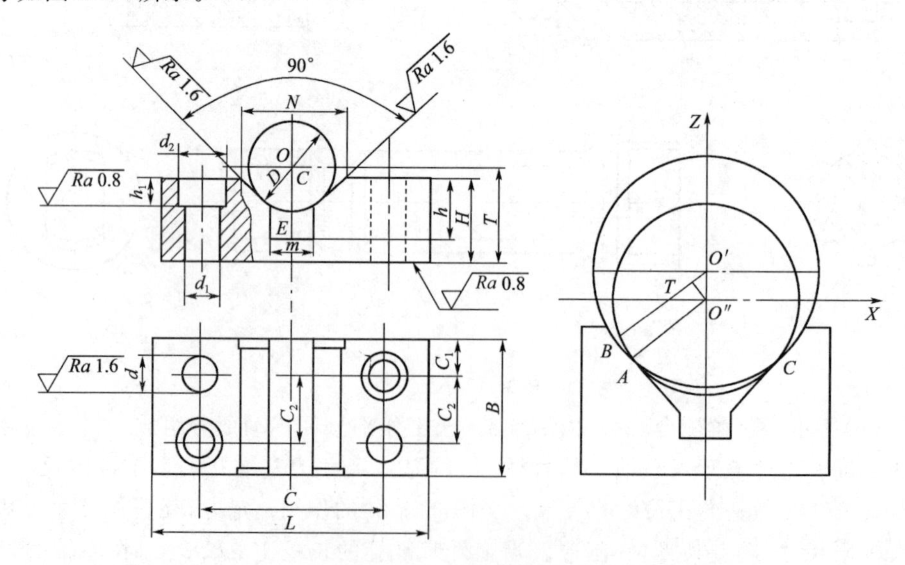

图 3-14　V 形块的结构尺寸

V 形块上两斜面间的夹角，一般选用 60°、90°和 120°，以 90°应用最广。90°V 形块的典型结构和尺寸均已标准化。设计 V 形块时，其参数可由《夹具设计手册》中查得标准(JB/T

8018.1～8018.4—1995)选定,也可计算确定。

图 3-15 所示为常用 V 形块的结构。图 3-15(a)用于较短的精基准定位;图 3-15(b)用于较长的粗基准(或阶梯轴)定位;图 3-15(c)用于两段精基准面相距较远的场合。如果定位基准直径与长度较大,则 V 形块不必做成整体钢件,而采用如图 3-15(d)所示的铸铁底座镶淬火钢垫。

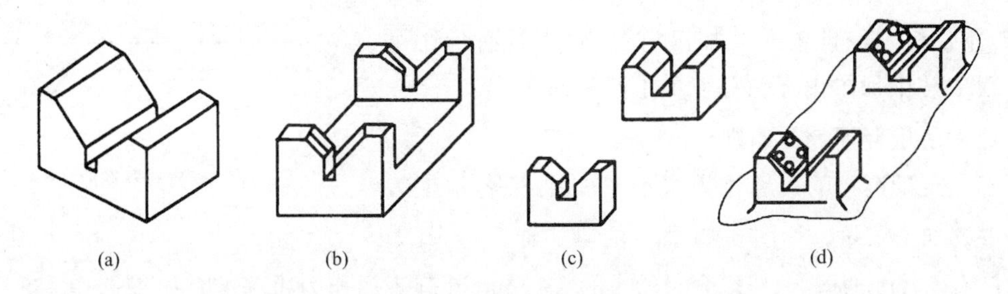

图 3-15　常用 V 形块的结构

V 形块又有固定式和活动式之分。根据工件与 V 形块的接触母线长度,固定式 V 形块可以限制工件两个或四个自由度。固定式 V 形块在夹具体上的装配,一般用螺钉和两个定位销连接。定位销孔在装配调整后配钻铰,然后打入定位销。

活动式 V 形块的应用如图 3-16 所示。图 3-16(a)所示为加工连杆孔的定位方式。活动式 V 形块限制一个转动自由度,用来补偿因毛坯尺寸变化而对定位所产生的影响,同时还兼有夹紧作用。图 3-16(b)所示为活动式 V 形块限制工件一个自由度$\vec{Y}$。

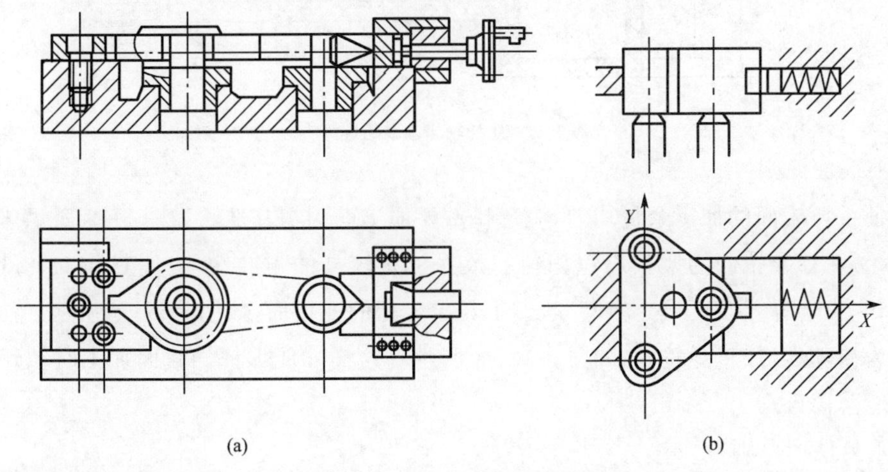

图 3-16　活动式 V 形块的应用

(3)定位基准的选择

在加工的第一道工序中,只能用毛坯上未加工过的表面作定位基准,称为粗基准。在随后的工序中,用加工过的表面作定位基准,称为精基准。有时,为方便装夹或易于实现基准统一,在工件上专门制出一种定位基准,称为辅助基准。

①粗基准的选择

粗基准的选择要保证用粗基准定位所加工出的精基准具有较高的精度,使后续各加工表面通过精基准定位具有较均匀的加工余量,并与非加工表面保持应有的相对位置精度。一般应遵循以下原则进行选择:

● 相互位置原则

选取与加工表面相互位置精度要求较高的不加工表面作为粗基准，以保证不加工表面与加工表面的位置要求。

如图 3-17 所示的套筒毛坯，以不加工的外圆 1 作为粗基准，不仅可以保证内孔 2 加工后壁厚均匀，而且还可以在一次安装中加工出大部分要加工的表面。

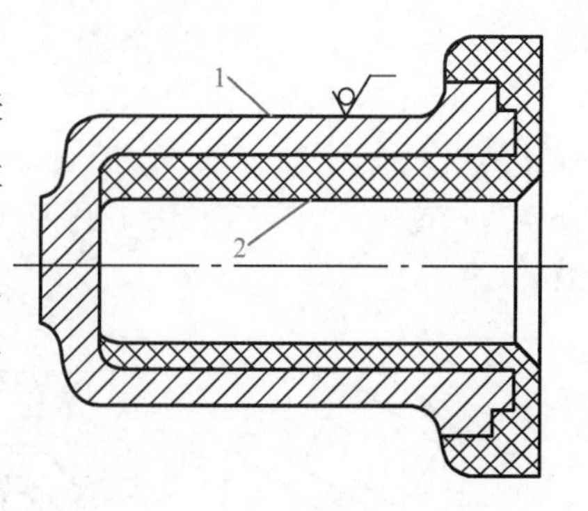

图 3-17 套筒粗基准的选择

1—外圆；2—内孔

● 加工余量合理分配原则

以加工余量最小的表面作为粗基准，以保证各加工表面有足够的加工余量。如图 3-18 所示的阶梯轴毛坯，其大小端外圆有 5 mm 的偏心，应以余量较小的 ϕ58 mm 外圆表面作为粗基准。如果选择 ϕ114 mm 外圆表面作为粗基准加工ϕ58 mm外圆，则无法加工出 ϕ50 mm 外圆。

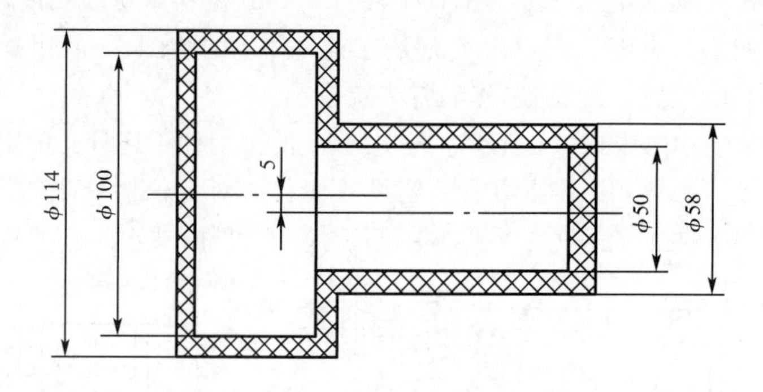

图 3-18 阶梯轴粗基准的选择

● 重要表面原则

为保证重要表面的加工余量均匀，应选择重要加工面为粗基准。如图 3-19 所示床身导轨的加工，为了保证导轨面的金相组织均匀一致并且有较高的耐磨性，应使其加工余量小而均匀。因此，应先选择导轨面作为粗基准，加工其与床腿的连接面，如图 3-19(a)所示。然后再以连接面作为精基准，加工导轨面，如图 3-19(b)所示。这样才能保证导轨面加工时被切去的金属层尽可能薄而且均匀。

● 不重复使用原则

粗基准未经加工，表面比较粗糙且精度低，二次安装时，在机床上(或夹具中)的实际位置可能与第一次安装时不一样，从而产生定位误差，导致相应加工表面出现较大的位置误差。因此，粗基准一般不应重复使用。如图 3-20 所示的零件，若在加工端面 A、内孔 C 和钻孔 D 时，均使用未经加工的 B 表面定位，则钻孔的位置精度就会相对于内孔和端面产生偏差。当然，若毛坯制造精度较高，而工件加工精度要求不高，则粗基准也可重复使用。

● 便于工件装夹原则

作为粗基准的表面，应尽量平整光滑，没有飞边、冒口、浇口或其他缺陷，以便使工件定位准确、夹紧可靠。

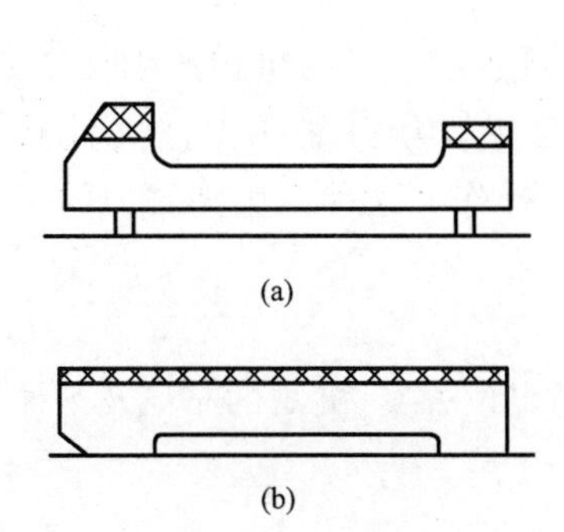

图 3-19　导轨面粗基准的选择

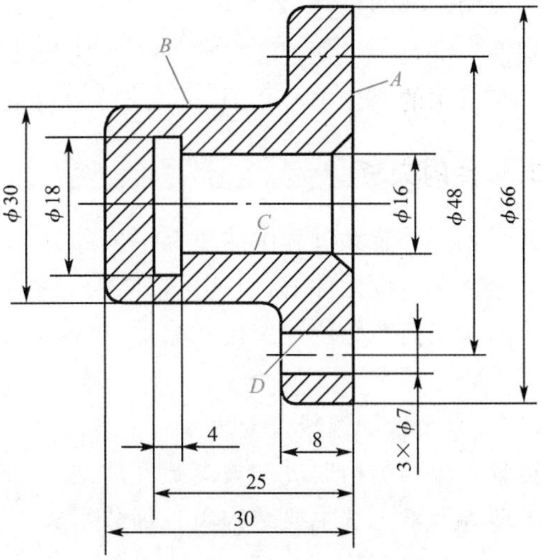

图 3-20　粗基准重复使用的误差

②精基准的选择

主要应考虑如何减小加工误差、保证加工精度(特别是加工表面的相互位置精度)以及实现工件装夹的方便、可靠与准确。应遵循以下原则进行选择：

● 基准统一原则

同一零件的多道工序尽可能选择同一个定位基准，称为基准统一原则。这样既可保证各加工表面间的相互位置精度，避免或减少因基准转换而引起的误差，又简化了夹具的设计与制造工作，降低了成本，缩短了生产准备周期。例如轴类零件的加工，采用两端中心孔作为统一定位基准，加工各阶梯外圆表面，可保证各阶梯外圆表面的同轴度误差。

● 基准重合原则

直接选择加工表面的设计基准作为定位基准，称为基准重合原则。采用基准重合原则可避免因基准不重合而产生的误差(称为基准不重合误差)。

基准重合原则和基准统一原则是选择精基准的两个重要原则。生产实际中有时会遇到两者相互矛盾的情况，此时，若采用统一定位基准能够保证加工表面的尺寸精度，则应遵循基准统一原则；若不能保证尺寸精度，则应遵循基准重合原则，以免使工序尺寸的实际公差值减小，增加加工难度。

● 自为基准原则

精加工或光整加工工序要求余量小而均匀，选择加工表面本身作为定位基准，称为自为基准原则。该表面与其他表面之间的位置精度则由先行工序保证。

● 互为基准原则

为使各加工表面之间具有较高的位置精度，或为使加工表面具有均匀的加工余量，可采取两个加工表面互为基准反复加工的方法，称为互为基准原则。如机床主轴内锥孔与轴颈间的加工；精密齿轮齿面与内孔间的加工等均采用互为基准原则。

● 便于装夹原则

所选择的精基准应能保证工件定位准确稳定，装夹方便可靠，夹具结构简单适用，操作方便灵活。同时，定位基准应有足够大的接触面积，以承受较大的切削力。

③辅助基准的选择

辅助基准是为了便于装夹或易于实现基准统一而人为制成的一种定位基准。例如轴类零件加工时所用的两个中心孔，只是出于工艺上的需要才做出的。

2. 工件的夹紧

夹紧是工件装夹过程中的重要组成部分。工件定位后必须通过一定的机构产生夹紧力，把工件压紧在定位元件上，使其保持准确的定位位置，不会由于切削力、工件重力、离心力或惯性力等的作用而产生位置变化和振动，以保证加工精度和安全操作。这种产生夹紧力的机构称为夹紧装置。

(1)夹紧装置的组成及要求

夹紧装置的结构取决于被夹工件的结构、工件在夹具中的定位方案、夹具的布局及工件的生产类型等因素。其主要结构由三部分组成：

①动力装置

机械加工过程中，为了保证工件不离开定位时的正确位置，必须有足够的夹紧力来平衡切削力、惯性力、离心力及重力等对工件的影响。夹紧力的来源主要有人力和动力装置。手动夹紧比较费时费力，为了改善工作条件和提高生产率，常常采用动力装置。常用的动力装置有液压装置、气压装置、电磁装置、气-液联动装置、真空装置等。

②传力机构

要使动力装置产生的力或人力正确地作用在工件上，需要适当地传递动力的机构，即传力机构。传力机构在传递力的过程中，能根据需要改变力的大小、方向和作用点。对于手动夹紧的传力机构还应具有良好的自锁性能，以保证人力作用停止后，仍能可靠地夹紧工件。

③夹紧元件

夹紧元件是直接与工件接触完成夹紧作用的元件。

对夹紧装置的基本要求有如下几点：

- 夹紧过程可靠，不改变工件定位后所占据的正确位置。
- 夹紧力的大小适当，既要保证工件在加工过程中其位置稳定不变、振动小，又使工件不会产生过大的夹紧变形。
- 操作简单方便、省力、安全。
- 结构性好，夹紧装置的结构力求简单、紧凑，便于制造和维修。

夹紧装置的组成如图 3-21 所示。

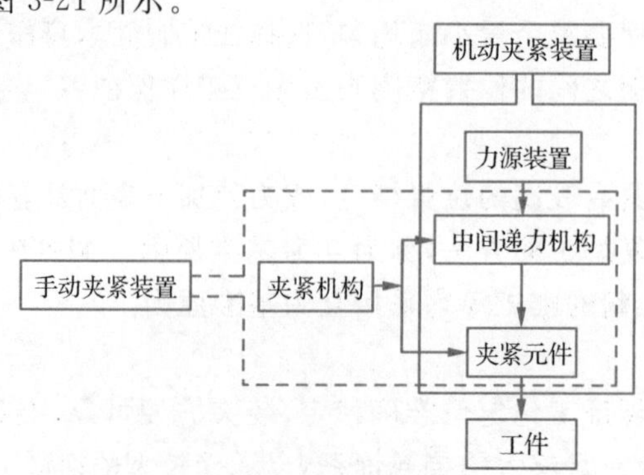

图 3-21 夹紧装置的组成

(2)夹紧力的确定

夹紧力的确定包括夹紧力的方向、作用点和大小三个要素，必须依据工件的结构特点、加工要求、切削力和其他外力作用工件的情况，以及定位元件的结构和布置方式等综合考虑。

①夹紧力方向的确定

在实际生产中，尽管工件的安装方式各式各样，但对夹紧力作用方向的选择必须考虑以下几点：

● 夹紧力的方向应有助于工件定位稳定，且主夹紧力应尽量朝向主要定位基面。如图 3-22(a) 所示，工件被镗孔与 A 面有垂直度要求，因此加工时以 A 面为主要定位基面，夹紧力 $\boldsymbol{F}_j$ 的方向应朝向 A 面。如果夹紧力改为朝向 B 面，如图 3-22(b)所示，将影响孔与 A 面的垂直度要求。

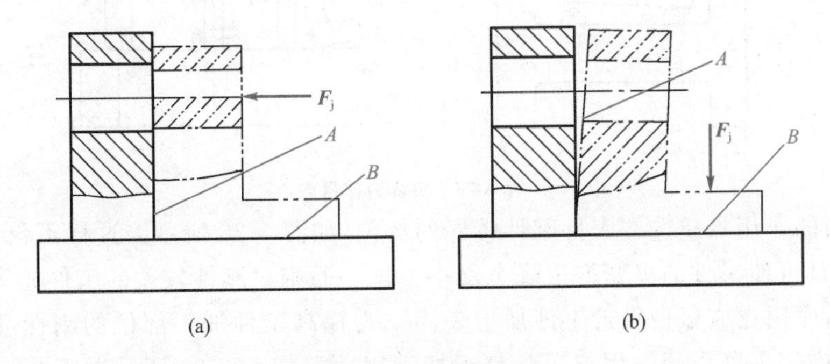

图 3-22　夹紧力方向

● 夹紧力的方向应有利于减小夹紧力。在保证夹紧可靠的情况下，减小夹紧力可以减轻工人的劳动强度，同时还可以使机构轻便、紧凑，以及减小工件变形。如图 3-23 所示钻削 A 孔时，夹紧力 $\boldsymbol{F}_j$ 与轴向切削力 $\boldsymbol{F}_H$、工件重力 $\boldsymbol{G}$ 的方向相同，加工过程中所需的夹紧力为最小。

● 夹紧力方向应施于工件刚性较好的方向，尽量施于支承的部位，分布均匀，以减小工件变形。尤其在夹压薄壁工件时，更需注意。如图 3-24(a)所示，薄壁套筒工件的轴向刚性比径向刚性好，应沿轴向施加夹紧力；如图 3-24(b)所示的薄壁箱体工件夹紧时，夹紧力应施加在刚性比较好的凸边上。

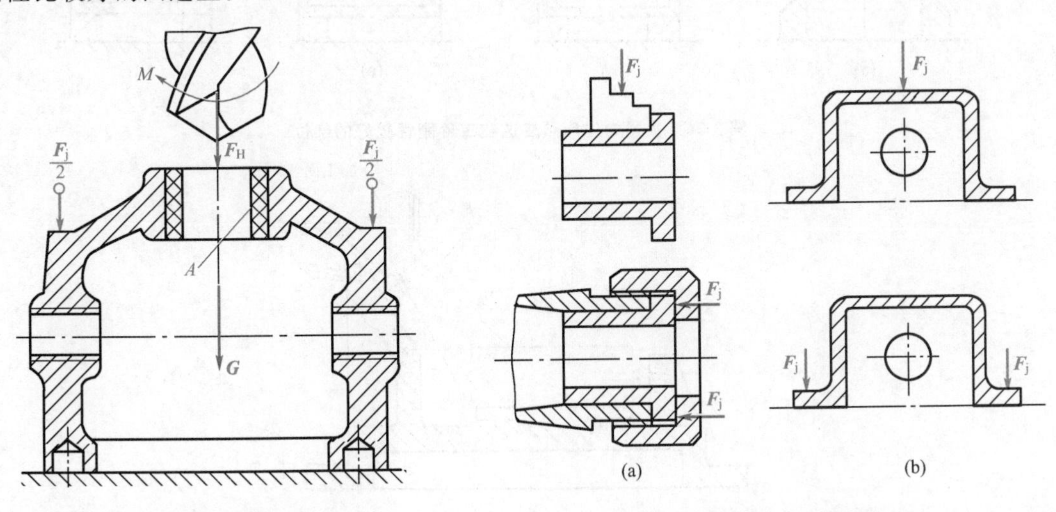

图 3-23　夹紧力与重力的关系

图 3-24　夹紧力与工件刚性的关系

②夹紧力作用点的选择

夹紧力作用点是指夹紧件与工件接触的一小块面积。选择作用点的问题是指在夹紧力方向已定的情况下确定夹紧力作用点的位置和数目。合理选择夹紧力作用点必须注意以下几点：

● 夹紧力的作用点应落在定位元件的支承范围内。如图 3-25 所示，夹紧力作用在支承面之外，导致工件的倾斜和移动，破坏工件的定位。正确位置应是图 3-25 中虚线所示的位置。

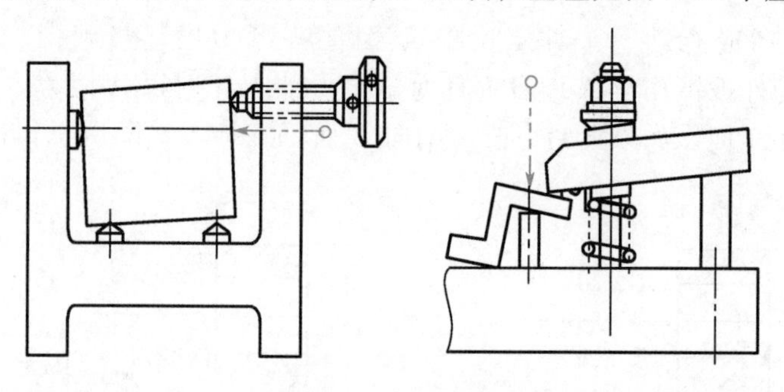

图 3-25　夹紧力作用点

● 夹紧力的作用点应选在工件刚性较好的部位，如图 3-26 所示。这样不仅能增强夹紧系统的刚性，而且可使工件的夹紧变形降至最小。这一原则对刚性较差的工件尤为重要。

● 夹紧力作用点应尽量靠近工件加工表面。为提高工件加工部位的刚性，防止或减少工件产生振动，应将夹紧力的作用点尽量靠近加工表面。如图 3-27 所示拨叉装夹时，主要夹紧力 $\boldsymbol{F}_1$ 垂直作用于主要定位基面，在靠近加工面处设置辅助支承，施加适当的辅助夹紧力 $\boldsymbol{F}_2$ 可提高工件的安装刚性。

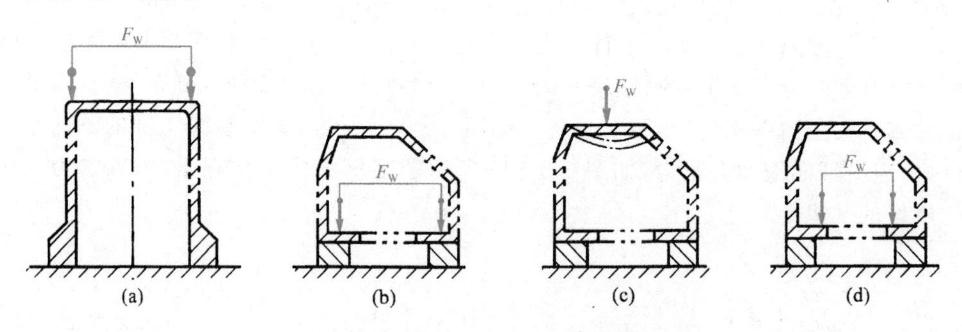

图 3-26　夹紧力作用点应选在工件刚性较好的部位

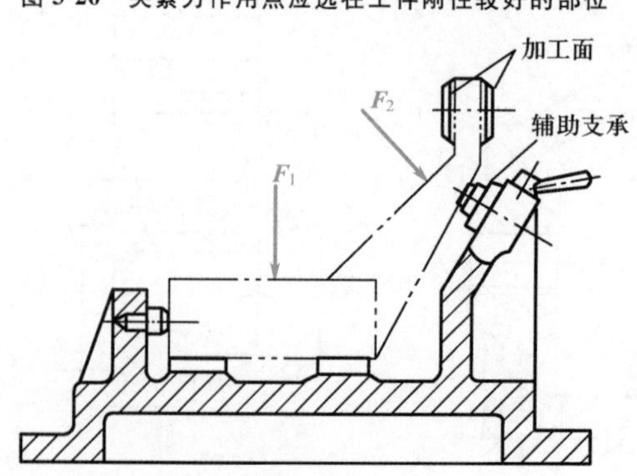

图 3-27　夹紧力作用点靠近工件加工表面

③夹紧力大小

夹紧力的大小要适当，过大会使工件变形，过小则在加工时工件松动，造成报废甚至发生事故。加工过程中，工件受到切削力、离心力、惯性力及重力等的作用。理论上夹紧力的大小应与这些力或力矩的作用相平衡，而实际上，夹紧力的大小还与工艺系统的刚度、夹紧机构的传递效率等因素有关。因此，夹紧力的计算是很复杂的。在实际设计中常采用估算法、类比法和试验法确定所需的夹紧力。

(3)典型夹紧机构

夹紧机构的种类很多，基本结构为斜楔夹紧机构、螺旋夹紧机构和偏心夹紧机构，这三种夹紧机构称为基本夹紧机构。

①斜楔夹紧机构

采用斜楔作为传力元件或夹紧元件的夹紧机构，称为斜楔夹紧机构。图 3-28(a)所示为斜楔夹紧机构的应用示例，敲斜楔 1 的大头，使滑柱 2 下降，装在滑柱上的浮动压板 3 可同时夹紧两个工件 4。加工完后，敲斜楔 1 的小头，即可松开工件。采用斜楔直接夹紧工件的夹紧力较小，操作不方便，因此实际生产中一般与其他机构联合使用。图 3-28(b)所示为斜楔与螺旋夹紧机构的组合形式，当拧紧螺旋时，楔块向左移动，使杠杆压板转动夹紧工件；当反向转动螺旋时，楔块向右移动，杠杆压板在弹簧力的作用下松开工件。

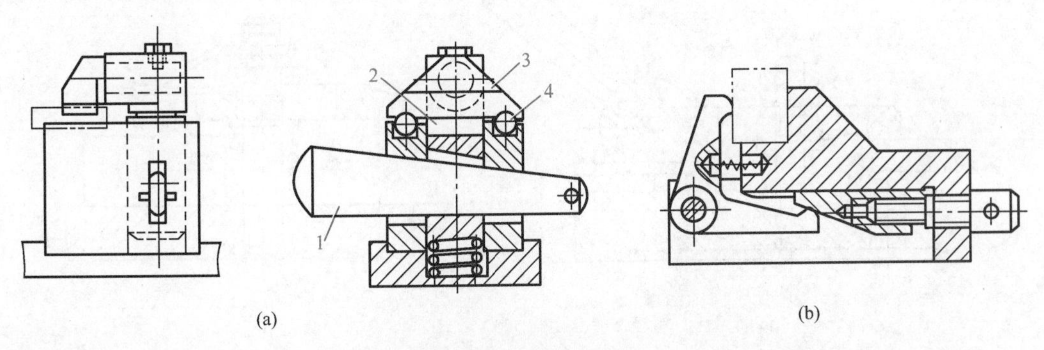

图 3-28　斜楔夹紧机构

1—斜楔；2—滑柱；3—浮动压板；4—工件

②螺旋夹紧机构

采用螺旋直接夹紧或采用螺旋与其他元件组合实现夹紧的机构，称为螺旋夹紧机构。此种机构具有结构简单、夹紧力大、自锁性好和制造方便等优点，很适用于手动夹紧，因而在机床夹具中得到广泛的应用。缺点是夹紧动作较慢，因此在机动夹紧机构中应用较少。螺旋夹紧机构分为简单螺旋夹紧机构和螺旋压板夹紧机构。

如图 3-29 所示为简单螺旋夹紧机构。图 3-29(a)中螺栓头部直接对工件表面施加夹紧力，螺栓转动时，容易损伤工件表面或使工件转动。如图 3-29(b)所示，在螺栓头部套上一个摆动压块，既能保证与工件表面有良好的接触，防止夹紧时螺栓带动工件转动，又可避免螺栓头部直接与工件接触而造成压痕。摆动压块的结构已经标准化，可根据夹紧表面来选择。

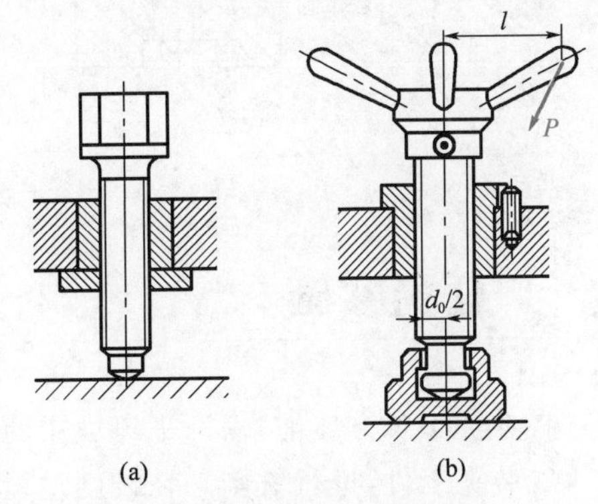

图 3-29　简单螺旋夹紧机构

实际生产中使用较多的是如图 3-30 所示的螺

旋压板夹紧机构，利用杠杆原理实现对工件的夹紧。

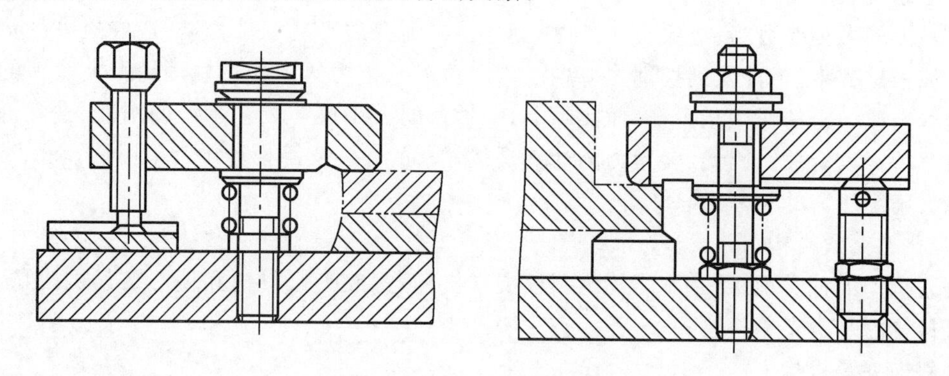

图 3-30　螺旋压板夹紧机构

③偏心夹紧机构

用偏心件直接或间接夹紧工件的机构，称为偏心夹紧机构。常用的偏心件有圆偏心轮(图3-31(a)、图 3-31(b))、偏心轴(图 3-31(c))和偏心叉(图 3-31(d))。偏心夹紧机构操作简单、夹紧动作快，但夹紧行程和夹紧力较小，一般用于没有振动或振动较小、夹紧力要求不大的场合。

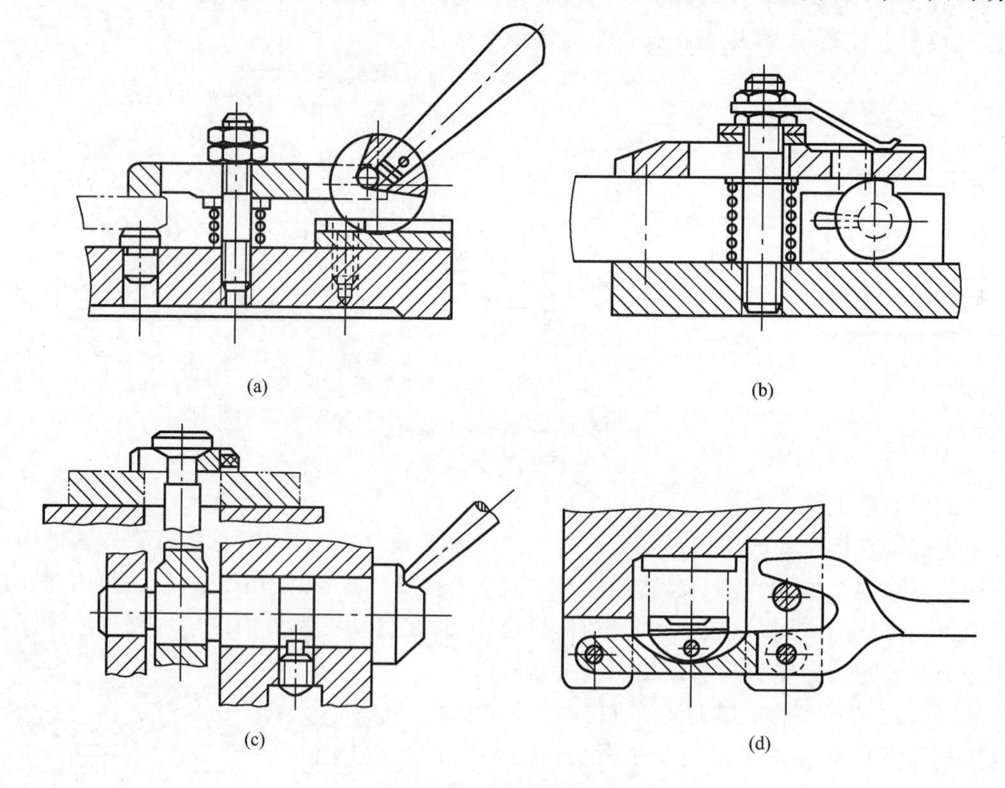

图 3-31　偏心夹紧机构

任务实施

1. 在加工长方体前，保证平口虎钳的水平度及侧平面的垂直度与平行度。
2. 装夹工件，进行铣削。在铣削过程中注意保证每个面的水平度与相互垂直度。

3. 进行铣削加工，完成后检验其各尺寸要素是否合格。

拓展训练

用台虎钳夹具铣削长方体。

习题与训练

1. 工件在夹具中定位、夹紧的含义是什么？
2. 简述工件定位的基本原理。
3. 简述各种定位元件的作用和特点。
4. 夹紧和定位有什么区别？简述夹具夹紧装置的组成和基本要求。
5. 简述夹紧力三要素的基本要求。
6. 简述常见夹紧机构的类型及特点。

任务二　机床主轴的工艺编排与分析计算

学习目标

1. 了解现代机械制造工业的生产方式和工艺过程。

2. 学习对轴类零件、盘套类零件、箱体类零件加工的工艺分析，制订合适的工艺路线。

情境导入

轴类零件是机器中常见的典型零件之一，主要用来传递旋转运动和扭矩，支承传动零件并承受载荷，而且是保证装在轴上零件回转精度的基础。

轴类零件是回转体零件，一般来说其长度大于直径。轴类零件的主要加工表面是内、外旋转表面，次要加工表面有键槽、花键、螺纹和横向孔等。轴类零件按结构形状可分为光轴、阶梯轴、空心轴和异型轴（如曲轴、凸轮轴、偏心轴等）；按长径比（l/d）又可分为刚性轴（$l/d \leqslant 12$）和挠性轴（$l/d > 12$）。其中，刚性光轴和阶梯轴工艺性较好。

任务描述

试分析如图 3-32 所示阶梯轴的机械加工工艺。

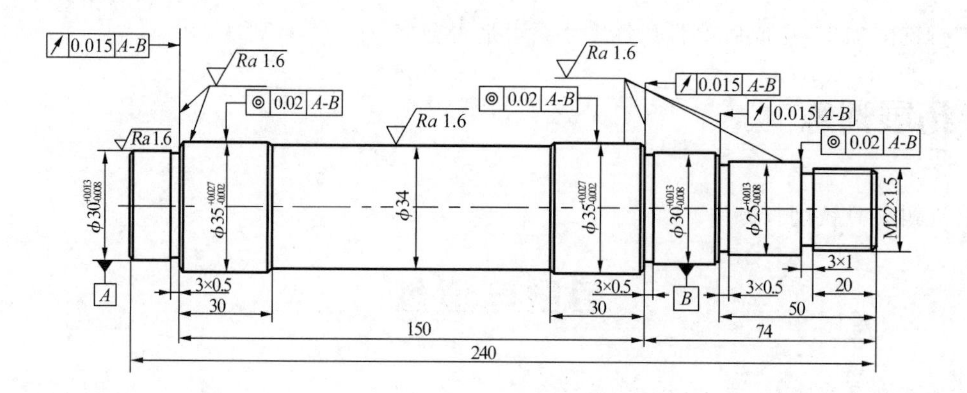

图 3-32　阶梯轴零件图

任务分析

根据零件图选择毛坯轴，分析加工工序。

相关知识

一、生产过程和工艺过程基本概念

1. 生产过程

生产过程是指将原材料变为成品的全部劳动过程。对于机械生产而言，它包括原材料的运输和保管、毛坯的制造、生产技术准备工作、零件的机械加工与热处理、产品的装配和调试、油漆、包装和生产服务等环节。生产过程还包括将毛坯直接加工成零件，再组装成机器的直接生产过程；也包括有运输、保管、维修、质量检验与报表等内容参与的不使零件直接加工的辅助生产过程。生产过程可以由一个车间或企业完成，也可由多个企业联合完成。

2. 工艺过程

在生产过程中，改变生产对象的形状、尺寸、相对位置和性质等，使其成为成品或半成品的过程，称为工艺过程。例如毛坯的制造、零件的机械加工和热处理、产品的装配等，它们都是与原材料变为成品直接相关的过程。若采用机械加工的方法，直接改变毛坯的形状、尺寸和表面质量等，使其成为零件的过程则称为机械加工工艺过程（以下简称工艺过程）。

二、工艺过程的组成

机械加工工艺过程由若干道工序组成，每一道工序又可依次细分为安装或工位、工步、行程等组成部分。

1. 工序

一个（或一组）工人在一台机床或一个工作地对一个（或同时对几个）工件所连续完成的那

一部分工艺过程，称为工序。划分工序的要点是工件地点、工件是否改变及加工是否连续完成。如图3-33所示批量生产的阶梯轴，共划分为五道工序，见表3-1。

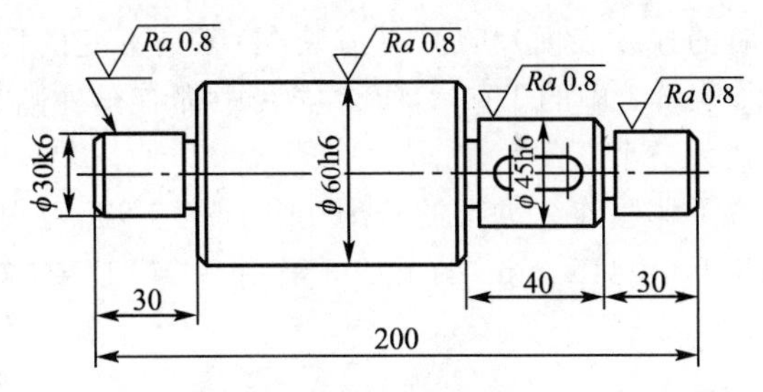

图 3-33　阶梯轴简图

表 3-1　阶梯轴加工的五道工序

工序号	工序名称	设　备
1	铣端面、钻中心孔	专用机床
2	车外圆、车槽、倒角	车床
3	铣键槽	铣床
4	去毛刺	钳工台
5	磨外圆	外圆磨床

在表3-1的工序2中，先车工件的一端，然后立即调头，再车另一端，此时为一道工序，因为整个加工过程是连续完成的；如果先车好一批工件的一端，然后再车这批工件的另一端，这中间就有了间断，整个加工过程就不再连续，则即使是在同一台车床上加工，也是两道工序。

2. 安装或工位

在一道工序中，有时工件需要在几次安装下或在几个位置上加工才能完成，因此一道工序中可能有几个安装或工位。

(1)在一道工序中，工件在一次定位夹紧下所完成的加工，称为安装。如表3-1的工序2就要进行两次安装：先夹一端，车外圆、车槽、倒角，称为安装1；再调头装夹，车另一端，称为安装2。

(2)在一次安装后，工件(或装配单元)与夹具或设备的可动部分一起相对于刀具或设备的固定部分所占据的每一个位置，称为工位。如表3-1中工序1的铣端面和钻中心孔就是两个工位。工件装夹后，先铣端面，然后移到另一个位置钻中心孔，如图3-34所示。

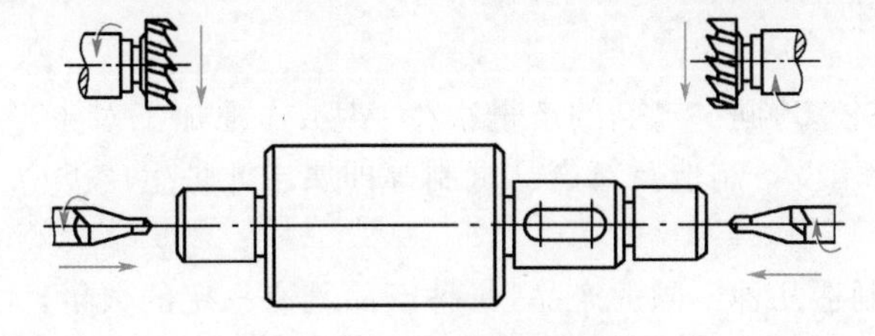

图 3-34　铣端面和钻中心孔示例

安装和工位的改变都是为了完成工件上不同部位的加工，不同之处在于改变安装需要松开工件重新定位夹紧，而工位则是在夹紧状态下改变位置的，所以利用改变工位的方法一般便于保证加工质量，提高生产率。

3. 工步

在加工表面(或装配时的连续表面)和加工(或装配)工具不变的情况下,所连续完成的那一部分工序,称为工步。如表3-1中的工序2,每个安装中都有车外圆、车槽、倒角等工步。当加工表面或刀具改变时,就为一个新的工步。

为了简化工艺文件,对于那些连续进行的若干个相同的工步,习惯上常常写成一个工步。如在摇臂钻床上连续钻四个 $\phi15$ mm 的孔,可看作一个工步,在工艺文件中可写成钻 $4\times\phi15$ mm 孔。

4. 行程

行程(进给次数)又分为工作行程和空行程。工作行程是指刀具以加工进给速度相对于工件所完成一次进给运动的工步部分;空行程是指刀具以非加工进给速度相对于工件所完成一次进给运动的工步部分。

三、生产类型及其工艺特征

1. 生产纲领

生产纲领是指企业在计划期内应当完成的产品产量和进度计划。计划期一般定为一年,所以生产纲领也称为年产量。零件的年产量要计入备品和废品的数量,可按下式计算:

$$N=Qn(1+\alpha)(1+\beta) \tag{3-1}$$

式中 N——零件的年产量,件/年;

Q——产品的年产量,台/年;

n——每台产品中包括该零件的数量,件/台;

α——该零件的备品率;

β——该零件的废品率。

生产纲领是设计和修改工艺规程的重要依据,其大小决定了产品(或零件)的生产类型,而各种生产类型又有不同的工艺特征,制订工艺规程必须符合其相应的工艺特征。

2. 生产类型

生产类型代表企业(或车间、工段、班组、工作地)生产的专业化程度。一般可分为单件生产、批量生产和大量生产。

(1)单件生产

产品的种类、规格较多,同一产品的产量很少,各工作地加工对象经常变换,且很少重复。例如重型机器制造、专用设备制造及新产品试制等即属于此种生产类型。

(2)批量生产

一年中分批轮流制造几种不同的产品,每种产品均有一定的数量,大部分工作地的加工对象周期性地进行轮换。如机床制造和机车制造等即属于此种生产类型。

成批生产中,每一次投入生产的同一产品(或零件)的数量称为生产批量。生产批量与企业周转资金、库容量及市场需求有关。可分为小批生产、中批生产和大批生产。

(3)大量生产

同一产品的生产数量很大，其结构和规格比较固定，大多数工作地点经常按一定节拍进行一种零件的某一工序的加工，如汽车、拖拉机、轴承制造等。

3. 不同生产类型的工艺特点

各种生产类型具有不同的工艺特征。批量生产的覆盖面比较大，其特征比较分散，其中小批生产接近于单件生产，大批生产接近于大量生产，所以通常按照单件小批生产、中批生产和大批大量生产来划分生产类型。

四、工艺规程

1. 工艺规程的概念

在许多情况下，工艺过程不是唯一的，但总会存在一个相对合理的方案。将比较合理的工艺过程确定下来，按规定的形式书写成工艺文件，经审批后作为指导生产的依据，即形成了机械加工工艺规程，简称工艺规程。

2. 工艺规程的作用

(1)工艺规程是指导生产的主要技术文件。它是在总结实践经验的基础上，依据工艺理论和必要工艺试验而制订的，是保证产品质量和正常生产秩序的指导性文件。

(2)工艺规程是生产组织和生产管理的基本依据。产品投产前工艺装备的设计制造、原材料的准备、机床的组织安排及负荷的调整、作业计划的编排、生产成本的核算等，都是以工艺规程为主要依据的。

(3)工艺规程是新建或扩建工厂、车间的基本资料。在新建或扩建工厂、车间时，只有依据工艺规程和生产纲领才能正确地确定生产所需的机床类型和数量、车间或厂房的面积、工人的工种、等级和数量等。

(4)工艺规程还是交流和推广先进经验的主要文件形式。

总之，工艺规程是工厂的主要技术文件之一，有关人员必须严格执行。但工艺规程也不是一成不变的，广大工艺人员应根据生产实际情况，及时吸取国内外先进的工艺技术，对工艺规程不断进行改进和完善，以使其能更好地指导生产。

3. 工艺规程的格式

工艺规程的主要格式是卡片。目前，最常用的工艺规程有工艺过程卡片、工艺卡片和工序卡片。

(1)工艺过程卡片

工艺过程卡片是以工序为单位简要说明产品或零部件加工(或装配)过程的一种工艺文件，见表3-2。它是编制其他工艺文件的基础，只有在单件小批生产中才用它来直接指导工人的操作。

(2)工艺卡片

工艺卡片是按产品或零部件的某一工艺阶段编制的一种工艺文件。它以工序为单元，详细说明产品(或零部件)在某一工艺阶段中的工序号、工序名称、工序内容、工艺参数、操作要求以及采用的设备和工艺装备等。

表 3-2　　机械加工工艺过程卡片

	机械加工工艺过程卡片	产品型号		零(部)件图号			
		产品名称		零(部)件名称		共(　)页	第(　)页

材料牌号		毛坯种类		毛坯外形尺寸		每个毛坯可制件数		每台件数		备注	

	工序号	工序名称	工序内容	车间	工段	设备	工艺装备	工时	
								准终	单件
描图									
描校									
底图号									
装订号									

										设计(日期)	审核(日期)	标准化(日期)	会签(日期)	
	标记	处数	更改文件号	签字	日期	标记	处数	更改文件号	签字	日期				

(3)工序卡片

工序卡片是在工艺过程卡片或工艺卡片的基础上，按每道工序所编制的一种工艺文件，见表 3-3。一般具有工序简图，并详细说明该工序的每个工步的加工内容、工艺参数、操作要求以及所用设备和工艺装备等。多用于大批大量生产及重要零件的成批生产。

表 3-3　　机械加工工序卡片

机械加工工序卡片	产品型号		零(部)件图号			
	产品名称		零(部)件名称		共(　)页	第(　)页

车间	工序号	工序名称	材料牌号
毛坯种类	毛坯外形尺寸	每个毛坯可制件数	每台件数
设备名称	设备型号	设备编号	同时加工件数

夹具编号	夹具名称	切削液	
工位器具编号	工位器具名称	工步工时	
		准终	单件

	工步号	工步内容	工艺装备	主轴转速/$(r \cdot min^{-1})$	切削速度/$(m \cdot min^{-1})$	进给量/$(mm \cdot r^{-1})$	切削深度/mm	进给次数	工步工时	
									机动	辅助
描图										
描校										
底图号										
装订号										

										设计(日期)	审核(日期)	标准化(日期)	会签(日期)	
标记	处数	更改文件名	签字	日期	标记	处数	更改文件名	签字	日期					

4. 制订工艺规程的基本原则与步骤

制订工艺规程的基本原则是在保证质量的前提下，尽量提高生产率，降低加工成本；尽量减轻工人劳动强度，保障生产安全。同时，还应在充分利用本企业现有生产条件的基础上，尽可能采用国内外先进的工艺技术和经验，并保证有良好的劳动条件。其制订的步骤大致如下：

(1)分析研究零件图，了解该零件在产品或部件中的作用，找出要求较高的主要表面及主要技术要求，了解各项技术要求制订的依据，并进行零件的结构工艺性分析；

(2)选择材料和确定毛坯；

(3)拟定工艺路线；

(4)确定工序具体内容；

(5)对工艺方案进行技术经济分析，选择最佳方案；

(6)填写工艺文件。

五、零件的工艺性分析

在制订机械加工工艺规程前，要先进行零件图的分析研究。零件图的分析研究工作通常主要包括零件的技术要求分析和零件的结构工艺性分析两方面内容。

1. 零件的技术要求分析

零件的技术要求分析包括加工表面的尺寸精度、形状精度、各加工表面的相互位置精度、表面粗糙度值、热处理要求及其他如动平衡、配作等要求。通过分析零件的技术要求，可初步确定达到这些要求所需的最后加工方法和中间工序的加工方法，还可确定各表面加工的先后顺序等。

2. 零件的结构工艺性分析

零件的结构工艺性是指所设计的零件在满足使用要求的前提下制造的经济性和可行性。结构工艺性问题比较复杂，它涉及毛坯制造、机械加工及装配等各个方面，归纳起来有以下几方面要求：

(1)被加工表面的加工可能性。

(2)零件的结构要便于加工，从而在保证质量的前提下提高生产率，降低加工成本。

(3)零件设计时应考虑有方便的定位基准。

(4)有位置精度要求的表面应尽量在一次安装中加工出来，这样就可以依靠机床本身精度达到所要求的位置精度。

(5)零件的结构要有足够的刚度，以减小其在夹紧力或切削力作用下的变形，避免影响加工精度。此外，足够的刚度允许采用较大的切削用量，有利于提高生产率。

六、表面加工方法的选择

零件加工的工艺路线是指零件在生产过程中，由毛坯到成品所经过的工序的先后顺序。工艺路线的拟定是制订工艺过程的总体布局，其主要任务是选择各个表面的加工方法、确定各个表面加工的先后顺序、确定工序的集中与分散程度以及选择设备与工艺装备等。

1. 加工经济精度的概念

加工过程中影响加工精度的因素很多，同一种加工方法在不同的工作条件下能达到不同的精度要求。任何一种加工方法，如果精心操作、调整并选择合适的切削用量，就会得到相对较高的精度，但这样一来就会花费较多的时间，使生产率降低，成本增加，因此我们提出了经济精度问题。

经济精度是指在正常加工条件下（采用符合质量标准的设备、工艺装备和标准技术等级的工人，不延长加工时间），以最有利的时间消耗所能达到的加工精度。

统计资料表明，各种加工方法的加工误差和加工成本成反比关系。如图 3-35 中的曲线所示，图中横坐标是加工误差 Δ，纵坐标是加工成本 Q。由曲线可知，同一种加工方法，加工精度越高，加工成本越高。当加工成本超过 A 点后，即使再增加成本，加工精度也提高很小；同理，当加工成本超过 B 点后，即使加工精度再下降，加工成本也降低很少。所以曲线中的 $\overset{\frown}{AB}$段加工精度和加工成本是互相适应的，属于经济精度的范围。

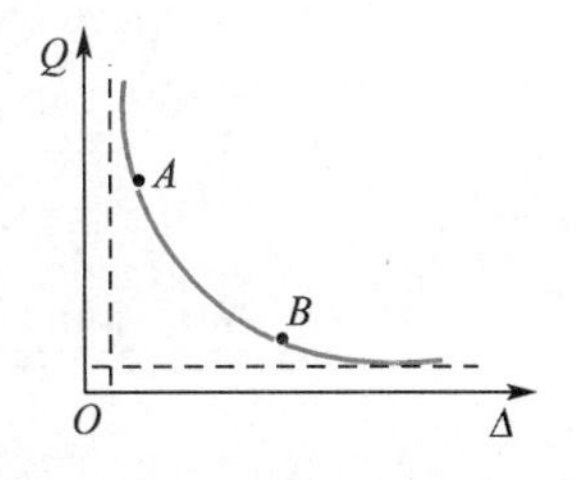

图 3-35　加工误差和加工成本的关系

各种加工方法都有一个加工经济精度范围。选择表面加工方法时，应使工件的加工要求与之相适应，各种加工方法的加工经济精度和经济表面粗糙度可查阅有关工艺手册。

还须指出，经济精度的数值不是一成不变的，随着科学技术的发展、工艺的改进和设备及工艺装备的更新，加工经济精度会逐步提高。

2. 选择加工方法时应考虑的因素

(1)工件材料的性质

有色金属的精加工不宜采用磨削加工，因为磨屑易堵塞砂轮。因此，有色金属的精加工常采用高速精细车削或金刚镗等方法。

(2)工件的形状和尺寸

对于 IT7 级精度的孔可以采用镗、铰、拉和磨削等加工方法。箱体上的孔大多选择镗孔（大孔时）或铰孔（小孔时）。

(3)生产类型

选择加工方法还要考虑生产率和经济性要求。如大批大量生产时，尽量采用高效率的加工方法，如拉削内孔和平面、组合铣削和磨削等。单件小批生产时，尽量采用通用设备，避免采用非标准的专用刀具加工，如平面加工一般采用铣削或刨削，但刨削由于生产率低，除特殊场合（如狭长表面）外，在成批生产中已逐渐被铣削所代替。

(4)具体生产条件

应充分利用现有的设备和工艺手段，同时注意不断引进新工艺和新技术，发挥群众的创造力，对老设备进行技术改造，不断提高工艺水平。

3. 典型表面加工路线的选择

(1)外圆表面的加工路线

外圆表面的加工方法主要是车削和磨削。如图 3-36 所示为外圆表面的典型加工路线。

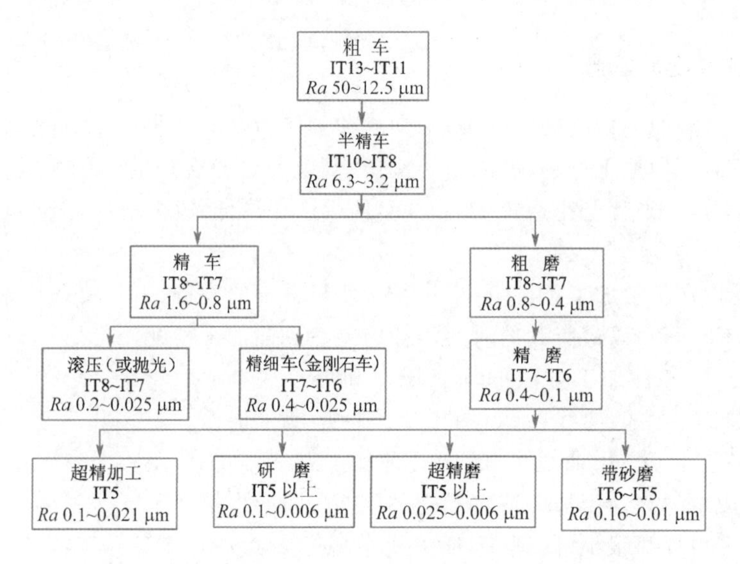

图 3-36 外圆表面的典型加工路线

①粗车—半精车—精车

这是一般常用材料(除淬火钢)外圆表面加工最主要的加工路线。

②粗车—半精车—粗磨—精磨

这条路线适用于黑色金属材料，特别是有淬火要求的外圆表面。

③粗车—半精车—精车—金刚石车

这条路线适用于精度要求较高的有色金属材料及其他不宜采用磨削加工的外圆表面。

④粗车—半精车—粗磨—精磨—光整加工

对于精度要求特别高和表面粗糙度值要求较低的黑色金属材料，最终工序可采用光整加工，如研磨、超精加工、超精磨、抛光、滚压等。其中，抛光、滚压等则以减小表面粗糙度为主要目的。

(2)孔的加工路线

孔的加工方法主要有钻、扩、铰、镗、拉、磨以及光整加工等。图 3-37 所示为孔的典型加工路线。

①钻—扩—铰

这条路线多用于加工除淬火钢以外的金属，多加工孔径在 ϕ40 mm 以下的中、小孔，加工精度可达到 IT8～IT7。当孔径小于 ϕ20 mm 时，可采用钻—铰方案。

②粗镗—半精镗—精镗

这条路线适用于直径较大的孔或位置精度要求较高的孔系加工，单件小批生产中的非标准中、小尺寸孔也可采用这条路线。当孔的精度要求更高时，还要增加浮动镗或金刚镗等精密加工方法。

③粗镗—半精镗—粗磨—精磨

这条路线主要用于淬硬零件的孔加工。当孔的精度要求更高时，可增加研磨或珩磨等光整加工。

④钻—扩—拉

这条路线多用于大批大量生产的盘套类零件的内孔加工。加工精度要求高时可分为粗拉和精拉。

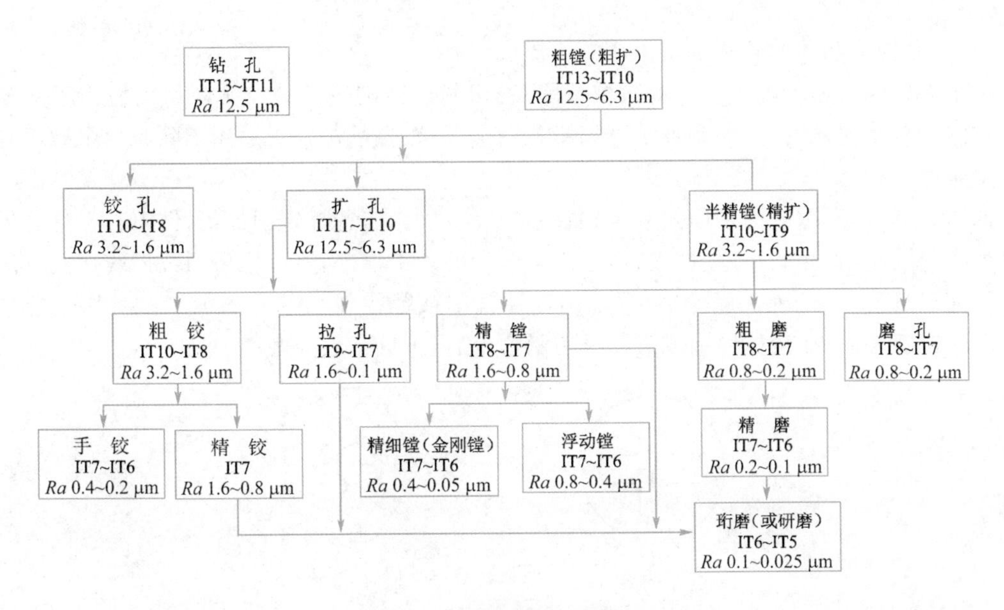

图 3-37　孔的典型加工路线

（3）平面的加工路线

平面的加工方法主要有铣削、刨削、车削、磨削和拉削等。图 3-38 所示为平面的典型加工路线。

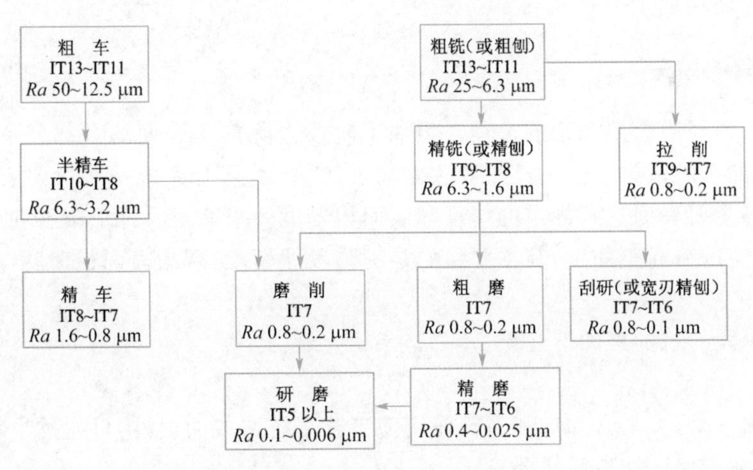

图 3-38　平面的典型加工路线

①粗铣（或粗刨）—精铣（或精刨）—宽刃精刨、刮研

在平面加工中铣削比刨削的生产率高，因而应用非常广泛。刮研是获得精密表面的传统方法，多用于单件小批生产中不淬硬的配合表面的加工。宽刃精刨适于加工高精度的狭长表面，是成批生产中常用的精加工方法。

②粗铣（或粗刨）—精铣（或精刨）—粗磨—精磨

这条路线主要用于淬硬零件或精度要求较高的平面。精度要求更高的平面可在精磨后安排研磨或精密磨等加工。

③粗铣（或粗刨）—拉削

拉削适用于大批大量生产中加工质量要求较高且面积较小的平面。对于带有沟槽或台阶的表面，用拉削更为方便。

(4)平面轮廓和曲面轮廓加工方法的选择

①平面轮廓常用的加工方法有数控铣削、线切割和磨削等。数控铣削加工适用于除淬火钢以外的各种金属;数控线切割加工可用于各种金属;数控磨削加工适用于除有色金属以外的各种金属。

如图 3-39(a)所示的内平面轮廓,当曲率半径较小时,若选择铣削加工,铣刀直径将受最小曲率半径的限制,直径太小,刚性太差,会产生较大的加工误差,所以应采用数控线切割方法加工。图 3-39(b)所示的外平面轮廓,可采用数控铣削或数控线切割方法加工。对加工精度要求较高的轮廓表面,在数控铣削或数控线切割加工后,再进行数控磨削加工。

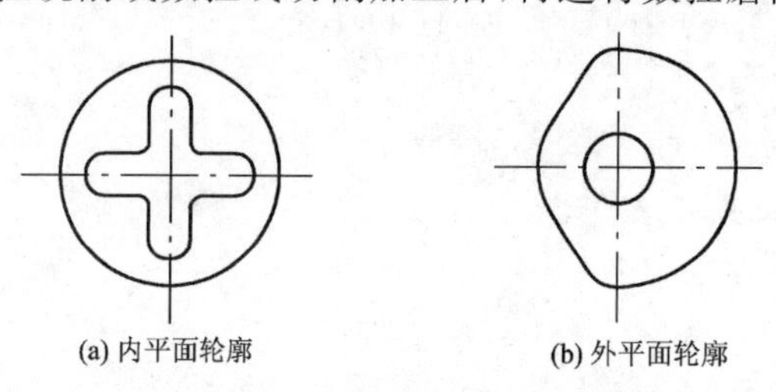

图 3-39　平面轮廓类零件

②立体曲面轮廓的加工方法主要是数控铣削,通常采用两轴半联动或三轴联动的数控铣床,用球头铣刀以“行切法”进行加工。对精度和表面质量要求较高的曲面,可用模具铣刀,在四坐标或五坐标联动加工中心上加工。

4. 加工阶段的划分

零件的加工要经历由粗到精的过程。粗加工阶段去除加工表面的大部分余量,以提高生产率为主;半精加工阶段进一步提高主要表面的加工精度,同时完成一些次要表面的加工;精加工阶段保证各主要表面达到规定的精度和表面粗糙度要求。对零件上精度和表面粗糙度要求很高的表面,需进行光整加工,其主要目的是提高尺寸精度,减小表面粗糙度,一般不提高位置精度。

划分加工阶段的目的有如下几点:

(1)保证加工质量

工件在粗加工时,夹紧力和切削力等作用使工艺系统造成的误差,可通过半精加工和精加工予以消除,有利于保证加工质量要求。

(2)合理使用设备

粗加工以采用功率大、刚度好的机床设备为主,而机床的精度可次要考虑;精加工则应在精度高的机床上进行,有利于长期保持机床的精度。

(3)便于安排热处理工序

划分加工阶段有利于在各阶段间合理地安排热处理工序。粗加工后,一般要安排去应力的热处理;精加工前要安排淬火等最终热处理工序。

(4)便于及时发现毛坯缺陷

对于毛坯的缺陷,如气孔、夹砂和余量不足等,经粗加工后能及时发现,以便及时修补或报废,以免继续加工造成工时浪费。

必须指出,加工阶段的划分不能绝对化,应根据零件的质量要求、结构特点和生产类型等灵活运用。

七、加工顺序的安排

零件加工顺序的安排对保证产品质量、提高生产率至关重要，通常包括机械加工工序、热处理工序和辅助工序，是拟定工艺路线的关键之一。

1. 机械加工工序的安排

(1)基准先行原则

用作定位基准的表面先行加工。定位基准面的精度决定着加工表面的精度，所以任何零件的加工过程都应先进行定位基准面的加工，再以它为基准加工其他表面。如采用中心孔定位的轴类零件加工中，每一加工阶段开始时，总是先加工中心孔，再以中心孔为精基准加工外圆和其他表面。

(2)先粗后精原则

各主要表面的加工应按先粗加工，再半精加工，最后精加工和光整加工的顺序分阶段进行，以逐步提高加工精度。

(3)先面后孔原则

对于支架类、箱体类和机体类零件，一般先加工平面，再以平面定位加工孔，保证平面和孔的位置精度。这样安排，一方面定位稳定可靠，装夹也方便；另一方面，在已加工过的平面上加工孔，孔的轴线不易偏斜，为孔的加工创造了良好的条件。

(4)先主后次原则

零件上位置精度要求较高的装配基准面和工作表面为主要表面，应先进行加工，而精度要求不高的次要表面如键槽、螺孔、紧固小孔等可穿插在主要表面的粗、精加工之间进行加工。对于整个工艺过程而言，次要表面一般安排在主要表面最终精加工之前进行。

2. 热处理工序的安排

(1)为了改善材料的切削加工性，消除毛坯内应力而进行的热处理工序，如正火、调质、退火等，应安排在粗加工之前进行。

(2)为了消除毛坯在制造和机械加工过程中产生的内应力而进行的热处理工序，如人工时效、退火等，应安排在粗加工之后、精加工之前进行。对精度要求较高的零件，有时在半精加工后再安排一次时效处理。

(3)为了提高工件的强度、硬度和耐磨性，要进行表面淬火、渗碳淬火和渗氮等热处理工序，一般安排在粗加工、半精加工之后，精加工之前进行。表面经过淬火后，一般只能进行磨削加工。

(4)为了得到表面耐磨、耐腐蚀或美观等而进行的热处理工序，如镀铬、镀锌、发蓝等，一般放在最后工序。

3. 辅助工序的安排

辅助工序主要包括检验、去毛刺、清洗、去磁、防锈和平衡等。其中，检验工序是主要的辅助工序，是保证产品质量的主要措施之一。除了工序中自检外，在下列场合还要单独安排：粗加工阶段结束后；重要工序前、后；工件从一个车间转向另一个车间前、后；全部加工结束后。有些特殊的检验，如探伤等检查，一般安排在精加工阶段；密封性检验、工件的平衡和重量检验,一般安排在工艺过程的最后进行。

八、工序的集中与分散

工序的集中与分散是拟定工艺路线的一个原则问题,它和设备类型的选择有密切关系。

1. 工序集中

工序集中就是将工件的加工集中在少数的几道工序内完成,每道工序的加工内容较多。

2. 工序分散

工序分散就是将工件的加工分散在较多的工序内进行,每道工序的加工内容较少。

3. 工序集中与工序分散程度的确定

在单件小批生产中多采用组织集中(人为的组织措施集中),以便简化生产组织工作。大批生产时,若使用多刀、多轴等高效机床,按工序集中原则划分工序;若在由组合机床组成的自动线上加工,按工序分散原则划分工序;成批生产应尽可能采用高效率机床,使工序适当集中。对于重型零件,为了减少装夹次数和运输量,工序应集中;对于刚性差且精度高的精密零件,工序应适当分散。就机械制造业的发展趋势而言,总的趋势应倾向于工序集中。

九、加工余量的基本概念

1. 工序余量和加工总余量

加工余量可分为工序余量和加工总余量。工序余量是指在一道工序中所切除的材料层厚度,它等于相邻两工序的工序尺寸之差。如图 3-40 所示,从图中可知,工序余量的计算分两种情况:单边余量和双边余量。

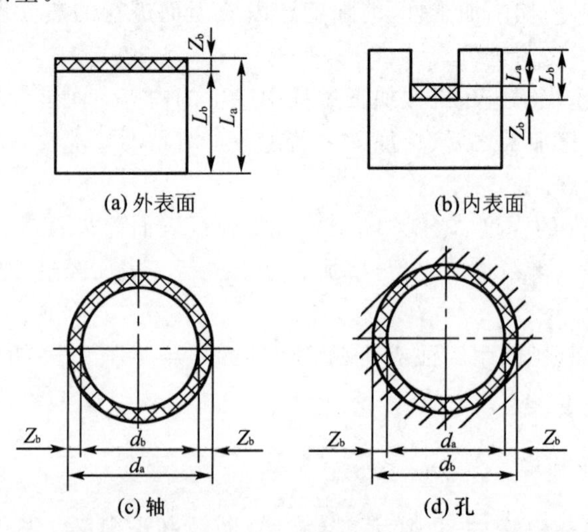

图 3-40 加工余量

(1)单边余量

对于非对称表面如平面来说,其加工余量等于切除的金属层厚度,即前、后工序尺寸之差,称为单边余量，如图 3-40(a)和图 3-40(b)所示。

对于外表面(图 3-40(a))　　$$Z_b = L_a - L_b \tag{3-2}$$

对于内表面(图 3-40(b))　　$$Z_b = L_b - L_a \tag{3-3}$$

(2)双边余量

对于回转体零件如外圆和孔而言，其加工余量是对称分布的，称之为双边余量，实际切除的金属层厚度为加工余量的一半，如图 3-40(c)和图 3-40(d)所示。

对于轴(图 3-40(c))　　$$2Z_b = d_a - d_b \tag{3-4}$$

对于孔(图 3-40(d))　　$$2Z_b = d_b - d_a \tag{3-5}$$

以上各式中　Z_b——本道工序的工序余量；

L_a、d_a——上道工序的工序尺寸；

L_b、d_b——本道工序的工序尺寸。

工件从毛坯变为成品的整个加工过程中，被加工表面所切除金属层的总厚度称为加工总余量，即毛坯余量，它等于毛坯尺寸与零件图样上的设计尺寸之差。显然加工总余量等于各工序余量之和，即

$$Z_0 = \sum_{i=1}^{n} Z_i \tag{3-6}$$

式中　Z_0——加工总余量；

Z_i——第 i 道工序的工序余量；

n——工序数。

2. 最大余量、最小余量和余量公差

由于毛坯制造和各工序尺寸都不可避免地存在着误差，所以当相邻工序的尺寸以基本尺寸计算时，所得余量为基本余量 Z；当工序尺寸以极限尺寸计算时，所得余量就出现了最小余量 Z_{min} 和最大余量 Z_{max}。如图 3-41 所示，对于外表面单边余量的情况，可得最小余量和最大余量的计算公式，即

$$Z_{min} = a_{min} - b_{max} \tag{3-7}$$

$$Z_{max} = a_{max} - b_{min} \tag{3-8}$$

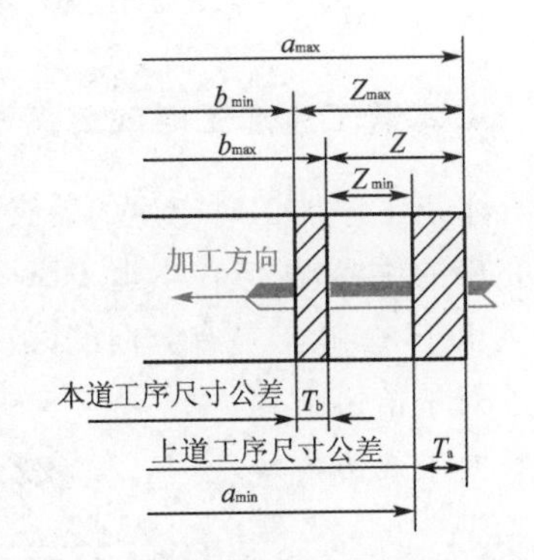

图 3-41　最大余量、最小余量及余量公差

而它们的差就是加工余量变动范围，即余量公差，其计算公式为

$$T_Z = Z_{max} - Z_{min} = (a_{max} - b_{min}) - (a_{min} - b_{max}) = T_a + T_b \tag{3-9}$$

为了便于加工，工序尺寸的极限偏差都按“入体原则”标注，即被包容面的工序尺寸取上极限偏差为零，包容面的工序尺寸取下极限偏差为零。毛坯尺寸一般按双向标注上、下极限偏差。

十、影响加工余量的因素

加工余量的大小对工件的加工质量和生产率均有较大影响。确定加工余量的基本原则是：在保证加工质量的前提下，尽量减少加工余量。影响加工余量的因素主要有以下几个

方面：

1. 上道工序的表面粗糙度 Ra 和表面缺陷层深度 H_a

如图 3-42 所示，上道工序的表面粗糙度 Ra 和表面缺陷层深度 H_a 必须在本道工序中进行切除，在某些光整加工中，该项因素甚至是决定加工余量的唯一因素。

2. 上道工序的尺寸公差 T_a

由图 3-41 可知，工序基本余量中包括了上道工序的尺寸公差 T_a。

3. 上道工序的几何误差 ρ_a

ρ_a 是指不由尺寸公差 T_a 控制的几何误差，这些误差必须在加工中纠正过来，所以加工余量中要包括这一误差。如图 3-43 所示小轴，当轴线有直线度误差 e 时，则加工余量至少应增加 $2e$ 才能使工件加工出正确的圆柱体形状。

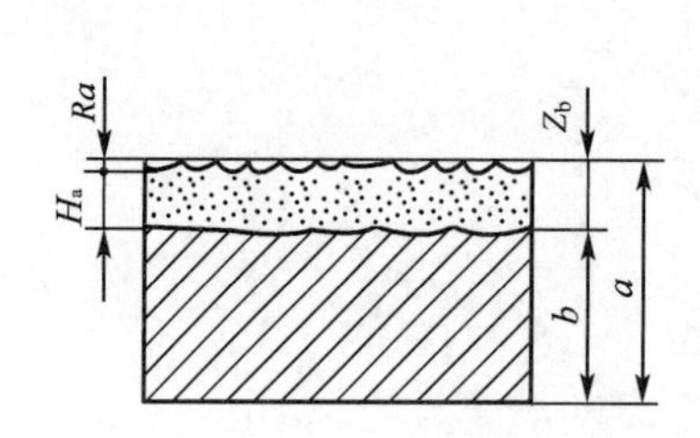

图 3-42 表面粗糙度与表面缺陷层深度

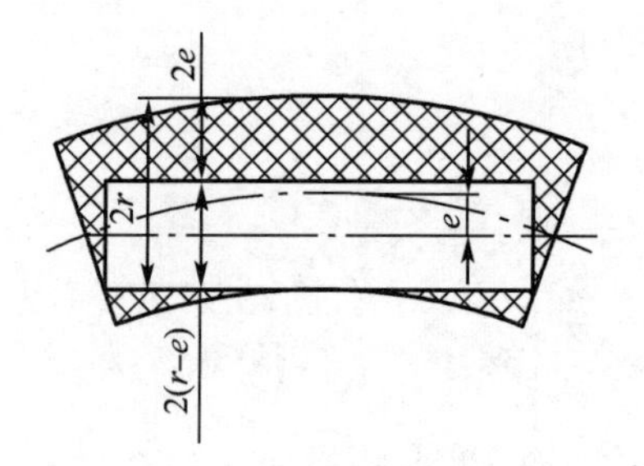

图 3-43 轴线弯曲对加工余量的影响

4. 本道工序加工时的装夹误差 ε_b

本道工序加工时产生的装夹误差包括定位误差和夹紧误差，它会使工件的待加工表面偏离正确的位置，故应在本道工序中加大余量予以纠正。

由于 ρ_a 和 ε_b 是有方向的，故应采用矢量相加。综上所述，加工余量的基本公式为

对于单边余量 $$Z_b = T_a + R_a + H_a + |\rho_a + \varepsilon_b| \tag{3-10}$$

对于双边余量 $$2Z_b = T_a + 2(R_a + H_a) + 2|\rho_a + \varepsilon_b| \tag{3-11}$$

十一、确定加工余量的方法

确定加工余量的方法有如下三种：

1. 经验估计法

此法是根据工艺人员的经验确定加工余量。一般情况下，为确保余量足够，估计值总是偏大。这种方法常用于单件小批生产。

2. 查表修正法

将各工厂的生产实践和试验研究积累的数据汇集成工艺手册，确定加工余量时可查阅这些手册，再结合工厂的实际情况进行适当修改。这种方法在生产中应用较为普遍。

3. 分析计算法

此法是按照影响余量的因素逐一进行分析计算，这样确定的余量比较准确，但必须有比较全面和可靠的试验资料。这种方法比较麻烦，一般不使用。

十二、工序尺寸及其公差的确定

零件上的设计尺寸是经过各加工工序的加工而得到的，每道工序应保证的尺寸及相应的公差称为工序尺寸及尺寸公差。工序尺寸及其公差的确定应根据加工余量和定位基准转换的不同情况而采用不同的计算方法。

1. 余量法

当工序基准或定位基准与设计基准重合时，工序尺寸及其公差由各工序的加工余量和所能达到的经济精度确定。工件上外圆和孔的多工序加工都属于这种情况。此时工序尺寸及其公差的计算方法是由最后一道工序向前推算，计算顺序为：先确定各工序的加工余量，再由最后一道工序向前逐个计算各工序的基本尺寸（包括毛坯尺寸），最后按工序经济精度确定各工序尺寸的公差，并按"入体原则"确定上、下极限偏差。

【例 3-1】 某阶梯轴零件，长度为 300 mm，其上有一段直径的设计尺寸为 $\phi 50_{-0.011}^{\ 0}$ mm，表面粗糙度 Ra 值为 0.04 μm，加工工艺过程为粗车—半精车—淬火—粗磨—精磨—研磨。试确定各工序尺寸及其公差。

解 (1)确定各工序的加工余量

查阅工艺手册可得：研磨余量为 0.01 mm，粗磨余量为 0.3 mm，精磨余量为 0.1 mm，半精车余量为 1.1 mm，毛坯余量为 6 mm。

计算粗车余量为

$$Z_{粗}=6-0.01-0.1-0.3-1.1=4.49\ \text{mm}$$

(2)确定各工序的基本尺寸

研磨工序尺寸即为设计尺寸 $\phi 50_{-0.011}^{\ 0}$ mm

精磨　　$d=\phi(50+0.01)=\phi 50.01$ mm

粗磨　　$d=\phi(50.01+0.1)=\phi 50.11$ mm

半精车　　$d=\phi(50.11+0.3)=\phi 50.41$ mm

粗车　　$d=\phi(50.41+1.1)=\phi 51.51$ mm

毛坯　　$d=\phi(51.51+4.49)=\phi 56$ mm

(3)确定各工序的经济精度及公差

精磨 IT6　　$T=0.016$ mm

粗磨 IT8　　$T=0.039$ mm

半精车 IT11　　$T=0.16$ mm

粗车 IT13　　$T=0.39$ mm

毛坯　　$T=2.4$ mm

(4)确定各工序尺寸及其公差

研磨　　$\phi 50_{-0.011}^{\ 0}$ mm

精磨　　$\phi 50.01_{-0.016}^{0}$ mm

粗磨　　$\phi 50.11_{-0.039}^{0}$ mm

半精车　　$\phi 50.41_{-0.16}^{0}$ mm

粗车　　$\phi 51.51_{-0.39}^{0}$ mm

毛坯　　$\phi 56 \pm 1.2$ mm

轴的加工余量、工序尺寸及其公差的分布如图 3-44 所示。

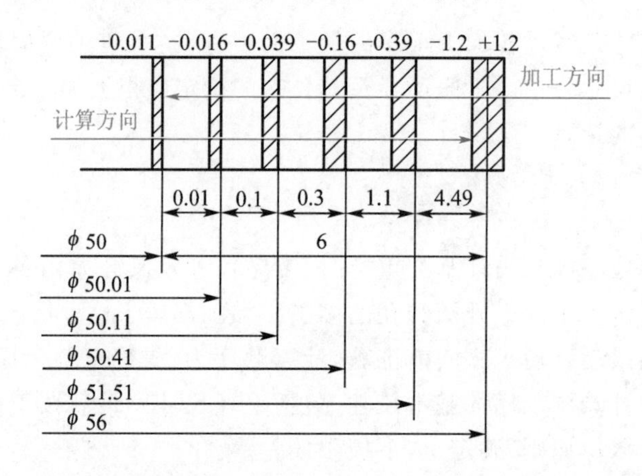

图 3-44　轴的加工余量、工序尺寸及其公差的分布图

2. 工艺尺寸链法

当工序基准或定位基准与设计基准不重合时，工序尺寸及其公差的确定需借助工艺尺寸链来分析计算。

(1)尺寸链的概念与组成

①尺寸链的概念

如图 3-45(a)所示的台阶零件，其设计尺寸为 A_1 和 A_0，为使夹具结构简单且工件定位稳定可靠，选择 A 面为定位基准，按调整法根据对刀尺寸 A_2 加工表面 B，间接保证尺寸 A_0，这样就需要分析尺寸 A_1、A_2 和 A_0 之间的内在关系，从而计算出对刀尺寸 A_2 的数值。尺寸 A_1、A_2 和 A_0 形成封闭的尺寸组，就是尺寸链。

图 3-45(b)所示的轴孔配合中，装配后间接形成尺寸 A_0，即装配精度，它是由孔的尺寸 A_1 和轴的尺寸 A_2 间接保证的，则尺寸 A_1、A_2 和 A_0 形成封闭尺寸组，就是尺寸链。

由此可知，尺寸链就是在零件加工或机器装配过程中，由相互联系的尺寸首尾相接所形成的封闭尺寸组。尺寸链中的各个尺寸称为环，如图 3-45 所示中的 A_1、A_2 和 A_0 都是尺寸链的环。

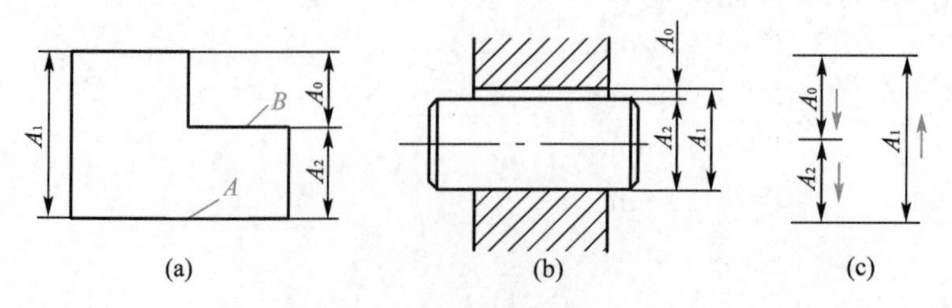

图 3-45　尺寸链示例

②尺寸链的组成

尺寸链是由若干个组成环和一个封闭环组成的。

● 封闭环　在加工或装配过程中最后形成的环为封闭环。它是派生的，其大小由各组成环间接保证，如图 3-45 中的 A_0。

● 组成环　对封闭环有影响的其他各环为组成环。根据其对封闭环的影响不同，组成环又可分为增环和减环。增环是当其他组成环不变时，该组成环的变化将引起封闭环同向变动的组成环，用$\overrightarrow{A}$表示，如图 3-45 中的 A_1。减环是当其他组成环不变时，该组成环的变化将引起封闭环反向变动的组成环，用$\overleftarrow{A}$表示，如图 3-45 中的 A_2。由此可见，尺寸链具有封闭性和关联性。

(2)尺寸链的计算公式

工艺尺寸链的计算方法有极值法和概率法两种。

①各环基本尺寸的计算

$$A_0 = \sum_{i=1}^{m}\overrightarrow{A}_i - \sum_{i=1}^{n}\overleftarrow{A}_i \tag{3-12}$$

式中　m——增环数；

n——减环数。

②各环极限尺寸的计算

$$A_{0\max} = \sum_{i=1}^{m}\overrightarrow{A}_{i_{\max}} - \sum_{i=1}^{n}\overleftarrow{A}_{i_{\min}} \tag{3-13}$$

$$A_{0\min} = \sum_{i=1}^{m}\overrightarrow{A}_{i_{\min}} - \sum_{i=1}^{n}\overleftarrow{A}_{i_{\max}} \tag{3-14}$$

③各环上、下极限偏差的计算

$$ES_0 = \sum_{i=1}^{m}\overrightarrow{ES}_i - \sum_{i=1}^{n}\overleftarrow{EI}_i \tag{3-15}$$

$$EI_0 = \sum_{i=1}^{m}\overrightarrow{EI}_i - \sum_{i=1}^{n}\overleftarrow{ES}_i \tag{3-16}$$

④各环公差的计算

$$T_0 = \sum_{i=1}^{m+n}T_i \tag{3-17}$$

⑤各环平均公差的计算

$$T_M = \frac{T_0}{m+n} \tag{3-18}$$

(3)工艺尺寸链的建立及尺寸链图

①工艺尺寸链的建立

首先确定封闭环。在装配尺寸链中，装配精度就是封闭环；在工艺尺寸链中，封闭环是间接获得的，是最后形成的尺寸，需要具体问题具体分析。

封闭环确定后再查找组成环。组成环的基本特点是加工过程中直接获得且对封闭环有影响。查找时，从构成封闭环的两表面同时开始，循着工艺过程的顺序，分别向前查找各表面最近一次加工的加工尺寸，再进一步向前查找此加工尺寸工序基准的最近一次加工时的加工尺寸，直至两条路线最后得到的加工尺寸的工序基准为同一表面为止。至此，上述尺寸系统就构成一个封闭的工艺尺寸链，最后画出尺寸链图，如图 3-45(c)所示。

②尺寸链图

尺寸链图是将尺寸链中各环按大致比例，以首尾相接的顺序画出的尺寸图，如图3-45(c)所示。用尺寸链图可判别组成环的性质：在封闭环上按任意方向画出箭头，然后沿此方向顺次给每一组成环画出箭头，凡箭头方向与封闭环相反的为增环，反之则为减环。

(4)工艺尺寸链的应用

工艺基准与设计基准不重合时工序尺寸及其公差的计算

工艺基准主要分定位基准、测量基准两种情况，与设计基准不重合时需进行尺寸换算。

【例 3-2】 如图 3-46(a)所示为齿轮轴孔局部简图。轴孔的直径为 $\phi85^{+0.035}_{0}$ mm，加工键槽深度的尺寸为 $90^{+0.20}_{0}$ mm，轴孔与键槽的加工顺序为：半精镗孔至 $\phi84.8^{+0.07}_{0}$ mm；插键槽至尺寸 A；淬火；磨轴孔至尺寸 $\phi85^{+0.035}_{0}$ mm，同时间接保证加工键槽深度的尺寸 $90.4^{+0.2}_{0}$ mm。求插键槽深度的尺寸 A。

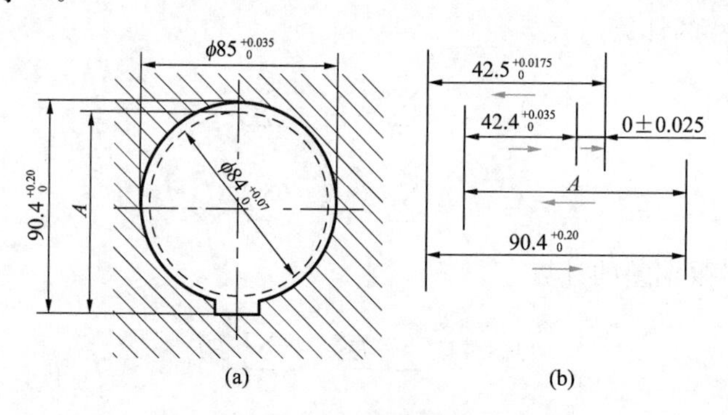

图 3-46 齿轮轴孔局部简图

画尺寸链如图 3-46(b)所示，$90.4^{+0.20}_{0}$ mm 为封闭环，镗孔后的半径 $42.4^{+0.035}_{0}$ mm 为减环，磨孔后的半径 $42.5^{+0.0175}_{0}$ mm 及插键槽尺寸 A 为增环。

A 的基本尺寸：90.4 mm $=A+$42.5 mm$-$42.4 mm-0

$A=90.3$ mm

A 的上偏差：0.20 mm$=ES_A+$0.0175 mm$-0-$0.025 mm

$ES_A=0.2075$ mm

A 的下偏差：$0=EI_A+0-$0.035 mm$-$0.025 mm

$EI_A=0.06$ mm

所以 $A=90.3^{+0.2075}_{+0.06}$ mm$=90.36^{+0.1475}_{0}$ mm

十三、工艺装备的选择

1. 机床的选择

选择机床时，要充分了解机床的工艺范围、技术规格、加工精度、自动化程度等方面的性能。具体选择时，应注意以下几点：

（1）机床的类型应与工序的划分原则相适应。若工序按集中原则划分，对单件小批生产，则应选择通用机床或数控机床；对大批生产，则应选择高效专用机床。若采用工序分散原则，则机床可以较简单一些。

（2）机床的精度应与工序要求的精度相适应。

（3）机床规格应与工件的外廓尺寸相适应。即小件选小型机床，大件选大型机床。

（4）所选机床应与现有的加工条件相适应。如考虑机床精度状况、负荷的平衡状况等。

2. 夹具的选择

单件生产应优先选用通用夹具和机床附件，如各种卡盘、虎钳和回转台等；对于大批生产，可专门设计、制造专用高效夹具，以提高劳动生产率；对多品种、中小批生产，应积极推广使用可调夹具和组合夹具。

3. 刀具的选择

一般选用标准刀具，必要时也可采用各种高效率的复合刀具及其他一些专用刀具，也可推广使用一些先进刀具。刀具的类型、规格和精度等级应符合加工要求。

4. 量具的选择

量具的选择主要根据生产类型和检验精度确定。单件、小批生产多采用如游标卡尺、百分尺等通用量具；大批生产应采用各种量规和高效率的专用检具。量具的精度与加工精度要相适应。

十四、切削用量的选择

切削用量的选择对保证加工质量、提高生产率和经济效益都有很大影响。合理的切削用量是指在保证加工质量和刀具耐用度的前提下，使生产率最高。由于切削速度对刀具耐用度影响最大，其次是进给量，影响最小的是背吃刀量，因此，切削用量的选择原则是：优先选用大的背吃刀量，其次选用较大的进给量，最后按刀具耐用度选择合理的切削速度。必要时需校验机床功率是否允许。

对于数控机床，工时费用比刀具损耗费用要高，所以应尽量用高的切削用量，通过降低刀具耐用度来提高数控机床的生产率。

十五、时间定额

时间定额是指在一定生产条件下，规定生产一件产品或完成一道工序所需消耗的时间。它不仅是衡量劳动生产率的指标，也是安排生产计划、计算生产成本的重要依据，还是新建或扩建工厂（或车间）时计算设备和工人数量的依据。时间定额由下列几部分组成：基本时间 T_b、辅助时间 T_a、布置工作地时间 T_s、休息与生理需要时间 T_r 和准备与终结时间（简称准终时间）T_e。

十六、填写工艺文件

零件的机械加工工艺规程制订好以后，将上述内容填写在工艺文件内，以便遵照执行。

任务实施

阶梯轴加工工艺如下（以下尺寸均以 mm 为单位）：

1. 下料 $\phi40\times243$；

2. 车端面见平，钻 $\phi2.5$ 中心孔；

3. 掉头，车端面保证总长度 240；粗车外圆 $\phi32\times15$；钻 $\phi2.5$ 中心孔；

4. 掉头，粗车各台阶，车 $\phi36$ 外圆全长；车外圆 $\phi31\times74$；车外圆 $\phi26\times50$；车外圆 $\phi23\times20$；切槽三个；车空刀 $\phi34$ 至尺寸；

5. 掉头精车，切槽一个；小端面保证尺寸 150；车 $\phi30^{+0.013}_{-0.008}$、$\phi22^{+0.2}_{-0.2}$ 至尺寸；车两外圆 $\phi35^{+0.027}_{-0.002}$ 至尺寸；倒角 $C1$ 三个；

6. 掉头精车，车外圆 $\phi30^{+0.013}_{-0.008}$ 至要求尺寸；车外圆 $\phi25^{+0.013}_{-0.008}$ 至尺寸；车螺纹外圆 $\phi22^{+0.2}_{-0.2}$ 至尺寸；倒光台肩小端面；倒角 $C1$ 四个；挑螺纹 M22×1.5；

7. 检验。

拓展训练

图 3-47 所示为 CA6140 车床主轴简图，对该车床主轴的技术条件进行分析。

1. 分析主轴的支承轴颈的技术要求。

2. 分析主轴工作表面的技术要求。

3. 分析空套齿轮轴颈的技术要求。

4. 分析螺纹的技术要求。

5. 分析主轴各表面的表面质量要求。

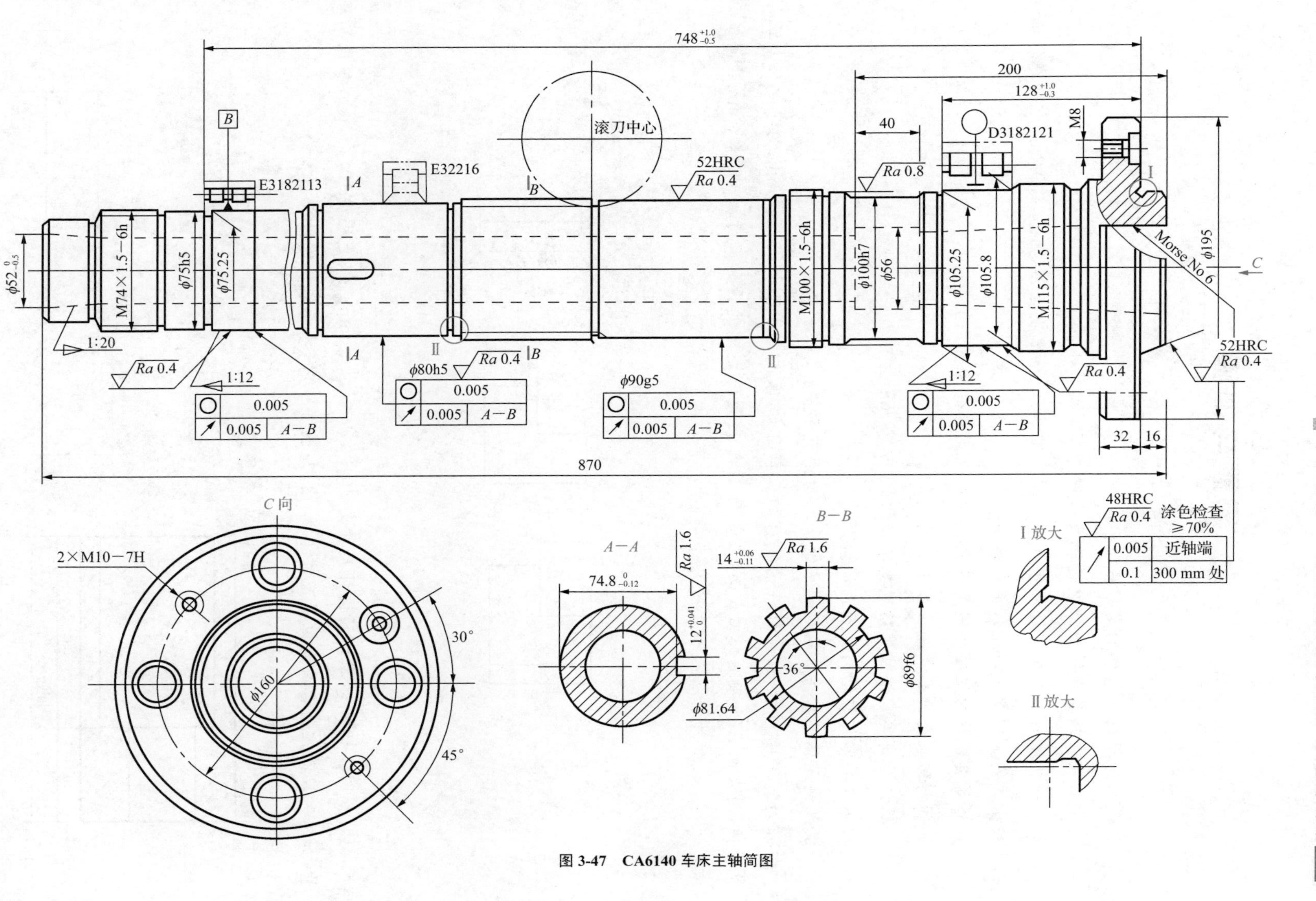

图 3-47　CA6140 车床主轴简图

习题与训练

1. 怎样选择轴类零件的定位基准?

2. 中心孔在轴类零件加工中起什么作用? 有哪些技术要求?

3. 试分析主轴加工工艺过程中如何体现基准统一、基准重合、互为基准原则? 它们在保证主轴的精度要求中都起到什么重要作用?

4. 套筒类零件的主要功用是什么? 按其功用可分为哪几类?

5. 如何防止套筒类零件在加工时的变形?

6. 保证套筒类零件位置精度要求,可以采取哪几种方法?

7. 箱体类零件的结构特点是什么?

8. 编制箱体类零件工艺规程应遵循的原则有哪些?

9. 如图 3-48 所示,以表面 A 为基准加工表面 B,保证工序尺寸 $80_{-0.15}^{\ 0}$ mm;为了定位与调整方便,用表面 A 为基准加工表面 C,表面 B 与表面 C 之间的设计尺寸为 $40_{\ 0}^{+0.25}$ mm。问工序尺寸 A_1 为多少,才能保证设计尺寸?

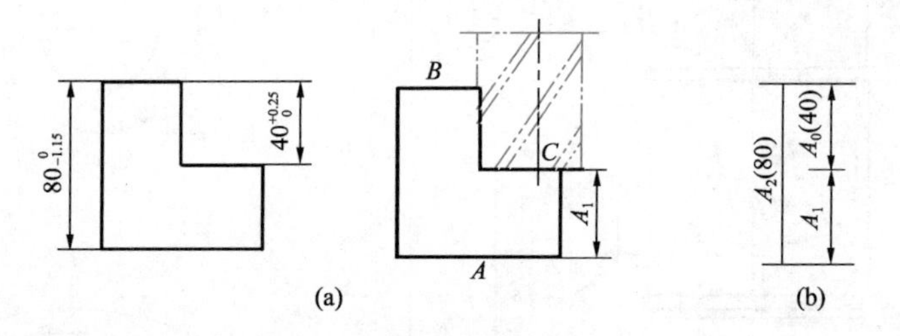

图 3-48 题 9 图

10. 如图 3-49 所示零件的设计尺寸为 $40_{-0.16}^{\ 0}$ 和 $10_{-0.30}^{\ 0}$ mm。但是尺寸 $10_{-0.30}^{\ 0}$ mm 不便测量,加工时改测控制台肩面位置尺寸 L_1。问 L_1 为多少时,才能保证设计要求?

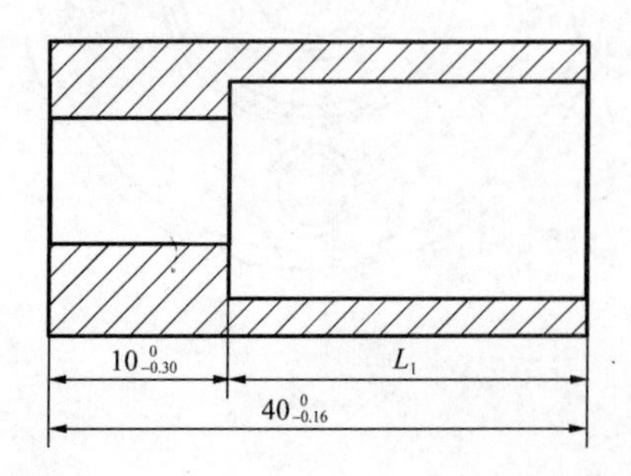

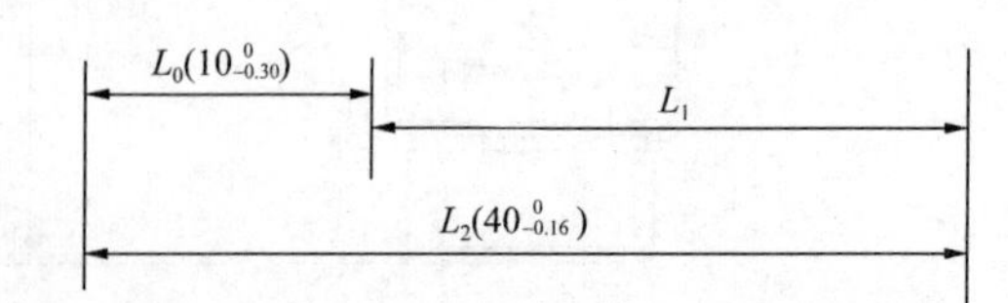

图 3-49 题 10 图

任务三　活塞体加工质量的检测

学习目标

1. 掌握零件加工质量检测的内容和方法。
2. 掌握零件表面质量检测的项目和方法。

情境导入

机械零件根据功能的不同，对其表面的技术要求也不同，如几何形状、尺寸公差、几何公差、表面粗糙度、材质的化学成分及硬度等要求。在加工时从何处着手，用哪些量具，采用什么样的检验方法，是技术性很强的一个问题。产品质量的优劣与检验息息相关，避免出现错检、误检和漏检，对此检测人员应懂技术、知原理、会操作 。

任务描述

检测图 3-50 中活塞体表面质量，零件可根据教学实际情况确保有活塞体，并根据说明书和技术资料，确定检测项目，进行逐一检测。

图 3-50　活塞

任务分析

选择活塞体，查技术资料并分析技术要求，正确检测，分析检测误差。

相关知识

一、机械加工精度基本概念

1. 加工精度

加工精度是指零件加工后的实际几何参数(包括尺寸、形状和位置)与理想几何参数相符合的程度。符合程度越好，加工精度越高。一般机械加工精度是在零件图上给定的。

零件在加工过程中，由于各种因素的影响，实际几何参数与理想几何参数总会有一些偏差，这个差值称为加工误差。加工误差越小，加工精度越高。可见，加工误差可反映加工精度的高低。在实际生产中，大都使用加工误差的大小来控制加工精度。加工精度和加工误差只是评定零件几何参数准确程度的两种不同提法。机械加工精度包括尺寸精度、形状精度和位置精度，其获得方法如前所述。

2. 原始误差的分类

在机械加工中，由机床、夹具、刀具和工件组成了一个完整的系统，称之为工艺系统。工艺系统的各个环节存在着种种误差，这些误差在具体加工条件下，将以不同的程度和方式影响零件的加工精度。由此可见，工艺系统的误差是工件产生加工误差的根源，我们称之为原始误差。

原始误差主要来源于两方面：一方面是工艺系统本身的几何误差，包括加工方法的原理误差、机床的几何误差、调整误差、刀具和夹具的制造误差、工件的安装误差等；另一方面是与加工过程有关的误差，包括工艺系统的受力变形、热变形、磨损等引起的误差以及工件残余应力所引起的误差等。

3. 误差敏感方向

由于各种原始误差的大小和方向各不相同，其对加工精度的影响也不相同。

以外圆车削为例，如图 3-51 所示。车削时刀尖正确位置在 A 点，工件加工半径为 $R_0=\overline{OA}$。设某一瞬时由于原始误差影响，刀尖移到 A' 点，则工件加工后的半径变为 $R=\overline{OA'}$。$\overline{AA'}$ 即为原始误差 δ，设 δ 与 OA 间夹角为 φ，则半径上的加工误差 ΔR 为

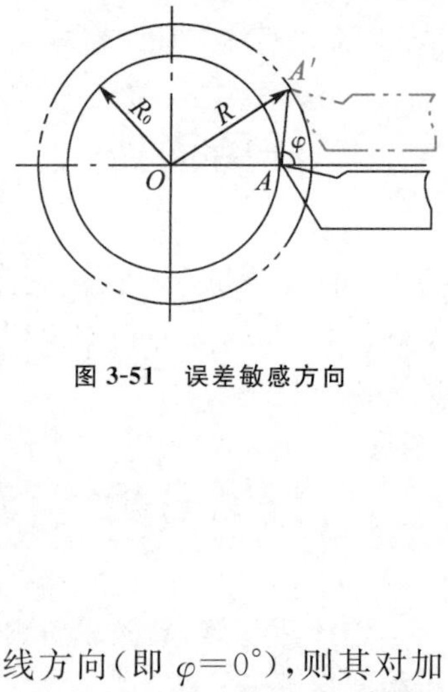

图 3-51 误差敏感方向

$$\Delta R=\overline{OA'}-\overline{OA}=\sqrt{R_0^2+\delta^2+2R_0\delta\cos\varphi}-R_0\approx\delta\cos\varphi+\frac{\delta^2}{2R_0} \tag{3-19}$$

当 $\varphi=0°$ 时，$\Delta R_{\max}\approx\delta$；当 $\varphi=90°$ 时，$\Delta R_{\min}\approx\dfrac{\delta^2}{2R_0}$。

由上式可知，如果原始误差的方向为通过刀刃加工表面的法线方向（即 $\varphi=0°$），则其对加工精度的影响最大，$\Delta R_{\max}\approx\delta$，因此，这个方向称为误差敏感方向；如果原始误差的方向为加工表面的切线方向（即 $\varphi=90°$），则其对加工精度的影响最小，$\Delta R_{\min}\approx\dfrac{\delta^2}{2R_0}$，称为误差非敏感方向。

二、工艺系统几何误差对加工精度的影响

1. 加工原理误差

加工原理误差是指由于采用了近似的加工运动或者近似的刀具轮廓进行加工而产生的误差。因为它在加工原理上存在误差，故称原理误差。原理误差应在允许范同内。

(1)采用近似的加工运动造成的误差

在许多场合,为了得到要求的工件表面,必须在工件与刀具的相对运动之间建立一定的联系。从理论上讲,应采用完全准确的运动联系。但是,采用理论上完全准确的加工原理有时使机床或夹具极为复杂,致使制造困难,反而难以达到较高的加工精度,有时甚至是不可能做到的。如在车削或磨削模数螺纹时,由于其导程 $t=\pi m$,式中有 π 这个无理数因子,在用配换齿轮来得到导程数值时,就存在原理误差。

(2)采用近似的刀具轮廓造成的误差

用成形刀具加工复杂的曲面时,要使刀具刃口做得完全符合理论曲线的轮廓,有时非常困难,往往采用圆弧、直线等简单近似的线形代替理论曲线。如用滚刀滚切渐开线齿轮时,为了滚刀的制造方便,多用阿基米德蜗杆或法向直廓基本蜗杆来代替渐开线基本蜗杆,从而产生了加工原理误差。

2.机床的几何误差

机床误差包括机床本身各部件的制造误差、安装误差和使用过程中的磨损。其中对加工精度影响较大的有主轴回转误差、导轨误差和传动链误差。

(1)主轴回转误差

①概述

机床主轴是用来安装工件或刀具并传递动力的重要部件,它的回转精度对工件加工精度影响最大,是机床主要精度指标之一。

机床主轴回转时,理想回转轴线的空间位置应当是稳定不变的,但实际上由于种种因素的影响,主轴在每一瞬时回转轴线的空间位置都是变动的,理想回转轴线的位置很难确定,通常用平均回转轴线即主轴各瞬时回转轴线的平均位置来代替。因此,主轴的回转误差就是指主轴实际回转轴线相对于平均回转轴线的最大偏离值。偏离值越小,回转精度越高,反之则越低。

②主轴回转误差对加工精度的影响

主轴回转误差可分解为纯径向圆跳动、纯轴向窜动和纯角度摆动三种基本形式,如图 3-52 所示。

纯径向圆跳动是指瞬时回转轴线平行于平均回转轴线的径向运动(图 3-52(a))。车削时,它主要影响加工工件的圆度和圆柱度。

纯轴向窜动是指瞬时回转轴线沿平均回转轴线的轴向运动(图 3-52(b))。在车削时,它对内、外圆柱面的加工没有影响,但会使车出的工件端面与圆柱面不垂直。当加工螺纹时,将使导程产生周期性误差。因此,精密车床的该项误差控制很严。

纯角度摆动是指瞬时回转轴线与平均回转轴线成一倾斜角度,但其交点位置固定不变的运动(图 3-52(c))。此时,对于车削加工能够得到一个圆的工件,但工件呈锥形;镗孔时将镗出椭圆形孔。

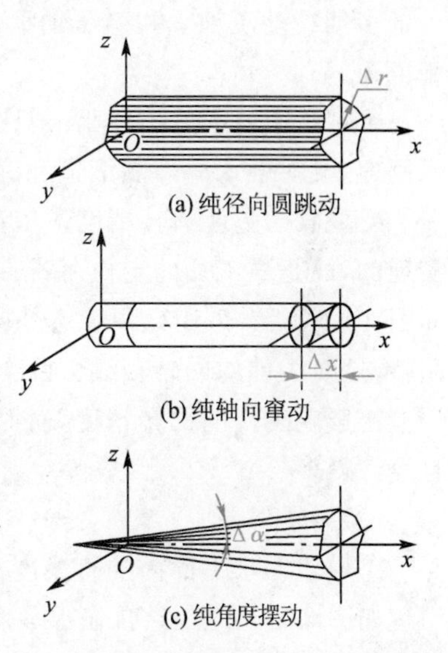

图 3-52　主轴回转误差的基本形式

上述是指单纯的主轴回转误差,实际上主轴回转运动常常是上述几种运动的合成运动。

③影响主轴回转误差的因素

影响主轴回转误差的因素主要有主轴制造误差(包括主轴支承轴颈的圆度误差、同轴度误差)、轴承误差和轴承间隙等。

当主轴采用滑动轴承支承时,主轴以轴颈在轴承内回转,对于工件回转类机床(车床、外圆磨床),因切削力方向不变,主轴回转时作用在支承上的作用力方向也不变化,此时,主轴支承轴颈的圆度误差对工件加工精度的影响较大,而轴承孔的圆度误差对工件加工精度的影响较小,如图 3-53(a)所示;对于刀具回转类机床(钻、铣、镗床),切削力方向随旋转方向而改变,此时,主轴支承轴颈的圆度误差对工件加工精度的影响较小,而轴承孔圆度误差对工件加工精度的影响较大,如图 3-53(b)所示。

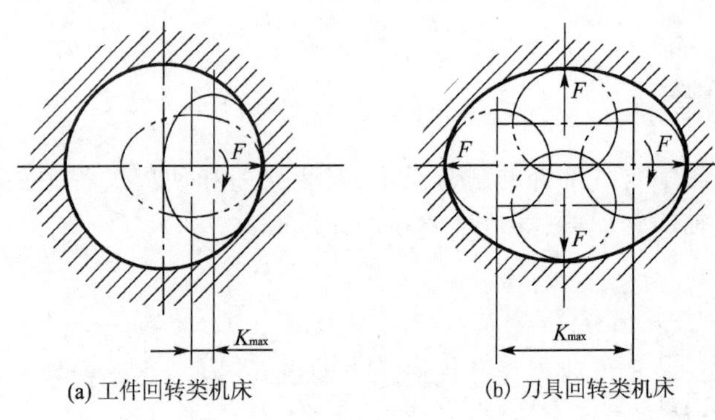

(a) 工件回转类机床　　(b) 刀具回转类机床

图 3-53　主轴采用滑动轴承的径向圆跳动

当主轴用滚动轴承支承时,内外环滚道的圆度误差、同轴度误差以及滚动体的尺寸误差和圆度误差等都对主轴的回转精度有影响。此外,主轴轴承间隙对回转精度也有影响,轴承间隙过大会使径向圆跳动量与轴向窜动增大。

④提高主轴回转精度的措施

- 提高主轴部件的制造精度。首先提高轴承精度,如选用高精度的滚动轴承,或采用高精度的多油楔动压轴承和静压轴承;其次提高箱体支承孔、主轴轴颈和与轴承相配合表面的加工精度等。
- 对滚动轴承适当预紧。对滚动轴承进行预紧的目的是消除间隙。这样做,既增加了轴承刚度,又对轴承内外圈滚道和滚动体的误差起到了均化作用,因而可提高主轴的回转精度。
- 采取措施使回转精度不依赖于主轴,即工件的回转成形运动不是依赖机床主轴的运动实现的,而是靠工件的定位基准或被加工面本身与夹具定位元件组成的回转运动副来实现。如图 3-54 所示,采用死顶尖磨外圆。工件以其顶尖孔支承在不动的前后顶尖上,用拔销带动回转,这时工件的回转轴线由两个死顶尖决定。那么两个顶尖和顶尖孔的形状误差和同轴度误差将影响工件的回转精度,而提高顶尖和顶尖孔的精度要比提高主轴部件的制造精度容易且经济得多。

(2)导轨误差

①导轨在水平面内的直线度误差

如图 3-55 所示,导轨在水平面内存在误差 Δy,此项误差对于普通车床和外圆磨床作用在误差敏感方向,刀尖在水平面内产生位移,引起工件在半径方向上的误差 $\Delta R \approx \Delta y$。此项误差对加工精度影响很大,使工件产生圆柱度误差。

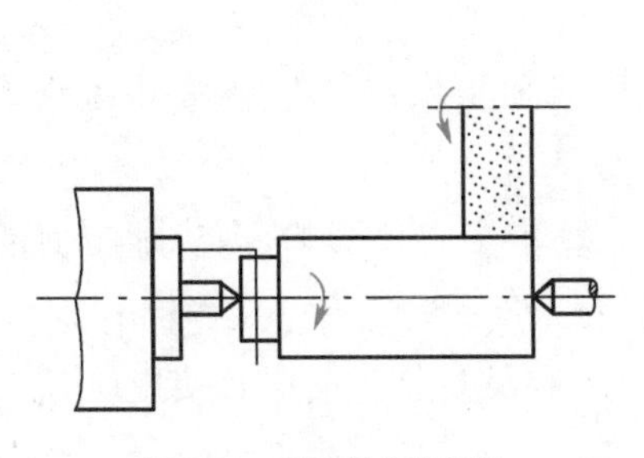
图 3-54　用死顶尖磨外圆

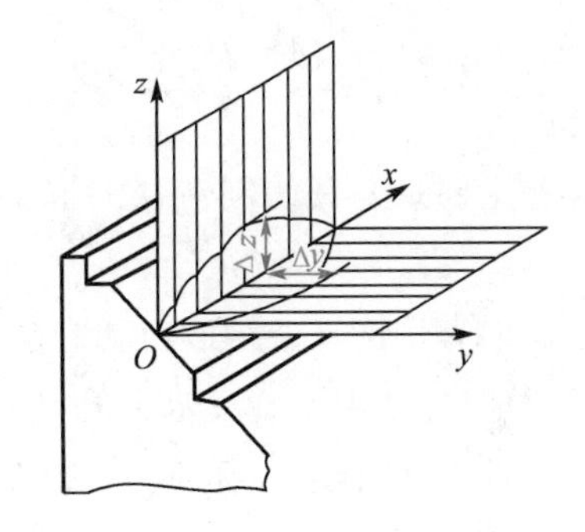

图 3-55　导轨的直线度误差

②导轨在垂直面内的直线度误差

如图 3-55 所示，导轨在垂直面内存在误差 Δz，此项误差对于普通车床和外圆磨床作用在误差非敏感方向，使工件产生圆柱度误差 $\Delta R \approx \frac{\Delta z^2}{2R}$，其值很小，对加工精度影响不大。但对于平面磨床、龙门刨床、铣床等机床来说，此方向为误差敏感方向，该误差将直接反映到工件上，造成形状误差。

③两导轨间的平行度误差

此时，导轨发生了扭曲。如图 3-56 所示，车床导轨的平行度误差使床鞍产生横向倾斜，刀具产生位移，因而引起工件形状误差。

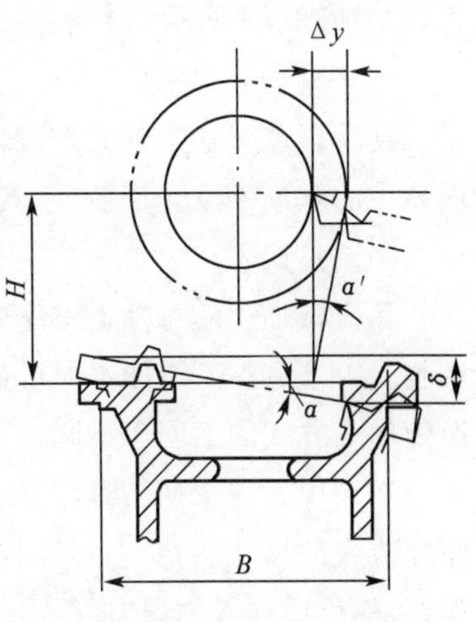

图 3-56　两导轨间的平行度误差

除导轨制造精度外，导轨在使用时的不均匀磨损和机床的安装对导轨的原有精度影响也很大，尤其是刚性较差的长床身，在自重的作用下很容易变形，因此除提高导轨制造精度外，还应注意机床的安装和调整，并应提高导轨的耐磨性。

(3)传动链误差

对于某些加工方法，如螺纹加工、螺旋面加工和用展成法加工齿轮等，为保证工件加工精度，要求刀具和工件之间具有准确的传动比。如车螺纹，要求工件旋转一周，刀具应移动一个导程；滚齿时，滚刀转一周，要求工件转过的齿数等于滚刀的头数。这些成形运动的传动关系都是由机床内联系传动链来保证的。传动链中各传动元件都有制造误差、装配误差(几何偏心)和磨损，将会破坏正确的运动关系，使工件产生误差。把机床内联系传动链始末两端传动元件之间相对运动的误差称为传动链误差，一般用传动链末端元件的转角误差来评定。

减少传动链误差的措施有：

①减少传动元件，缩短传动链，以减少误差来源；

②提高各传动元件，特别是末端传动元件的制造、安装精度；

③在传动链中按降速比递增的原则分配各传动副的传动比。传动链末端传动副的降速比取得越大，则传动链中其余各传动元件误差对加工的影响就越小；

④采用误差校正装置。校正装置是在原传动链中人为加入一误差，其大小与传动链本身的误差相等而方向相反，从而使之互相抵消。

(4)工艺系统其他几何误差

①刀具误差

刀具误差主要是刀具的制造误差和磨损,它们对加工精度的影响随刀具种类的不同而不同。

一般刀具(车刀、铣刀、镗刀)的制造精度对加工精度无直接影响,因为加工面的形状由机床运动精度保证,尺寸由调整决定。但刀具磨损后对工件的精度有一定影响。

定尺寸刀具(钻头、铰刀、孔拉刀、镗刀块等)的制造误差及磨损均直接影响加工面的尺寸精度。

成形刀具(如成形车刀、成形铣刀)的形状误差直接影响工件的形状精度。

展成刀具(如齿轮滚刀、插齿刀、剃齿刀)刀刃的形状误差以及刃磨、安装、调整的不正确都将影响加工表面的形状精度。

②夹具误差

夹具误差包括工件的定位误差、夹紧误差,夹具的安装误差、对刀误差和磨损等。除定位误差中的基准不重合误差外,其他误差均与夹具的制造精度有关。

③调整误差

在机械加工的每一道工序中,为了保证加工面的加工精度,总要对机床、刀具和夹具进行调整。由于调整不可能绝对准确,就难免带来一些原始误差,这就是调整误差。调整误差的来源随加工方式的不同而不同。

当采用试切法加工时,产生调整误差的因素有测量误差、微量进给的位移误差和最小切削厚度造成的尺寸误差。当采用调整法加工时,产生调整误差的因素除上述外,还有定程机构的误差、样件或样板的误差等。

三、工艺系统受力变形对加工精度的影响

1. 工艺系统的刚度

机械加工中,由机床、刀具、夹具和工件所组成的工艺系统,在切削力、夹紧力、重力、传动力以及惯性力等的作用下,会产生相应的变形,从而破坏了刀具与工件之间已获得的准确位置,产生加工误差。例如车削细长轴时,在切削力的作用下,工件因弹性变形而出现“让刀”现象,结果使工件产生腰鼓形的圆柱度误差。又如磨削加工,因磨削力引起系统弹性变形,最后阶段砂轮虽停止进刀,但磨削时仍有火花出现,通过多次无进给磨削才可以消除系统的受力变形,保证加工精度。

2. 工艺系统受力变形所引起的加工误差

(1)切削力大小变化引起的加工误差

在加工过程中,被加工表面的几何形状误差较大而引起的工件加工余量不均匀,或材料本身硬度不均匀,都会使切削力大小发生变化,从而造成工件的尺寸误差和形状误差。

如图 3-57 所示，车削一有圆度误差的毛坯，车削前将刀尖调整到图中双点画线的位置。由于毛坯的形状误差，工件每转一转，背吃刀量在最大值 a_{p1} 和最小值 a_{p2} 之间变化。假设毛坯硬度均匀，则背向力将随背吃刀量的变化而变化，相应的变形也在变化，即在 a_{p1} 处背向力最大，变形量 y_1 最大；在 a_{p2} 处背向力变为最小，相应变形量 y_2 也为最小。因此，车削后的工件仍然具有圆度误差，这种现象称为误差复映。

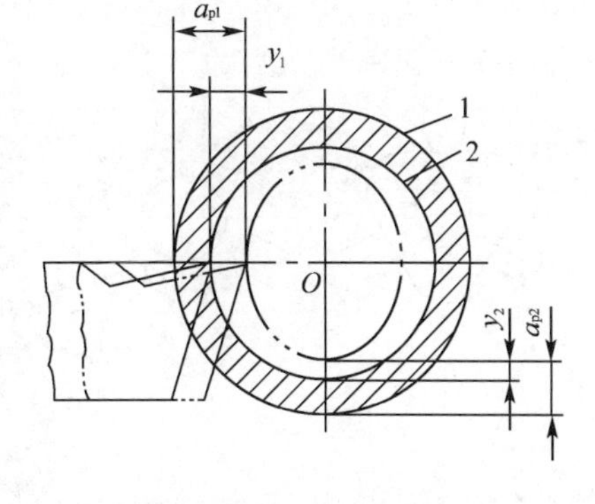

图 3-57　车削时的误差复映

(2)切削力作用点位置变化而引起工件的形状误差

①在两顶尖间车削短而粗的光轴，如图 3-58(a)所示。由于工件刚度较大，受力变形可忽略不计。此时，工艺系统的总变形主要取决于机床头架、尾座(包括顶尖)和刀架的变形。

由此可见，由于工艺系统刚度随着力点位置的变化而变化，工艺系统的变形量也随着发生变化。变形大的地方切去的金属少，变形小的地方切去的金属多，最后加工出来的工件呈两端粗、中间细的马鞍形形状误差。

②在两顶尖间车削细长轴，如图 3-58(b)所示。由于工件长径比大，其刚度远远低于机床和刀具，因此机床和刀具的受力变形可忽略不计，工艺系统的变形主要取决于工件的变形。

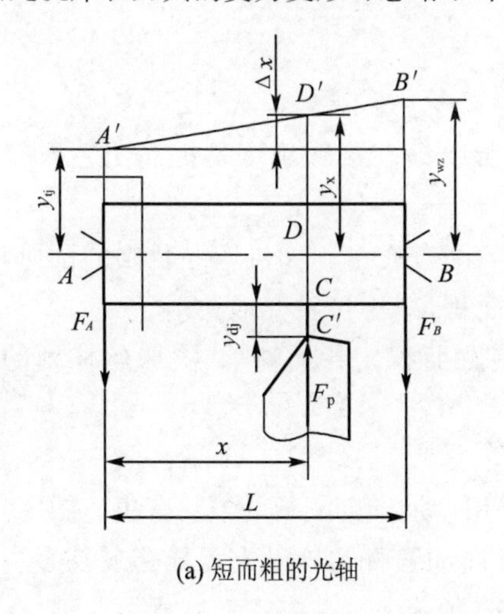

(a) 短而粗的光轴

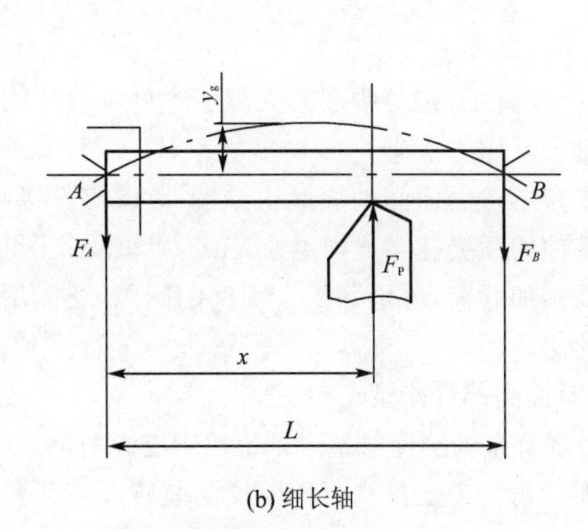

(b) 细长轴

图 3-58　切削力作用点位置变化引起的工艺系统变形

当加工中刀具处于图示位置时，在背向力 F_p 的作用下，工件轴心线产生弯曲变形。

(3)其他作用力所引起的加工误差

在加工过程中，工艺系统还受到夹紧力、重力、惯性力等的作用，在这些力的作用下，系统也将产生变形，进而影响工件的加工精度。

工件装夹时，零件的刚度比较差或夹紧力着力点不当，会使工件产生变形，造成形状误差。如在车床或内圆磨床上，用三爪卡盘夹紧薄壁套筒加工其内孔，夹紧后内孔呈三棱形，加工后内孔成圆形，但是松开后因弹性恢复，该孔又变成三棱形。如图3-59(a)～图 3-59(c)所示。生产中常采用加大三爪的各自接触面积以减小压强，或在套筒外加一开口过渡环加大夹紧力接触面积等方法来减小套筒的变形，如图 3-59(d)和图 3-59(e)所示。

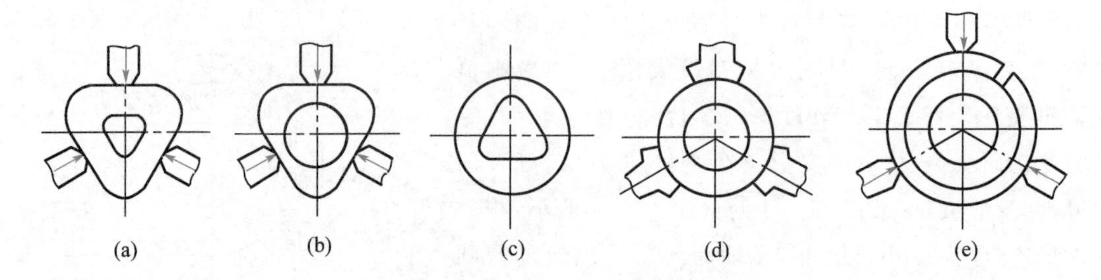

图 3-59 夹紧力引起的零件变形

在工艺系统中，零部件的自重也会使工艺系统产生变形，造成工件的加工误差。如龙门铣床、龙门刨床刀架横梁的变形，摇臂钻床的摇臂受主轴箱自重影响而下垂变形等，都会造成工件的加工误差。如图 3-60 所示，龙门刨床在刀架自重作用下引起横梁的变形，使工件产生端面的平面度误差。

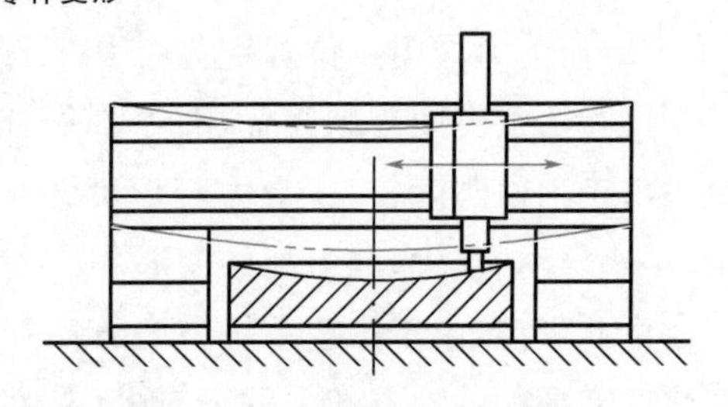

图 3-60 由自重引起的加工误差

如果工艺系统中有不平衡的高速旋转的构件存在，就会产生离心力。离心力在工件的每一转中不断地变换方向，当与背向力同向时就减小了实际切深，当与背向力反向时则增加了切深，因此使工件产生加工误差。

3.减少工艺系统受力变形的主要措施

(1)提高接触刚度

一般部件的接触刚度大大低于零件本身的刚度，所以提高接触刚度是提高工艺系统刚度的关键。常用方法有：

①减小接触面间的表面粗糙度，改善零件接触面的配合质量。如机床导轨副的刮研，精密轴类零件的顶尖孔多次研磨加工等，以增加实际接触面积，减小接触变形。

②预加载荷，可消除配合面间的间隙，还能增大接触面积。各类轴承、滚珠丝杠副的调整常用此法。

(2)提高部件刚度

薄弱环节的刚度对整个系统的刚度影响很大，可采用增加辅助支承的方法解决。图 3-61(a)所示为六角车床上提高刀架刚度的装置。该装置的导向加强杆与辅助支承导套或装于主轴孔内的导套配合，从而使刀架刚度大大提高，如图 3-61(b)所示。

(3)采用合理的装夹方式

如前所述的薄壁套筒的装夹。又如车削细长轴时，一般采用一夹一顶的装夹方式，尾座顶尖采用弹性活顶尖，使工件在受热变形伸长时，顶尖能轴向收缩，以补偿工件的变形，减小误差。

(4)合理的结构设计

在设计机床或夹具时，尽量减少其组成零件数，以减少总的接触变形量。注意刚度匹配，防止低刚度环节出现。

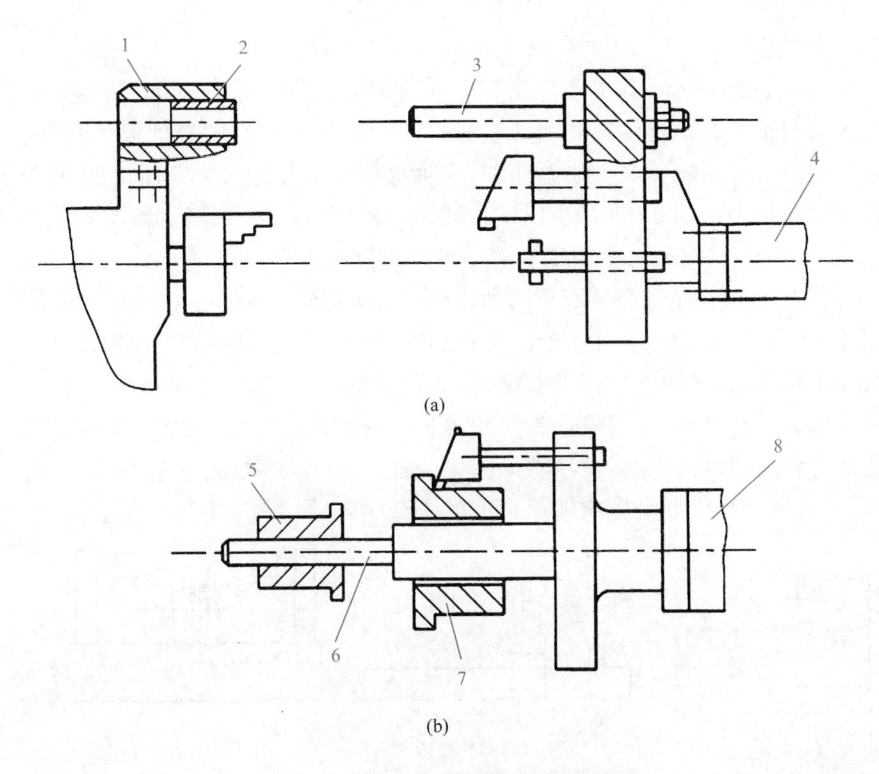

图 3-61　六角车床上提高刀架刚度的装置

1—支承架；2—辅助支承导套；3、6—加强杆；4、8—六角刀架；5—装在主轴孔内的导套；7—工件

四、工艺系统受热变形对加工精度的影响

工艺系统在各种热源的作用下，常发生复杂的热变形，破坏了工件与刀具的相对位置和运动的准确性，从而产生加工误差。

1. 工艺系统的热源

工艺系统的热源，大致可分为两类：一类是内部热源，包括工艺系统内部产生的切削热（由切削层金属的弹性、塑性变形及刀具与工件、切屑间的摩擦所产生的热量）和摩擦热（由机床和液压系统中的运动部分如电动机、轴承、齿轮等传动副、导轨副、液压泵等产生的摩擦热量）；另一类是外部热源，主要指环境温度（如气温变化、冷热风、地基温度变化等）和各种热辐射（阳光、照明灯、暖气设备等）。其中，内部热源对加工的影响是主要的，而外部热源主要对大型和精密工件的加工影响较大。

工艺系统在各种热源的作用下，温度逐渐升高，同时它们也以各种传热方式向周围的介质散发热量。当单位时间内传入热量和散发热量趋于相等时，则认为工艺系统达到了热平衡状态。在热平衡状态下，工艺系统各部分的温度相对稳定，此时的温度场就是较稳定的，其热变形也趋于稳定，引起的加工误差是有规律的。可见稳定的温度场对保证加工精度具有重要意义。

2. 机床的热变形

由于机床结构的复杂性以及在工作中受多种热源的影响，机床的热变形较为复杂。各部件热源不同，将形成不均匀的温度场，使机床各部件之间的相对位置发生变化，破坏了机床的几何精度和位置关系，从而造成工件的加工误差。

对于车、铣、钻、镗类机床，其主要热源是主轴箱。主轴箱中齿轮、轴承的摩擦热，使主轴箱及与之相连的床身或立柱的温度升高而产生较大变形。如车床主轴箱的温升将使主轴抬起；主轴前轴承的温升高于后轴承又使主轴倾斜；主轴箱的热量又传给床身，同时床身导轨副之间的摩擦使床身导轨向上凸起，又进一步使主轴倾斜，最终导致主轴回转轴线与导轨产生平行度误差（图 3-62(a)和图 3-62(e)），使加工后的工件产生圆柱度误差。

对于各类磨床，液压系统和高速磨头的摩擦热以及冷却液带来的磨削热都是其主要热源，热变形主要表现为砂轮架的位移、工件头架的位移和导轨的凸起等（图 3-62(c)和图 3-62(d)）。由于磨床是精加工机床，且多用液压传动系统，因此热变形是不容忽视的问题。

对大型机床如导轨磨床、龙门铣（或刨）床等长床身机床，热变形主要发生在导轨上。因导轨的摩擦热甚至环境温度的影响，使导轨面与床身底面有温差，即使温差很小，也会产生较大的弯曲变形，所以床身热变形是影响加工精度的主要因素（图 3-62(b)）。

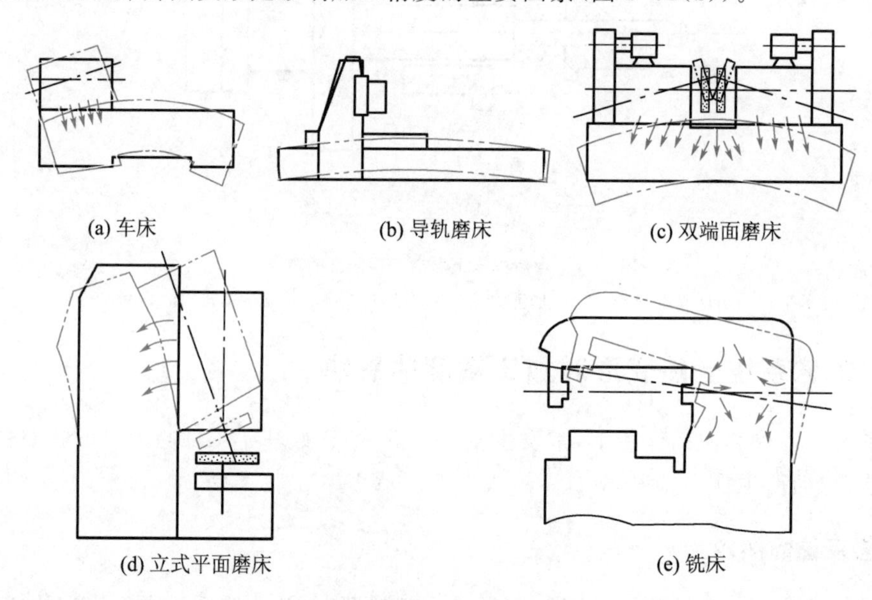
(a) 车床　(b) 导轨磨床　(c) 双端面磨床
(d) 立式平面磨床　(e) 铣床

图 3-62　几种机床热变形的趋势

3. 工件的热变形

切削加工中，工件的热变形主要是由切削热引起的。因工件的加工方式、形状和受热体积不同，切削热传入工件的比例也不一致，其温升和热变形对加工精度的影响也不尽相同。

轴类零件在车削或磨削时，一般是均匀受热，由于热胀冷缩，加工后会形成圆柱度和直径尺寸的误差。

细长轴在顶尖间车削时，热变形将使工件伸长，导致弯曲变形而产生圆柱度误差。

精密丝杠磨削时，工件的热伸长会引起螺距的累积误差。

床身导轨面的磨削加工，由于单面受热，与底面产生温差而引起热变形，影响导轨的直线度。

当粗、精加工间隔时间较短时，粗加工的热变形将影响到精加工，所以划分加工阶段有利于保证加工质量。

4. 刀具的热变形

刀具所受的热源主要是切削热的作用。切削热传给刀具的热量较少，但由于刀头体积小，所以仍具有很高的温度和热变形。图 3-63 所示为车刀热变形与切削时间的关系。

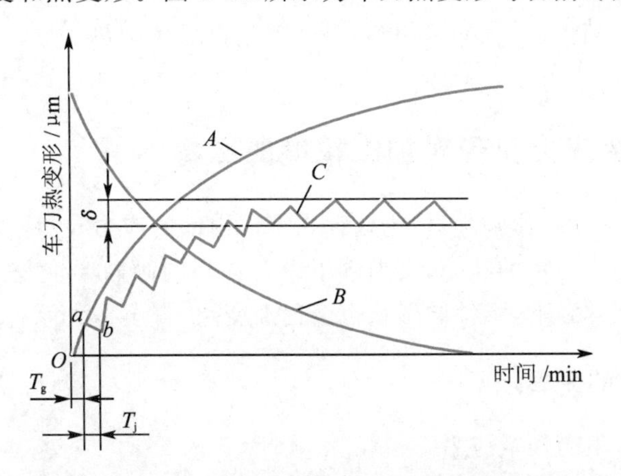

图 3-63　车刀热变形与切削时间的关系

图中曲线 A 是刀具连续切削时的热变形曲线，开始切削时刀具热伸长较快，以后温升逐渐减缓，直至达到热平衡。曲线 B 表示切削停止后，刀具的冷却变形过程。一般车刀是间断切削的，此时车刀温度忽升忽降所形成的变形曲线如图中曲线 C 所示。由此可见，间断车削时，车刀总的热变形比连续切削时要小一些，最后在 δ 范围内变动。

5. 减少工艺系统热变形的措施

(1)减少热源的发热

①采用低速小用量切削来减少切削热。

②从结构、润滑方面改善摩擦特性来减少摩擦热，如采用静压轴承、静压导轨，改用低黏度润滑油、锂基润滑脂等措施。

(2)控制热源的影响

①分离热源。对可以分离出去的热源，如电动机、液压系统等均应移出。

②隔离热源。不能分离的热源可用隔热材料将发热部件和机床大件(如床身、立柱等)隔离开来。

③有效的冷却措施。对发热量大的热源，可采用有效的冷却措施，如增加散热面积或使用强制式的风冷、水冷、循环润滑等。大型数控机床、加工中心普遍采用冷冻机，对润滑油、切削液进行强制冷却，提高冷却效果。

(3)用热补偿的方法均衡温度场

图 3-64 所示为平面磨床采用热空气加热温度较低的立柱后壁，以减小立柱前、后壁的温度差，减少立柱的弯曲变形。图中热空气从电动机风扇排出，通过特设的软管引向防护罩和立柱的后壁空间。采取这种措施后，

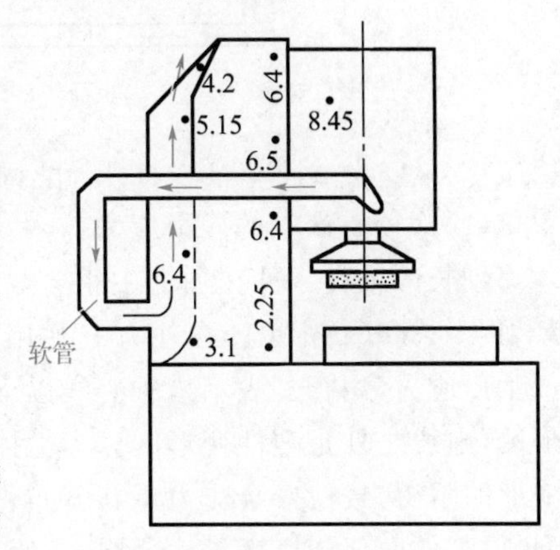

图 3-64　均衡立柱前、后壁的温度场

磨削平面的平面度误差可减小到原来的 1/4～1/3。

(4)保持系统的热平衡状态

让机床高速空转一段时间，在达到或接近热平衡后再进行加工，也可人为给机床加热，缩短其达到热平衡的时间。精密零件的加工应尽量避免中途停车，以免破坏其热平衡。

另外，合理的机床结构设计(如采用热对称结构)也可减小热变形。对于精密机床，还应控制环境温度。

五、工件残余应力变形对加工精度的影响

残余应力是指在外部载荷去除后，仍残存在零件内部的应力，也称内应力。具有残余应力的零件，总是处于一种不稳定的状态，其内部组织有强烈的倾向要恢复到一个稳定的、没有应力的状态，所以即使在常温下，工件的形状也会逐渐变化，直至丧失原有的精度。

1. 残余应力产生的原因

(1)毛坯制造中产生的残余应力

在铸、锻、焊及热处理等毛坯加工中，毛坯各部分受热不均匀或冷却速度不等以及金相组织的转变，都会引起金属不均匀的体积变化，从而在其内部产生较大的残余应力。图 3-65(a)，一内外壁厚不均匀的铸件，当浇铸后冷却时，由于壁 1 和壁 2 较薄，冷却速度快，而壁 3 较厚，冷却较慢。因此，当壁 1 和壁 2 从塑性状态冷却到弹性状态时，壁 3 还处于塑性状态，所以壁 1 和壁 2 收缩时并未受到壁 3 的阻碍，铸件内部不产生残余应力。但当壁 3 也冷却到弹性状态时，壁 1 和壁 2 基本冷却，所以壁 3 收缩时就受到了壁 1 和壁 2 的阻碍，使壁 3 内部产生残余拉应力，壁 1 和壁 2 产生残余压应力，形成相互平衡状态。如果在壁 2 上开一个缺口，则壁 2 的压应力消失，壁 1 和壁 3 分别在各自的拉、压应力作用下产生伸长和收缩变形，直到内应力重新分布达到新的平衡为止(图3-65(b))。由此可知，毛坯的结构越复杂，壁厚越不均匀，散热的条件差别越大，产生的残余应力也就越大。

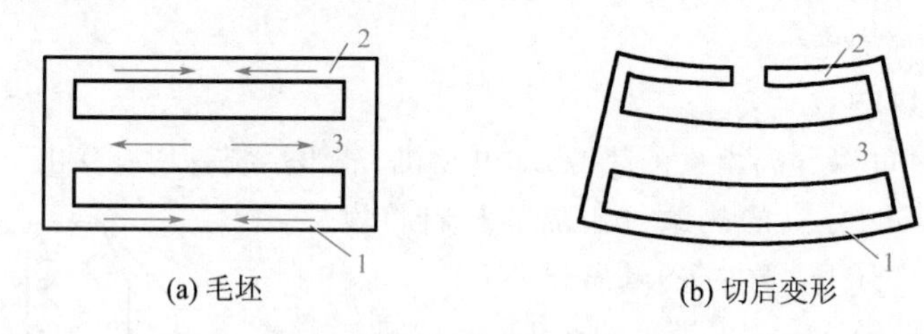

(a) 毛坯　　(b) 切后变形

图 3-65　铸件残余应力引起的变形

(2)冷校直产生的残余应力

细长的轴类零件在加工中很容易弯曲变形，因此需要冷校直，即在弯曲的反方向加外力 F，如图 3-66(a)所示。在外力 F 作用下，工件内部应力分布如图 3-66(b)所示，在轴心线以上产生压应力(用“－”表示)，轴心线以下产生拉应力(用“＋”表示)。在两条虚线之间是弹性变形区，虚线之外是塑性变形区。当去掉外力 F 后，内层的弹性变形要恢复，但受到外层的塑性变形的阻碍，致使残余应力重新分布，如图 3-66(c)所示。由此可见，冷校直虽减小了弯曲变形，但工件内部却产生了残余应力，使工件处于不稳定状态。如再次加工，工件又会产生新的变形。

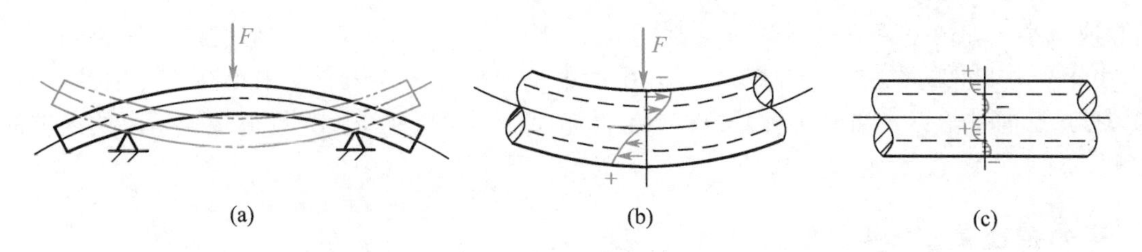

图 3-66　冷校直引起的残余应力

(3)切削加工中产生的残余应力

切削加工过程中产生的切削力和切削热,可使工件表面产生塑性变形,金相组织发生变化,也能引起残余应力,并在加工后使工件发生变形。

2. 减少残余应力的措施

(1)采取时效处理

①自然时效处理。主要是在毛坯制造之后,或粗、精加工之间,让工件停留一段时间,利用温度的自然变化,经过多次热胀冷缩,使工件的晶体内部或晶界之间产生微观滑移,从而达到减少或消除残余应力的目的。这种过程对大型精密件(如床身、箱体等)来说需要很长时间,往往影响产品的制造周期,所以除特别精密件外,一般较少采用。

②人工时效处理。这是目前使用最广的一种方法。它是将工件放在炉内加热到一定温度,使工件金属原子获得大量热能来加速它的运动,并保温一段时间使原子组织重新排列,再随炉冷却,以达到消除残余应力的目的。这种方法对大型件来说就需要一套很大的设备,其投资和能源消耗都较大。

③振动时效处理。这是消除残余应力、减少变形以及保持工件尺寸稳定的一种新方法。可用于铸造件、锻件、焊接件以及有色金属件等。它是以激振的形式将机械能加到含有大量残余应力的工件内,引起工件金属内部晶格错位蠕变,使金属的结构状态稳定,以减少和消除工件的内应力。操作时,将激振器牢固地夹持在工件的适当位置上,根据工件的固有频率调节激振器的频率,直到达到共振状态,再根据工件尺寸及残余应力调整激振器,使工件在一定的振动强度下,保持几分钟甚至几十分钟的振动,这样,不需要庞大的设备,效率高。

(2)合理安排工艺路线

对于精密零件,粗、精加工分开。对于大型零件,由于粗、精加工一般安排在一个工序内进行,故粗加工后先将工件松开,使其自由变形,再以较小的夹紧力夹紧工件进行精加工。对于焊接件,在焊接前工件必须经过预热,以减小温差,从而减小残余应力。

(3)合理设计零件结构

设计零件结构时,应注意简化零件结构,提高其刚度,减小壁厚差,如果是焊接结构时,则应使焊缝均匀,以减小残余应力。

六、保证加工精度的工艺方法

本节主要系统阐述生产实践中保证和提高加工精度的一些方法和措施,以便对提高加工精度有一个全面了解。

1. 直接减少原始误差法

这种方法在生产中应用较广,就是在查明产生加工误差的主要因素后,设法对其直接进行消除或减小。如薄壁套筒采用开口过渡环或专用卡爪减少夹紧力引起的变形。细长轴加工时，由于受力和热的影响使工件产生变形，生产中采用跟刀架或中心架来提高工件刚性，采用90°偏刀、反向进给方式和弹性顶尖等减小工件弯曲变形。这些措施直接地减少了原始误差的影响。

2. 误差补偿法

误差补偿法，就是人为地造出一种新的原始误差，去抵消原来工艺系统中固有的原始误差。显然两种误差要尽量大小相等、方向相反，才能达到减小甚至完全消除原始误差的目的。

如磨床导轨结构狭长，刚度较差，装配后受部件自重影响而容易产生变形。为此，生产中采用预加载荷的方法，即在加工导轨时采取用“配重”代替部件重量，或者先将部件装好后再进行加工，以此来补偿装配后产生的变形。用校正机构提高丝杠车床的传动链精度也是采用误差补偿法。

3. 均分和均化原始误差法

（1）当上道工序的毛坯误差变化较大时，有时即使本道工序的工序能力足够，加工精度稳定，但由于定位误差太大或误差复映的影响，本工序的加工误差也会扩大。如果提高上道工序的加工精度不经济时，就可采用分组调整、均分误差的方法，即把毛坯按误差的大小分为 n 组，每组误差范围就缩小为原来的 $1/n$，然后按各组误差分别调整加工，这样就可大大缩小整批工件的尺寸分散范围。

（2）对于配合精度要求很高的表面，常常用研磨的方法进行加工。研磨时，尽管研具本身精度不高，但它在和工件做相对运动的过程中，使工件上各点不断与研具各点相互接触，并对工件进行微量切削，一些凸峰被磨去，使工件逐渐达到很高的精度。在此过程中，研具也会被磨去一部分，精度也会提高。这就是误差均化法，即利用有密切联系的表面相互比较、相互修正，让局部较大的误差比较均匀地分配到整个加工表面，使工件被加工表面的误差不断缩小均化。

4. 误差转移法

误差转移法就是将影响加工精度的原始误差转移到不影响（或少影响）加工精度的方向或其他零部件上去。如图 3-54 所示的用死顶尖磨外圆，工件的回转轴线由两个死顶尖决定，机床的主轴回转精度不再影响加工精度，而转移到用夹具来保证。又如在普通镗床上用坐标法镗孔时，就是采用精密的量具来精确定位，保证了孔系的位置精度，而机床误差不会反映到工件的定位精度上去。通过误差转移的方法，可以达到“以粗干精”的目的。

5. 就地加工法

在加工和装配中，有些精度问题牵涉到很多零部件的相互关系，如果仅仅依靠提高零部件本身的精度来满足要求，有时不但不能达到，即使达到也很不经济。采用就地加工法就可以解决这一难题。

七、机械加工表面质量

机械加工表面质量简称表面质量，包含两方面内容：

1. 表面的几何特征

(1)表面粗糙度

指加工表面的微观几何形状误差，如图 3-67 所示，其波长 L_3 与波高 H_3 的比值一般小于 50。

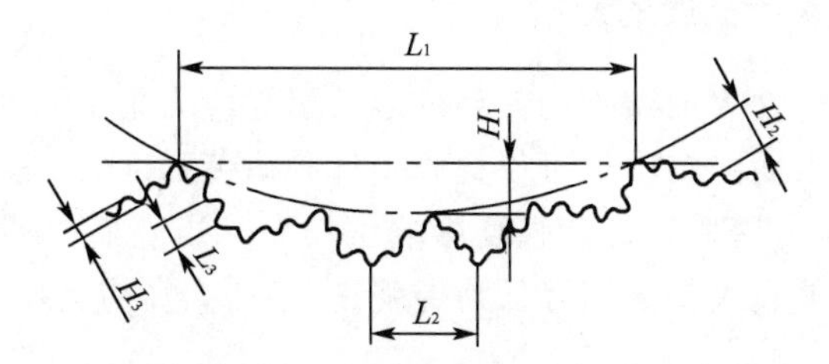

图 3-67　形状误差、表面粗糙度及波度的示意关系

(2)表面波度

它是介于形状误差($L_1/H_1>1000$)与表面粗糙度($L_3/H_3<50$)之间的周期性的几何形状误差。其波长 L_2 与波高 H_2 的比值一般为 50～1000。

(3)表面纹理方向

即表面刀纹的方向，它取决于表面形成所采用的机械加工方法。一般对运动副或密封件要求纹理方向。

2. 表面层物理力学性能

表面层物理力学性能主要有三方面内容：

(1)表面层的加工硬化；

(2)表面层的金相组织变化；

(3)表面层的残余应力。

八、表面质量对零件使用性能的影响

1. 表面质量对耐磨性的影响

零件的耐磨性不仅和材料、润滑条件有关，而且还与零件的表面质量有关。当两个表面接触时，开始时在接触面上实际是一些凸峰相接触，因此实际接触面积比理论接触面积要小得多。在外力作用下，凸峰处将产生很大的压强，当零件做相对运动时，接触处的部分凸峰就会产生塑性变形被磨损掉。表面越粗糙，凸峰的压力越大，磨损就越快。但这不等于说零件表面粗糙度越小越耐磨。如果表面粗糙度过小，将使紧密接触的两个光滑表面间的贮油能力变差，润滑能力恶化，两表面将会发生分子黏合现象而咬合起来，加剧磨损。所以表面粗糙度与初期磨损量之间存在一个最佳值，如图3-68所示。能获得最小磨损量的表面粗糙度值为零件最耐磨的表面粗糙度值。

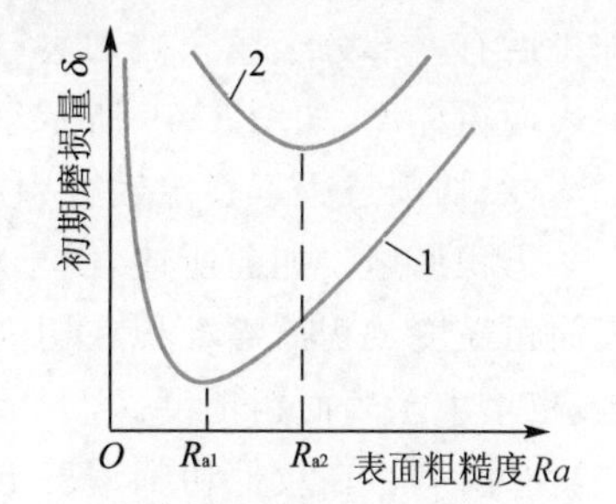

图 3-68　表面粗糙度与初期磨损量的关系

1—轻载荷；2—重载荷

从图中还可知，重载荷情况下零件的最佳表面粗糙度值

要比轻载荷时大。显然在不同的工作条件下,零件的最佳表面粗糙度值是不同的。

表面层的加工硬化使零件表面层的硬度提高,有利于提高零件的耐磨性。但过度硬化会使零件表面层金属变脆,组织疏松,甚至产生剥落现象,使零件耐磨性下降。所以零件表面层硬化深度有一个最佳值,可使零件耐磨性最好。

2. 表面质量对零件疲劳强度的影响

在交变载荷作用下,零件表面微观的凹谷处容易引起应力集中而产生疲劳裂纹,造成零件的疲劳破坏。因此,减小表面粗糙度值可以提高零件的疲劳强度。

零件表面层的残余应力性质对疲劳强度影响也较大。当表面层残余应力为拉应力时,在拉应力作用下,会使表面的裂纹扩大而降低疲劳强度;而残余压应力则可以延缓疲劳裂纹的扩展,提高零件的疲劳强度。

表面的加工硬化能阻碍疲劳裂纹的出现,但硬化程度过大反而会降低疲劳强度。

3. 表面质量对零件耐蚀性能的影响

零件表面粗糙度值对零件耐蚀性的影响很大。因为表面的微观凹谷处容易积聚腐蚀性物质,表面越粗糙,凹谷越深,腐蚀与渗透作用越强烈。

表面残余应力对零件的耐蚀性也有一定影响。残余压应力使零件表面紧密,腐蚀性物质不容易进入,可提高零件的耐蚀性;而残余拉应力会降低耐蚀性,使零件易被腐蚀。

4. 表面质量对配合性质及零件其他性能的影响

对间隙配合来说,如果表面太粗糙,会使配合表面很快磨损而增大配合间隙,降低配合精度;对于过盈配合来说,如果表面粗糙度值太大,在装配时配合表面的波峰会被挤平,减小了实际过盈量,降低配合件间连接强度,影响配合的可靠性。因此,对于有配合的表面,应减小表面粗糙度值。

九、影响切削加工表面粗糙度的工艺因素及改善措施

1. 表面粗糙度的形成

(1)理论粗糙度

在普通切削的情况下,由于刀具几何角度和主、副切削刃与工件之间的相对运动等原因,加工后有一部分金属未被切去,残留在已加工表面上。残留面积的高度直接影响已加工表面的表面粗糙度,如图 3-69 所示车外圆的情况。

(2)切削过程不稳定因素引起的粗糙度

①积屑瘤　如前所述,由于积屑瘤不稳定,脱落的碎片会粘在已加工表面上,从而增大了表面粗糙度。积屑瘤堆积在切削刃附近,使刃口钝化,造成挤压和过切现象,加工表面出现犁沟,也增大了表面粗糙度。

②鳞刺　在较低切削速度下,切削中碳钢、铬钢(20Cr、40Cr)、紫铜等塑性金属时,在已加工表面上会出现一种鳞片状有裂口的毛刺,称为鳞刺。在拉削、螺纹车削中会出现这种现象,将严重影响表面粗糙度。

③振动　切削振动不仅会增大表面粗糙度,严重时会影响机床精度和损坏刀具。产生振

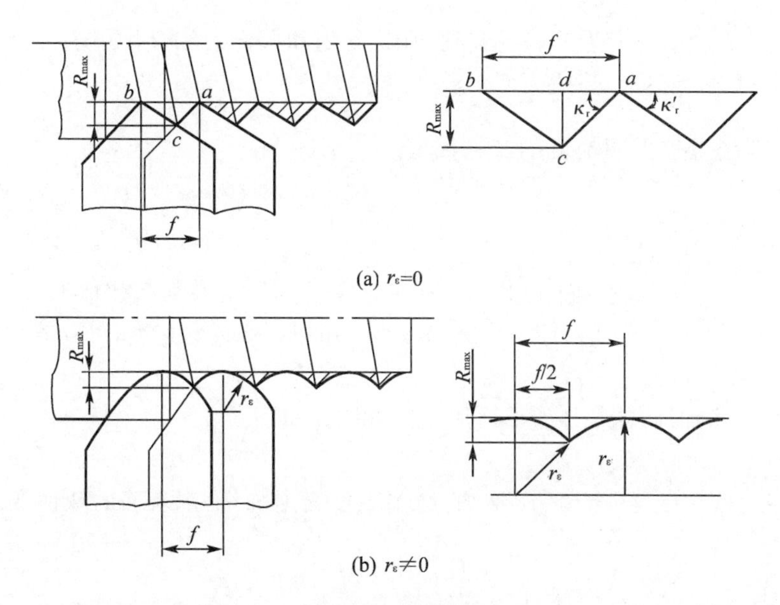

(a) $r_\varepsilon=0$

(b) $r_\varepsilon\neq0$

图 3-69　残留面积

动的原因较复杂，通常由工艺系统不足和过大的背向力 F_p 造成。

2. 影响表面粗糙度的因素及改善措施

（1）切削用量

进给量 f 对表面粗糙度影响很大。进给量 f 越小，残留面积高度 R_{max} 越小，而且鳞刺、积屑瘤和振动均不易产生。因此，减小进给量有利于减小表面粗糙度。但进给量太小，会加剧刃口对加工表面的挤压，增加冷硬程度。

切削塑性材料时，在低速或高速范围内切削不易产生积屑瘤。而在中等速度下，容易形成积屑瘤和鳞刺。所以精加工塑性材料时，为获得较小的表面粗糙度，通常硬质合金刀具采用高速切削，高速钢刀具采用低速切削。对于脆性材料，切削速度对表面粗糙度影响较小。

（2）刀具几何角度

刀具前角 γ_o 或后角 α_o 增大，都能减小变形和摩擦，提高刀具的锋利性，还能抑制积屑瘤和鳞刺的生成，所以增大前角或后角，能获得较小的表面粗糙度，改善表面质量。

减小主、副偏角 κ_r 和 κ_r' 或增大刀尖圆弧半径 r_ε 都可减小残留面积高度 R_{max}，减小表面粗糙度值。生产中通过修磨 $\kappa_r'=0°$ 的修光刃，可获得较小的表面粗糙度。但修光刃不宜太宽，否则会引起振动。

提高刀具的刃磨质量，也能得到较小的表面粗糙度。

（3）其他因素

合理使用切削液，能减少变形，抑制积屑瘤和鳞刺的产生，因而可大大减小表面粗糙度。对于塑性较大的工件材料，为了减小表面粗糙度值，常在切削加工前对材料进行调质或正火处理，以获得均匀细密的晶粒组织和较高的硬度。

十、影响磨削加工表面粗糙度的工艺因素及改善措施

1. 磨削加工表面粗糙度的形成

由于砂轮的磨粒形状不规则，分布不均匀，每个磨粒又都有较大的钝圆半径，而且磨削厚

度很小，因此在磨削过程中每个磨粒将起到切削、刻划和抛光的综合作用，从而在加工表面刻划出细微的沟痕和塑性隆起，形成表面粗糙度。

2. 影响磨削加工表面粗糙度的工艺因素

(1)磨削用量

①砂轮速度 v_s

提高砂轮速度，可以使磨粒单位时间内在工件单位面积上磨削次数增加，刻痕数增多，还能使表层金属因来不及充分变形而塑性隆起减小。所以提高砂轮速度，可以减小表面粗糙度。

②工件速度 v_w

工件速度 v_w 增加，将使塑性变形增加，表面粗糙度增大。

③进给量

轴向进给量 f_a 和径向进给量 f_r 增加，磨削厚度会增加，磨削表面的塑性变形程度增大，表面粗糙度增大。

(2)砂轮

①粒度

砂轮的磨粒越细，单位面积上的磨粒数量越多，刻划的沟痕越细密，表面粗糙度越小。但磨粒过细，砂轮易糊塞，磨削性能下降，磨削力和磨削温度增加，反而使表面粗糙度增大，甚至出现烧伤现象。

②硬度

砂轮硬度应适中，延长砂轮的半钝化期，因为半钝化的微刃切削作用降低，但摩擦抛光作用显著，所以会使工件获得较小的表面粗糙度。

③砂轮的修整

砂轮的修整质量是改善磨削表面粗糙度的重要因素。砂轮修整的质量越好，砂轮表面磨粒的等高性越好，磨削出的表面粗糙度越小。

(3)工件材料

若工件材料的硬度太高，磨粒易磨钝，不易提高表面质量；若工件材料的塑性、韧性较大，则塑性变形较大，而且易糊塞砂轮，也得不到较小的表面粗糙度值。

3. 改善表面粗糙度的措施

综上所述，减小磨削表面粗糙度的措施归纳如下：

(1)合理选择磨削用量，即提高磨削速度，降低工件线速度、轴向进给量和径向进给量，都有利于减小表面粗糙度值。

(2)合理选择砂轮的粒度号、硬度以及磨料、结合剂等。

(3)提高砂轮的修整质量，尤其在精磨或超精磨时，必须采用锋利的金刚石刀精细修整砂轮，以提高磨粒微刃的等高性。

(4)改善磨床的性能。砂轮主轴的径向跳动量要小，动刚性要好，而且要求磨床在低速时，无爬行现象。

此外，合理地使用磨削液，改善工件材料的性能，也能降低表面粗糙度值。

十一、影响表面力学性能的工艺因素及改善措施

1. 影响加工硬化的因素

塑性变形越大，切削力越大，硬化现象越严重。因此，提高切削速度、减小进给量和背吃刀量，可以减小切削变形和切削力，减轻硬化现象。

增大刀具的前角和后角、减小刃口钝圆半径、提高刀具的锋利性，也可减小挤压变形和切削力，减轻硬化现象。

此外，合理使用切削液，减小刀具后刀面与加工表面的摩擦，也可降低硬化程度。

2. 影响表面残余应力的因素

机械加工后，工件表面层的残余应力是冷态塑性变形、热态塑性变形和金相组织变化三者综合作用的结果。在不同的加工条件下，残余应力的性质、大小及分布规律会有明显的差别。切削加工时，主要是冷态塑性变形引起的残余应力，即工件表面受到刀具后刀面的挤压和摩擦而产生伸长塑性变形，最后因基体的弹性恢复在表面层产生残余压应力。磨削加工时，主要是热态塑性变形或金相组织变化引起的体积变化而产生残余应力，表面层常存有残余拉应力。

3. 表面层金相组织的变化与磨削烧伤

(1)金相组织的变化与磨削烧伤的产生

在切削加工中，因变形和摩擦所消耗的能量绝大部分转变为切削热，所以切削区内温度升高，当温度升高到金相组织变化的临界点时，表层金属就会发生金相组织变化。对于一般的切削加工，因所消耗的能量较少，而切削热大多被切屑带走，切削温度较低，影响不大。但对于磨削加工，由于磨削速度很高、磨削厚度很小、磨粒负前角切削等原因，产生的热量比切削加工大得多，磨削区的温度很高，容易引起金相组织变化，使强度和硬度下降，产生残余应力，甚至出现微观裂纹，严重时还会在工件表面局部出现各种带色斑点，即形成表面烧伤。

(2)影响磨削烧伤的因素

凡影响磨削温度的因素都影响磨削烧伤。

①磨削用量

当径向进给量 f_r 增加时，消耗的能量增加，工件表面及里层的温度都将提高，容易造成烧伤，故 f_r 不宜取得太大。

当轴向进给量 f_a 增加时，砂轮与工件接触面积减少，改善了散热条件，磨削温度降低，可减轻烧伤。但 f_a 增加会导致表面粗糙度变大，这时可采用较宽的砂轮弥补。

当工件速度 v_w 增加时，磨削区的温度虽然会上升，但由于此时热源的作用时间减少，因而可减轻烧伤。为了弥补因 v_w 增加导致表面粗糙度变大的缺陷，可提高砂轮速度。实践证明，同时提高工件速度 v_w 和砂轮速度 v_s，既可减轻表面烧伤，又不致增大表面粗糙度和降低生产率。

②砂轮特性

砂轮硬度太高，磨钝的磨粒不易脱落，使磨削温度升高，容易造成烧伤。砂轮组织紧密，气孔率小，易糊塞砂轮，容易造成烧伤。总之采用硬度较软、组织疏松、粗粒度以及结合剂弹性好的砂轮，有利于减轻烧伤现象。

③冷却方法

采用切削液能有效地降低切削温度，减轻烧伤。然而，普通的冷却方法效果较差，实际上没有多少切削液进入磨削区。如图 3-70 所示为常用的冷却方法，切削液不易进入磨削区 AB，且大量倾注在已经离开磨削区的加工面上，而这时烧伤已经产生。因此应采取有效的冷却方法。生产中常采用以下措施来提高冷却效果：

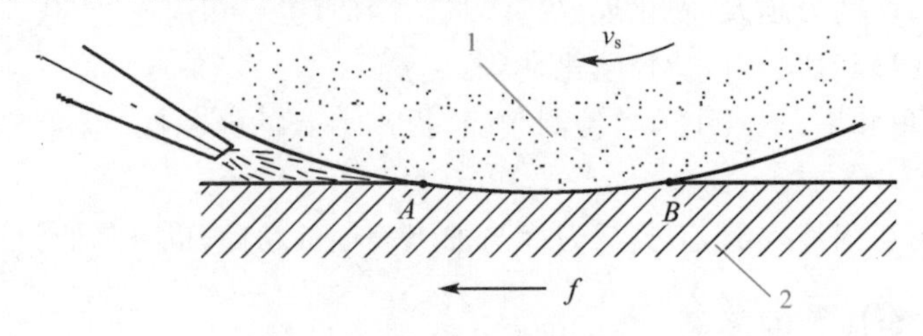

图 3-70 常用的冷却方法

1—砂轮；2—工件

● 采用内冷却砂轮。如图 3-71 所示，将切削液引入砂轮的中心腔内，由于离心力的作用，切削液经过砂轮内部的孔隙从砂轮四周的边缘甩出，这样，切削液即可直接进入磨削区，发挥有效的冷却作用。

● 改进切削液喷嘴和增加切削液流量。因高速磨削产生的强大气流使切削液不易进入切削区，为弥补这一不足，一般可增加切削液的流量和压力，并采用在砂轮上安装带有空气挡板的特殊喷嘴，如图 3-72 所示。喷嘴上有一块横板紧贴砂轮圆周，使强大的气流沿板上面流出，避免气流进入磨削区，两侧的挡板可防止冷却液向两旁飞溅。这对于高速磨削效果显著。

● 采用浸油砂轮。把砂轮放在溶化的硬脂酸溶液中浸透，取出后冷却即为浸油砂轮。磨削时，磨削区热源使砂轮边缘部分的硬脂酸溶化而进入磨削区，从而起到冷却和润滑作用。

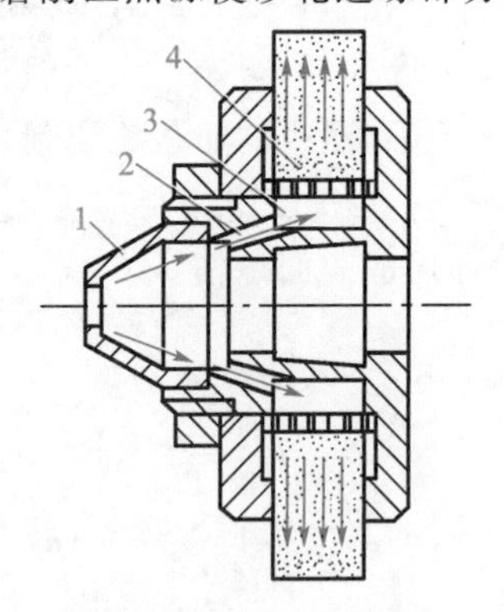

图 3-71 内冷却砂轮结构

1—锥形盖；2—切削液通孔；

3—砂轮中心腔；

4—有径向小孔的薄壁套

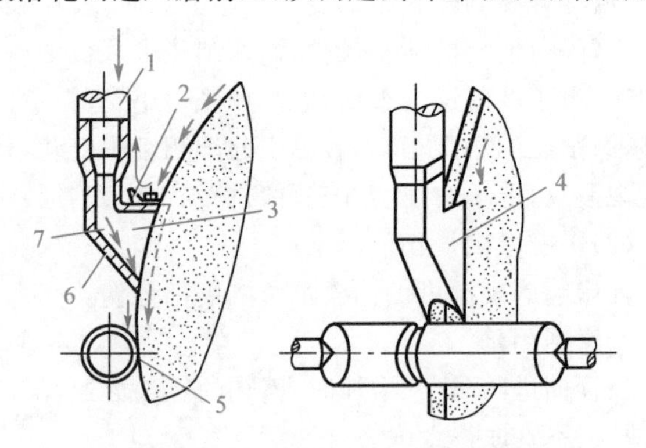

图 3-72 带有空气挡板的切削液喷嘴

1—液流导管；2—可调气流挡板；3—空腔区；

4—喷嘴罩；5—磨削区；6—排液区；7—液嘴

任务实施

1. 按小组分配活塞体。

2. 根据活塞体类型确定检测的技术要求。

3. 准备测量工具及记录表。

4. 检验一个实体活塞，步骤如下：活塞顶部和燃烧室→活塞头部、环槽区域→活塞裙部→

活塞活块、销孔、卡簧槽→活塞内腔及厂标→填写活塞质量检验表。

5. 检测表面数据，比对技术资料分析活塞体是否需要维修。

拓展训练

检验活塞连杆组件。

习题与训练

1. 什么叫作加工精度和加工误差？它们之间有什么区别？

2. 什么是原始误差？它包括哪些内容？

3. 试说明磨削外圆时，使用死顶尖的目的是什么？哪些因素将引起工件的形状误差？

4. 什么是误差复映？设已知一工艺系统的误差复映系数为 0.25，工件在本工序前有椭圆度误差 0.45 mm。若本工序形状精度规定允许误差为 0.01 mm，至少应走几次刀方能使形状精度合格？

任务四　减速器的装配

学习目标

1. 了解箱体类部件装配的一般过程。

2. 掌握减速器装配精度要求，掌握装配尺寸链的计算方法。

3. 熟悉装配工艺规程的制订、实施步骤、方法和内容。

4. 掌握典型机械零件的装配方法和装配工艺。

情境导入

装配是零件成为机器的最后一个过程，通过装配，把无序的零件有序地组合在一起，控制好装配的质量，使机器达到一定的性能要求。装配质量的好坏需从装配方法、装配精度、装配工艺等多方面合理的选择或确定来保证。想一想减速器是如何装配的？

任务描述

总装车间现有 5 台与整机配套的减速器装配任务，作为车间技术人员，如何根据编制的装配工艺，完成此项任务。

任务分析

安装减速器时，应重视传动中心轴线对中，其误差不得大于所用联轴器的使用补偿量。对中良好能延长减速器的使用寿命，并获得理想的传动效率；在输出轴上安装传动件时，不应用锤子敲击，通常用装配夹具和轴端的内螺纹，用螺栓将传动件压入；减速器应牢固地安装在稳定、水平的基础或底座上，排油槽的油应能排除，且冷却空气循环流动；保证工作人员能方便地靠近油标、通气塞、排油塞。安装就位后，应按次序全面检查安装位置的准确性及各紧固件压紧的可靠性，安装后应能灵活转动。滚动轴承用汽油清洗，其他零件用煤油清洗。所有零件和箱体内不许有任何杂质存在。重点调整的有滚动轴承的安装、轴承轴向游隙、齿轮（蜗轮）啮合的齿侧间隙等。安装过程中要注意密封要求、润滑要求等。

相关知识

一、装配概述

1.装配与装配精度的概念

(1)装配

任何机器都是由许多零件、组件和部件组成的。根据规定的技术要求，将若干零件结合成组件和部件，并进一步将零件、组件和部件结合成机器的过程称为装配。前者称为部件装配，后者称为总装配。

装配是机器制造过程的最后一个阶段。为了使产品达到规定的技术要求，装配不仅是指零部件的结合过程，还应包括调整、检验、试验、油漆和包装等工作。

(2)装配精度

装配精度是指装配工艺的质量指标，可根据机器的工作性能来确定。装配精度一般包括以下几个方面：

①尺寸精度　尺寸精度是指装配后相关零部件间应该保证的距离和间隙。如轴孔的配合间隙或过盈，车床床头和尾座两顶尖的等高度等。

②位置精度　位置精度是指装配后相关零部件间应该保证的平行度、垂直度、同轴度和各种跳动等。如普通车床溜板移动对尾座顶尖套锥孔轴心线的平行度要求等。

③相对运动精度　相对运动精度是指装配后有相对运动的零部件间在运动方向和运动准确性上应保证的要求。如普通车床尾座移动对溜板移动的平行度，滚齿机滚刀主轴与工作台相对运动的准确性等。

④接触精度　接触精度是指两配合表面、接触表面和连接表面间达到规定的接触面积和接触点分布的情况。它影响到部件的接触刚度和配合质量的稳定性。如齿轮啮合、锥体配合、移动导轨间均有接触精度的要求。

不难看出，上述各装配精度之间存在一定的关系，如接触精度是尺寸精度和位置精度的基础，而位置精度又是相对运动精度的基础。

2. 装配精度与零件精度间的关系

机器及其部件都是由零件所组成的，零件的加工精度特别是关键零件的加工精度，对装配精度有很大影响。如图 3-73 所示，普通车床尾座移动对溜板移动的平行度要求，就主要取决于床身上溜板移动的导轨 A 与尾座移动的导轨 B 的平行度以及导轨面间的接触精度。

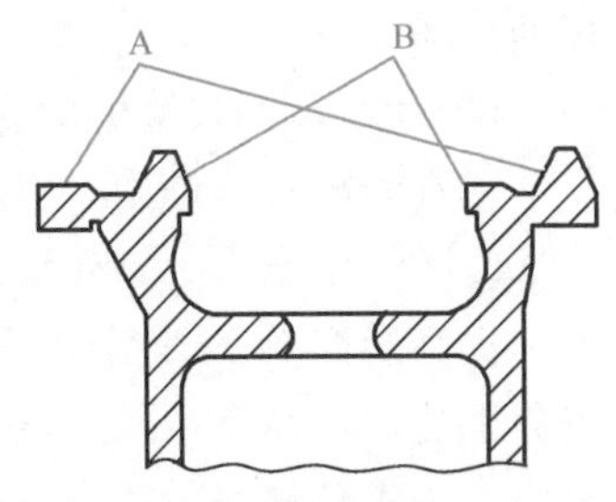

图 3-73　床身导轨简图

A—溜板移动导轨；

B—尾座移动导轨

一般而言，多数的装配精度与和它相关的若干个零部件的加工精度有关，所以应合理地规定和控制这些相关零部件的加工精度，在加工条件允许时，使它们的加工误差累积起来仍能满足装配精度的要求。但是，当遇到有些要求较高的装配精度时，如果完全靠相关零件的加工精度来直接保证，则零件的加工精度将会很高，给加工带来较大的困难。如图3-74(a)所示，普通车床床头和尾座两顶尖的等高度要求，主要取决于床头主轴箱 1、尾座 2、底板 3 和床身 4 等零部件的加工精度。该装配精度很难由相关零部件的加工精度直接保证，故采用修配底板 3 的工艺措施来保证装配精度。这样做，虽然增加了装配的劳动量，但从整个产品制造的全局分析，仍是经济可行的。

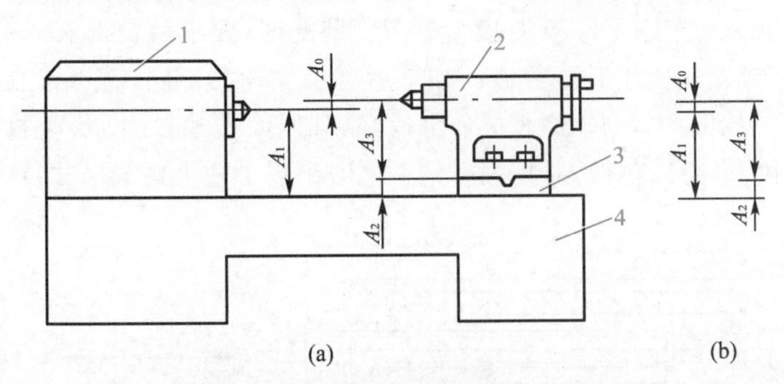

图 3-74　床头主轴箱与尾座套筒中心线等高

1—床头主轴箱；2—尾座；3—底板；4—床身

由此可见，产品的装配精度和零件的加工精度有密切的关系，零件的加工精度是保证装配精度的基础，但装配精度并不完全取决于零件的加工精度。装配精度的保证，应从产品的结构、机械加工和装配方法等方面进行综合考虑，故将尺寸链的基本原理应用到装配中。建立装配尺寸链和计算装配尺寸链是进行综合分析的有效手段。

3. 装配尺寸链的建立

装配尺寸链是指产品或部件在装配过程中，由相关零件的有关尺寸(表面或轴线间距离)或相互位置关系(平行度、垂直度或同轴度等)所组成的尺寸链。其基本特征依然是尺寸组合的封闭性，即由一个封闭环和若干个组成环所构成的尺寸链呈封闭图形。下面介绍装配尺寸链的建立方法。

(1)封闭环与组成环的查找

装配尺寸链的封闭环多为产品或部件的装配精度，凡对某项装配精度有影响的零部件的有关尺寸或相互位置精度即为装配尺寸链的组成环。查找组成环的方法是：从封闭环两边的零件或部件开始，沿着装配精度要求的方向，以相邻零件装配基准间的联系为线索，分别由近及远地去查找装配关系中影响装配精度的有关零件，直至找到同一基准零件的同一基准表面为止，这些有关尺寸或位置关系，即为装配尺寸链中的组成环。然后画出尺寸链图，判别组成环的性质。

(2)建立装配尺寸链的注意事项

①在装配尺寸链中，装配精度就是封闭环。

②按一定层次分别建立产品与部件的装配尺寸链。机械产品通常都比较复杂，为便于装配和提高装配效率，整个产品多划分为若干个部件，装配工作分为部件装配和总装配。因此，应分别建立产品总装尺寸链和部件装配尺寸链。产品总装尺寸链以产品精度为封闭环，以总装中有关零部件的尺寸为组成环。部件装配尺寸链以部件装配精度要求为封闭环(总装时则为组成环)，以有关零件的尺寸为组成环。这样分层次建立的装配尺寸链比较清晰，表达的装配关系也更加清楚。

③在保证装配精度的前提下，装配尺寸链的组成环可适当简化。

④确定相关零件的相关尺寸应采用"尺寸链环数最少"原则(也称最短路线原则)。由尺寸链的基本理论可知，封闭环公差等于各组成环公差之和。当封闭环公差一定时，组成环越少，各环就越容易加工，因此每个相关零件上仅有一个尺寸作为相关尺寸最为理想，即用相关零件上装配基准间的尺寸作为相关尺寸。

如图 3-75 所示为一车床尾座顶尖套装配图。装配时，要求后盖 3 装入后，螺母 2 在尾座顶尖套内的轴向窜动量不大于某一数值。如果后盖尺寸标注不同，就可建立两个不同的装配尺寸链。图 3-75(c)比图 3-75(b)多了一个组成环，其原因是和封闭环 A_0 直接有关的凸台高度 A_3 由尺寸 B_1 和 B_2 间接获得，即相关零件上同时出现了两个相关尺寸，这是不合理的。

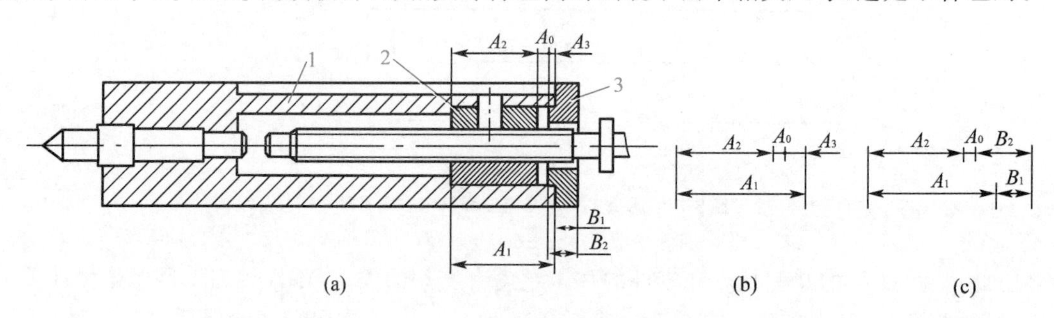

图 3-75 车床尾座顶尖套装配图

1—顶尖套；2—螺母；3—后盖

⑤当同一装配结构在不同位置方向有装配精度要求时，应按不同方向分别建立装配尺寸链。例如常见的蜗杆副结构，为保证正常啮合，蜗杆副中心距、轴线垂直度以及蜗杆轴线与蜗轮中心平面的重合度均有一定的精度要求，这是三个不同位置方向的装配精度，因而需要在三个不同方向建立装配尺寸链。

二、保证装配精度的方法

机械产品的精度要求最终要靠装配实现。生产中保证产品装配精度的具体方法有许多种，经过归纳可分为互换法、选配法、修配法和调整法四大类。同一项装配精度，因采用的装配方法不同，其装配尺寸链的计算方法也不相同。现分述如下：

1. 互换法

互换法就是在装配过程中，零件互换后仍能达到装配精度要求的一种方法。按互换程度的不同，互换法又分为完全互换法和大数互换法两种。

（1）完全互换法

在全部产品中，装配时各零件不需挑选、修配或调整就能保证装配精度的装配方法称为完全互换法。选择完全互换法时，其装配尺寸链采用极值公差公式计算，即各有关零件的公差之和小于或等于装配公差：

$$\sum_{i=1}^{m+n} T_i \leqslant T_0 \tag{3-20}$$

（2）大数互换法

大数互换法是指在绝大多数产品中，装配时各零件不需挑选、修配或调整就能保证装配精度要求的装配方法。该方法尺寸链计算采用概率法公差公式计算，即当各组成环呈正态分布时，各有关零件公差值的平方和的平方根小于或等于装配公差：

$$\sqrt{\sum_{i=1}^{m+n} T_i^2} \leqslant T_0 \tag{3-21}$$

采用概率法公差公式计算，将组成环的平均公差扩大了$\sqrt{m+n}$倍，其他计算与完全互换法相同。

2. 选配法

在成批或大量生产条件下，对于组成环少而装配精度要求很高的尺寸链可采用选择装配法（简称选配法）。该方法是将组成环的公差放大到经济可行的程度，然后选择合适的零件进行装配，以保证规定的装配精度。选配法有三种：直接选配法、分组选配法和复合选配法。下面举例说明采用分组选配法时尺寸链的计算方法。

图 3-76（a）所示为活塞与活塞销的连接情况，活塞销外径 $d=\phi 28_{-0.0025}^{\ 0}$ mm，相应的活塞销孔直径 $D=\phi 28_{-0.0075}^{-0.0050}$ mm。根据装配技术要求，活塞销孔与活塞销在冷态装配时应有 0.002 5～0.007 5 mm 的过盈，与此相应的配合公差仅为 0.005 mm。若活塞与活塞销采用完全互换法装配，活塞销孔与活塞销直径的公差按“等公差”分配时，则它们的公差只有 0.002 5 mm。显然，制造这样精确的活塞销和活塞销孔都是很困难的，也很不经济。

实际生产中则是先将上述公差值放大四倍，这时活塞销的直径 $d=\phi 28_{-0.0100}^{\ 0}$ mm，活塞销孔的直径 $D=\phi 28_{-0.0150}^{-0.0050}$ mm，这样就可以采用高效率的无心磨和金刚镗分别加工活塞外圆和活塞销孔，然后用精密仪器进行测量，并按尺寸大小分成四组，涂上不同的颜色加以区别（或装入不同的容器内）。并按对应组进行装配，即大的活塞销配大的活塞销孔，小的活塞销配小的活塞销孔，装配后仍能保证过盈量的要求。具体分组情况如图 3-76（b）所示。同样颜色的活塞销与活塞可按完全互换法装配。

采用分组选配法时，关键要保证分组后各对应组的配合性质和配合公差满足设计要求，所以应注意以下几点：

（1）配合件的公差应当相等。

（2）公差要同方向增大，增大的倍数应等于分组数。

（3）分组数不宜多，否则会增加零件的测量和分组工作量，从而使装配成本提高。

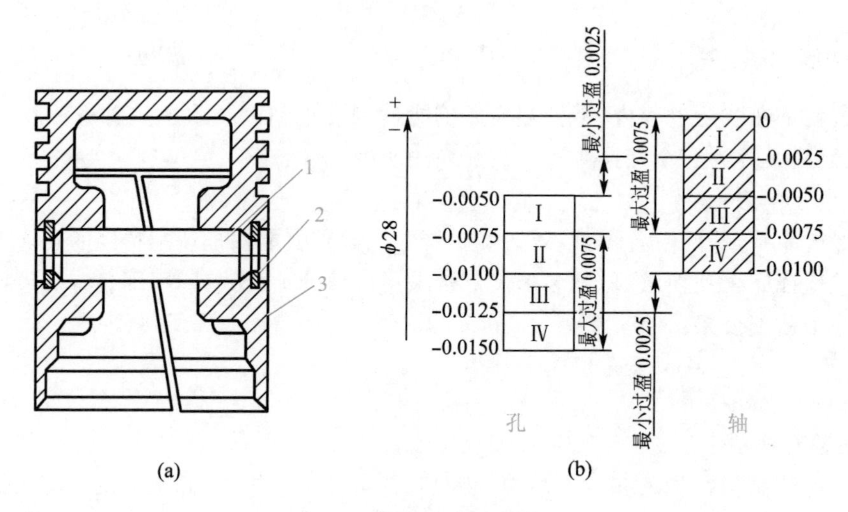

图 3-76 活塞与活塞销连接

1—活塞销;2—挡圈;3—活塞

分组选配法的特点是可降低对组成环的加工要求,而不降低装配精度。但是分组选配法增加了测量、分组和配套工作,当组成环较多时,这种工作就会变得非常复杂。所以分组选配法适用于成批、大量生产中封闭环公差要求很严、尺寸链组成环很少的装配尺寸链中,例如精密偶件的装配、滚动轴承的装配等。

3. 修配法

在装配精度要求较高而组成环较多的部件中,若按完全互换法装配,会使零件精度太高而无法加工,这时常常采用修配法装配来保证封闭环公差的要求。修配法就是将装配尺寸链中各组成环按经济精度加工,装配后产生的累积误差用修配某一组成环来解决,从而保证其装配精度。

(1)修配方法

①单件修配法

这种方法是在多环尺寸链中,选定某一固定的零件作为修配环,装配时进行修配以达到装配精度。

②合并加工修配法

这种方法是将两个或多个零件合并在一起当作一个修配环进行修配加工。合并加工的尺寸可看作一个组成环,这样减少尺寸链的环数,有利于减少修配量。例如,普通车床的尾座装配,为了减少总装时尾座对底板的刮研量,一般先把尾座和底板的配合平面加工好,并配刮横向小导轨,然后再将两者装配为一体,以底板的底面为定位基准,镗尾座的套筒孔,直接控制尾座套筒孔至底板底面的尺寸,这样一来组成环 A_2、A_3(图 3-74)合并成一环 $A_{2、3}$,使加工精度容易保证,而且可以给底板底面留较小的刮研量(0.2 mm 左右)。

③自身加工修配法

在机床制造中,有一些装配精度要求,总装时用自己加工自己的方法来保证比较方便,这种方法即自身加工修配法。如牛头刨床总装时,用自刨工作台面来达到滑枕运动方向对工作台面的平行度要求。

(2)修配环的选择

采用修配法装配，关键是正确选择修配环。选择修配环时应满足以下要求：

①要便于拆装、易于修配。一般应选形状比较简单、修配面较小的零件。

②尽量不选公共组成环。因为公共组成环难于同时满足几个装配要求，所以应选只与一项装配精度有关的环。

(3)修配法的特点及应用场合

修配法可降低对组成环的加工要求，利用修配组成环的方法获得较高的装配精度，尤其是尺寸链环数较多时，其优点更为明显。但是，修配工作需要技术熟练的工人，又大多是手工操作，逐个修配，所以生产率低，没有一定节拍，不易组织流水装配，产品没有互换性。因而，在大批大量生产中很少采用，而在单件小批生产中应用较多。在中批生产中，一些封闭环要求较严的多环装配尺寸链也大多采用修配法。

4. 调整法

调整法是将尺寸链中各组成环按经济精度加工，在装配时改变产品中某一预先选定的可调整零件(常为垫圈或轴套)的相对位置或选用合适的调整件以达到装配精度的方法。前者称为固定调整法，后者称为可动调整法。预先选定的环(或补偿环)称为调整环，它是用来补偿其他各组成环由于公差放大后所产生的累积误差。

在产品装配时，有时通过调整有关零件的相互位置，使其加工误差相互抵消一部分，以提高装配精度，这种方法称为误差抵消调整法。如在机床主轴装配时，常常调整前、后轴承，使其径向圆跳动方向一致，使得主轴前端的径向圆跳动在规定范围内。

调整法的特点是可降低对组成环的加工要求，装配比较方便，可以获得较高的装配精度，所以应用比较广泛。但是固定调整法要预先制作许多不同尺寸的调整件并将它们分组，这给装配工作带来一些麻烦，所以一般多用于大批大量生产和中批生产以及封闭环要求较严的多环尺寸链中。

三、装配方法的选择

选择装配方法时要具体考虑装配精度、结构特点(组成环环数等)、生产类型及具体生产条件。一般来说，当组成环的加工比较经济可行时，就要优先采用完全互换法。成批生产、组成环又较多时，可考虑采用大数互换法。

当封闭环公差要求较严时，采用完全互换法会使组成环加工比较困难或不经济，此时就应采用其他方法。大量生产时，环数少的尺寸链采用选配法，环数多的尺寸链采用调整法。单件小批生产时，则常用修配法。成批生产时可灵活应用调整法、修配法和选配法。

四、装配工艺规程的制订

装配工艺规程是指用文件、图表等形式将装配内容、顺序、操作方法和检验项目规定下来，作为指导装配工作和组织装配生产的依据。装配工艺规程对保证产品的装配质量、提高装配效率、缩短装配周期、减轻工人的劳动强度、缩小装配车间面积和降低生产成本等方面都有重要作用。制订装配工艺规程的主要依据有产品的装配图纸、零件的工作图、产品的验收标准和技术要求、生产纲领和现有的生产条件等。

1. 制订装配工艺规程的基本要求与依据

制订装配工艺规程主要依据产品的装配图和验收技术标准、产品的生产纲领和现有的生产条件等。制订装配工艺规程的基本要求是在保证产品装配质量的前提下，提高生产率和降低成本。具体如下：

(1)保证产品的装配质量，争取最大的精度储备，以延长产品的使用寿命。

(2)尽量减少手工装配的工作量，降低劳动强度，缩短装配周期，提高装配效率。

(3)尽量降低装配成本，缩小装配占地面积。

2. 制订装配工艺规程的步骤与工作内容

(1)产品分析

①研究产品及部件的具体结构、装配技术要求和检查验收的内容和方法。

②审查产品的结构工艺性。

③研究设计人员所确定的装配方法，进行必要的装配尺寸链分析与计算。

(2)确定装配方法和装配组织形式

选择合理的装配方法，是保证装配精度的关键。要结合具体生产条件，从机械加工和装配的全过程出发应用尺寸链理论，同设计人员一起最终确定装配方法。

装配组织形式的选择，主要取决于产品的结构特点(包括尺寸、重量和复杂程度)、生产纲领和现有的生产条件。装配组织形式按产品在装配过程中是否移动分为固定式和移动式两种。固定式装配的全部装配工作在一个固定的地点进行，产品在装配过程中不移动，多用于单件小批生产或重型产品的成批生产，如机床、汽轮机的装配等。移动式装配是将零部件用输送带或小车按装配顺序从一个装配点移动到下一个装配点，各装配点完成一部分装配工作，全部装配点完成产品的全部装配工作。移动式装配常用于大批大量生产，组成流水作业线或自动线，如汽车、拖拉机、仪器仪表等产品的装配。

3. 划分装配单元，确定装配顺序

(1)划分装配单元

任何产品或机器都是由零件、合件、组件、部件等装配单元组成。零件是组成机器的最基本单元。若干零件永久连接或连接后再加工便成为一个合件，如镶了衬套的连杆、焊接成的支架等。若干零件或与合件组合在一起成为一个组件，它没有独立完整的功能，如主轴和装在其上的齿轮、轴、套等构成主轴组件。若干组件、合件和零件装配在一起，成为一个具有独立、完整功能的装配单元，称为部件。如车床的主轴箱、溜板箱、进给箱等。

(2)选择装配基准件

上述各装配单元都要首先选择某一零件或低一级的单元作为装配基准件。基准件应当体积(或质量)较大，有足够的支承面以保证装配时的稳定性。如主轴是主轴组件的装配基准件，主轴箱体是主轴箱部件的装配基准件，床身部件又是整台机床的装配基准件等。

(3)确定装配顺序的原则

划分好装配单元并选定装配基准件后，就可安排装配顺序。安排装配顺序的原则是：

①工件要先安排预处理，如倒角、去毛刺、清洗、涂漆等。

②先下后上，先内后外，先难后易，以保证装配顺利进行。

③位于基准件同一方位的装配工作和使用同一工艺装备的工作尽量集中进行。

④易燃、易爆等有危险性的工作，尽量放在最后进行。

装配系统图如图 3-77 所示。

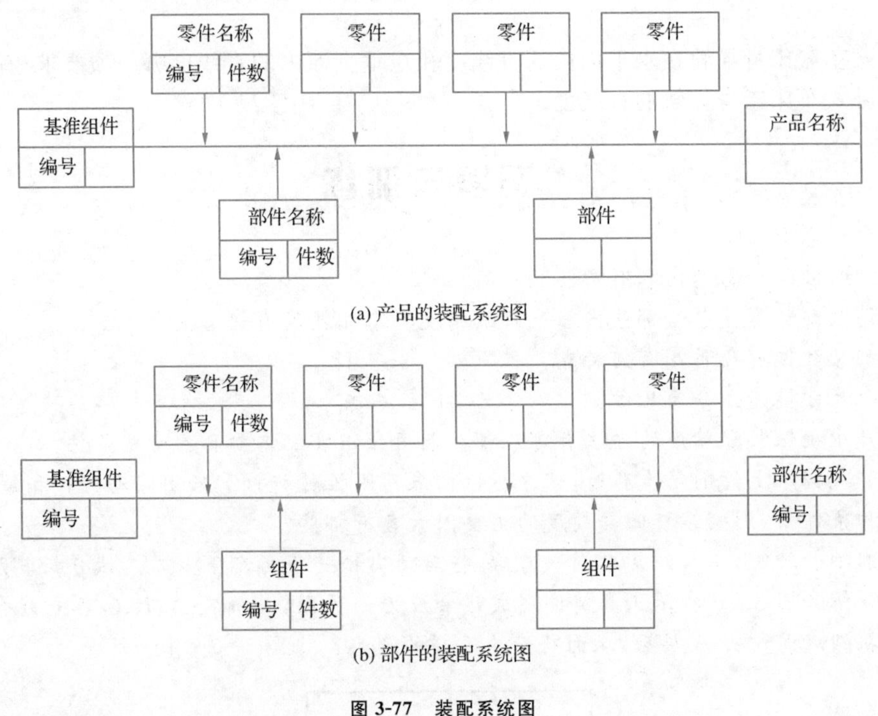

(a) 产品的装配系统图

(b) 部件的装配系统图

图 3-77　装配系统图

4. 划分装配工序，设计工序内容

装配顺序确定以后，根据工序集中与分散的程度将装配工艺过程划分为若干工序，并进行工序内容的设计。工序内容设计包括制订工序的操作规范、选择设备和工艺装备、确定时间定额等。

5. 填写工艺文件

单件小批生产时，通常只绘制装配单元系统图。成批生产时，除装配单元系统图外还编制装配工艺卡片，在其上写明工序次序、工序内容、设备和工装名称、工人技术等级和时间定额等。大批大量生产中，不仅要编制装配工艺卡片，而且要编制装配工序卡片，以便直接指导工人进行装配。

任务实施

1. 产品分析，对所要装配减速器进行分析。
2. 选择合理的装配方法，保证装配的精度。
3. 划分装配单元，确定装配顺序。
4. 划分装配工序，设计工序内容。
5. 填写工艺文件。
6. 进行装配工作。

拓展训练

对卧式车床床身导轨在水平面内的直线度和在垂直面内的直线度哪一项要求较高？为什么？测量卧式车床床身导轨的直线度。

习题与训练

1. 什么叫装配？基本内容有哪些？

2. 何谓装配精度？包括哪些内容？装配精度与零件精度有何不同？

3. 装配尺寸链有几种？有何特点？

4. 装配尺寸链建立分为几步？

5. 生产中确保装配精度的方法有哪几种？采用分组装配需要具备哪些条件？

6. 在卧式镗床上镗削箱体孔时，试分析：(1)采用刚性镗杆；(2)采用浮动镗杆和镗模夹具，在上述两种条件下，影响镗杆回转精度的主要因素各有哪些？

7. 车削细长轴时，工人经常车削一刀后，将后顶尖松一下再车下一刀。试分析其原因。

8. 试分析如图 3-78 所示床身铸件形成残余应力的原因，并确定 A、B、C 各点残余应力的性质。当粗刨床面切去 A 层后，床面将产生怎样的变形？

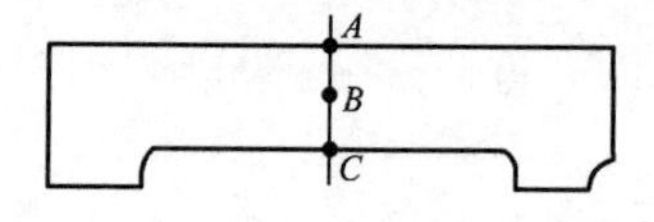

图 3-78　题 3 图

9. 如图 3-79 所示的装配中，要求保证轴向间隙 $A_0=0.1\sim0.35$ mm，已知：$A_1=30$ mm，$A_2=5$ mm，$A_3=43$ mm，$A_4=3_{-0.05}^{\ 0}$ mm(标准件)，$A_5=5_{-0.04}^{\ 0}$ mm。

(1)采用修配法装配时，选 A_5 为修配环，试确定修配环的尺寸及上、下极限偏差。

(2)采用固定调整法装配时，选 A_5 为调整环，求 A_5 的分组数及其尺寸系列。

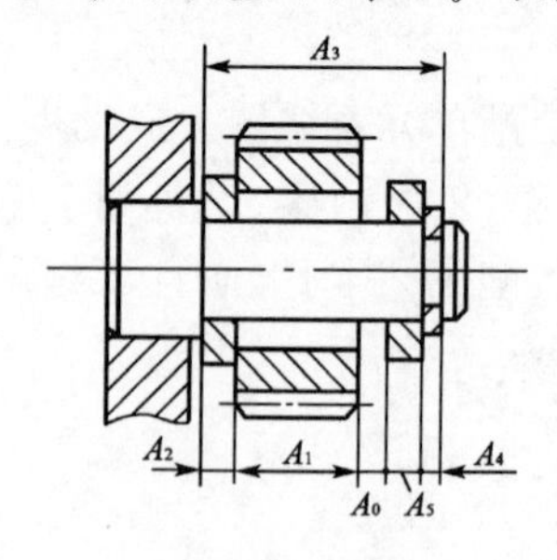

图 3-79　题 4 图

学习情境四

特种加工

任务一　方孔冲模的电火花加工

学习目标

1. 理解电火花加工的基本概念和特点。
2. 理解电火花加工的工作原理和加工本质。
3. 了解电火花加工中脉冲电源的工作原理和分类。
4. 掌握电火花加工电极材料的选用、设计、制造以及对加工工件的要求。
5. 会确定电火花加工工艺指标。
6. 能根据所给定的方孔冲模零件图，利用电火花加工机床加工出零件。

情境导入

电火花成形加工的基本工艺包括：电极的制作，工件的准备，电极与工件的装夹定位，冲、抽油方式的选择，加工规准的选择与转换，电极缩放量的确定及平动(摇动)量的分配等。

任务描述

根据图 4-1 所示的方孔冲模零件图，选择合适的方法进行加工。

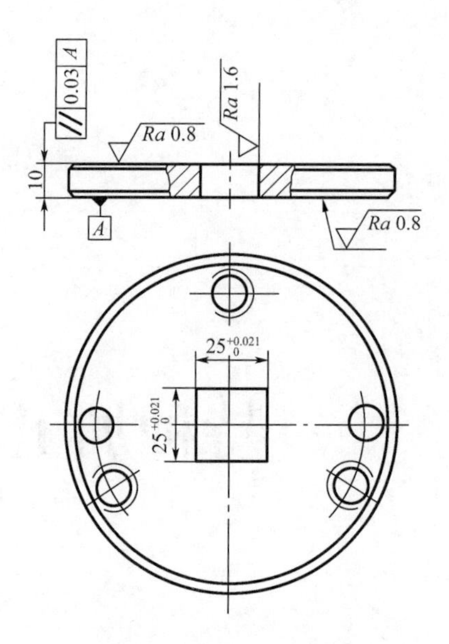

图 4-1 方孔冲模零件图

任务分析

方孔冲模是生产中应用较多的一种模具，由于形状比较复杂，尺寸精度要求较高，所以它的制造已成为生产上的关键技术之一。方孔冲模如果采用机械加工的方法制造，它的生产率很低，表面质量也很难满足零件的需要。特别是零件中的方孔成形，应用一般的机械加工是非常困难的，在某些情况下甚至不可能，而靠钳工加工则劳动量大，质量不易保证，还常因淬火变形而报废。而采用电火花加工，则能较好地解决这些问题，加工出合格的零件。但在电火花加工前.必须要掌握电火花加工工件电极材料的选用、设计、制造等以及对电火花加工工件的要求和电火花加工工艺指标的确定。

相关知识

一、电火花加工的原理、特点及其工艺方法的分类

1. 电火花加工的原理和设备组成

电火花加工的原理是基于工具和工件（正、负电极）之间脉冲性火花放电时的电腐蚀现象来蚀除多余的金属，以达到对零件的尺寸、形状及表面质量预定的加工要求。电腐蚀现象早在19世纪初就被人们发现了，例如在插头或电器开关触点开、关时，往往产生火花而把接触表面烧毛、腐蚀成粗糙不平的凹坑而逐渐损坏。长期以来电腐蚀一直被认为是一种有害的现象，人们不断地研究电腐蚀的原因并设法减轻和避免它。

但事物都是一分为二的，只要掌握其规律，在一定条件下就可以把坏事转化为好事，把有害变为有用。研究结果表明，电火花腐蚀的主要原因是：电火花放电时火花通道中瞬时产生大量的热，达到很高的温度，足以使任何金属材料局部熔化、汽化而被蚀除掉，形成放电凹坑。这样，人们在研究抗腐蚀办法的同时，开始研究利用电腐蚀现象对金属材料进行尺寸加工。要达到这一目的，必须创造条件，解决下列问题：

(1)必须使工具电极和工件被加工表面之间经常保持一定的放电间隙，这一间隙随加工条件而定，通常为几微米至几百微米。如果间隙过大，极间电压不能击穿极间介质，因而不会产生火花放电；如果间隙过小，很容易形成短路接触，同样也不能产生火花放电。为此，在电火花加工过程中必须具有工具电极的自动进给和调节装置，使工具电极和工件被加工表面之间保持某一放电间隙。

(2)火花放电必须是瞬时的脉冲性放电，放电延续一段时间后，需停歇一段时间，放电延续时间一般为1～1 000 μs。这样才能使放电所产生的热量来不及传导扩散到其余部分，把每一次的放电蚀除点分别局限在很小的范围内；否则，像持续电弧放电那样，会使表面烧伤而无法用作尺寸加工。为此，电火花加工必须采用脉冲电源。如图4-2所示为脉冲电源的空载电压波形，图中 t_i 为脉冲宽度，t_0 为脉冲间隔，t_p 为脉冲周期，$\hat{u}_i$ 为脉冲峰值电压或空载电压。

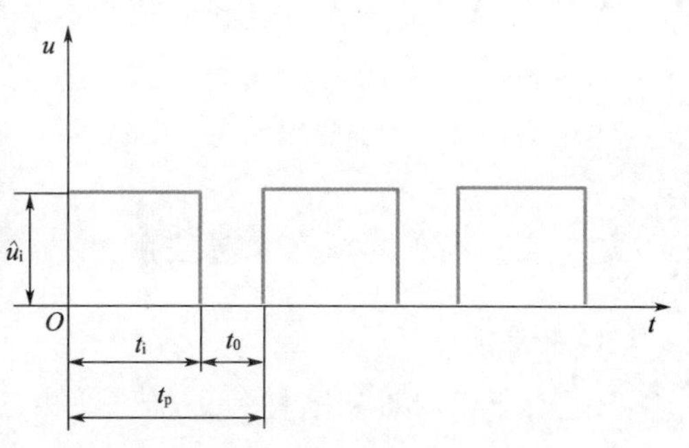

图4-2　脉冲电源的空载电压波形

(3)火花放电必须在有一定绝缘性能的液体介质中进行，例如煤油、皂化液或去离子水等。液体介质又称为工作液，它们必须具有较高的绝缘强度(1×10^3～1×10^7 Ω·cm)，以利于产生脉冲性的火花放电。同时，液体介质还能把电火花加工过程中产生的金属小屑、炭黑等电蚀产物从放电间隙中悬浮排除出去，并且对工具电极和工件表面有较好的冷却作用。

以上这些问题的综合解决，是通过图4-3所示的电火花加工系统来实现的。工件1与工具4分别与脉冲电源2的两个输出端相连接。自动进给调节装置3(此处为电动机及丝杠螺母机构)使工具和工件间经常保持一很小的放电间隙，当脉冲电压加到两极之间时，便在当时条件下相对某一间隙最小处或绝缘强度最低处击穿介质，在该局部产生火花放电，瞬时高温使工具和工件表面都蚀除掉一小部分金属，各自形成一个小凹坑，如图4-4所示。其中图4-4(a)所示为单个脉冲放电后的电蚀坑，图4-4(b)所示为多次脉冲放电后的电极表面。脉冲放电结束后，经过一段间隔时间(即脉冲间隔 t_0)使工作液恢复绝缘后，第二个脉冲电压又加到两极上，又会在当时极间距离相对最近或绝缘强度最低处击穿放电，又电蚀出一个小凹坑。这样随着相当高的频率，连续不断地重复放电，工具电极不断地向工件进给，就可将工具的形状复制到工件上，加工出所需要的零件，整个加工表面将由无数个小凹坑所组成。

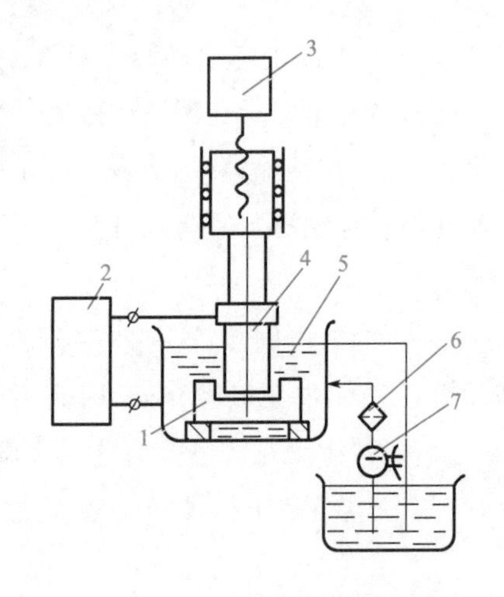

图 4-3　电火花加工原理

1—工件；2—脉冲电源；3—自动进给调节装置；
4—工具；5—工作液；6—过滤器；7 工作液泵

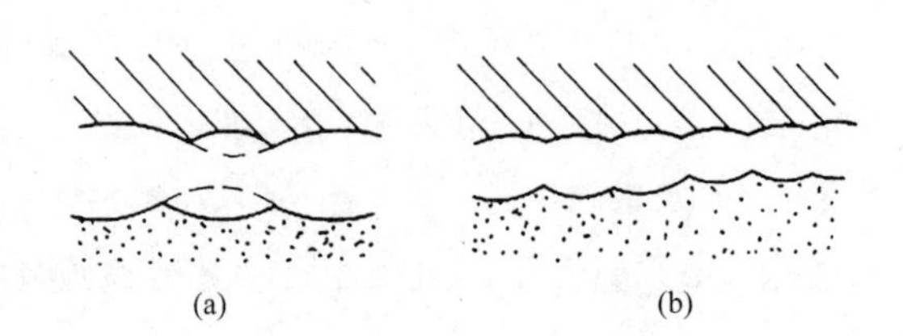

图 4-4　电火花加工表面局部放大图

2. 电火花加工的特点及其应用

(1)主要优点

①适合于任何难切削材料的加工。由于加工中材料的去除是靠放电时的电热作用实现的,材料的可加工性主要取决于材料的导电性及其热学特性,如熔点、沸点、比热容、热导率、电阻率等,而几乎与其力学性能(硬度、强度等)无关。这样可以突破传统切削加工对刀具的限制,实现用软的工具加工硬韧的工件,甚至可以加工像聚晶金刚石、立方渗氮硼一类的超硬材料。目前电极材料多采用纯铜(俗称紫铜)或石墨,因此工具电极较容易加工。

②可以加工特殊及复杂形状的表面和零件。由于加工中工具电极和工件不直接接触,没有机械加工时宏观的切削力,因此适宜低刚度工件加工及微细加工。由于可以简单地将工具电极的形状复制到工件上,因此特别适用于复杂表面形状工件的加工,如复杂型腔模具加工等。数控技术的采用使得用简单的电极加工复杂形状的零件成为可能。

(2)局限性

①主要用于加工金属等导电材料,但在一定条件下也可以加工半导体材料和绝缘体材料。

②一般加工速度较慢。因此通常安排工艺时多采用切削加工来去除大部分余量,然后再用电火花加工以求提高生产率。但最近已有新的研究成果表明,采用特殊水基不燃性工作液进行电火花加工,其生产率可不亚于切削加工。

③存在电极损耗。由于电极损耗多集中在尖角或底面,影响成形精度。但近年来粗加工时已能将电极相对损耗比降至 0.1%以下,甚至更小。

(3)应用

由于电火花加工具有许多传统切削加工所无法比拟的优点,因此其应用领域日益扩大,目前已广泛应用于机械(特别是模具制造)、宇航、航空、电子、电机、电器、精密机械、仪器仪表、汽车、拖拉机、轻工等行业,以解决难加工材料及复杂形状零件的加工问题。加工范围已达到小至几微米的小轴、孔、缝，大到几米的超大型模具和零件。

3. 电火花加工工艺方法的分类

按工具电极和工件相对运动的方式和用途的不同，电火花加工的工艺方法大致可分为电火花穿孔成形加工、电火花线切割加工、电火花磨削和镗磨、电火花同步共轭回转加工、电火花高速小孔加工、电火花表面强化与刻字六大类。前五类属于电火花成形、尺寸加工，是用于改变零件形状或尺寸的加工方法；最后一类则属于表面加工方法，用于改善或改变零件表面性质。以上工艺方法以电火花穿孔成形加工和电火花线切割加工应用最为广泛。表 4-1 为电火花加工工艺方法的类别、特点和用途。

表 4-1　电火花加工工艺方法的类别、特点和用途

类别	工艺方法	特点	用途	备注
Ⅰ	电火花穿孔成形加工	1. 工具和工件间主要有一个相对的伺服进给运动； 2. 工具为成形电极，与被加工表面有相同的截面和相反的形状	1. 型腔加工：加工各类型腔模及各种复杂的型腔零件； 2. 穿孔加工：加工各种冲模、挤压模、粉末冶金模、各种异形孔及微孔等	约占电火花加工机床总数的 30%，典型机床有 D7125、D7140 等电火花穿孔成形机床
Ⅱ	电火花线切割加工	1. 工具电极为顺电极丝轴线方向移动着的线状电极； 2. 工具与工件在两个水平方向同时有相对伺服进给运动	1. 切割各种冲模和具有直纹面的零件； 2. 下料、截割和窄缝加工	约占电火花加工机床总数的 60%，典型机床有 DK7725、DK7740 数控电火花线切割机床
Ⅲ	电火花磨削和镗磨	1. 工具与工件有相对的旋转运动； 2. 工具与工件间有径向和轴向的进给运动	1. 加工高精度、表面粗糙度值小的小孔，如拉丝模、挤压模、微型轴承内环、钻套等； 2. 加工外圆、小模数滚刀等	约占电火花加工机床总数的 3%，典型机床有 D6310 电火花小孔内圆磨床等
Ⅳ	电火花同步共轭回转加工	1. 成形工具与工件均做旋转运动，但二者角速度相等或成整数倍，相对应接近的放电点可有切向相对运动速度； 2. 工具相对于工件可做纵、横向进给运动	以同步回转、展成回转、倍角速度回转等不同方式，加工各种复杂型面的零件，如高精度的异形齿轮，精密螺纹环规，高精度、高对称度、表面粗糙度值小的内、外回转体表面等	占电火花加工机床总数不足 1%，典型机床有 JN-2、JN-8 内外螺纹加工机床
Ⅴ	电火花高速小孔加工	1. 采用细管（>ϕ0.3 mm）电极，管内充入高压水基工作液； 2. 细管电极旋转； 3. 穿孔速度较高（60 mm/min）	1. 线切割穿丝孔； 2. 深径比很大的小孔，如喷嘴等	占电火花加工机床总数的 2%，典型机床有 D703A 电火花高速小孔加工机床
Ⅵ	电火花表面强化与刻字	1. 工具在工件表面上振动； 2. 工具相对工件移动	1. 模具刃口，刀、量具刃口表面强化和镀覆； 2. 电火花刻字、打印记	占电火花加工机床总数的 2%～3%，典型设备有 D9105 电火花强化机等

二、电火花加工的形成条件及机理

1. 电火花加工的形成条件

利用电火花加工方法对材料进行加工应具备以下条件：

(1)作为工具和工件的两极之间要有一定的距离（通常为数微米到数百微米），并且在加工过程中能维持这一距离。

(2)两极之间应充入介质。对导电材料进行尺寸加工时,两极间为液体介质;进行材料表面强化时,两极间为气体介质。

(3)输送到两极间的能量要足够大,即放电通道要有很大的电流密度(一般为 $1\times10^{5}\sim1\times10^{16}$ A/cm^{2})。这样,放电时产生的大量的热才足以使任何导电材料局部熔化或汽化。

(4)放电应是短时间的脉冲放电,放电的持续时间为 $1\times10^{-7}\sim1\times10^{-3}$ s,由于放电时间短,所以放电产生的热来不及传导扩散出去,从而把放电点局限在很小的范围内。

(5)脉冲放电需要不断地多次进行,并且每次脉冲放电在时间上和空间上是分散的、不重复的。即每次脉冲放电一般不在同一点进行,避免发生局部烧伤。

(6)脉冲放电后的电蚀产物能及时排运至放电间隙之外,使重复性脉冲放电顺利进行。

2.电火花加工的机理

火花放电时,电极表面的金属材料究竟是怎样被蚀除下来的?这是电火花加工的物理本质,也即电火花加工的机理。

从大量实验资料来看,每次电火花腐蚀的微观过程都是电场力、热力、磁力、流体动力等综合作用的过程。其大致可分为四个阶段:极间介质的击穿和放电通道的形成;介质热分解,电极材料熔化、汽化及热膨胀;电蚀产物的抛出;间隙介质的消电离。

(1)极间介质的击穿和放电通道的形成

电火花加工的基本原理决定了工作介质的击穿状态将直接影响电火花加工的规律性,因此必须掌握其击穿的规律和特征,尤其是击穿通道的特性参数(如通道截面尺寸、能量密度等)随击穿状态参数(如电参数、介质特性、电极特性及极间距离等)的变化而变化的规律性。

电火花加工通常是在液体介质中进行的,属于液体介质电击穿的应用范围。液体介质的电击穿是十分复杂的现象,影响因素很多,必须在特定的条件下总结特定的击穿机理。

电火花加工的工艺特性决定极间介质必定存在各种各样的杂质,如气泡、蚀除颗粒等,且污染程度是随机的,很难实现对击穿机理的定量研究。X光影像技术的发展和应用,使该研究进入了半定量化阶段。就电火花加工这一特定条件,通常所用的工作介质是煤油、水、皂化油水溶液及多种介质合成的专用工作液。用分光光度计观察电火花加工过程中的放电现象,显示火花放电时产生氢气,氢气泡的电离膨胀导致了间隙介质的击穿。

气泡击穿理论表明,当液体介质中由于某种原因出现气泡(低密度区)时,液体的击穿过程首先在气泡中发生,气体电离产生的电子在强电场的作用下高速向阳极运动,在气液界面与液体分子碰撞,进一步导致液体分子的汽化电离。另一方面,电子在气相中的运动还会造成分子、离子的激发。这些处于受激状态的离子在恢复常态的过程中,要释放出光子,在液相中产生光致电离使液体汽化。气泡不断地在两极间加长,当气相连通两极时,气体电离程度猛增,雪崩电离形成等离子通道,液体介质完全击穿。

气相与液相共存,气相首先电离击穿的原因有两个:一是气体的介电常数小,因此气泡中的电场强度比液体中的高;二是气体的击穿电场强度比液体低得多。

介质中气泡产生的原因:工艺过程导致外界空气混入电介液,吸附于电极表面;电极表面微观不平度的尖峰(尖峰半径小于10 μm)处电场集中,产生局部放电,即电晕放电,引起该处液体汽化;导电杂质颗粒在电场力的作用下,被拉入放电间隙,搭桥连通两极,由于焦耳热而熔化、汽化。

从雪崩电离开始到建立放电通道的过程非常迅速,一般为0.01~0.10 μs,间隙电阻从绝缘状态迅速降低到几分之一欧姆，间隙电流迅速上升到最大值（几安到几百安）。间隙电压由击穿电压迅速下降到火花维持电压（一般为 20～25 V）。如图 4-5 所示为矩形波脉冲放电时的极间电压和电流波形。

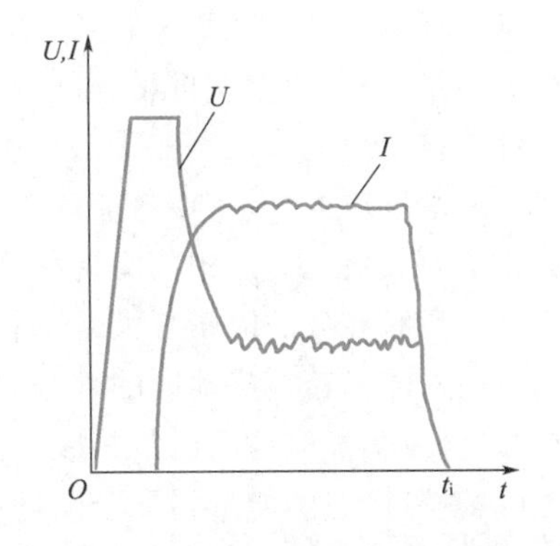

图 4-5 矩形波脉冲放电时的极间电压和电流波形

球形气泡和贯通两极的柱形气泡雪崩电离形成的等离子通道具有不同的物理特征。贯通两极的柱形气泡形成的放电通道是圆柱形的，通道的初始尺寸等于柱形气泡直径。若柱形气泡直径过小（小于 8 μm），则形成的放电通道将不稳定，产生摇摆和扩径。电极表面的球形气泡形成的通道呈树状结构，树枝的杆部的直径近似为尖峰半径，杆部的长度大约为 40 μm。极间距离小于 40 μm，通道的初始尺寸约等于杆部的直径 10 μm；极间距离大于 40 μm，通道的初始尺寸取决于树状通道的头部尺寸（40～50 μm）。树状结构头部的发展是个不稳定的过程，枝的方向随机不定，不能形成方向、尺寸稳定的通道。这两种方式形成的初始放电通道的物理特征都不受电参数的影响，且当液体介质的黏度小于 $1\times10^{-5}\ m^2/s$ 时，也不受介质参数的影响。

初始电子（气泡初始电离产生）的存在和足够高的电场强度是在液体介质中形成放电通道的必要条件。极间电压和极间距离直接影响极间电场强度，电压升高时，击穿所需时间减少，通道电流密度的上升率增大，进而能量密度的上升率增大。极间距离既影响极间电场强度，又影响电子碰撞电离的效果。极间距离大时，电子在极间运动的时间长，碰撞次数多，逐级电离效果增强，使击穿所需电场强度降低。但极间距离的增大却减小了极间外加电场强度。综合作用的结果是对击穿通道的形成和电流波形没有明显的影响。极性对击穿所需时间有明显的影响。雪崩电离过程是由电子的运动决定的，因为正离子的质量接近于分子的质量，在电场的作用下以一定速度飞向阴极的正离子与分子碰撞，几乎将全部能量传给分子。由于平均自由程的限制，离子难以达到较高的速度，两次碰撞间正离子所积累的能量不足以激发分子电离，只使分子处于受激状态，恢复常态时以光子的形式释放能量。正离子与负离子碰撞，可能发生电荷转移变成中性分子，这个过程要以光子的形式释放电离能。正离子的运动只是向阴极聚拢，形成所谓的正离子鞘层，使阴极产生场致发射，并与阴极的光致发射、热致发射的电子效应叠加，使阴极不断发出电子，产生和维持等离子通道。若初始电离产生于阴极，则正离子在阴极周围的存在加强了该处的电场，不利于液体电离汽化的继续进行。若初始电离产生于阳极，则正离子鞘层的存在加强了阳极该处的电场，促进液体电离汽化的继续进行，有利于放电通道的形成。

（2）介质热分解，电极材料熔化、汽化及热膨胀

极间介质被击穿形成放电通道后，放电通道由于受到周围液体介质及电磁效应的压缩作用，放电初期通道截面极小，在这极小的通道截面内，大量的高速带电粒子发生剧烈的碰撞，产生大量的热。此外，高速带电粒子对电极表面的轰击也产生大量的热，两极放电点处的温度可高达 10 000 ℃以上。在极短的时间内产生这样高的温度足以熔化、汽化放电点处的材料。

所产生的热量除加热放电点处的材料外，还加热放电通道。放电通道在高温的作用下，瞬时扩展受到很大的阻力，其初始压强可达数十甚至上百个兆帕，致使通道中及周围的介质汽化或热分解，这种瞬时形成的气体团急速扩展，也产生强烈的冲击波向四周传递。放电通道中部

的热量大部分消耗在热辐射和热传导上，随着放电通道的长度和放电时间的增加，放电通道所消耗的热量也在增加，两极得到的热量则相对减少，使蚀除量受到一定影响。

带电粒子对电极表面的轰击是电极表面蚀除的主要因素，因此，带电粒子越多，速度越快，亦即电流密度越大，能量传送速度越高，电极表面放电点处材料的蚀除量就越大。至于放电通道的热辐射及放电通道中的高温气体对电极表面的热冲击所传递的热量一般不大。

放电瞬时释放的能量除大部分转换成热能外，还有一部分转换成动能、磁能、光能、声能及电磁波辐射能。转换成动能的部分以电动力、电场力、电磁力、流体动力、热波压力、机械力等形态综合作用，形成放电压力。放电压力是使熔化、汽化材料抛出的作用力之一。转换成光、声、电磁波等形态的能量则属于消耗性的能量。

(3)电蚀产物的抛出

通道和正、负极表面放电点瞬时高温使工作液汽化和金属材料熔化、汽化，热膨胀产生很高的瞬时压力。通道中心的压力最高，使汽化了的气体体积不断向外膨胀，形成一个扩张的“气泡”，气泡上下、内外的瞬时压力并不相等，压力高处的熔融金属液体和蒸气就被挤掉、抛出而进入工作液中。表面张力和内聚力的作用，使抛出的材料具有最小的表面积，冷凝时凝聚成细小的圆球颗粒，其大小随脉冲能量而异。如图 4-6 所示为放电过程中的放电间隙状态。

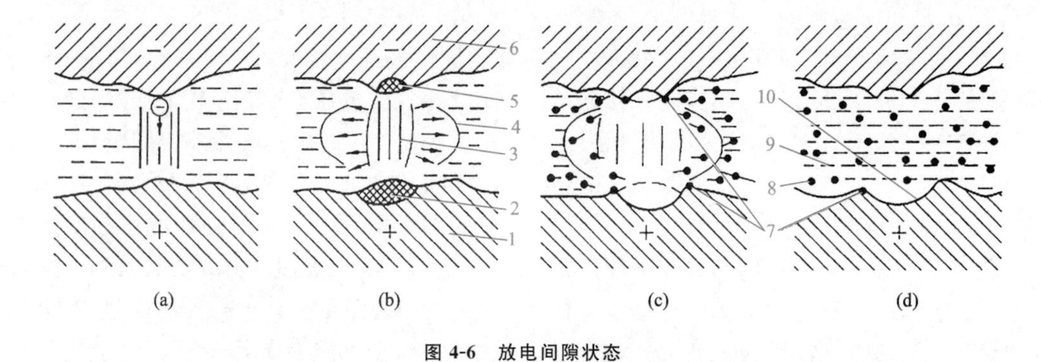

图 4-6 放电间隙状态

1—正极；2—从正极上抛出金属的区域；3—放电通道；4—气泡；5—从负极上抛出金属的区域；6—负极；7—翻边凸起；8—在工作液中凝固的金属微粒；9—工作液；10—凹坑

实际上，熔化和汽化了的金属在抛离电极表面时向四处飞溅，除绝大部分抛入工作液中收缩成小颗粒外，还有一小部分飞溅、镀覆、吸收在对面的电极表面上。这种互相飞溅、镀覆以及吸附的现象，在某些条件下可以用来减少或补偿工具电极在加工过程中的损耗。

半露在空气中进行电火花加工时，可以见到橘红色甚至蓝白色的火花四处飞溅，它们就是被抛出的高温金属熔滴、小屑。观察铜加工钢时电火花加工后的两个电极表面，可以看到在钢材表面上粘有铜，在铜质表面上粘有钢。如果进一步分析电火花加工后的产物，在显微镜下可以看到除了有游离碳粒和大小不等的铜和钢的球状颗粒之外，还有一些钢包铜、铜包钢、互相飞溅包容的颗粒，此外还有少数由气态金属冷凝成的中心带有空泡的空心球状颗粒产物。

实际上，金属材料的蚀除、抛出过程远比上述的过程要复杂得多。放电过程中工作液不断汽化，正极受电子撞击，负极受正离子撞击，电极材料不断熔化，气泡不断扩大。当放电结束后，气泡温度不再升高，但液体介质惯性作用使气泡继续扩展，致使气泡内压力急剧降低，甚至降至大气压以下，形成局部真空，使在高压下溶解于熔化和过热材料中的气体逸出。材料本身在低压下也会再沸腾。压力的骤降使熔融金属材料及其气体从小坑中再次爆沸飞溅而被抛出。

熔融材料抛出后，在电极表面形成放电痕迹，如图4-7所示。熔化区未被抛出的材料冷凝后残留在电极表面，形成熔化层，在四周形成稍凸起的翻边。熔化层下面是热影响层，再往下才是无变化的材料基体。

总之，材料的抛出是热爆炸力、电动力、流体动力等综合作用的结果，对这一复杂的抛出机理的认识还在不断深化中。正、负电极受电子、正离子撞击的能量、热量不同，不同电极材料的熔点、汽化点不同，脉冲宽度、脉冲电流大小不同等，导致正、负电极上被抛出材料的数量也不相同，目前还无法定量计算。

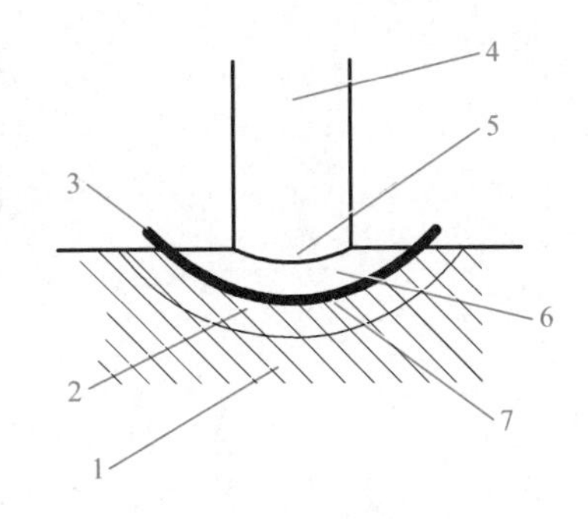

图 4-7　单个放电痕迹剖面

1—无变化区；2—热影响区；3—翻边凸起；4—放电通道；5—汽化区；6—熔化区；7—熔化层

(4)间隙介质的消电离

在进行电火花加工时，一次脉冲放电结束后一般应有一间隔时间，使间隙介质消电离，即放电通道中的带电粒子复合为中性粒子，恢复本次放电通道处间隙介质的绝缘强度，以免总是重复在同一处发生放电而导致电弧放电。这样可以保证两极相对最近处或电阻率最小处形成下一个击穿放电通道。

在加工中，如果放电产物和气泡来不及很快排除，会改变间隙介质成分和绝缘强度，使间隙中的热传导和对流受到影响，热量不易排出，带电粒子的动能不易降低，从而大大减小复合的概率。这样，间隙长时间局部过热，会破坏消电离过程，易使脉冲放电转变为破坏性的电弧放电。同时，工作液局部高温分解后可能结炭，在该处聚成焦粒而在两极间搭桥，致使加工无法进行下去，并烧坏电极。因此，为了保证加工的正常进行，在两次脉冲放电之间一般应有足够的脉冲间隔时间，其最小脉冲间隔时间的选择不仅要考虑介质消电离的极限速度，还要考虑电蚀产物排离放电区域的时间。

到目前为止，人们对于电火花加工微观过程的了解还是很不够的。例如，工作液成分的作用，间隙介质的击穿现象，放电间隙内的状况，正、负电极间能量的转换与分配，材料的抛出，电火花加工过程中热场、流场、力场的变化，通道结构及其振荡等，都需要做进一步的研究。

三、电火花加工用的脉冲电源

电火花加工用的脉冲电源是把工频交流电压和电流转换成一定频率的单向脉冲电源和电流，以供给两极放电间隙所需要的能量来进行金属加工。脉冲电源对电火花加工的生产率、表面质量、加工精度、加工过程的稳定性和工具电极损耗等技术经济指标有很大的影响。因此，脉冲电源性能的好坏，在电火花加工设备和电火花加工工艺技术中，都具有十分重要的意义。

如图4-8所示为电火花脉冲电源工作原理，脉冲电源由交流电通过降压、整流后转换为约100 V的直流电，然后通过由高频脉冲发生器和功率开关电路组成的变换电路，转换成为音频、超音频的高频脉冲直流电，再利用电极与工件之间的间隙放电时产生的火花蚀除工件进行加工。

如图4-9所示为脉冲电源的电压波形。脉冲电源的性能直接关系到电火花加工的加工速度、表面质量、加工精度、工具电极损耗等工艺指标。因此脉冲电源的好坏，在电火花加工设备和电火花加工工艺技术中，都具有十分重要的意义和影响。

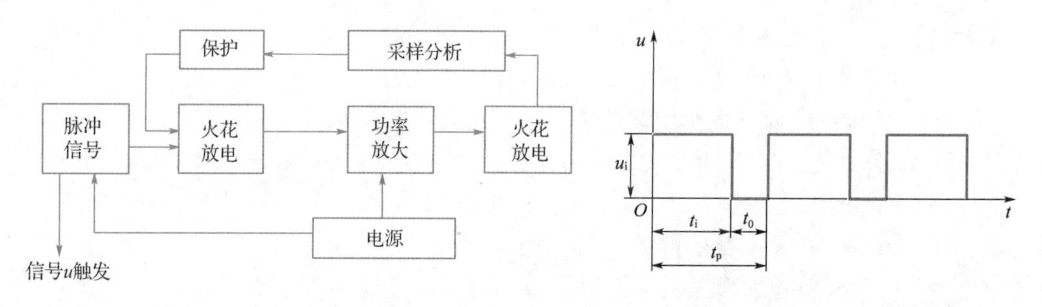

图 4-8　电火花脉冲电源工作原理

图 4-9　脉冲电源的电压波形

为满足电火花加工的需要，对电火花成形加工脉冲电源有以下要求：

(1)要有一定的脉冲放电能量，单位时间输出能量的大小可以在一定范围内调节，否则不能使工件金属汽化。

(2)火花放电必须是短时间的脉冲性放电，这样才能使放电产生的热量来不及扩散到其他部分，从而有效地蚀除金属，提高成形性和加工精度。

(3)脉冲波形是单向的，以便充分利用极性效应，提高加工速度和降低工具电极损耗。

(4)脉冲波形的主要参数(峰值电流、脉冲宽度、脉冲间歇等)有较宽的调节范围，以满足粗、中、精加工的要求。

(5)有适当的脉冲间隔时间，使放电介质有足够时间消除电离并冲去金属颗粒，以免引起电弧而烧伤工件。

(6)脉冲电源的性能应稳定可靠，力求结构简单、操作维修方便。

脉冲电源的好坏直接关系到电火花加工机床的性能，所以脉冲电源往往是电火花加工机床制造厂商的核心机密之一。从理论上讲，脉冲电源一般有以下几种：

1. 弛张式脉冲电源

弛张式脉冲电源是最早使用的电源，它是利用电容器充电储存电能，然后瞬时放出，形成火花放电来蚀除金属的。因为电容器时而充电，时而放电，一弛一张，故称为“弛张式”脉冲电源。弛张式脉冲电源的基本形式是 RC 电路，后又逐步改进为 RLC、$RLCL$、RLC-LC 电路，其优点是加工精度较高、表面质量好、工作可靠、装备简单、易于制造、操作维修方便；缺点是加工速度低、电极损耗大。因此，随着可控硅、晶体管脉冲电源的出现，这种电源的应用逐渐减少，目前多用于特殊材料加工和精密微细加工。

(1)RC 型脉冲电源

如图 4-10(a)所示为 RC 型脉冲电源工作原理电路，其由两个回路组成：一个是充电回路，由直流电源 E、充电电阻 R 和电容器 C 组成；另一个是放电回路，由电容器 C 和两极放电间隙组成。它的工作过程是：由直流电源 E 经电阻 R 给电容器 C 充电，电容器 C 的两端电压 u_C 按指数曲线升高。当升高到一定电压时，电极与工件间的间隙被电离击穿，形成脉冲放电。电容器 C 将能量瞬时放出，工件材料被腐蚀掉。间隙中介质的电阻是非线性的，当介质未击穿时电阻很大，击穿后，它的电阻迅速减小到接近零。因此，间隙击穿后，电容器 C 所储存的电能瞬时放完，电压降到接近于零，间隙中的介质迅速恢复绝缘，把电离切断。以后电容器再次充电，又重复上述放电过程。如图 4-10(b)所示是 RC 型脉冲电源电压波形。

由于这种电源是靠电极和工件间隙中的工作液的击穿作用来恢复绝缘和切断脉冲电流的，因此间隙大小、电蚀产物的排出情况等都影响脉冲参数，使脉冲参数不稳定，所以这种电源

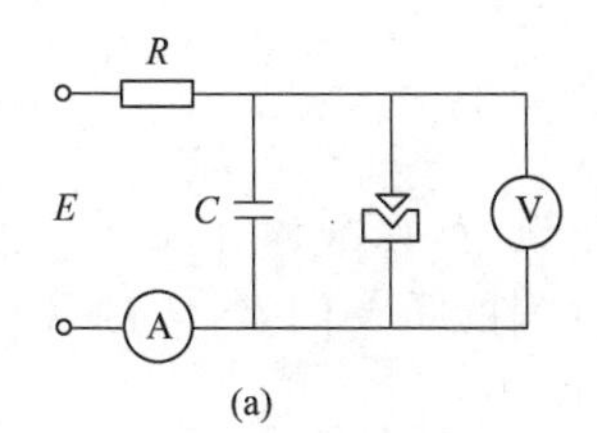

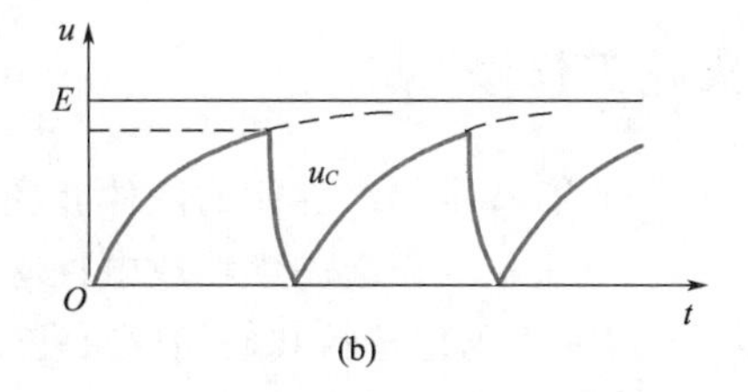

图 4-10 **RC** 型脉冲电源工作原理电路及电压波形

又称为非独立式电源。*RC* 型脉冲电源的主要优点是结构简单、工作可靠、成本低；主要不足是电能利用率低、生产率低、工艺参数不稳定、工具电极损耗较大等。

(2)*RLC* 型脉冲电源

如图 4-11 所示为 *RLC* 型脉冲电源工作原理电路，在该电路中，附加一个电感组成工作性能较好的 *RLC* 型脉冲电源。*RLC* 型脉冲电源是非独立式的，即脉冲频率、单个脉冲能量和输出功率等电参数仍取决于放电间隙的物理状态，因此它和 *RC* 型脉冲电源类似，也会对加工的工艺指标产生不利的影响。由于 *RLC* 型脉冲电源的充电回路中电感 *L* 的作用，在电火花加工过程中经常会在电容器两端出现电压，因此须对储能电容器提出耐压较高的要求，通常应为直流电源电压 *E* 值的 4～5 倍。

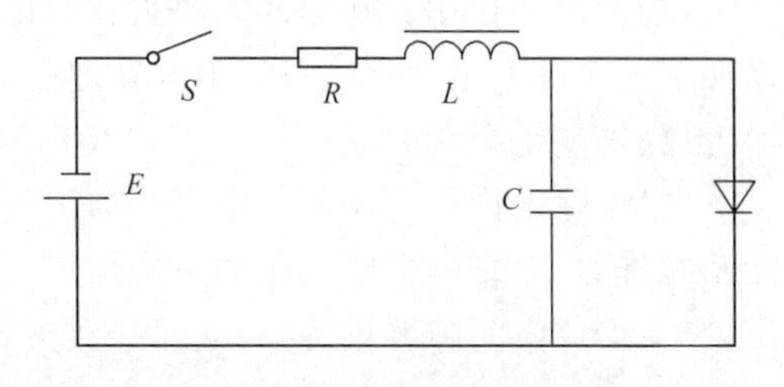

图 4-11 **RLC** 型脉冲电源工作原理电路

2. 闸流管脉冲电源

闸流管是一种特殊的电子管，当对其栅极通入一脉冲信号时，便可控制管子的导通或截止，输出脉冲电流。由于这种电源的电参数与加工间隙无关，故又称为独立式电源。闸流管脉冲电源的生产率较高，加工稳定，但脉冲宽度较窄，电极损耗较大。

3. 晶体管和晶闸管脉冲电源

晶体管和晶闸管脉冲电源都能输出各种不同的脉冲宽度、峰值电流、脉冲停歇时间的脉冲波，能较好地满足各种工业条件，尤其适用于型腔电火花加工。晶体管脉冲电源是近年发展起来的以晶体元件为开关元件的、用途广泛的电火花脉冲电源，其输出功率大，电规准调节范围广，电极损耗小，故适应于型孔、型腔、磨削等各种不同用途的加工。晶体管脉冲电源已越来越广泛地应用在电火花加工机床上。

目前普及型(经济型)的电火花加工机床都采用高低压复合的晶体管脉冲电源，中、高档电火花加工机床都采用微机数字化控制的脉冲电源，而且内部存有电火花加工规准的数据库，可以通过微机设置和调用各挡粗、中、精加工规准参数。例如，汉川机床厂、日本沙迪克公司的电火花加工机床，这些加工规准用 C 代码(如 C320)表示和调用，三菱公司则用 E 代码表示。通常情况下，晶体管脉冲电源主要用于纯铜电极的加工，晶闸管脉冲电源则主要用于石墨电极的加工。两种脉冲电源都能在脉冲宽度、间隔度、峰值电流等参数上做较大范围的变动，因此都能做粗、中、精加工，且如果选择合理，在粗加工时可以使电极损耗小于 1%。

四、电火花工作液

电火花加工必须在有一定绝缘性能的液体介质中进行，该液体介质通常称为电火花工作液（或称为加工液）。电火花工作液是影响放电蚀除过程的重要因素，它的各种性能均会影响加工的工艺指标，所以要正确地选择和使用电火花工作液。

1. 电火花工作液的作用

电火花加工时，工作液有以下几方面的作用：

（1）消电离作用。在脉冲间隔火花放电结束后，尽快恢复放电间隙的绝缘状态（消电离），以便下一个脉冲电压再次形成电火花放电。工作液有一定的绝缘强度，电阻率较高，放电间隙消电离、恢复绝缘时间短。

（2）排除电蚀产物作用。电火花加工过程中会产生大量的电蚀产物，如果这些电蚀产物不能及时排除，会影响到电火花的正常加工。而工作液可以使电蚀产物较易从放电间隙中排除出去，免得放电间隙严重污染，从而导致火花放电点不分散而形成有害的电弧放电。

（3）冷却作用。由于电火花放电时火花通道中瞬时产生大量的热量，工作液可以冷却工具电极和降低工件表面瞬时产生的局部高温，使工件表面不会因局部过热而产生积炭、烧伤现象。

（4）增加电蚀量。工作液可以压缩火花放电通道，增加通道中被压缩气体、等离子体的膨胀及爆炸力，从而抛出更多熔化和汽化的金属。

2. 电火花工作液的要求

电火花工作液与脉冲电源及控制系统一样，也是实现正常电火花加工不可缺少的条件。工作液不仅对加工效率、精度、电极损耗等工艺指标有直接的影响，也对环保、安全、使用寿命有直接的影响，因此对工作液提出了更高的要求。

（1）闪点。闪点是指当工作液暴露在空气中时，工作液表面分子蒸发，形成工作液蒸气，当工作液蒸气和空气的比例达到某一数值并与外界火源接触时，其混合物会产生瞬时爆炸，此时的温度就是该工作液的闪点。一般来说，工作液的闪点越高，成分稳定性越好，使用寿命也越长。闪点高，不易起火，不易汽化、损耗。闪点一般应大于 70 ℃。

（2）黏度。黏度是指液体流动阻力大小的一种量度。黏度值较高的液体其流动性差，黏度值较低的液体其黏性差，低黏度有利于加工间隙中工作液的流动，将电蚀产物及加工产生的热量带走。黏度随温度的上升而降低。常用的电火花工作液的黏度为 2.2～3.6 mm^2/s（40 ℃）。

（3）密度。工作液的密度是指单位体积液体的质量。工作液的密度过大，则工作液较稠密，电火花加工时产生的金属颗粒就会悬浮于工作液中，使工作液呈混浊状态，从而导致火花放电时产生拉弧现象，或者“二次放电”（是指已加工表面上由于电蚀产物等的介入而再次进行的非正常放电，集中反映在加工深度方向产生斜度和加工棱角、棱边变钝方面），严重影响加工温度。一般情况下，电火花加工工作液的密度应在 0.65 g/mL 左右。

（4）氧化稳定性。工作液的氧化稳定性是指由工作液成分和氧气产生化学反应而引起的，表示其成分已变质。氧化作用随温度的升高或某些金属的催化作用而加速，也随时间而增强，同时使工作液的黏度增大。因此，氧化稳定性是工作液性能的重要标志。

(5)对加工件不污染、不腐蚀。

(6)气味小。电火花加工过程中分解出的气体烟雾必须是无毒的,对人体无伤害,但对大气环境会造成影响。如果工作液带有类似燃料油之类的气味或其他溶剂的气味,则表明该工作液质量差或已变质,不能使用。

3. 电火花工作液的种类

早期的电火花工作液基本上都是使用水和一般矿物油(如煤油、变压器油等)。但近年来,随着环保要求的提高、机床升级换代以及引进国外不同类型的电火花工作液等,开始出现了合成型、高速型和混合型的电火花工作液。目前,在我国市场上,常见的电火花工作液有以下几种:

(1)煤油。我国过去一直普遍采用煤油。它的性能比较稳定,其黏度、密度、表面张力等也全面符合电火花加工的要求,但煤油的缺点显而易见,主要是因为闪点低(46 ℃左右),使用中会因意外、疏忽导致火灾,而且其芳烃含量高,易挥发,加工分解出的有害气体多。另外,其加工附加值差,易造成加工环境污染,过滤芯需频繁更换。

(2)水基及一般矿物油型。这是第一代产品,水基工作液仅局限于电火花高速穿孔加工等极少数类型使用,绝缘性、电极消耗、防锈性等都很差,成形加工基本不用。矿物油的黏度一般较低,具有良好的排屑功能,但闪点较低。然而,矿物油型产品价格低廉,且有一定的芳烃含量,对提高加工速度有利。

(3)合成型(或半合成型)。由于矿物油放电加工时,对人体健康有影响,随着数控成形机床数量的增多,加工对象的精度、表面质量、加工生产率都在提高,因此,对工作液的要求也日益提高。到了 20 世纪 80 年代,开始有了合成型油,主要指正构烷烃和异构烷烃。由于不加酚类抗氧化剂,因此,油颜色水白透亮,几乎不含芳烃,没有异味。

(4)高速合成型。高速合成型电火花工作液是在合成型电火花工作液的基础上,加入聚丁烯等类似添加剂,旨在提高电蚀速度和效率。很多石油公司研制加入了聚丁烯、乙烯、乙烯烃的聚合物和环苯类芳烃化合物等。电火花加工过程中,其熔融金属的温度常常达到 104 ℃,因此,工作液必须有良好的冷却性,以便迅速将其冷却。工作液闪点、沸点低,则因熔融金属温度高而蒸发形成蒸气膜,冷却金属熔融物的时间会变长。加入聚合物后,沸点高的聚合物将迅速破坏蒸气膜,提高了冷却效率,从而也提高了加工速度。这种添加剂成本高,工艺不易掌握,通常脂肪烃类聚合物加多了,容易引起电弧现象,并不是很适用。

4. 工作液的使用注意事项

随着电火花加工技术的不断完善与发展,要求对配套的电火花工作液进行正确的使用。在工作中只有正确使用电火花工作液,才能延长工作液的使用寿命,才能使电火花设备安全正常地生产,才能保证加工人员的人身安全。

(1)防止溶解水带入。当空气的温度和湿度较高时,空气中的水分一部分被吸附在油中而成为溶解水,溶解水的出现会引起工作台的锈蚀和油液混浊,也影响油品的介电性能。防止油品带溶解水的措施有以下几种:

①加油时,防止将油桶底部的沉积水加入工作液箱中,加完油后,必须使油在工作液箱中静置 8 h 以上,使带入油中的微量溶解水沉降到工作液箱底部,从放油口放掉。

②当机床长时间停用而再次使用时,必须从放油口排水,以防止溶解水存积。

③机床安装在恒温干燥的空间及减小工作液外露面积，均可减少溶解水的出现。

(2)预防工作液溅到加工人员身上。根据实验可知，当人体皮肤长时间接触工作液时，会引起皮肤干燥、开裂及过敏。因此，当皮肤接触到工作液时应及时用水加洗涤液洗净；当衣服沾染较多时应及时换下，并将身上沾的油洗净。

五、电火花加工工具电极

电火花加工用的工具，是火花放电时的电极之一，故称为工具电极。它用以蚀除工件材料，但是电火花加工用的电极工具又不同于机械加工的刀具或者线切割用的电极丝，它不是通用的，而是专用的工具，需要按照工件的材料、形状及加工要求进行电极材料选择、形状设计、加工制造并安装到机床主轴上。在电火花加工中，工具电极是一项非常重要的因素，电极材料的性能将影响电极的电火花加工性能(材料去除率、工具损耗率、工件表面质量等)，因此，正确选择电极材料对于电火花加工至关重要。

电火花加工用的工具电极材料应满足高熔点、低热膨胀系数、良好的导电导热性能和力学性能等基本要求，从而在使用过程中具有较低的损耗率和抵抗变形的能力。电极具有微细结晶的组织结构，对于降低电极损耗也比较有利，一般认为减小晶粒尺寸可降低电极损耗率。此外，工具电极材料应使电火花加工过程稳定、生产率高、工件表面质量好，且电极材料本身应易于加工、来源丰富及价格低廉。

由于电火花加工的应用范围不断扩展，对与之相适应的电极材料(包括相应的电极制备方法)也不断提出新的要求。随着材料科学的发展，人们对电火花加工用的工具电极材料不断进行着探索和创新，目前在研究和生产中已经使用的工具电极材料有石墨、Cu 或 W 等单金属、Cu 或 W 基合金、钢、铸铁、Cu 基复合材料、聚合物复合材料和金刚石等几大类。

1. 常用电火花加工用的工具电极材料

(1)石墨

石墨具有良好的导电、导热性和可加工性，是电火花加工中广泛使用的工具电极材料。石墨有不同的种类，可按石墨粒子的大小、材料的密度和机械与电性能进行分级。其中，细级石墨的粒子，孔隙率较小，机械强度较高，价格也较贵，用于电火花加工时通常电极损耗率较低，但材料去除率相应也要低一些。市场上供应的石墨等级平均粒子大小在 20 μm 以下，选用时主要取决于电极的工作条件(粗加工、半精加工或精加工)及电极的几何形状。工件加工表面粗糙度与石墨粒子的大小有直接关系，通常粒子平均尺寸在 1 μm 以下的石墨等级专门用于精加工。用两种不同等级的石墨电极加工难加工材料上的深窄槽，比较它们的材料去除率和电极损耗率。研究结果表明，石墨种类的选择主要取决于具体的电火花加工对材料去除率和电极损耗率哪方面的要求更高。

与其他电极材料相比，石墨电极可采用大的放电电流进行电火花加工，因而生产率较高；粗加工时电极的损耗率较小，但精加工时电极损耗率增大，加工表面粗糙度较差。石墨电极重量轻，价格低。由于石墨具有高脆性，通常难以用机械加工方法做成薄而细的形状，因此在精细、复杂形状电火花加工中的应用受到限制，而采用高速铣削可以较好地解决这一问题。为了改善石墨电极的电火花加工性能，将石墨粉烧结电极浸入熔化的金属(Cu 或 Al)中，并对液态金属施加高压，使金属 Cu 或 Al 填充到石墨电极的孔隙中，以改善其强度和导热性。注入金属后，石墨电极的密度、热导率和弯延强度增大，电阻率大幅度降低，电极表面质量得到改善。

实验研究结果表明，这种新材料电极与常规石墨电极相比，电极损耗率和材料去除率无明显差别，但加工表面粗糙度更小，尤其是注入 Cu 的石墨电极可获得小得多的加工表面粗糙度。

石墨的机械加工性能优良，其切削阻力小，容易磨削，很容易制造成形，无加工毛刺，密度小，只有铜的 1/5，电极制作和准备作业容易。在石墨的切削加工中，刀具很容易磨损，一般建议用硬质合金或金刚石涂层的刀具。在粗加工时，刀具可直接在工件上下刀；精加工时，易发生崩角、碎裂的现象，所以常采用轻刀快进的方式加工，背吃刀量可小于 0.2 mm。

石墨电极在加工时产生的灰尘比较大，粉尘有毒性，这就要求机床有相应的处理装置，机床密封性要好。在加工前将石墨在煤油中浸泡一段时间可防止崩角，减少粉尘。

石墨的加工稳定性较好，在粗加工或窄脉宽的精加工时，电极损耗很小。石墨的导电性能好、加工速度快，能节省大量的放电时间，在粗加工中越显优良；其缺点是在精加工中放电稳定性较差，容易过渡到电弧放电，只能选取损耗较大的加工条件来加工。

(2)紫铜

紫铜是目前在电加工领域应用最多的电极材料。

紫铜材料塑性好，可机械加工成形、锻造成形、电铸成形及电火花线切割成形等，能制成各种复杂的电极形状，但难以磨削加工。用于电火花加工的紫铜必须是无杂质的电解铜，最好经过锻打。

紫铜加工稳定性好，在电火花加工过程中，其物理性能稳定，能比较容易获得稳定的加工状态，不容易产生电弧等不良现象，在较困难的条件下也能稳定加工。精加工中采用低损规准，可获得轮廓清晰的型腔，因组织结构致密，加工表面光洁，配合一定的工艺手段和电源后，加工表面粗糙度 Ra 值可达 0.025 μm 的镜面超光加工。但因本身材料熔点低(1 083 ℃)，不宜承受较大的电流密度，一般不能超过 30 A 电流的加工，否则会使电极表面严重受损、龟裂，影响加工效果。紫铜热膨胀系数较大，在加工深窄筋位部分时，较大电流下产生的局部高温很容易使电极发生变形。紫铜电极通常采用低损耗的加工条件，由于低损耗加工的平均电流较小，其生产率不高，故常对工件进行预加工。

紫铜电极可适合较高精度模具的电火花加工，像加工中、小型型腔，花纹图案，细微部位等均非常合适。

(3)聚合物复合材料

采用一种导电的热塑性聚合物复合材料作为电极，以空气或水为工作介质，进行工件表面的电火花加工或抛光。所用电极是由 60%～65%的固态碳材料(如细的炭黑粉、石墨粉、石墨片甚至碳纳米管等的混合物)均匀分布在热塑性基体材料(如聚苯乙烯)中制成的，可反复软化并模压成所需的几何形状。与石墨电极相比，这种聚合物——碳复合材料电极成本较低，可模压成复杂几何形状，制作速度比铣削加工快得多；同时其密度较低、电阻率较高。因而电极损耗率较高，不过电极在使用过程中可通过重新模压加以修整。

该复合材料的组分仍处于研究开发阶段，好的可塑性电极具有低电阻率、高热导率、低热膨胀系数以及良好的可成形性和在水中的尺寸稳定性，并能耐热循环。

(4)钢

在冲模加工时，可以用“钢电极加工钢”的方法，用加长的上冲头钢作为电极，直接加工凹模，此时凸模作为工具电极。要注意的是，凸模不能选用与凹模同一型号的钢材，否则电火花加工时将很不稳定。用钢作为电极时，一般采用成形磨削加工或者采用线切割直接加工凸模。为了提高加工速度，常将电极工具的下端用化学腐蚀(酸洗)的方法均匀腐蚀掉一点厚度，使电极工具成为阶梯形，这样刚开始加工时可用较小的截面、较大规准进行粗加工，等到大部分余量被蚀除、型孔基本穿透时，再用上部较大截面的电极工具进行精加工，从而保证所需的模具配合间隙。表 4-2 列出了常用电火花加工电极材料的性能。

表 4-2　　常用电火花加工电极材料的性能

电加工性能			机械加工性能	说　明
电极材料	稳定性	电极损耗		
钢	较差	中等	好	在选择电规准时注意加工稳定性
铸铁	一般	中等	好	加工冷冲模时常用的电极材料
黄铜	好	大	一般	电极损耗太大
紫铜	好	较大	较差	磨削困难，难以与凸模连接后同时加工
石墨	一般	小	一般	机械强度较差，易崩角
铜钨合金	好	小	一般	价格高，在深孔、硬质合金模具加工中使用
银钨合金	好	小	一般	价格太高，一般很少使用

2. 电火花加工电极材料的选择

如何能够应用有限的资源提高产值？如何在同等条件下节省时间、成本与能源？选择电极材料时，应综合考虑各方面的因素，对各种电极材料做出对比，合理选择电极材料是电火花加工中的一项重要环节。

(1)电极材料必须具备的特点

在电火花加工的过程中，电极用来传输电脉冲，蚀除工件材料。电极材料必须具有导电性能良好、损耗小、加工成形容易、加工稳定、效率高、材料来源丰富、价格便宜等特点。

(2)电极材料的选择原则

合理选择电极材料，可以从这几方面进行考虑：电极是否容易加工成形；电极的放电加工性能如何；加工精度、表面质量如何；电极材料的成本是否合理；电极的重量如何。在很多情况下，选择不同的电极材料各有其优劣之处，这就要求抓住加工的关键要素。如果进行高精度加工，就要抛弃电极材料成本的考虑；如果要求进行高速加工，就要将加工精度要求放低。很多企业在选择电极材料上，根本就不予考虑，大小电极一律习惯选用紫铜，这种做法在通常加工中不会发现其弊端，但在极限加工中就明显存在问题，影响加工效果，在精细加工中往往会导致机床损耗太大，需要采用很多个电极进行加工，大型电极也选用紫铜，致使加工所耗时间较长。

(3)电极材料选择的优化方案

即使是同一工件的加工，不同加工部位的精度要求也是不一样的。选择电极材料在保证加工精度的前提下，应以大幅提高加工效率为目的。高精度部位的加工可选用铜作为粗加工的电极材料，选用铜钨合金作为精加工的电极材料；较高精度部位的粗、精加工均可选用铜作为电极材料；一般加工可用石墨作为粗加工的电极材料，精加工选用铜或者石墨也可以；精度要求不高的情况下，粗、精加工均选用石墨。这里的优化方案还是强调充分利用了石墨电极加工速度快的特点。

3. 电极的结构形式

电极的结构形式应根据电极外形尺寸的大小和复杂程度、电极的结构工艺性等因素综合考虑。

(1)整体式电极

整体式电极是用一块整体材料加工而成的，是最常见的结构形式。对于横截面面积及重量较大的电极，可在电极上开孔以减轻电极重量，但孔不能开通，孔口应向上，如图 4-12 所示。

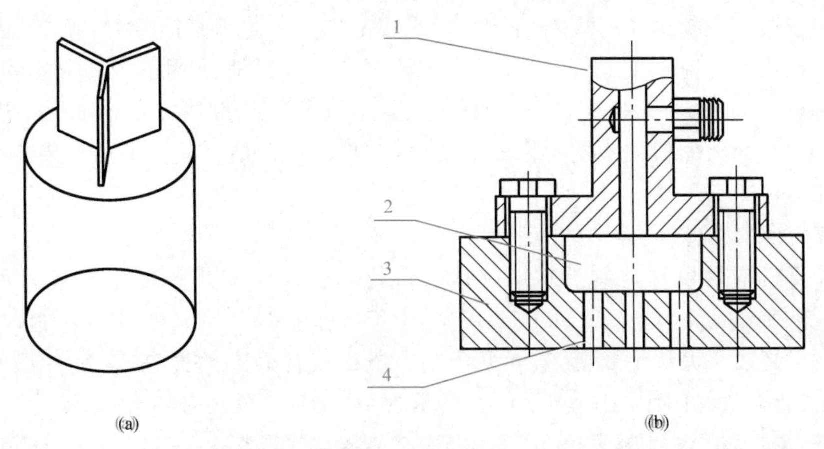

图 4-12　整体式电极

1—电极柄；2—减轻孔；3—电极；4—冲油孔

(2)组合式电极

在采用电火花加工的过程中，有时可以把多个电极组合在一起，如图 4-13 所示，一次穿孔可完成各型孔的加工，这种电极称为组合式电极。用组合式电极加工，生产率高，各型孔间的位置精度取决于各电极的位置精度。

(3)镶拼式电极

对于形状复杂的电极，整体加工有困难时，常将其分成几块，分别加工后再镶拼成整体，如图 4-14 所示，这样既节省材料，又便于电极的制造。

无论采用哪种结构形式的电极，都应有足够的刚度，以利于提高加工过程的稳定性。对于体积小、易变形的电极，可将电极工作部分以外的截面尺寸增大以提高刚度；对于体积较大的电极，要尽可能减轻电极的重量，以减少机床的变形。电极与主轴连接后，其重心应位于主轴中心线上，对于较重的电极尤为重要，否则会产生附加偏心力矩，使电极轴线偏斜，影响机械零件的加工精度。

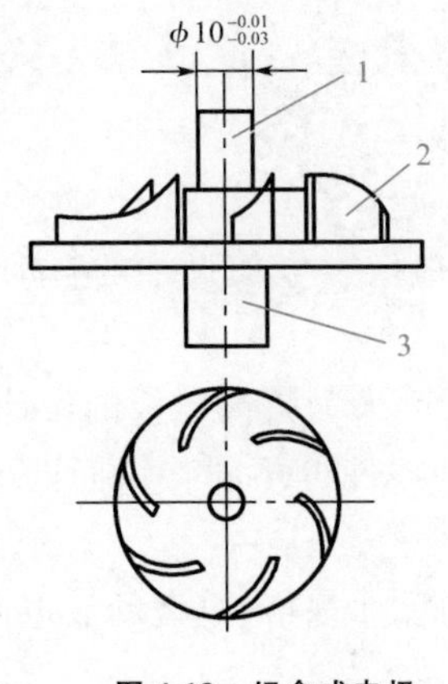

图 4-13　组合式电极

1—校正棒；2—电极；3—连接杆

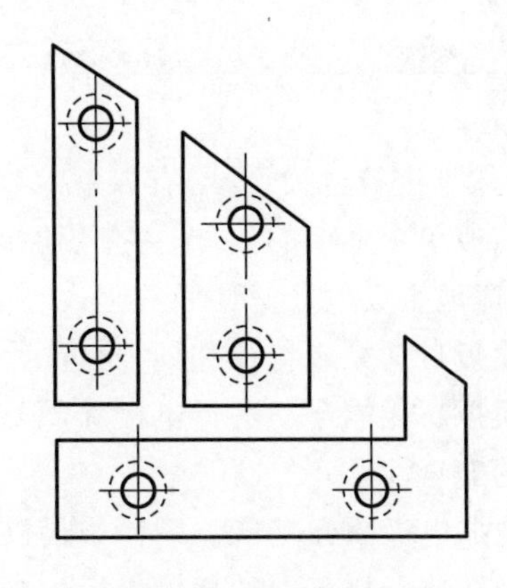

图 4-14　镶拼式电极

4. 电极的设计

电极的设计是电火花加工中的关键点之一。在设计中，第一是详细分析产品图纸，确定电火花加工位置；第二是根据现有设备、材料、拟采用的加工工艺等具体情况，确定电极的结构形式；第三是根据不同的电极损耗、放电间隙等工艺要求，对照型腔尺寸进行缩放，同时要考虑工具电极各部位投入放电加工的先后顺序不同，工具电极上各点的总加工时间和损耗不同，同一电极上端角、边和面上的损耗不同等因素，来适当补偿电极。电极设计的主要内容是选择电极材料，确定结构形式和尺寸等。

(1)CAD 软件在电极设计中的应用

当前，计算机辅助设计与制造(CAD/CAM)技术已广泛应用于制造行业。那些高端的 CAD/CAM 软件，像 UG、Pro/E、MasterCAM 等都提供了强大的电极设计功能，与传统的电极设计相比，提高效率可达十几倍，甚至几十倍。电极设计效率的提高，在某种程度上对模具制造效率起到非常重要的作用。如图 4-15 所示为用 CAD 软件设计电极。

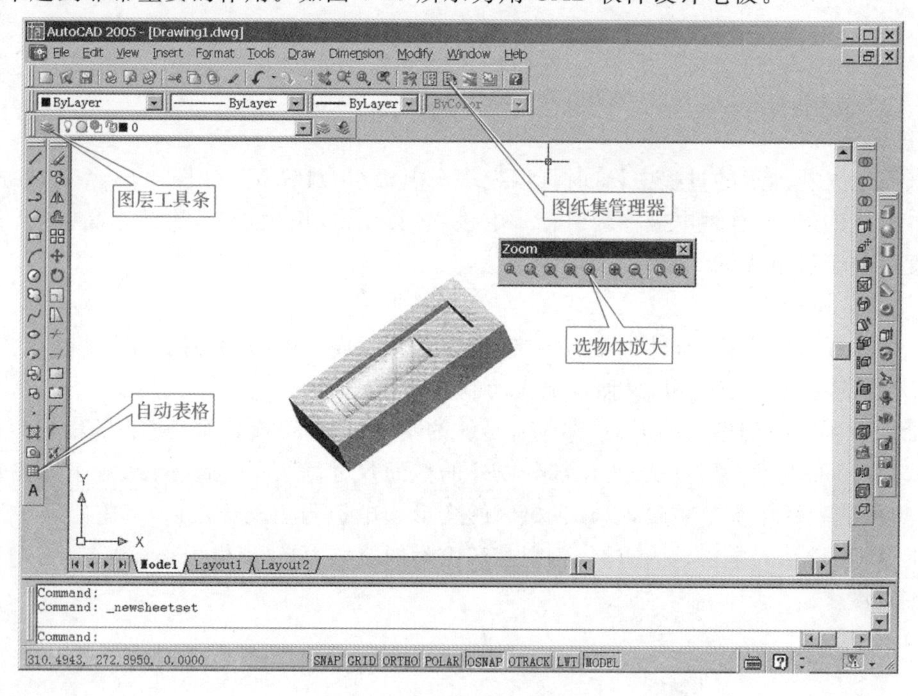

图 4-15 用 CAD 软件设计电极

用 CAD 软件进行电极设计，有以下一些优点：

①自动完成单个电极的设计，方便、快捷。CAD 软件提供了电极设计的自动提取放电工位面、方便快捷地生成电极延伸面等强大功能。

②电极模板自动完成特征相同、相近的大批量电极设计，大大提高电极的设计效率。

③电极模拟功能能自动进行电极和需要放电加工模具零件上不同特征间的干涉检查，保证放电加工的安全性。

④自动生成电极图样功能。图样中提供了电极毛坯的尺寸规格、电极的放电间隙值、平均间隙值及电极在放电加工中的相对坐标位置。

⑤提供电极加工模块，与电极设计模块结合使用，方便、高效。

(2)电极尺寸的确定

电极的尺寸包括垂直尺寸和水平尺寸，它们的公差是型腔相应部分公差的 1/2～2/3。

①垂直尺寸

电极平行于机床主轴轴线方向上的尺寸称为电极的垂直尺寸。电极的垂直尺寸取决于采用的加工方法、加工工件的结构形式、加工深度、电极材料、型孔的复杂程度、装夹形式、使用次数、电极定位校直、电极制造工艺等一系列因素。

在设计中，综合考虑上述各种因素后很容易确定电极的垂直尺寸，下面简单举例说明。

如图 4-16(a)所示的凹模穿孔加工电极，L_1 为凹模板挖孔部分长度尺寸，在实际加工中 L_1 部分虽然不需要进行电火花加工，但在设计电极时必须考虑该部分长度；L_2 为凹模板实际加工尺寸；L_3 为电极加工中端面损耗部分，在设计中也要考虑。

如图 4-16(b)所示的电极用来清角，即清除某型腔的角部圆角。加工部分电极较细，受力易变形，由于电极定位、校正的需要，在实际中应适当增加长度 L_1 的部分。

如图 4-16(c)所示为电火花成形加工电极，电极尺寸包括加工一个型腔的有效高度 L，加工一个型腔位于另一个型腔中需增加的高度 L_1，加工结束时电极夹具和压板不发生碰撞而应增加的高度 L_2 等。

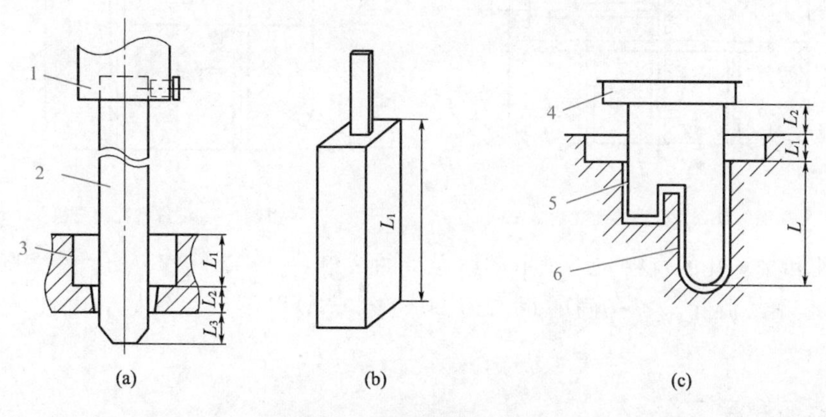

图 4-16　电极垂直尺寸

1—主轴头；2—工具电极；3—工件(凸模)；4—夹具；5—电极；6—工件

②水平尺寸

电极的水平尺寸是指与机床主轴轴线相垂直的横截面尺寸，如图 4-17 所示。

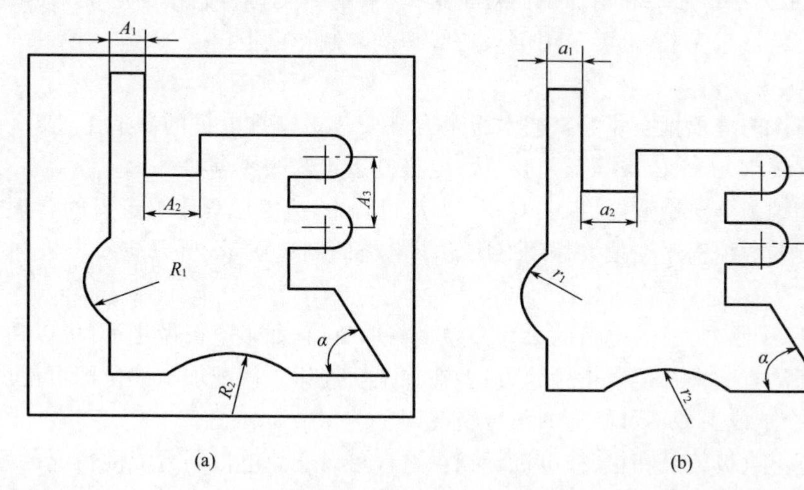

图 4-17　电极水平横截面尺寸

电极的水平尺寸的计算公式为

$$a = A \pm Kb$$

式中 a——电极水平方向的尺寸；

A——型腔水平方向的尺寸；

K——与型腔尺寸标注法有关的系数；

b——电极单边缩放量。

(3)排气孔和冲油孔

型腔加工的排气、排屑条件比穿孔加工困难，为防止排气、排屑不畅，影响电火花加工速度、加工稳定性和加工质量，设计电极时应在电极上设置适当的排气孔和冲油孔。一般情况下，冲油孔要设计在难以排屑的拐角、窄缝等处，如图 4-18 所示。排气孔要设计在蚀除面积较大的位置(图 4-19)和电极端部有凹入的位置。

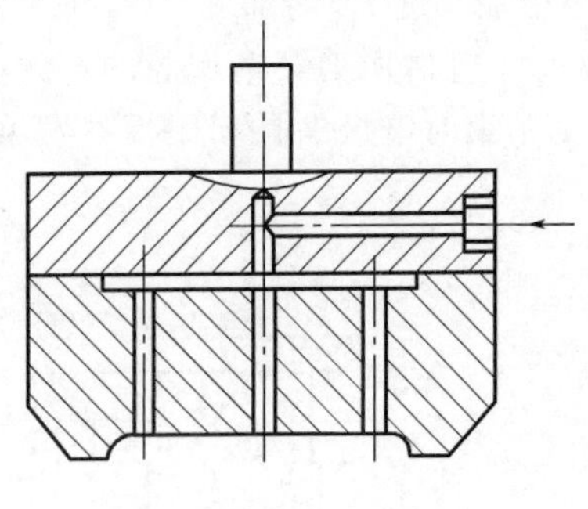

图 4-18 设强迫冲油孔的电极

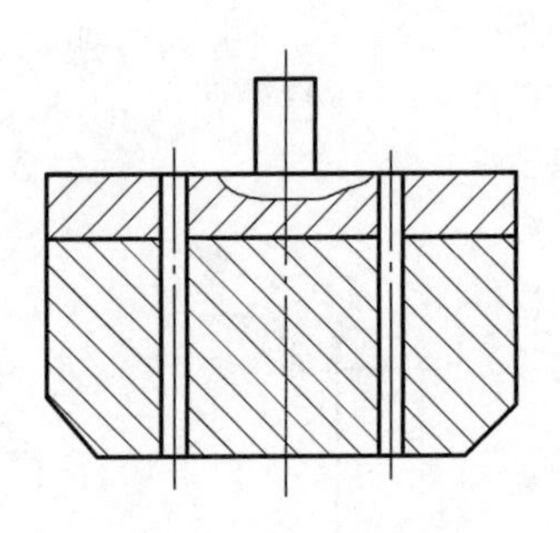

图 4-19 设排气孔的电极

冲油孔和排气孔的直径应小于平动偏心量的 2 倍，一般为 1～2 mm。过大则会在电蚀表面形成凸起，不易清除。各孔间的距离为 20～40 mm，以不产生气体和电蚀产物的积存为原则。

5. 电极的制造

制造电极应根据电极类型、尺寸大小、电极材料和电极结构的复杂程度等进行考虑。穿孔加工用电极的垂直尺寸一般无严格要求，而水平尺寸要求较高。对这类电极，若适合于切削加工，可用切削加工方法粗加工和精加工。对于紫铜、黄铜一类材料制作的电极，其最后加工可用刨削或由钳工精修来完成，也可采用电火花线切割来制作电极。

(1)电极的制造工艺

电极的制造工艺应根据企业的工艺水平来合理安排。安排电极的制造工艺时，应充分考虑电极加工精度要求、加工成本等工艺要点。电极制造工艺的要点如下：

①采用数控铣削方法制造电极，在 CAM 编程过程中，应考虑程序中走刀的合理性并进行优化选择。编制的数控程序在很大程度上决定了电极的制造质量，所以应对电极加工的编程予以重视。

②电极尺寸"宁小勿大"。电极的尺寸公差最好取负值，如果电极做小了，可以在电火花加工中通过电极摇动方法来补偿修正尺寸，或者在加工后经钳工修配加工部位即可使用；如果电极做大了，往往会造成工件不可修复的报废情况。

③为电极刻上电极编号和粗、精电极标识。这样可以避免电极制造混乱情况的发生，也为电火花加工提供了方便，减小了错误的发生率。

④电极制造的后处理。电极制造完成后，应对其进行修整、抛光。尤其是用快走丝制造的电极，电极的加工表面会有很多电极丝条纹，只有通过抛光处理才能达到加工要求。

⑤全面检查。电极制造完成以后，应进行全面检查。检查电极的实际尺寸是否在公差允许范围内，复杂形状电极的尺寸检测需要用投影仪、三坐标测量机等测量设备来完成。另外，检查电极的表面粗糙度是否达到要求，电极是否变形、有无毛刺，电极的形状是否正确等。对电极进行全面检查是电火花加工质量控制的重要环节。

(2)电极的制造方法

电极的制造方法很多，主要应根据选用的材料、电极与型腔的精度以及电极的数量来选择。

①机械切削加工

过去常见的切削加工有铣、车、平面和圆柱磨削等方法。随着数控技术的发展，目前经常采用数控铣床(加工中心)制造电极。数控铣削加工电极不仅能加工精度高、形状复杂的电极，而且速度快。石墨材料加工时容易碎裂、粉末飞扬，所以在加工前须将石墨放在工作液中浸泡2～3天，这样可以有效减少崩角及粉末飞扬。紫铜材料切削较困难，为了达到较好的表面粗糙度，经常在切削加工后进行研磨和抛光加工。

在用混合法穿孔加工冲模的凹模时，为了缩短电极和凸模的制造周期，保证电极与凸模的轮廓一致，通常采用电极与凸模联合成形磨削的方法。这种方法的电极材料大多选用铸铁和钢。

当电极材料为铸铁时，电极与凸模常用环氧树脂等材料胶合在一起，如图4-20所示。对于横截面面积较小的工件，由于不易粘牢，为防止在磨削过程中发生电极或凸模脱落，可采用锡焊或机械方法使电极与凸模连接在一起。当电极材料为钢时，可把凸模加长些，将其作为电极，即把电极和凸模做成一个整体。

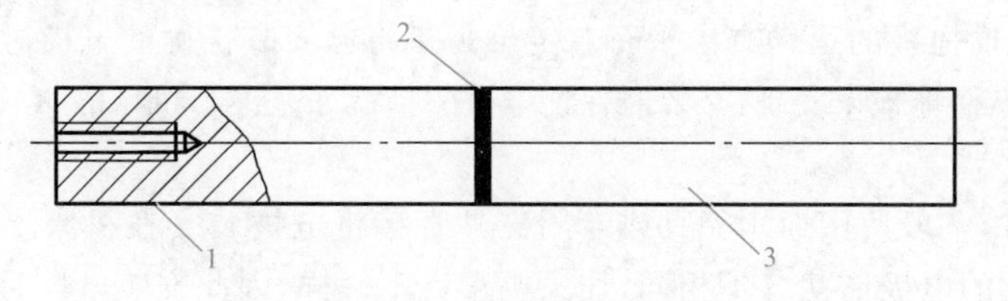

图4-20 电极与凸模黏结

1—电极；2—黏结面；3—凸模

电极与凸模联合成形磨削，其共同截面的公称尺寸应直接按凸模的公称尺寸进行磨削，公差取凸模公差的1/2～2/3。

当凸、凹模的配合间隙等于放电间隙时，磨削后电极的轮廓尺寸与凸模完全相同；当凸、凹模的配合间隙小于放电间隙时，电极的轮廓尺寸应小于凸模的轮廓尺寸，在生产中可用化学腐蚀法将电极尺寸缩小至设计尺寸；当凸、凹模的配合间隙大于放电间隙时，电极的轮廓尺寸应大于凸模的轮廓尺寸，在生产中可用电镀法将电极扩大到设计尺寸。

②电火花线切割加工

电火花线切割加工也是目前很常用的一种电极加工方法，可用于单独完成整个电极的制造，或用于机械切削制造电极的清角加工。在比较特殊的场合下可用线切割加工电极，它适用于形状特别复杂、用机械加工方法无法胜任或很难保证精度的情况。

如图4-21所示的电极，在用机械加工方法制造时，通常是把电极分成四部分来加工，然后再镶拼成一个整体，如图 4-21(a)所示。由于分块加工中产生的误差及拼合时的接缝间隙和位置精度的影响，电极产生一定的形状误差。如果使用线切割加工机床对电极进行加工，则很容易地制作出来，并能很好地保证其精度，如图 4-21(b)所示。

③电铸加工

电铸方法主要用来制作大尺寸电极，特别是在板材冲模领域。使用电铸法制作出来的电极的放电性能特别好。

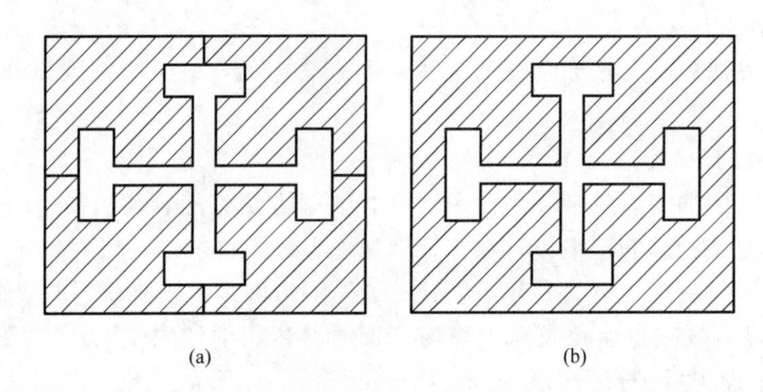

图 4-21　机械加工与线切割加工制造电极

用电铸法制造电极，制造精度高，可制作出用机械加工方法难以完成的细微形状的电极。它特别适合于有复杂形状和图案的浅型腔的电火花加工。电铸法制造电极的缺点是加工周期长，成本较高，电极质地比较疏松，使电加工时的电极损耗较大。

6. 电极的装夹与定位

电极装夹是指将电极安装于机床主轴头上，电极轴线平行于主轴头轴线，必要时使电极的横截面基准与机床纵横拖板的运动方向平行。定位是指将已安装正确的电极对准工件的加工位置，主要依靠机床纵横拖板来实现，必要时保证电极的横截面基准与机床的 X、Y 轴平行。

(1)电极装夹

在安装电极时，一般使用通用夹具或专用夹具直接将电极装夹在机床主轴的下端。由于在实际加工中碰到的电极形状各不相同，加工要求也不一样，因此安装电极时电极的装夹方法和电极的夹具也不相同。下面介绍常用的电极夹具。

①小型的整体式电极多数采用通用夹具直接装夹在机床主轴下端，采用标准套筒、钻夹头装夹，如图 4-22 和图 4-23 所示。

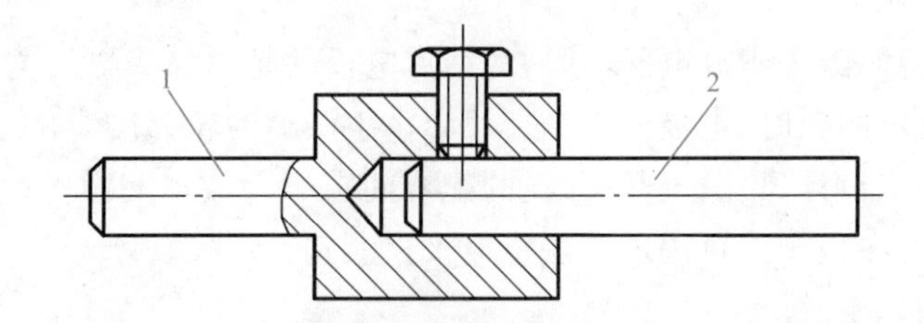

图 4-22　标准套筒夹具

1—标准套筒；2—电极

②对于尺寸较大的电极，常将电极通过螺纹连接直接装夹在夹具上，如图 4-24 所示。

电极装夹时应注意以下几点：

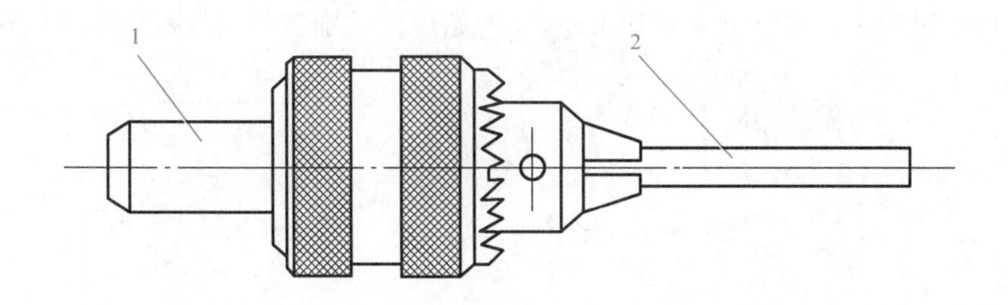

图 4-23　钻夹头夹具

1—钻夹头；2—电极

③电极与夹具的接触面应保持清洁，并保证滑动部位灵活。

④将电极紧固时要注意电极的变形，尤其对于小型电极，应防止弯曲，螺钉的松紧应以牢固为准，不能用力过大或过小。

⑤电极装夹前，还应该根据被加工零件的图样检查电极的位置、角度以及电极柄与电极是否影响加工。

⑥若电极体积较大，应考虑电极夹具的强度和位置，防止在加工过程中，由于安装不牢固或冲油反作用力造成电极移动，从而影响加工精度。

(2)电极的定位

在电火花加工中，电极与加工工件之间相对定位的准确程度直接决定加工的精度。做好电极的精确定位主要有三方面内容：电极的装夹与校正、工件的装夹与校正、电极相对于工件的定位。

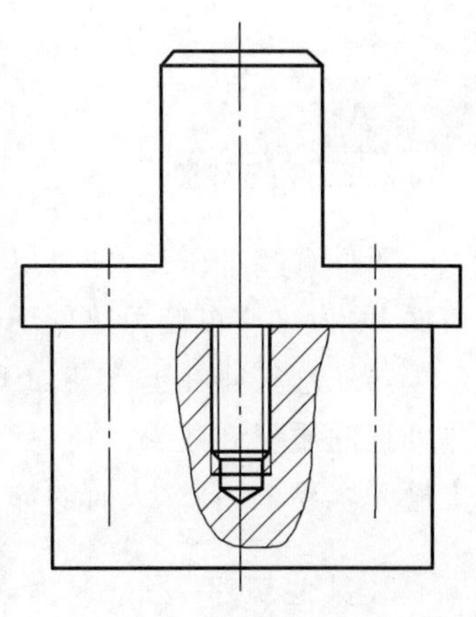

图 4-24　螺纹夹头夹具

电极相对于工件定位是指将已安装、校正好的电极对准工件上的加工位置，以保证加工的孔或型腔在凹模上的位置精度。习惯上将电极相对于工件的定位过程称为找正。电极找正与其他数控机床的定位方法大致相似，读者可以借鉴参考。

六、电火花加工工件的准备

电火花加工在整个零件的加工中属于最后一道工序或接近最后一道工序，所以在加工前宜认真准备工件，具体内容如下：

1. 工件的预加工

一般来说，机械切削的效率比电火花加工的效率高。所以电火花加工前，尽可能用机械加工的方法去除大部分加工余料，即预加工。预加工可以节省电火花粗加工时间，提高总的生产效率，但预加工时要注意以下几点：

(1)所留余量要合适，尽量做到余量均匀，否则会影响型腔表面粗糙度和电极不均匀的损耗，破坏型腔的仿形精度。

(2)对一些形状复杂的型腔，预加工比较困难，可直接进行电火花加工。

(3)在缺少通用夹具的情况下，用常规夹具在预加工中需要对工件进行多次装夹。

(4)预加工后使用的电极上可能有铣削等机械加工痕迹，如图 4-25 所示，如果用这种电极精加工，则可能影响工件的表面粗糙度。

(5)预加工过的工件进行电火花加工时,在起始阶段的加工稳定性可能存在问题。

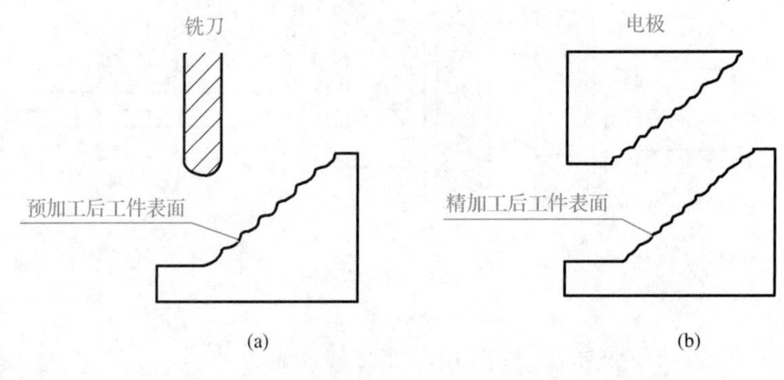

图 4-25 预加工后的工件表面

2. 工件的热处理

工件在预加工后,便可以进行淬火、回火等热处理,即热处理工序尽量安排在电火花加工前面,因为这样可避免热处理变形对电火花加工尺寸精度、型腔形状等的影响。

热处理安排在电火花加工前也有其缺点,如电火花加工将淬火表层加工掉一部分,影响了热处理的质量和效果。所以有些型腔模安排在热处理前进行电火花加工,这样型腔加工后钳工抛光容易,并且淬火时的淬透性也较好。

3. 其他工序

工件在电火花加工前还必须除锈去磁,否则在加工中工件吸附铁屑,很容易引起拉弧烧伤。

七、电火花加工工艺指标的确定

电火花加工中的工艺指标包括加工精度、表面粗糙度、加工速度及电极损耗等,影响因素有电参数和非电参数。电参数主要有脉冲宽度、脉冲间隔、峰值电压、峰值电流、加工极性等;非电参数主要有压力、流量、抬刀高度、抬刀频率、平动方式和平动量等。这些参数相互影响,关系复杂。

1. 电火花加工精度

电火花加工和其他机械加工一样,机床本身的各种误差以及工件和工具电极的定位、安装误差都会影响加工精度,但就加工工艺相关的因素而言,主要是放电间隙的大小及其一致性、工具电极的损耗及其稳定性两个因素。

(1)放电间隙的大小及其一致性

电火花加工时,工具电极与工件之间存在着一定的放电间隙,如果加工过程中放电间隙能保持不变,则可以通过修正工具电极的尺寸对放电间隙进行补偿,以获得较高的加工精度。然而,放电间隙的大小实际上是变化的,影响着加工精度。除了放电间隙能否保持一致外,放电间隙大小对加工精度也有影响,尤其对于复杂形状的加工表面,棱角部位电场强度分布不均匀,放电间隙越大,影响越严重。因此,为了减小加工误差,应该采用较小的加工规准,缩小放电间隙,这样不但能提高仿形精度,而且放电间隙越小,可能产生的间隙变化量越小。另外,还必须尽可能使加工稳定。电参数对放电间隙的影响是非常显著的，精加工放电间隙一般只有0.01 mm(单面)，而在粗加工时可达0.5 mm以上。

(2)工具电极的损耗及其稳定性

工具电极的损耗对尺寸精度和形状精度都有影响。电火花穿孔加工时，电极可以贯穿型孔而补偿电极的损耗，但是其型腔加工则无法采用这种方法，精密型腔加工时可以采用更换电极的方法。稳定性主要是指可预期的损耗和非预期的变形。

(3)二次放电的影响

二次放电是指已加工表面上由于电蚀产物(导电的炭黑盒金属小屑)等的介入而进行再次的非正常放电，集中反映在加工深度方向产生斜度和加工棱角、棱边变钝方面。

产生斜度的情况如图4-26(a)所示，由于工具电极下端的加工时间长，绝对损耗大，而电极入口处的放电间隙则由于电蚀产物的存在，随“二次放电”的概率增大而扩大，因而产生了加工斜度，俗称“喇叭口”。

电火花加工时，工具的尖角或凹角很难精确地复制到工件上，这是因为当工具为凹角时，工件上对应的尖角处放电蚀除的概率大，容易遭受腐蚀而成为圆角，如图4-26(b)所示。

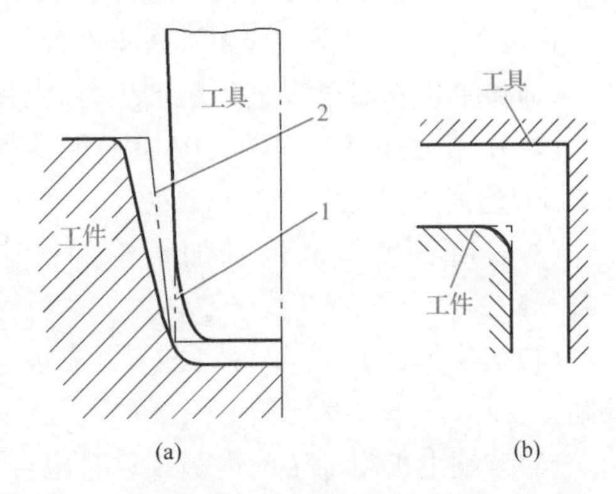

图4-26　电火花加工在垂直方向和水平方向的损耗

1—电极无损耗时工具轮廓线；

2—电极有损耗而不考虑二次放电时的工件轮廓线

电火花加工零件的表面粗糙度是指被加工表面上具有的较小间距和微小峰谷不平度。其两波峰或者两波谷的距离称为波距，一般小于1 mm，并呈周期性变化，用肉眼是难以区别的，因此它属于微观几何形状误差。

电火花加工表面和机械加工表面不同，它是由无方向性的无数小坑和硬凸边所组成的，特别有利于保存润滑油；而机械加工表面则存在着切削或磨削痕迹，具有方向性。两者相比，在相同的表面粗糙度和有润滑油的情况下，电火花加工表面的润滑性能和耐磨损性能均比机械加工表面好。

工件的材料对加工表面的粗糙度也有影响，熔点高的材料(如硬质合金)，在相同能量下加工表面的粗糙度要比熔点低的材料(如钢)好。精加工时，工具电极的表面粗糙度也将影响到加工表面的粗糙度。由于石墨电极表面很难加工得非常光滑，因此用石墨电极加工的表面粗糙度较差。

2. 电火花加工速度

电火花加工速度是指电火花加工时，工具和工件遭到不同程度的电蚀，单位时间内工件的电蚀量称为加工速度，亦即生产率。

加工速度一般采用体积加工速度 v_w(mm^3/min)来表示，即被加工掉的体积 V 除以加工时间 t，常用公式 $v_w=V/t$ 来表示。有时为了测量方便，也采用质量加工速度 v_m 来表示，即被加工掉的质量 m 除以加工时间 t，单位为g/min，常用公式 $v_m=m/t$ 来表示。

通常情况下，电火花成形加工的加工速度要求为：粗加工(加工表面粗糙度 Ra 值为10～20 μm)时可达200～1 000 mm^3/min；半精加工(Ra 值为2.5～10 μm)时降低到20～100 mm^3/min；精加工(Ra 值为0.32～2.5 μm)时一般都在10 mm^3/min 以下。随着表面粗糙度值的减小，加工速度显著下降。

3. 电极损耗

电火花加工过程中，工具电极和工件之间的瞬时高温的火花放电使工具电极和工件的表面都会被腐蚀，从而产生电极损耗的现象。

电极损耗分为绝对损耗和相对损耗。绝对损耗最常用的是体积损耗 V_e 和长度损耗 V_{eh} 两种方式，它们分别表示在单位时间内，工具电极被蚀除的体积和长度，即 $V_e = V/t$、$V_{eh} = H/t$。相对损耗是工具电极绝对损耗与工件加工速度的百分比。通常采用长度相对损耗比较直观，测量也比较方便。

在电火花加工过程中，为了防止电极的过多损耗，一般要注意以下要点：

(1)如果用石墨电极进行粗加工时，电极损耗一般可以达到 1%以下。

(2)用石墨电极采用粗、中加工规准加工得到的零件的最小表面粗糙度 Ra 值能达到 3.2 μm，但通常只能在 6.3 μm 左右。

(3)若用石墨作电极且加工零件的表面粗糙度 Ra 值小于 3.2 μm，则电极损耗为 15%～50%。

(4)不管是粗加工还是精加工，电极角部损耗比上述还要大。粗加工时，电极表面会产生缺陷。

(5)紫铜电极粗加工的电极损耗量也可以低于 1%，但加工电流超过 30 A 后，电极表面会产生起皱和开裂现象。

(6)在一般情况下用紫铜作电极采用低损耗加工规准进行加工，零件的表面粗糙度 Ra 值可以达到 3.2 μm 左右。

(7)紫铜电极的角部损耗比石墨电极更大。

任务实施

1. 参观电火花加工车间，分析电火花加工和其他金属切削加工的异同点。
2. 对电火花加工机床的结构及分布进行分析讲解，强调电火花加工机床的安全操作规程。
3. 演示电火花加工机床的操作步骤。
4. 采用电火花加工机床进行方孔冲模(图 4-27)的加工。

拓展训练

1. 电蚀产物的排除

经过前面的学习，大家知道如果电火花加工中电蚀产物不能及时排除，则会对加工产生巨大的影响。电蚀产物的排除虽然是加工中出现的问题，但为了较好地排除电蚀产物，其准备工作必须在加工前做好。通常采用的方法如下：

(1)电极冲油

电极上开小孔，并强迫冲油是型腔电火花加工最常用的方法之一。冲油小孔直径一般为

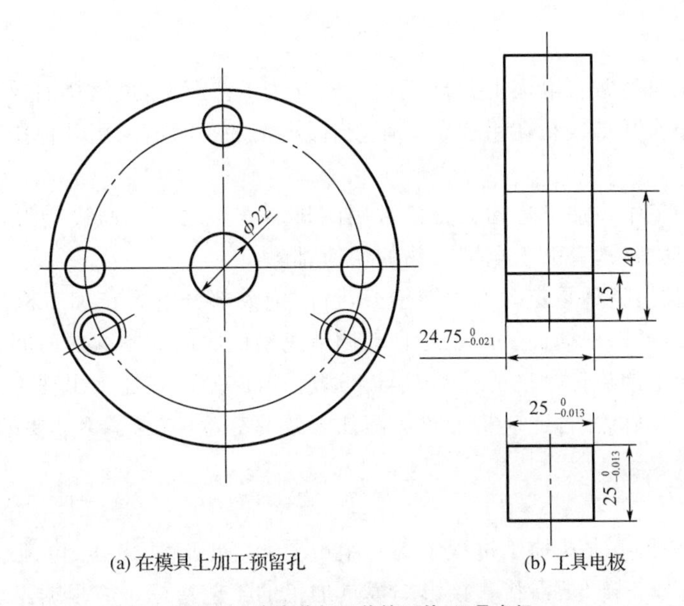

(a) 在模具上加工预留孔　　(b) 工具电极

图 4-27　电火花加工前的工件、工具电极

0.5～2 mm，可以根据需要开一个或几个小孔，如图 4-28 所示。

(2)工件冲油

工件冲油是穿孔电火花加工最常用的方法之一。由于穿孔加工大多在工件上开有预留孔，因而具有冲油的条件。型腔加工时如果允许工件加工部位开孔，则也可采用此法，如图 4-29 所示。

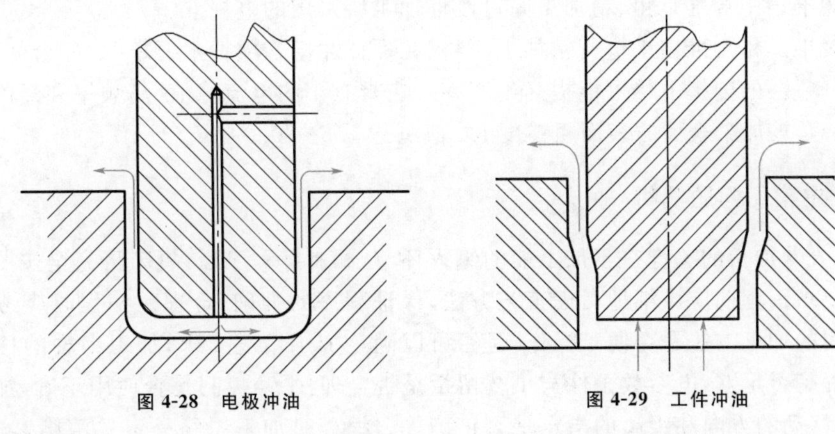

图 4-28　电极冲油　　图 4-29　工件冲油

(3)工件抽油

工件抽油常用于穿孔加工。由于加工的蚀除物不经过加工区，因而加工斜度很小。抽油时要使放电时产生的气体(大多是易燃气体)及时排放，不能积聚在加工区，否则会引起“放炮”。“放炮”是严重的事故，轻则工件移位，重则工件炸裂，使主轴头受到严重损伤。通常在安放工件的油杯上采取措施，将抽油的部位尽量接近加工位置，将产生的气体及时抽走。工件抽油的排屑效果不如冲油好，如图 4-30 所示。

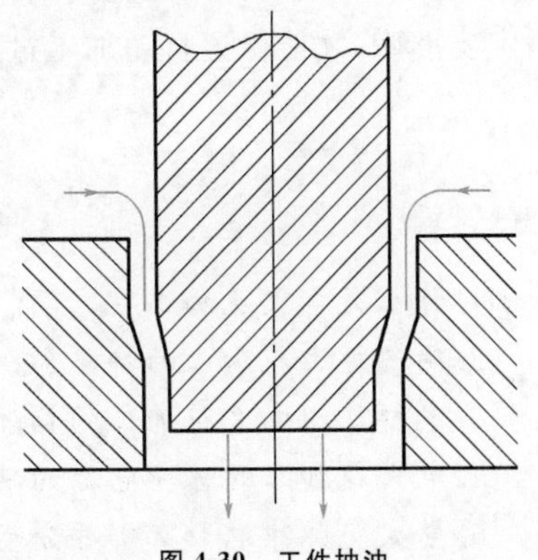

图 4-30　工件抽油

(4)开排气孔

大型型腔加工时经常在电极上开排气孔。该方法工艺简单,虽然排屑效果不如冲油,但对电极损耗影响较小。开排气孔在粗加工时比较有效,精加工时需采用其他排屑办法。

(5)抬刀

工具电极在加工中边加工边抬刀是最常用的排屑方法之一。通过抬刀,电极与工件间的间隙加大,液体流动加快,有助于电蚀产物的快速排除。

抬刀有两种情况:一种是定时的周期抬刀,目前绝大部分电火花加工机床具备此功能;另一种是自适应抬刀,可以根据加工的状态自动调节进给的时间和抬起的时间(即抬起高度),使加工正好一直处于正常状态。自适应抬刀与自适应冲油一样,在加工出现不正常时才抬刀,正常加工时则不抬刀。显然,自适应抬刀对提高加工效率有益,减少了不必要的抬刀。

2. 电规准

所谓电规准,是指电火花加工过程中的一组电参数,如极性、电压、电流、脉冲宽度和脉冲间隔等。电规准选择正确与否,将直接影响模具加工的工艺指标。应根据工件的要求、电极和工件的材料、加工工艺指标和经济效果等因素来确定电规准,并在加工过程中及时转换。

在生产中主要通过工艺试验确定电规准。通常要用几个规准才能完成凹模型孔加工的全过程。电规准分为粗、中、精三种。从一个规准调整到另一个规准称为电规准的转换。

(1)粗规准。粗规准主要用于粗加工。对它的要求是生产率高,工具电极损耗小。被加工表面的表面粗糙度 Ra 值大于 12.5 μm,采用较大的电流峰值和较长的脉冲宽度(t_i=20~60 μs)。

(2)中规准。中规准是粗、精加工间过渡性加工所采用的电规准。

(3)精规准。精规准用来进行精加工,要求在保证冲模各项技术要求(如配合间隙、表面粗糙度和刃口斜度)的前提下尽可能提高生产率。它具有小的电流峰值、高频率和短的脉冲宽度(t_i=2~6 μs),被加工表面的表面粗糙度 Ra 值可达 1.6~ 0.8 μm。

3. 实践中常见问题解析

数控电火花加工的关键在于加工前的编程环节,编制好程序后,机床将完全按照程序执行加工,这就要求编程前应详细地考虑工艺方法,保证程序的准确、合理。编程时应考虑定位是否方便,选用的加工方法是否便于操作,是否可以满足加工精度要求,加工中轴的移动有无妨碍,机床行程是否足够,电参数条件与工艺留量是否合理,平动控制是否使用正确,加工过程中加工、退刀、移动的方向和距离的指定是否正确等。编程时加工思路一定要清晰,输入的数值一定要准确,才能保证自动加工过程的正确执行。

习题与训练

1. 什么是电火花加工?
2. 简述电火花加工的特点、应用及局限性。
3. 怎样认识电火花加工的物理过程?
4. 电火花加工的脉冲电源的功能是什么?
5. 电火花脉冲电源有哪些分类?试概述其应用情况。
6. 简述晶体管脉冲电源的基本工作原理。

7. 电火花工作液的作用有哪些？一般工作液有哪些特点？
8. 介绍常用电极的材料性能。
9. 说明电极材料的选择原则。
10. 简述电极制造的工艺方法。
11. 简述电极装夹的主要事项。
12. 叙述电火花加工中对加工工件的要求。
13. 简述如何确定电火花加工中常见的工艺指标。

任务二　凹模的电火花线切割加工

学习目标

1. 会 ISO 格式编程，能合理依据加工工艺编制加工程序，实施线切割加工。

2. 按照工艺文件独立完成凹模零件的数控编程及加工。

情境导入

电火花线切割加工不用成形的工件电极，而是利用一个连续地沿着其轴线行进的细金属丝作工具电极，并在金属丝与工件间通过脉冲电流，使工件产生电蚀而进行加工。线切割加工前需要准备好工件毛坯、压板、夹具等装夹工具，然后按步骤操作。

任务描述

加工如图 4-31 所示的凹模零件，试编制其加工程序，在数控线切割机床上完成零件的加工。材料为 Cr12MoV。

任务分析

此任务是加工简单的凹模零件，根据前面学习的电火花加工机理，使学生能够从零件的结构、材质、加工要求等方面进行分析；同时掌握 ISO 格式程序编制的方法，正确编写加工程序，合理安排加工路线，完成工件的加工。

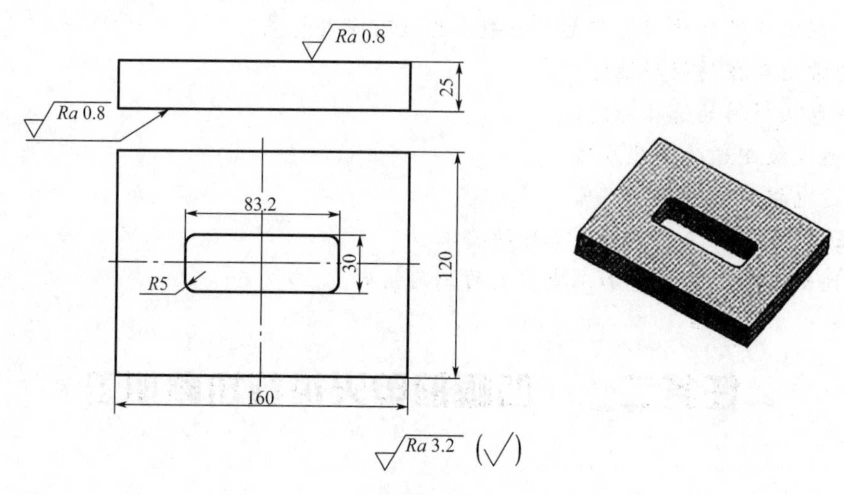

图 4-31 凹模零件图

相关知识

ISO 格式(G 代码)数控程序

电火花线切割机床的 ISO 代码与数控车床、数控铣床和加工中心的代码类似，下面就线切割机床的 ISO 指令做具体介绍。

1. 程序格式

一个完整的加工程序是由程序名、程序主体(若干程序段)、程序结束指令组成的。如：

O0061；
N01 G92 X0 Y0；
N02 G01 X2000 Y2000；
N03 G01 X7500 Y2000；
N04 G03 X7500 Y5000；
N05 G01 X2000 Y5000；
N06 G01 X2000 Y2000；
N07 G01 X0 Y0；
N08 M02；

(1)程序名

程序名由文件名和扩展名组成。每一个程序都必须有一个独立的文件名，目的是查找、调用等。程序的文件名可以用字母和数字表示，最多可用 8 个字符，如 010，但文件名不能重复。扩展名最多用 3 个字母表示，如 010. CUT。

(2)程序主体

程序主体是整个程序的核心，由若干程序段组成，如上面加工程序中的 N01～N07 段。程序可分为主程序和子程序。程序中有固定顺序和可重复执行的部分，可将其作为子程序存放，使整个程序简单化。

(3)程序结束指令

程序结束指令安排在程序的最后，单列一段。当数控系统执行到程序结束指令段时，机床进给自动停止，工作液供给自动停止，并使数控系统复位，为下一个工作循环做好准备。

可以作为程序结束标记的M指令有M02和M30，它们代表零件加工主程序的结束。为了保证最后程序段的正常执行，通常要求M02、M30也必须单独占一行。

此外，子程序结束有专用的结束标记，ISO代码中用M99来表示子程序结束后返回主程序。

2. 程序段格式

程序段是程序的组成部分，用来命令机床完成或执行某一动作。在书写、打印和显示程序时，每一个程序段一般占一行，在各程序段之间用程序段结束符号分开。在数控行业中，现在使用最多的是可变程序段格式，因为可变程序段格式程序简短直观，不需要的字及与上一段相同的续效字可以写出来，也可以不写，各字的排列顺序要求不严格，每个字的长度不固定，每个程序段的长度、程序段中字的个数都是可变的。

每个程序段由若干个数据字组成，而数据字又由表示地址的英文字母、特殊文字和数字组成，如X30、G90等。

程序段格式是指一个程序段中字、字符、数据的排列、书写方式和顺序。通常情况下，程序段格式有字-地址程序段格式、使用分隔符的程序段格式、固定程序段格式三种。后两种程序段格式在线切割机床中的“3B”指令中使用较多。

字-地址程序段格式如下：

N——G——X——Y——Z——F——S——T——M——LF

程序段号	准备功能	尺寸功能	进给功能	主轴功能	刀具功能	辅助功能	结束标记

(1)顺序号(程序段号)

所谓顺序号，就是加在每个程序段前的编号。顺序号位于程序段之首，用大写英文字母N或O开头，后续2～4位，如N03、N0010，以表示各段程序的相对位置。顺序号可以省略，但使用顺序号对查询一个特定程序很方便，使用顺序号有以下两种目的：

- 用作程序执行过程中的编号。
- 用作调用子程序时的标记编号。

注意

N9140～N9165是固循子程序号，用户在编程过程中不得使用这些顺序号，但可以调用这些固循子程序。

(2)程序段的内容

程序段的中间部分是程序段的内容，程序段内容应具备六个基本要素，即准备功能字、尺寸功能字、进给功能字、主轴功能字、刀具功能字和辅助功能字。但并不是所有程序都必须包含所有功能字，有时一个程序段内仅包含其中一个或几个功能字也是允许的。

(3)程序段结束

程序段以结束标记“CR”或“LF”结束。在实际使用时，常用符号“;”或“*”表示“CR”或

“LF”,如:

N01 G92 X0 Y0;

(4)程序段注释

为了方便检查、阅读数控程序,在许多数控程序系统中允许对程序进行注释,注释可以作为对操作者的提示显示在荧屏上,但注释对机床动作没有丝毫影响。

程序的注释应放在程序的最后,不允许将注释插在地址和数字之间,如下列程序段所示。本书为了便于读者阅读,一律用“;”表示程序段结束,之后直接跟程序注释。

T84 T86 G90 G92 X0 Y0;　　确定穿丝点,打开切削液,电极丝,绝对编程

G01 X3000 Y8000;　　直线切割

G01 X6000 Y9000;　　直线切割

3. ISO 代码及其程序编制

目前我国的数控线切割机床使用的指令代码与 ISO 基本一致,见表 4-3。

表 4-3　　数控线切割机床常用的 ISO 指令代码

代码	功　能	代码	功　能
G00	快速定位	G59	加工坐标系 6
G01	直线插补	G80	接触感知
G02	顺圆插补	G82	半程移动
G03	逆圆插补	G84	微弱放电找正
G05	*X* 轴镜像	G90	绝对坐标
G06	*Y* 轴镜像	G91	相对坐标
G07	*X*、*Y* 轴交换	G92	定起点坐标
G08	*X* 轴镜像,*Y* 轴镜像	M00	程序暂停
G09	*X* 轴镜像,*X*、*Y* 轴交换	M02	程序结束
G10	*Y* 轴镜像,*X*、*Y* 轴交换	M05	接触感知解除
G11	*Y* 轴镜像,*X* 轴镜像,*X*、*Y* 轴交换	M98	调用子程序
G12	消除镜像	M99	调用子程序结束
C40	取消间隙补偿	T82	切削液保持 OFF
G41	左偏间隙补偿	T83	切削液保持 ON
G42	右偏间隙补偿	T84	打开切削液
G50	取消锥度	T85	关闭切削液
G51	锥度左偏	T86	送电极丝(阿奇公司)
G52	锥度右偏	T87	停止送丝(阿奇公司)
G54	加工坐标系 1	T80	送电极丝(沙迪克公司)
G55	加工坐标系 2	T81	停止送丝(沙迪克公司)
G56	加工坐标系 3	W	下导轮到工作台面高度
G57	加工坐标系 4	H	工作台厚度
G58	加工坐标系 5	S	工作台面到上导轮高度

(1)G00——快速定位

线切割机床在没有脉冲放电的情况下,以点定位控制方式快速移动到指定位置。它只是

指定点的位置，而不能加工工件。程序格式是：

G00 X __ Y __；

(2)G01——直线插补

直线插补指令是最基本的一种直线运动指令，可使机床加工任意斜率的直线轮廓或用直线逼近的曲线轮廓。程序格式为

G01 X __ Y __；

如图 4-32 所示为从起点 A 直线插补到指定点 B，其程序为：

G01 X16000 Y20000；

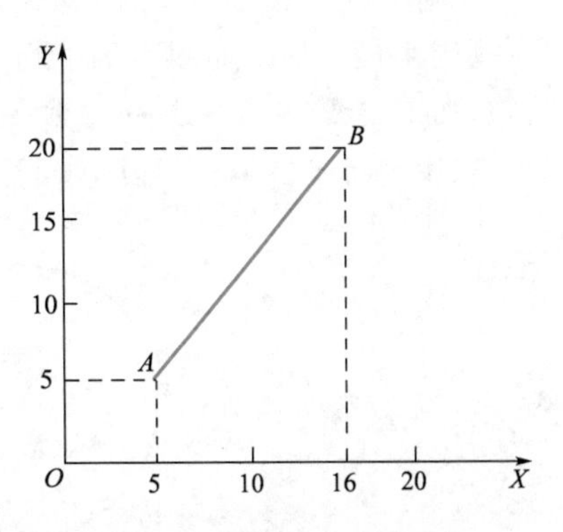

图 4-32　从起点 A 加工到指定点 B

目前，可加工锥度的电火花线切割数控机床具有 X、Y 坐标轴及 U、V 附加轴工作台，其程序段格式为：

G01 X __ Y __ U __ V __；

(3)G02——顺时针圆弧插补

G03——逆时针圆弧插补

用圆弧插补指令编写的程序段格式为：

G02 X __ Y __ I __ J __；

G03 X __ Y __ I __ J __；

其中：

X、Y——圆弧终点坐标；

I、J——圆心坐标，是圆心相对圆弧起点在 X、Y 方向上的增量值。

如图 4-33 所示为从起点 A 加工到指定点 B，再从点 B 加工到指定点 C，其程序为：

G02 X15000 Y10000 I5000 J0；

G03 X25000 Y10000 I5000 J0；

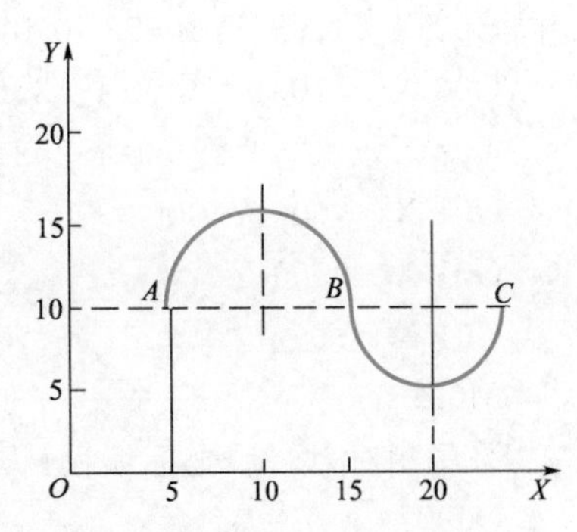

图 4-33　从起点 A 加工到指定点 C

(4)G90——绝对坐标

G91——相对(增量)坐标

G90 为绝对坐标编程指令，当采用该指令时，代表程序中的尺寸是按照绝对尺寸给定的，即移动指令终点坐标值(x,y)，都是以工件坐标系原点(程序的零点)为基准来计算的。

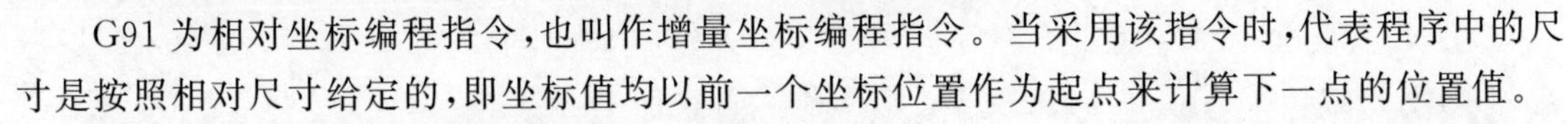

G91 为相对坐标编程指令，也叫作增量坐标编程指令。当采用该指令时，代表程序中的尺寸是按照相对尺寸给定的，即坐标值均以前一个坐标位置作为起点来计算下一点的位置值。

用绝对坐标或相对坐标编写的指令段格式为：

G90；

G91；

①G92——定起点坐标指令

指定电极丝当前位置在编程坐标系中的坐标值，一般情况下将此坐标值作为加工程序的起点。

用定起点坐标指令编写的指令段格式为：

②G92 X __ Y __；

绝对坐标与相对坐标编程举例分析如下。

【例 4-1】 加工如图 4-34 所示的凸模零件，指定起点为 A，假设不考虑电极丝半径和放电间隙，加工路线为：A→B→C→D→E→F→G→H→I→J→A，加工起点为 A 点。

采用绝对坐标编程，程序如下：

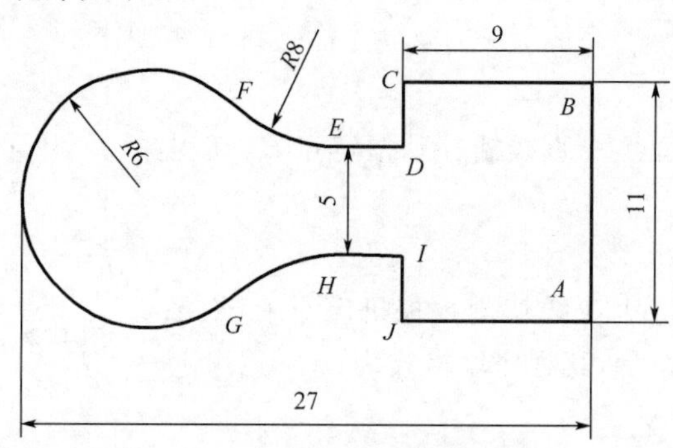

图 4-34 凸模零件加工

O0001	
G90 G92 X0 Y0；	采用绝对坐标编程，定起点坐标(0,0)
G01 X0 Y11000；	直线加工 A→B
G01 X−9000 Y11000；	直线加工 B→C
G0l X−9000 Y8000；	直线加工 C→D
G01 X−11740 Y8000；	直线加工 D→E
G02 X−17031 Y10658 I0 J8000；	顺时针加工圆弧 E→F
G03 X−17031 Y1000 I−3969 J4500；	逆时针加工圆弧 F→G
G02 X−11740 Y3000 I5292 J6000；	顺时针加工圆弧 G→H
G01 X−9000 Y3000；	直线加工 H→I
G01 X−9000 Y0；	直线加工 I→J
G01 X0 Y0；	直线加工 J→A
M02；	程序结束

采用相对(增量)坐标编程，程序如下：

O0002	
G91 G92 X0 Y0；	采用相对坐标编程，定起点坐标(0,0)
G01 X0 Y11000；	直线加工 A→B
G01 X−9000 Y0；	直线加工 B→C
G0l X0 Y3000；	直线加工 C→D
G01 X−2740 Y0；	直线加工 D→E
G02 X−5291 Y2658 I0 J8000；	顺时针加工圆弧 E→F
G03 X0 Y9000 I−3969 J4500；	逆时针加工圆弧 F→G
G02 X5291 Y2658 I5292 J6000；	顺时针加工圆弧 G→H
G01 X2740 Y0；	直线加工 H→I
G01 X0 Y−3000；	直线加工 I→J
G01 X9000 Y0；	直线加工 J→A
M02；	程序结束

(6)G41、G42、G40——间隙补偿指令

线切割机床加工零件时,实际是电极丝中心点沿着零件轮廓移动,由于电极丝自身的半径,加上放电间隙等,会产生一定的尺寸误差。如果没有间隙补偿指令,就只能先根据零件轮廓尺寸和电极丝直径及放电间隙计算出电极丝中心点的轨迹尺寸,计算量较大不说,还容易出错。此时采用间隙补偿指令,不仅能简化编程难度,还提高了准确性,对于手工编程具有重要的意义。

G41——左偏移。沿着电极丝加工的方向看,电极丝在工件的左边,如图 4-35 所示。

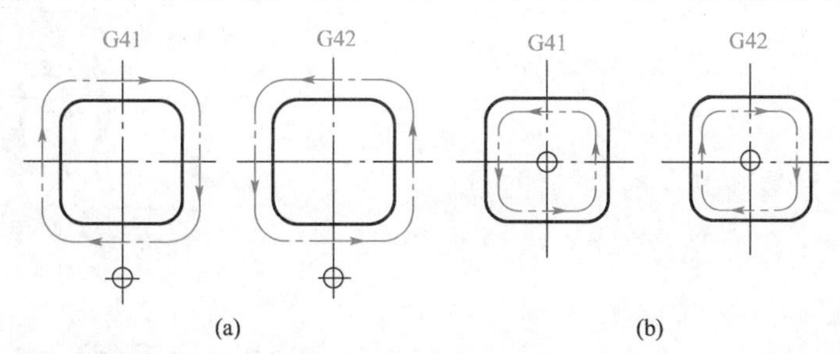

图 4-35 偏移方向的确定

程序格式是:G41 D__;

G42——右偏移。沿着电极丝加工的方向看,电极丝在工件的右边,如图 4-35 所示。

程序格式是:C42 D__;

G40——取消间隙补偿。

程序格式是:G40;

在程序段中,D 表示补偿值,为电极丝半径与放电间隙之和。

电极丝半径补偿的建立和取消与数控铣削加工中的刀具半径补偿的建立和取消过程完全相同。图 4-36 表示补偿建立的过程。在第 1 段中无补偿,电极丝中心轨迹与编程轨迹重合。第 2 段中补偿从无到有,称为补偿的初始建立段,规定这一段只能用直线插补指令,不能用圆弧插补指令,否则会出错。第 3 段中补偿已经建立,故称为补偿进行段。

撤销补偿时也只能在直线段上进行,在圆弧段撤销补偿时将会引起错误,如图 4-37 所示。

图 4-36 补偿建立　　　　图 4-37 补偿撤销

正确的方式:G40 G01 X0 Y0;

错误的方式:G40 G02 X20 Y0 I10 J0;

当补偿值为零时,运动轨迹与撤销补偿时一样,但补偿模式并没有被取消。当补偿值大于圆弧半径或两线段间距的 1/2 时,就会发生过切,在某些情况下,过切有可能会中断程序的执行。因此必须注意零件的允许补偿值。

4. 电火花成形机床加工操作

下面以某机床厂生产的 DK7125NC 型电火花成形机床为例,介绍电火花成形机床的结构。

电火花成形机床主要由机床主体、脉冲电源、自动进给调节系统、工作液系统和数控系统组成。DK7125NC 型电火花成形机床结构如图 4-38 所示。

(1)机床组成

机床主体是由床身、立柱、主轴及附件、工作台等组成,是电火花成形机床的骨架,是用以实现工件、工具电极的装夹、固定和运动的机械系统。

机床主轴头和工作台常有一些附件,如可调节工具电极角度的夹头、平动头、油杯等。下面主要介绍平动头。

平动头是一个使装在其上的电极能产生向外机械补偿动作的工艺附件。当用单电极加工型腔时,使用平动头可以补偿上一个加工规准和下一个加工规准之间的放电间隙差。

平动头的动作原理是:利用偏心机构,将伺服电动机的旋转运动,通过平动轨迹保持机构转化成电极上每一个质点都能围绕其原始位置在水平面内做平面小圆周运动,许多小圆的外包络线面积就形成加工横截面面积(图 4-39)。其中,每个质点运动轨迹的半径就称为平动量,其大小可以由零逐渐调大,以补偿粗、中、精加工的电火花放电间隙之差,从而达到修光型腔的目的。

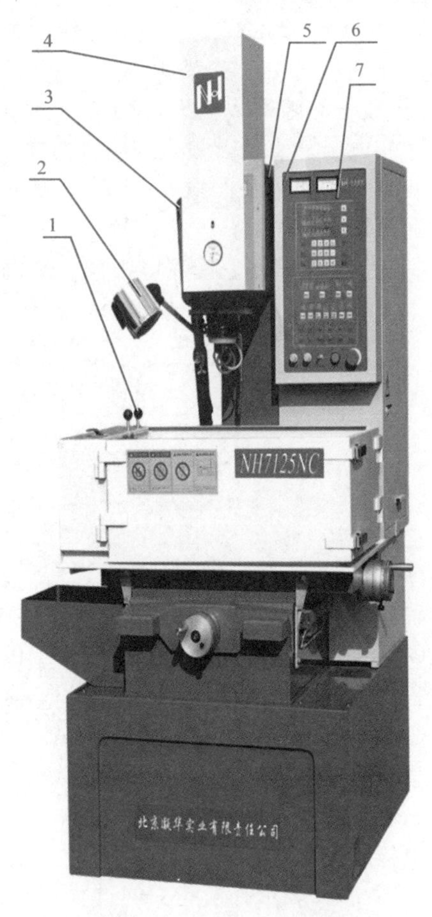

图 4-38　DK7125NC 型电火花成形机床结构

1—放油闸门;2—工作灯;3—灭火器;4—主轴罩;5—立柱;6—电柜;7—操作面板

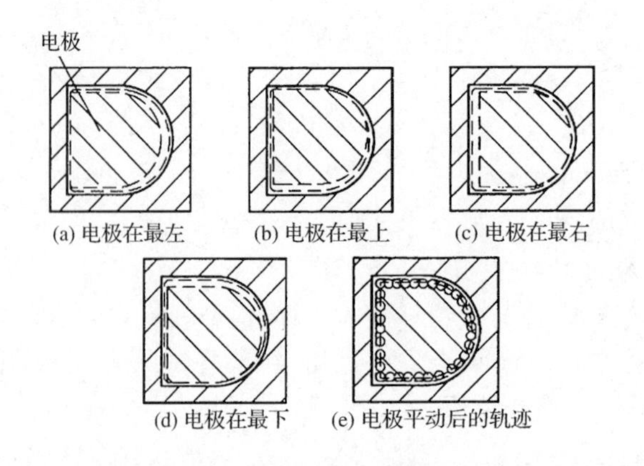

图 4-39　平动头扩大间隙原理

目前,机床上安装的平动头有机械式平动头和数控平动头,其外形如图 4-40 所示。机械式平动头由于有平动轨迹半径的存在,无法加工有清角要求的型腔;而数控平动头可以两轴联动,能加工出清棱、清角的型孔和型腔。

(a) 机械式平动头

(b) 数控平动头

图 4-40 平动头外形

(2)机床操作面板及使用

DK7125NC 型电火花成形机床操作面板如图 4-41 所示。

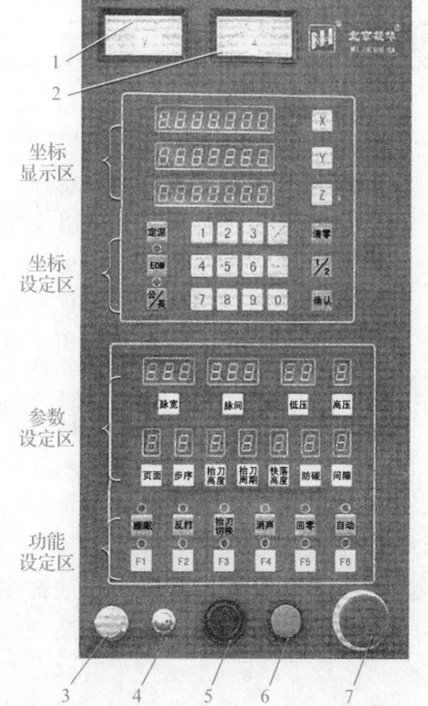

图 4-41 DK7125NC 型电火花成形机床操作面板

1—电压表;2—电流表;3—平动速度调节旋钮;
4—平动方向转换开关;5—蜂鸣器;
6—电源启动按钮;7—急停按钮

①电压表:用于显示空载或加工时的间隙电压。

②电流表:用于显示加工时的平均电流。

③平动速度调节旋钮:安装平动头后,用于调节平动的快慢。

④平动方向转换开关:安装平动头后,用于转换平动的方向。

⑤蜂鸣器:用于发出报警声音。

⑥电源启动按钮:用于接通脉冲电源。

⑦急停按钮:发生紧急情况需马上停机时,按下按钮可切断脉冲电源。该按钮有自锁功能,下次启动时,需顺时针旋转使其弹出。

⑧坐标显示区:用于显示 X、Y、Z 三坐标位置。以 mm 为单位显示。

⑨坐标设定区:中间为数字键盘,左右各有 3 个按键。其功能如下:

"定深"键——也称深度设定键,用于设定加工的目标深度。操作时,在 EDM 显示模式下,按"定深"键→按"X"键→输入目标深度值后,再按"确定"键,即在 X 坐标位置显示深度值。

"EDM"键——也称深度显示和轴位显示切换键,用于切换坐标显示方式。当按下此键时,X、Y、Z 三坐标依次显示目标深度、Z 轴最深值、Z 轴瞬时位置。此时按键下面的指示灯亮。当再次按下此键时,又恢复到 X、Y、Z 三坐标显示模式,此时按键下面的指示灯熄灭。

"公/英"键——也称公/英制单位切换键。按下此键时,坐标显示单位在公制和英制之间转换。

"清零"键——非加工状态时,用于对坐标轴位清零。如 X 轴清零时操作:按"X"键→按"清零"键,则 X 坐标显示为 000.000。

"1/2"键——也称坐标分中键,用于找中心时坐标分中。操作时,先找到某一轴基准位置,然后把该轴坐标清零,再移动该轴坐标至另一基准位置,之后按下此键,即可显示两基准位置的中点坐标。

"确认"键——用于写入所设定的参数值,使其生效。

注意

对某一参数值进行设定时，该值闪烁，必须完成或取消对该值的设定才可以设定其他值。所有参数的设定必须确认后才能生效。

⑩参数设定区：用于设定脉冲源参数，其功能和使用如下。

“脉宽”键——用于设定脉冲持续的时间（脉宽）。有效范围为1～999 μs。设定值为990～999时，显示值与输出值之间的对应关系见表4-4。

表4-4 脉宽显示值与输出值之间的对应关系

显示值	990	991	992	993	994	995	996	997	998	999
输出值	1 100	1 200	1 300	1 400	1 500	1 600	1 700	1 800	1 900	2 000

“脉间”键——用于设定脉冲时间间隔（脉间）。有效范围为10～999 μs。

“低压”键——用于设定低压电流。有效范围为0～30，实际输出的峰值电流约为显示数值的2倍。如设定值为5，则输出的峰值电流约为10 A。

“高压”键——用于设定高压电流。有效范围为0～3。

“页面”和“步序”键——用于设定自动加工时各阶段的规准参数。

本机共有10个页面（0～9），每个页面包括10组步序，每个步序都可以存储一组参数，包括电流、脉宽、脉间、深度等参数。

⑪功能设定区：用于设定各种功能。具体如下：

“睡眠”键——用于设定自动加工结束状态。按下此键，指示灯亮时，加工结束后自动关机。再次按下此键，指示灯灭时，加工结束后不停机。

“反打”键——用于设定加工方向。按下此键，指示灯亮时，为反向（向上）加工。再次按下此键，指示灯灭时，为正常加工。该键在加工时无效。

“抬刀切换”键——用于设定是否启用快落功能。按下此键，指示灯亮时，表示抬刀时快速落下；再次按下此键，指示灯灭时，表示抬刀时以伺服速度下落。

“消音”键——用于关闭/打开报警声音。有以下三种使用情况：

- 对刀短路，消音灯灭时蜂鸣报警，按下此键，消音灯亮，取消报警。
- 加工时，液面未达到设定位置，消音灯灭时蜂鸣报警，按下此键，消音灯亮，取消报警。

注意

此时液面保护不起作用，加工时应特别留心。

- 如果是设定有误、分段调用、结束加工、感光报警或积碳引起的报警，不论消音灯亮否，均报警蜂鸣。按下此键可以取消报警，并改变消音灯的状态。

“回零”键——用于设定自动加工结束状态。按下此键，指示灯亮时，加工结束后自动回到起始位置。再次按此键.指示灯灭，加工结束后自动回到上限位。

“自动”键——用于设定加工状态。按下此键，指示灯亮时，可以进行分段加工。该键在加工时无效。

“F1”键——慢抬刀功能键。按下此键，指示灯亮时，启用慢抬刀功能，适合于大面积加工。

“F2”键——分组脉冲功能键。按下此键，指示灯亮时，输出分组脉冲，适合于石墨电极加工。

“F3”键——用于提高加工间隙电压。按下此键，指示灯亮时，间隙电压加倍，其设定值为1、1.5、2、…、9.5，共18组参数。

“F6”键——自动对刀功能键。在对刀状态时，按下此键，主轴自动进给至电极与工件接触，发出报警。

“F4”、“F5”键——备用键。

任务实施

1.工艺分析

(1)毛坯准备

工件材料为Cr12MoV，采用尺寸为160 mm×120 mm×25 mm的毛坯(工件表面已磨)。

(2)数控线切割加工工艺的制订

采用直径为0.18 mm的钼丝，安装并校正钼丝(从 X、Y 两个方向)，采用悬臂支承方式装夹工件，用百分表找正并调整工件，使工件的底平面和工作台平行，工件的直角侧面和工作台 X、Y 向互相平行。上丝、紧丝和调整垂直度(调整电极丝的垂直度，即电极丝与工件的底平面(装夹面)垂直)，使电极丝的松紧适宜，确定线切割方案。

2.编制加工程序

3.线切割加工

(1)开机。

(2)安装电极丝。

(3)安装工件。

(4)调整电极丝初始坐标位置。

(5)输入与运行程序。

(6)检测零件。

(7)关机。

拓展训练

线切割加工前，应将电极丝调整到切割的起始位置上，可通过校对穿丝孔来实现。穿丝孔位置的确定应遵循以下原则：

(1)当切割凸模需要设置穿丝孔时，其位置可选在加工轨迹的拐角附近，以简化编程。

(2)切割凹模等零件的内表面时，将穿丝孔设置在工件对称中心上，对编程计算和电极丝定位都较方便。对于大型工件，应将穿丝孔设置在靠近加工轨迹的边角处或选在已知坐标点上。

(3)要在一个毛坯上切出两个以上的零件或加工大型工件时，应沿加工轨迹设置多个穿丝孔，以便发生断丝时能就近重新穿丝，切入断丝点。

(4)实践中常见问题解析

电火花成形机床为电加工设备,由于放电瞬间工作电极与工件间温度较高,加工电流较大,所以必须注意以下几点:

①加工中不要触摸电极和工件,以防触电。

②光感探头对准电极位置,使灭火器处于触发状态。

③设置合适工作液面,使液控浮子开并起作用。

④必须使液面高于工件表面或最高点 30 mm 以上。

⑤正常情况下不得按下"BEEP(消声)"开关,正常情况下该指示灯不亮。

⑥主轴二次行程调整时必须松开锁紧,调至合适位置后再次锁紧,不得在锁紧状态开启二次行程开关。

⑦所有传动件,丝杆均为高精度部件,均要轻轻摇动,不可大负荷、超行程动作。

⑧传动部件必须经常通过手拉泵加油润滑。

⑨设备使用后要清扫干净,擦干净工作台或吸盘上工作液,不得使吸盘和工作台面生锈,机床长时间不工作要涂擦防锈油。

习题与训练

1. 什么是特种加工?
2. 电火花加工的优点有哪些?
3. 在 ISO 代码中锥度加工指令是什么?
4. 在 ISO 代码锥度编程中要输入哪些参数?

任务三 电化学加工

学习目标

1. 掌握电化学加工的基本原理及分类。
2. 熟悉电解加工、电解磨削的过程及其特点。
3. 了解电解加工设备。
4. 了解电镀、电铸加工。

情境导入

电化学加工包括从工件上去除金属的电解加工和向工件上沉积金属的电镀、涂覆加工两大类。虽然有关的基本理论在 19 世纪末已经建立,但真正在工业上得到大规模应用,还是在

20 世纪 30～50 年代以后。目前，电化学加工已经成为我国民用、国防工业中的一个不可或缺的加工手段。

任务描述

电动剃须刀的网罩其实就是固定刀片的。网孔外侧边缘倒圆，以保证网罩在脸部能平滑移动，并使胡须容易进入网孔，而网孔内侧边缘锋利，可使旋转刀片很容易切断胡须。阐述制造电动剃须刀网罩的工艺过程。

任务分析

电化学加工的应用很广泛，涉及电解加工、电镀加工、电解磨削等，能够合理地选择和应用电化学加工很有意义。本任务通过对电化学加工基本知识的了解，达到根据具体情况选择不同电化学加工工艺的目的。

相关知识

一、电化学加工的原理及分类

1. 电化学加工的原理

如图 4-42 所示为电化学加工的原理。两个金属铜(Cu)片浸在导电溶液中，例如氯化铜($CuCl_2$)的水溶液中，此时水(H_2O)离解为氢氧根负离子 OH^- 和氢正离子 H^+，$CuCl_2$ 离解为两个氯负离子 $2Cl^-$ 和二价铜正离子 Cu^{2+}。当两个铜片接上直流电形成导电通路时，导线和溶液中均有电流流过，在金属片(电极)和溶液的界面上就会有交换电子的反应，即电化学反应。溶液中的离子将做定向移动，Cu^{2+} 正离子移向阴极，在阴极上得到电子而进行还原反应，沉积出铜。

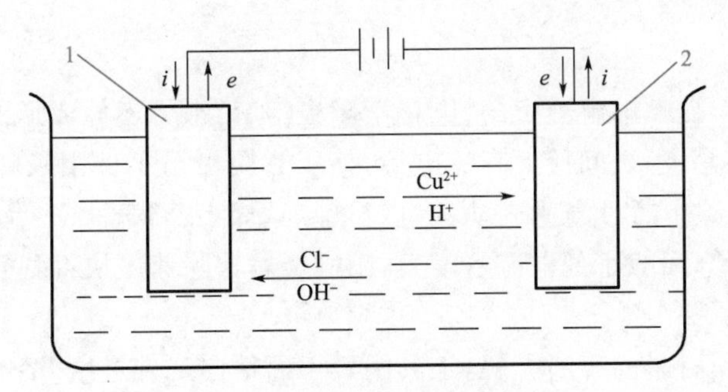

图 4-42　电解(电镀)液中的电化学反应

1—阳极；2—阴极

在阳极表面 Cu 原子失掉电子而成为 Cu^{2+} 正离子进入溶液。溶液中正、负离子的定向移动称为电荷迁移。在阳、阴电极表面发生得失电子的化学反应称为电化学反应。这种利用电化学反应原理对金属进行加工(图 4-42 中阳极上为电解蚀除,阴极上为电镀沉积,常用以提炼纯铜)的方法即电化学加工。

2. 电化学加工的分类

电化学加工有三种不同的类型。第Ⅰ类是利用电化学反应过程中的阳极溶解来进行加工,主要有电解加工和电化学抛光等;第Ⅱ类是利用电化学反应过程中的阴极沉积来进行加工,主要有电镀、电铸等;第Ⅲ类是利用电化学加工与其他加工方法相结合的电化学复合加工工艺进行加工,目前主要有电解磨削、电化学阳极机械加工(其中还含有电火花放电作用)。电化学加工的类别、加工方法和原理及应用见表 4-5。本任务主要介绍电解加工,电铸、电镀加工,电解磨削,其他的电化学加工请参考相关资料。

表 4-5　电化学加工的类别、加工方法和原理及应用

类别	加工方法和原理	应　用
Ⅰ	电解加工(阳极溶解) 电化学抛光(阳极溶解)	用于形状、尺寸加工 用于表面加工
Ⅱ	电镀(阴极沉积) 电铸(阴极沉积)	用于表面加工 用于形状、尺寸加工
Ⅲ	电解磨削(阳极溶解、机械磨削) 电解放电加工(阳极溶解、电火花蚀除)	用于形状、尺寸加工 用于形状、尺寸加工

3. 电化学加工的适用范围

电化学加工的适用范围,因电解和电镀两大类工艺的不同而不同。

电解加工可以加工复杂成形模具和零件,例如汽车、拖拉机连杆等各种型腔锻模,航空、航天发动机的扭曲叶片,汽轮机定子、转子的扭曲叶片,炮筒内管的螺旋“膛线”(来复线),齿轮、液压件内孔的电解去毛刺及扩孔、抛光等。电镀、电铸可以复制复杂、精细的表面。

二、电解加工

1. 电解加工的原理及特点

(1)基本原理

电解加工是利用金属在电解液中的“电化学阳极溶解”来将工件成形的。如图 4-43 所示,在工件(阳极)与工具(阴极)之间接上直流电源,使工具阴极与工件阳极间保持较小的加工间隙(0.1～0.8 mm),间隙中通过高速流动的电解液。这时,工件阳极开始溶解。开始时,两极之间的间隙大小不相等,间隙小处电流密度大,阳极金属去除速度快;而间隙大处电流密度小,阳极金属去除速度慢。

随着工件表面金属材料的不断溶解,工具阴极不断地向工件进给,溶解的电解产物不断地被电解液冲走,工件表面也就逐渐被加工成接近于工具电极的形状,如此下去直至将工具的形状复制到工件上。

(2)特点

电解加工与其他加工方法相比较,具有下列特点:

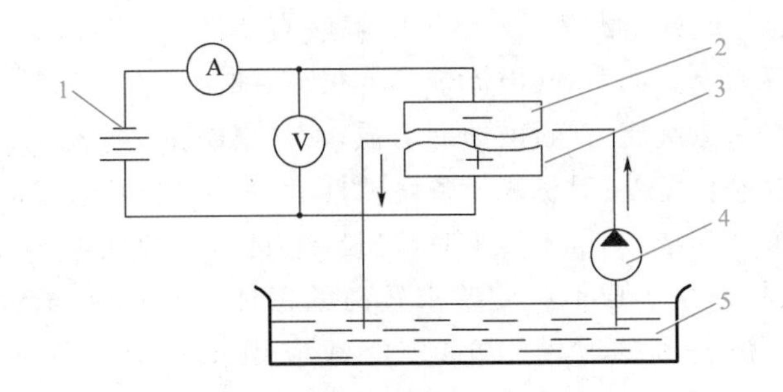

图 4-43　电解加工原理

1—直流电源；2—工具阴极；3—工件阳极；4—电解液泵；5—电解液

①能加工各种硬度和强度的材料。只要是金属，不管其硬度和强度多大，都可加工。

②生产率高，为电火花加工的 5～10 倍，在某些情况下，比切削加工的生产率还高，且加工生产率不直接受加工精度和表面粗糙度的限制。

③表面质量好，电解加工不产生残余应力和变质层，又没有飞边、刀痕和毛刺。在正常情况下，表面粗糙度 Ra 值可达 0.2～1.25 μm。

④阴极工具在理论上不损耗，基本上可长期使用。

电解加工当前存在的主要问题是加工精度难以严格控制，尺寸精度一般只能达到 0.15～0.30 mm。此外，电解液对设备有腐蚀作用，电解液的处理也较困难。

2. 电解加工设备

电解加工的基本设备包括直流电源、机床及电解液系统三大部分。

(1)直流电源

电解加工常用的直流电源为硅整流电源和晶闸管整流电源，其主要特点及应用见表 4-6。

表 4-6　直流电源的特点及应用

分　类	特　点	应用场合
硅整流电源	1. 可靠性、稳定性好； 2. 调节性、灵敏度较低； 3. 稳压精度不高	国内生产现场占一定比例
晶闸管整流电源	1. 灵敏度高，稳压精度高； 2. 效率高，节省金属材料； 3. 稳定性、可靠性较差	国外生产中占相当比例

(2)机床

电解加工机床的任务是安装夹具、工件和阴极工具，并实现其相对运动，传送电和电解液。电解加工过程中虽没有机械切削力，但电解液对机床主轴和工作台的作用力是很大的，因此要求机床要有足够的刚性；要保证进给系统的稳定性，如果进给速度不稳定，阴极工具相对工件的各个截面的电解时间就不同，影响加工精度；电解加工机床经常与具有腐蚀性的工作液接触，因此机床要有好的防腐措施和安全措施。

(3)电解液系统

在电解加工过程中，电解液不仅作为导电介质传递电流，而且在电场的作用下进行化学反应，使阳极溶解能顺利而有效地进行，这一点与电火花加工的工作液的作用是不同的。同时电解液也担负着及时把加工间隙内产生的电解产物和热量带走的任务，起到更新和冷却的作用。

电解液可分为中性盐溶液、酸性盐溶液和碱性盐溶液三大类。其中中性盐溶液的腐蚀性较小，使用时较为安全，故应用最广。常用的电解液有 NaCl、$NaNO_3$、$NaClO_3$ 三种。NaCl 电解液价廉易得，对大多数金属而言，其电流效率均很高，加工过程中损耗小，并可在低浓度下使用，应用很广。其缺点是电解能力强，散蚀能力强，使得离阴极工具较远的工件表面也被电解，成形精度难以控制，复制精度差；对机床设备腐蚀性大，故适用于加工速度快而精度要求不高的工件。$NaNO_3$ 电解液在浓度低于 30%时，对设备、机床腐蚀性很小，使用安全。但生产率低，需较大电源功率，故适用于成形精度要求较高的工件。$NaClO_3$ 电解液的散蚀能力弱，故加工精度高，对机床、设备等的腐蚀很小，广泛地应用于高精度零件的成形加工。然而，$NaClO_3$ 是一种强氧化剂，虽不自燃，但遇热分解的氧气能助燃，因此使用时要注意防火安全。

3. 电解加工应用

目前，电解加工主要应用在深孔加工、叶片（型面）加工、锻模（型腔）加工、管件内孔抛光、各种型孔的倒圆和去毛刺、整体叶轮的加工等方面。

图 4-44 是用电解加工整体叶轮，叶轮上的叶片是采用套料法逐个加工的。加工完一个叶片，退出阴极，经分度后再加工下一个叶片。

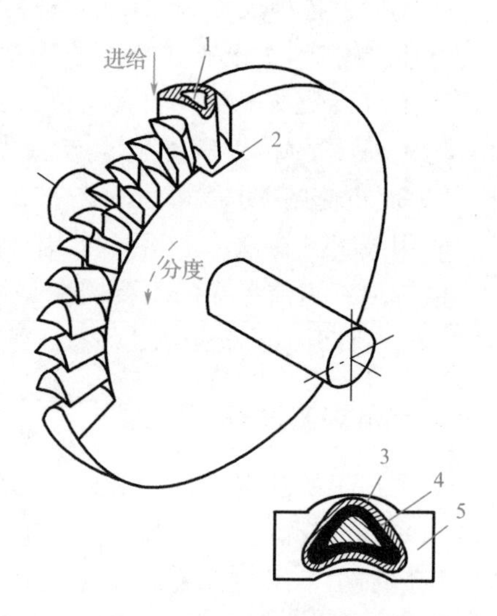

图 4-44 电解加工整体叶轮

1—电解液；2、5—阴极片；3—空心水套管；4—叶片

三、电铸、电镀加工

1. 电铸成形原理及特点

（1）电铸成形原理

与大家熟知的电镀原理相似，电铸成形是利用电化学过程中的阴极沉积现象来进行成形加工的，即在原模上通过电化学方法沉积金属，然后分离以制造或复制金属制品。但电铸与电镀又有不同之处，电镀时要求得到与基体结合牢固的金属镀层，以达到防护、装饰等目的。而电铸则要电铸层与原模分离，其厚度也远大于电镀层。

电铸成形的原理如图 4-45 所示，在直流电源的作用下，金属盐溶液中的金属离子在阴极获得电子而沉积在阴极母模的表面。阳极的金属原子失去电子而成为正离子，源源不断地补充到电铸液中，使溶液中的金属离子浓度基本保持不变。当母模上的电铸层达到所需的厚度时取出，将电铸层与型芯分离，即可获得型面与型芯凹、凸相反的电铸模具型腔零件的成形表面。

（2）电铸的特点

①复制精度高，可以做出机械加工不可能加工出的细微形状（如微细花纹、复杂形状等），表面粗糙度 Ra 值可达 0.1 μm，一般不需抛光即可使用。

②母模材料不限于金属，有时还可用制品零件直接作为母模。

③表面硬度可达 35～50 HRC，所以电铸型腔使用寿命长。

④电铸可获得高纯度的金属制品，如电铸铜，它纯度高，具有良好的导电性能，十分有利于电加工。

⑤电铸时，金属沉积速度缓慢，制造周期长。如电铸镍，一般需要一周左右。

⑥电铸层厚度不易均匀，且厚度较薄，仅为 4～8 mm 左右。电铸层一般都具有较大的应力，所以大型电铸件变形显著，且不易承受大的冲击载荷。这样，就使电铸成形的应用受到一

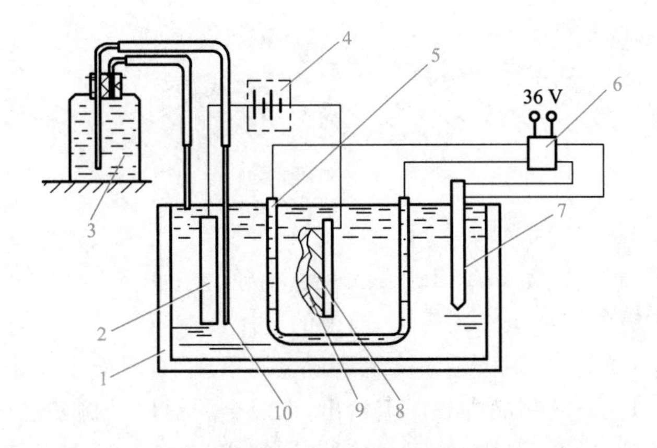

图 4-45　电铸成形的原理

1—电铸槽；2—阳极；3—蒸馏水瓶；4—直流电源；5—加热管；6—恒温装置；7—温度计；8—母模；9—电铸层；10—玻璃管

定的限制。

2. 电铸设备

电铸设备主要包括电铸槽、直流电源、搅拌和循环过滤系统、恒温控制系统等。

(1)电铸槽

电铸槽材料的选取以不与电解液作用引起腐蚀为原则。一般用钢板焊接，内衬铅板或聚氯乙烯薄板等。

(2)直流电源

电铸采用低电压、大电流的直流电源。常用硅整流，电压为 6～12 V 左右，并可调。

(3)搅拌和循环过滤系统

为了降低电铸液的浓差极化，加大电流密度，减少加工时间，提高生产速度，最好在阴极运动的同时加速溶液的搅拌。搅拌的方法有循环过滤法、超声波或机械搅拌等。循环过滤法不仅可以使溶液搅拌，而且可在溶液不断反复流动时进行过滤。

(4)恒温控制系统

电铸时间很长，所以必须设置恒温控制系统。它包括加热设备(加热玻璃管、电炉等)和冷却设备(冷水或冷冻机等)。

3. 电铸的应用

电铸具有极高的复制精度和良好的机械性能，可以加工形状复杂、精度高的空心零件，注塑用的模具及厚度仅几十微米的薄壁零件，表面粗糙度标准样块、反光镜、表盘、喷嘴和电加工电极等，还可复制精密的表面轮廓。

图 4-46 所示为电动剃须刀网罩电铸的工艺过程。

4. 电镀

用电解的方法将金属沉积于导体(如金属)或非导体(如塑料、陶瓷、玻璃钢等)表面，从而提高其耐磨性，增加其导电性，并使其具有防腐蚀和装饰功能。对于非导体制品的表面，需经过适当的处理(用石墨、导电漆、化学镀处理，或经气相涂层处理)，使其形成导电层后，才能进

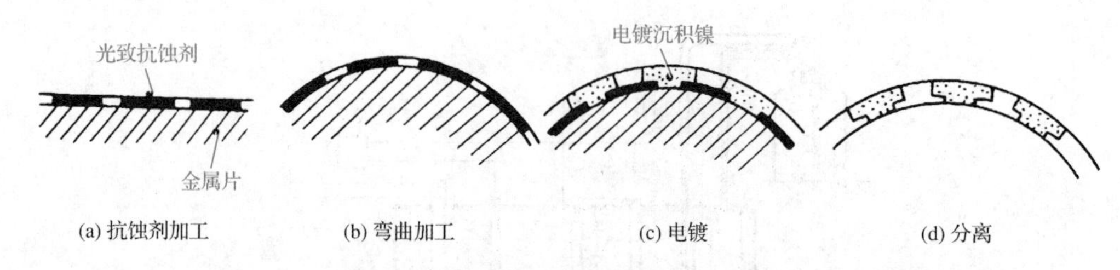

图 4-46　电动剃须刀网罩电铸的工艺过程

行电镀。电镀时，将被镀的制品接在阴极上，要镀的金属接在阳极上。电解液是用含有与阳极金属相同离子的溶液。通电后，阳极逐渐溶解形成金属正离子，溶液中有相等数目的金属离子在阴极上获得电子随即在被镀制品的表面上析出，形成金属镀层。例如在铜板上镀镍，以含硫酸镍的水溶液作电镀液。通电后，阳极上的镍逐渐溶解成正离子，而在阴极的铜板表面上不断有镍析出。

四、电解磨削

1. 电解磨削的加工原理

电解磨削是电解加工的一种特殊形式，是电解与机械的复合加工方法。它是靠金属的溶解(占 95%～98%)和机械磨削(占 2%～5%)的综合作用来实现加工的。

电解磨削加工原理如图 4-47 所示，在加工过程中，磨轮(砂轮)不断旋转，磨轮上凸出的砂粒与工件接触，形成磨轮与工件间的电解间隙。电解液不断供给，磨轮在旋转中将工件表面由电化学反应生成的钝化膜除去，继续进行电化学反应，如此反复不断，直到加工完毕。

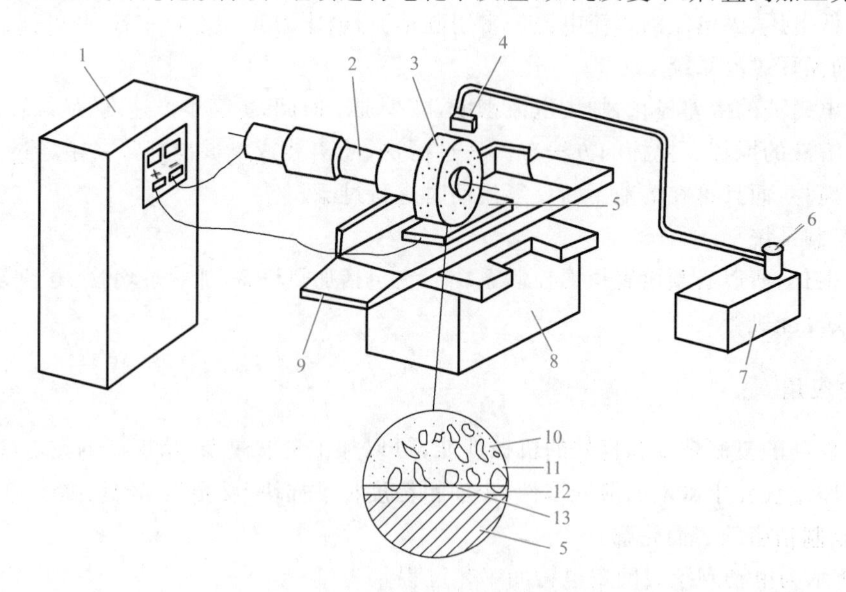

图 4-47　电解磨削加工原理

1—直流电源；2—绝缘主轴；3—磨轮；4—电解液喷嘴；5—工件；6—电解液泵；7—电解液箱；8—机床本体；9—工作台；10—磨料；11—结合剂；12 电解间隙；13—电解液

电解磨削的阳极溶解机理与普通电解加工的阳极溶解机理是相同的。不同之处在于：电解磨削中，阳极钝化膜的去除是靠磨轮的机械加工去除的，电解液腐蚀能力较弱；而一般电解加工中的阳极钝化膜的去除，是靠高电流密度去破坏（不断溶解）或靠活性离子（如氯离子）进行活化，再由高速流动的电解液冲刷带走的。

2. 电解磨削的特点

（1）磨削力小，生产率高。

这是由于电解磨削具有电解加工和机械磨削加工的优点。

（2）加工精度高，表面加工质量好。

因为在电解磨削加工中，一方面工件尺寸或形状是靠磨轮刮除钝化膜得到的，故能获得比电解加工好的加工精度；另一方面，材料的去除主要靠电解加工，加工中产生的磨削力较小，不会产生磨削毛刺、裂纹等现象，故加工工件的表面质量好。

（3）设备投资较高。

其原因是电解磨削机床需加电解液过滤装置、抽风装置、防腐处理设备等。

3. 电解磨削的应用

电解磨削广泛应用于平面磨削、成形磨削和内外圆磨削。如图 4-48(a)、图 4-48(b)所示分别为立轴矩台平面磨削、卧轴矩台平面磨削。如图 4-49 所示为电解成形磨削，其磨削原理是将导电磨轮的外圆圆周按需要的形状进行预先成形，然后进行电解磨削。

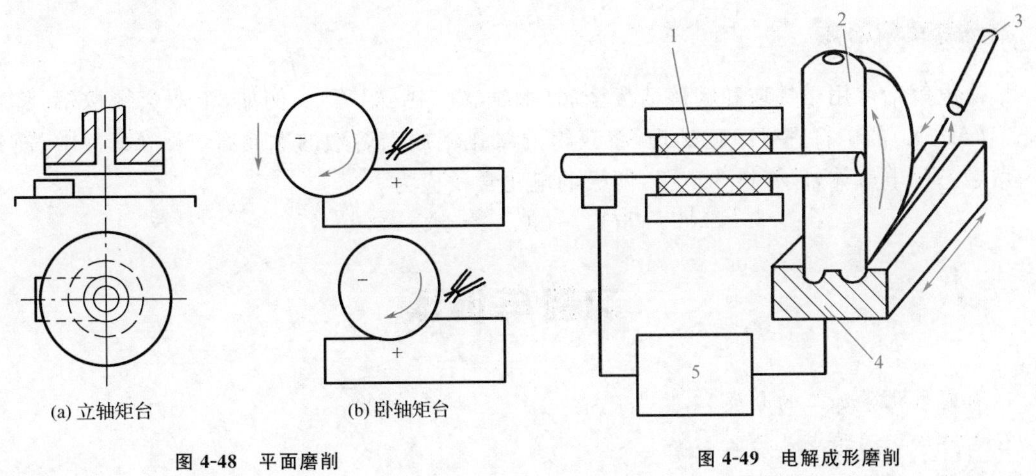

(a) 立轴矩台　(b) 卧轴矩台

图 4-48　平面磨削

图 4-49　电解成形磨削

1—绝缘层；2—磨轮；3—喷嘴；4—工件；5—加工电源

任务实施

制造各种筛网、滤网最有效的方法就是利用电化学阴极沉积、涂覆进行电铸加工，因为这种加工方法无须使用专用设备就可获得各种形状的孔眼，孔眼的尺寸大至数十毫米，小至 5 μm。

电动剃须刀网罩的加工工艺大致如下：

（1）制造原模：在铜或铝板上涂布感光胶，再将照相底板与它紧贴，进行曝光、显影、定影后即获得带有规定图形绝缘层的原模。

（2）对原模进行化学处理，以获得钝化层，使电铸后的网罩容易与原模分离。

(3)弯曲成形:将原模弯成所需形状。

(4)电铸:一般控制镍层的硬度为500～550 HV,硬度过高则容易发脆。

(5)脱模。

拓展训练

电解冶炼是指利用电解原理,对有色和稀有金属进行提炼和精炼。它分为水溶液电解冶炼和熔盐电解冶炼两种。

1. 水溶液电解冶炼

水溶液电解冶炼在冶金工业中广泛用于提取和精炼铜、锌、铅、镍等金属。例如铜的电解提纯:将粗铜(含铜99%)预先制成厚板作为阳极,纯铜制成薄片作为阴极,以硫酸(H_2SO_4)和硫酸铜($CuSO_4$)的混合液作为电解液。通电后,铜从阳极溶解成铜离子(Cu^{2+})向阴极移动,到达阴极后获得电子而在阴极析出纯铜(亦称电解铜)。粗铜中杂质如比铜活泼的铁和锌等会随铜一起溶解为离子(Zn^{2+}和Fe^{2+})。由于这些离子与铜离子相比不易析出,所以电解时只要适当调节电位差即可避免这些离子在阳极上析出。比铜不活泼的杂质如金和银等沉积在电解槽的底部。

2. 熔盐电解冶炼

熔盐电解冶炼用于提取和精炼活泼金属(如钠、镁、钙、铝等)。例如,工业上提取铝:将含氧化铝(Al_2O_3)的矿石进行净化处理,将获得的氧化铝放入熔融的冰晶石(Na_3AlF_6)中,使其成为熔融态的电解体,以碳棒为电极,两极的电化学反应为

$$4Al^{3+}+6O^{2-}+3C\longrightarrow 4Al+3CO_2$$

习题与训练

1. 简述电化学加工的分类。
2. 电解加工的特点是什么?
3. 电解磨削的应用有哪些?
4. 电铸加工的特点和应用如何?

学习情境五

增材制造技术与逆向工程技术

任务一 认识增材制造技术

学习目标

1. 掌握增材制造技术的基本概念。
2. 掌握增材制造技术的成形原理。
3. 了解增材制造技术的发展历史。
4. 掌握增材制造的过程。
5. 掌握增材制造技术的作用。

情境导入

增材制造(Additive Manufacturing,AM)俗称 3D 打印,融合了计算机辅助设计、材料加工与成形技术,以数字模型文件为基础,通过软件与数控系统将专用的金属材料、非金属材料以及医用生物材料,按照挤压、烧结、熔融、光固化、喷射等方式逐层堆积,制造出实体物品的制造技术。与传统的、对原材料去除、切削、组装的加工模式不同,增材制造是一种“自下而上”通过材料累加的制造方法,从无到有。这使得过去受到传统制造方式的约束,而无法实现的复杂结构件的制造变为可能。

任务描述

以 3D 打印为例,打印一个齿轮泵泵体,并分析 3D 打印机的工作原理和打印流程。

任务分析

3D 打印机又称三维打印机(3DP),是一种累积制造技术,即快速成形技术的一种机器,它是一种以数字模型文件为基础,运用特殊蜡材、粉末状金属或塑料等可黏合材料,通过打印一层层地黏合材料来制造三维的物体。现阶段三维打印机被用来制造产品,采用逐层打印的方式来构造物体。3D 打印机的原理是把数据和原料放进 3D 打印机中,机器会按照程序把产品一层层造出来。

3D 打印机与传统打印机最大的区别在于它使用的"墨水"是实实在在的原材料,堆叠薄层的形式有多种多样,可用于打印的介质种类多样,从繁多的塑料到金属、陶瓷以及橡胶类物质。有些打印机还能结合不同介质,令打印出来的物体一头坚硬而另一头柔软。

相关知识

20 世纪末,由于信息技术的飞速发展,形成了统一的垒球市场,越来越多的企业加入竞争行列,加大了竞争的激烈程度。用户可以在全球范围内选择自己所需要的产品,对产品的品种、价格、质量及服务提出了更高的要求。产品的批量越来越小,生命周期越来越短,要求企业市场响应速度越来越快。面对日趋激烈的市场竞争,制造业的经营战略,从 20 世纪 50～60 年代的"规模效益第一"和 70～80 年代的"价格竞争第一"转变为 90 年代以来的"市场响应速度第一",时间因素被提到了首要地位,增材制造与 3D 打印技术就是在这种需求下研究发展起来的,应用这项技术能够显著地缩短产品投放市场的周期,降低成本,提高质量,增强企业的市场竞争能力。一般而言,产品投放市场的周期由设计(初步设计和详细设计)、试制、试验、征求用户意见、修改定型、正式生产和市场推销等环节所需的时间组成。由于采用增材制造与 3D 打印技术之后,从产品设计的最初阶段开始,设计者、制造者、推销者和用户都能拿到实实在在的样品和小批量生产的产品,因而可以及早地、充分地进行评价、测试、反复修改和分析工艺过程。这样大大减少了新产品试制中的失误和不必要的返工,从而能以最快的速度、最低的成本和最好的品质将新产品迅速投放市场。

制造技术从制造原理上可以分为三类:第一类技术为等材制造,是在制造过程中,材料仅发生了形状的变化,其质量(重量)基本上没有发生变化;第二类技术为减材制造,是在制造过程中,材料不断减少;第三类技术为增材制造,是在制造过程中,材料不断增加,如激光快速成形、3D 打印等。等材制造技术已经发展了几千年,减材制造技术发展了几百年,增材制造技术仅仅是三十多年的发展史。从分类可知,增材制造技术相对于等材制造技术、减材制造技术就是使制造技术三足鼎立的一大发明,是制造业的一个重大突破,是现代制造技术的革命性发明。

一、增材制造技术的含义

增材制造技术诞生于 20 世纪 80 年代后期的美国。一开始,增材制造技术的诞生源于模型快速制作的需求，所以经常被称为“快速成形”技术。历经三十多年日新月异的技术发展，增材制造技术已从概念模型快速成形发展到了覆盖产品设计、研发和制造的全部环节的一种先进制造技术，已非当初的快速成形技术可比。

增材制造与传统材料“去除型”加工方法截然相反，它是通过增加材料、基于三维 CAD 模型数据，通常采用逐层制造方式，直接制造与相应数学模型完全一致的三维物理实体模型的制造方法。

增材制造的概念有“广义”和“狭义”之说，如图 5-1 所示。

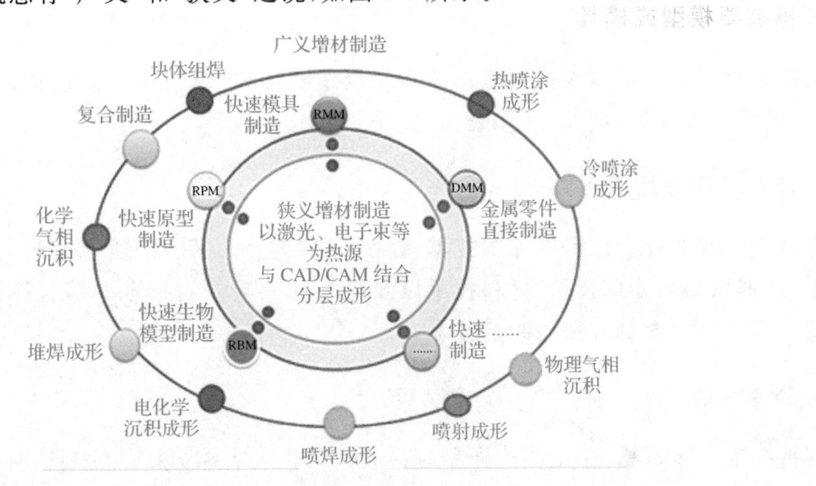

图 5-1　广义与狭义增材制造的内涵

“狭义”的增材制造是指不同的能量源与 CAD/CAM 技术结合、分层累加材料的技术体系；而“广义”增材制造则是指以材料累加为基本特征，以直接制造零件为目标的大范畴技术群。如果按照加工材料的类型和方式分类，又可以分为金属成形、非金属成形、生物材料成形等。

从广义的原理来看，以设计数据为基础，将材料（包括液体、粉材、线材或块材等）自动化地累加起来成为实体结构的制造方法，都可视为增材制造技术。

二、增材制造与传统制造方法的区别

传统制造方法根据零件成形的过程可以分为两大类型：一类是以成形过程中材料减少为特征，通过各种方法将零件毛坯上多余材料去除，如切削加工、磨削加工、各种电化学加工方法等，这些方法通常称为材料去除法；另一类是材料的质量在成形过程中基本保持不变，如采用各种压力成形方法以及各种铸造方法的零件成形，它在成形过程中主要是材料的转移和毛坯形状的改变，这些方法通常称为材料转移法。这两种方法是目前制造领域中普遍采用的方法，也是非常成熟的方法，能够满足加工精度等各种要求。

相对于传统制造方法，增材制造方法是增加材料的制造方法。它包括了一类工艺原理不同的零件制造方法。增材制造技术工艺原理的共同点是基于离散-堆积原理，在计算机上将三维实体模型（虚拟零件）进行分层处理（转化为许多平面“薄片”模型的叠加），得到每层技术信息，并通过计算机控制特定成形设备，用各种成形技术方法逐层制造零件，最终制造出三维立体零件。

三、增材制造技术的特点

1. 增材加工方法

快速原型制造技术是增材加工方法，与其他加工方法有很大不同。其他加工方法大都基于去材加工方法。

2. 不需要模型或模具

快速原型制造技术基于材料叠加的方法制造零件，可以不用模具制造出形状和结构复杂的零件、模具型腔件等，例如叶轮、壳体、医用骨骼与牙齿等。

3. 技术复杂程度高

快速原型制造技术是机械加工技术领域的一次重大突破，快速原型制造技术是计算机图形技术、数据采集与处理技术、材料技术以及机电加工与控制技术的综合体现。因此，快速原型制造技术是科技含量极高的制造技术。

4. 制造快捷

与传统加工技术相比，用快速原型制造技术可以大大缩短样品的制造时间，在新产品开发过程中用快速原型制造技术可以发挥极大的作用。通常情况下，从计算机的三维立体造型开始直至制造出实体零件，一般只需要几个小时或几十个小时，这是传统制造方法很难做到的。

5. 可以实现远程制造

通过计算机网络，快速原型制造技术可以在异地制造出零件实物。

6. 材料利用率高

快速原型制造技术的各种加工方法产生的边角料等废弃物少。

由于快速原型制造技术具有以上特点，所以在新产品设计开发等工业应用中得到迅速发展。

四、增材制造与传统制造方法的关系

从以上对增材制造与传统制造方法的论述可知，它们两者之间的关系是相辅相成、相互补充、密不可分的。增材制造技术主要是制造样品，也就是将设计者的设计思想、设计模型迅速转化为实实在在的、看得见、摸得着的三维实体样件。它生产的是单个样件或是小批量样件，它的精髓是在极短的时间之内，不使用刀具、夹具、模具和辅具，将设计思想实体化，主要应用于新产品的快速开发。而真正的大批量生产，包括中批量生产还是要采用传统制造方法来实现，由于在新产品开发中首先采用了增材制造技术，再采用传统制造方法进行大批量生产时，就避免了因多次试制而出现不必要的返工，从而降低了生产成本，缩短了新产品试制的时间，使新产品能够尽早上市，提高了企业对市场响应的速度，使企业在激烈的市场竞争中占得先机。

五、增材制造过程

增材制造技术自诞生以来，经过三十多年的发展，根据不同成形材料已经开发出数十种成形方法，目前比较成熟、应用比较普遍的增材制造技术有以下几种：

- 光敏材料选择性光固化(SLA)增材制造
- 粉末材料选择性激光烧结(SLS)增材制造
- 丝状材料熔融沉积成形(FDM)增材制造
- 薄型材料分层切割(LOM)增材制造
- 金属材料的增材制造

虽然增材制造技术有很多种工艺方法，但所有的增材制造工艺方法都是一层一层地制造零件，不同的是每种方法所用的材料不同，制造每一层添加材料的方法不同。增材制造的工艺过程一般为以下三个步骤：

1. 前处理

前处理包括产品三维模型的构建、三维模型的近似处理、增材制造方向的选择和三维模型的切片处理。

(1)产品三维模型的构建。由于增材制造装备是由三维 CAD 模型直接驱动，因此首先要构建所加工工件的三维 CAD 模型。该三维 CAD 模型可以利用计算机辅助设计软件(如 Pro/E、Soild Works、UG 等)直接构建，也可以将已有产品的二维图样进行转换而形成三维模型，或对产品实体进行激光扫描、CT 断层扫描，得到点云数据，然后利用反求工程的方法来构造三维模型。

(2)三维模型的近似处理。由于产品往往有一些不规则的自由曲面，加工前要对产品模型进行近似处理，以方便后续的数据处理工作。由于 STL 格式文件的格式简单、实用，目前已经成为增材制造领域的准标准接口文件。它是用一系列的小三角形平面来逼近原来的模型，每个小三角形用三个顶点坐标和一个法向量来描述，三角形的大小可以根据精度要求进行选择。STL 格式文件有二进制码和 ASCII 码两种输出形式，二进制码输出形式的文件所占的空间比 ASCII 码输出形式的文件所占用的空间小得多，但 ASCII 码输出形式可以阅读和检查。典型的 CAD 软件都带有转换和输出 STL 格式文件的功能。

(3)增材制造方向的选择。按照产品的三维 CAD 模型，结合增材制造装备的特点，对制件的成形方向进行选择。

(4)三维模型的切片处理。根据被加工模型的特征选择合适的加工方向，在成形高度方向上用一系列一定间隔的平面切割近似后的模型，以便提取截面的轮廓信息。间隔一般取 0.05～0.50 mm，常用 0.10 mm。间隔越小，成形精度越高，但成形时间也越长，效率就越低，反之则精度低，但效率高。

2. 分层叠加成形加工

分层叠加成形加工是增材制造的核心，包括模型截面轮廓的制作与截面轮廓的叠合。也是增材制造设备根据切片处理的截面轮廓，在计算机控制下，相应的成形头(激光头或喷头)按各截面轮廓信息做扫描运动，在工作台上一层一层地堆积材料，然后将各层相黏结，最终得到原型产品。

3. 成形零件的后处理

从成形系统里取出成形件，进行打磨、抛光、涂挂，或放在高温炉中进行后烧结，进一步提高其强度。

六、增材制造技术发展历史

1. 国外发展状况

欧美发达国家纷纷制定了发展和推动增材制造技术的国家战略和规划，增材制造技术已受到政府、研究机构、企业和媒体的广泛关注。英国政府自2011年开始持续增大对增材制造技术的研发经费。以前仅有拉夫堡大学一个增材制造研究中心，如今，诺丁汉大学、谢菲尔德大学、埃克塞特大学和曼彻斯特大学等相继建立了增材制造研究中心。英国工程与物理科学研究委员会中设有增材制造研究中心，参与机构包括拉夫堡大学、伯明翰大学、英国国家物理实验室、波音公司以及德国EOS公司等15家知名大学、研究机构及企业。

2012年3月，美国白宫宣布了振兴美国制造的新举措，将投资10亿美元帮助美国制造体系的改革。其中，白宫提出实现该项计划的三大背景技术包括了增材制造，强调了通过改善增材制造材料、装备及标准，实现创新设计的小批量、低成本数字化制造。2012年8月，美国增材制造创新研究所成立，联合了宾夕法尼亚州西部、俄亥俄州东部和弗吉尼亚州西部的14所大学、40余家企业、11家非营利机构和专业协会。

除了英、美外，其他一些发达国家也积极采取措施，以推动增材制造技术的发展。德国建立了直接制造研究中心，主要研究和推动增材制造技术在航空航天领域中结构轻量化方面的应用；法国增材制造协会致力于增材制造技术标准的研究；在政府资助下，西班牙启动了一项发展增材制造的专项，研究内容包括增材制造共性技术、材料、技术交流及商业模式等四方面内容；澳大利亚政府于2012年2月宣布支持一项航空航天领域革命性的项目“微型发动机增材制造技术”，该项目使用增材制造技术制造航空航天领域微型发动机零部件；日本政府也很重视增材制造技术的发展，通过优惠政策和大量资金鼓励产学研用紧密结合，有力促进该技术在航空航天等领域的应用。

2. 国内发展状况

大型整体钛合金关键结构件成形制造技术被国内外公认为是对飞机工业装备研制与生产具有重要影响的核心关键制造技术之一。西北工业大学凝固技术国家重点实验室已经建立了系列激光熔覆成形与修复装备，可满足大型机械装备的大型零件及难拆卸零件的原位修复和再制造。应用该技术实现了C919飞机大型钛合金零件激光立体成形制造。民用飞机越来越多地采用了大型整体金属结构，飞机零件主要是整体毛坯件和整体薄壁结构件，传统成形方法非常困难。中国商用飞机有限责任公司决定采用先进的激光立体成形技术来解决C919飞机大型复杂薄壁钛合金结构件的制造。西北工业大学采用激光成形技术制造了最大尺寸达2.83 m的机翼缘条零件，最大变形量$<$1 mm，实现了大型钛合金复杂薄壁结构件的精密成形技术，相比现有技术可大大加快制造效率和精度，显著降低生产成本。

北京航空航天大学在金属直接制造方面开展了长期的研究工作，突破了钛合金、超高强度钢等难加工大型整体关键构件激光成形工艺、成套装备和应用关键技术，解决了大型整体金属构件激光成形过程零件变形与开裂"瓶颈难题"和内部缺陷、内部质量控制及其无损检验关键技术，飞机构件综合力学性能达到或超过钛合金模锻件，已研制生产出了我国飞机装备中迄今尺寸最大、结构最复杂的钛合金及超高强度钢等高性能关键整体构件，并在大型客机C919等多型重点型号飞机研制生产中得到应用。

西安交通大学以研究光固化快速成形(SL)技术为主，于1997年研制并销售了国内第一台激光固化快速成形机；并分别于2000年、2007年成立了快速成形制造技术教育部工程研究中心和快速制造国家工程研究中心，建立了一套支撑产品快速开发的快速制造系统，研制、生产和销售多种型号的激光快速成形设备、快速模具设备及三维反求设备，产品远销印度、俄罗斯、肯尼亚等国，成为具有国际竞争力的快速成形设备制造单位。

复合材料构件是航空制造技术未来的发展方向，西安交通大学研究了大型复合材料构件低能电子束原位固化纤维铺放制造设备与技术，将低能电子束固化技术与纤维自动铺放技术相结合，研究开发了一种无需热压罐的大型复合材料构件高效率绿色制造方法，可使制造过程能耗降低70%，节省原材料15%，并提高了复合材料成形制造过程的可控性、可重复性，为我国复合材料构件绿色制造提供了新的自动化制造方法与工艺。

我国在电子、电气增材制造技术上取得了重要进展，称为立体电路技术(SEA、SLS+LDS)。电子电气领域增材技术是建立在现有增材技术之上的一种绿色环保型电路成形技术，有别于传统二维平面型印制电路板。传统的印制电路板是电子产业的粮食，一般采用传统的非环保的减法制造工艺，即金属导电线路是蚀刻铜箔后形成的，新一代增材制造技术采用加法制造工艺：用激光先在产品表面镭射后，再在药水中浸泡沉积上去。这类技术与激光分层制造的增材制造相结合的一种途径是：在SLS(激光选择性烧结)粉体中加入特殊组分，先3D打印(增材制造成形)再用3D立体电路激光机沿表面镭射电路图案，再化学镀成金属线路，如图5-2所示。

"立体电路制造工艺"涉及的SLS+LDS技术是我国本土企业发明的制造工艺，是增材制造在电子、电气产品领域分支应用技术，如图5-2所示。也涉及激光材料、激光机、后处理化学药水等核心要素。目前立体电路技术已经成为高端智能手机天线主要制造技术，产业界已经崛起了立体电路产业板块，如图5-3所示。

图5-2 3D打印技术在立体电路技术中的应用

图5-3 3D打印技术在立体电路制造工艺的应用

七、增材制造的发展方向

1. 向日常消费品制造发展

三维打印技术是国外近年来的发展热点。该设备称为三维打印机，将其作为计算机一个外部输出设备而应用。它可以直接将计算机中的三维图形输出为三维的塑料零件。在工业造型、产品创意、工艺美术等领域有着广阔的应用前景和巨大的商业价值。

2. 向功能零件制造发展

向功能零件制造的发展包括复杂零件的精密铸造技术应用及向金属零件直接制造方向发展，制造大尺寸航空零部件。采用激光或电子束直接熔化金属粉，逐层堆积金属，形成金属直接成形技术。该技术可以直接制造复杂结构金属功能零件，制件力学性能可以达到锻件性能指标。进一步的发展方向是陶瓷零件的快速成形技术和复合材料的快速成形技术。

3. 向组织与结构一体化制造发展

实现从微观组织到宏观结构的可控制造。未来需要解决的关键技术包括精度控制技术、大尺寸构件高效制造技术、复合材料零件制造技术。

AM 技术的发展将有力地提高航空制造的创新能力，支撑我国由制造大国向制造强国发展。例如在制造复合材料时，将复合材料组织设计制造与外形结构设计制造同步完成，从而实现结构体的“设计－材料－制造”一体化。美国已经开展了梯度材料结构的人工关节以及陶瓷涡轮。

八、3D 打印技术的发展前景

最早的 3D 打印技术出现于上世纪 80 年代的美国，但是由于材料和机器极其昂贵，3D 打印并没有大范围应用。近年来，随着 3D 打印材料的多样化发展以及打印技术的革新，3D 打印不仅在传统的制造行业体现出非凡的发展潜力，更延伸至食品制造、服装奢侈品生产、影视传媒以及教育等多个与人们生活息息相关的领域。简单来讲，3D 打印机是利用光固化和纸层叠等技术的快速成形装置。它与普通打印机工作原理基本相同，打印机内装有“打印材料”，通过成形设备把“打印材料”以叠加的方式制成实物模型。世界上第一台 3D 打印机诞生于 1986 年，由美国人查克・赫尔(Charles Hull)发明，他成立的 3D Systems 是世界上第一家生产 3D 打印设备的公司，所采用的技术被称为“立体光刻技术”，利用紫外线照射可将树脂凝固成形来制造物体。1992 年，该公司卖出第一台商业化产品。现在，3D Systems 已经和 Stratasys 公司一起，成为全球知名的 3D 打印机企业，他们 2014 年的销售额收入分别为 6.5 亿美元和 7.5 亿美元，产品覆盖汽车、航空航天、消费电子、娱乐、医疗等多个领域。

据介绍，3D 打印就是快速成形技术的一种，它运用粉末状金属或塑料等可黏合材料，通过一层又一层的多层打印方式，最终可以直接打印出产品，形成“数字化制造”。

一个机械零件，甚至是一架飞机，都可以“打印”出来(图 5-4)，3D 打印在航空航天制造中具有无可比拟的优势。3D 打印领域首位院士、西安交通大学教授卢秉桓介绍，传统飞机制造成本高，切削加工要去除 95%以上的材料，3D 打印技术则利用金属粉末只打印必需的部分，不浪费一点儿金属，节省了材料。与传统制造方法相比，3D 打印制造出的零件更轻，能够实现结构、型面复杂多样，并且都是自然无缝连接，结构之间的稳固性和连接强度要远远高于传统方法。“传统的飞机制造，装配工序长，仅机体铆接就有数万个，机身是由上下左右四块整板焊接而成，目前一个飞机制造厂一年加班加点也就能生产四五十架飞机。而通过3D打印制造一架飞机的机身，粗略地估算也就需要300小时左右，并且是一次成形，强度好，安全性高。”卢秉桓院士还指出，3D打印技术可以使飞机制造工序大为简化，为飞机结构的创新设计提供了很大的空间，可实现飞机快速研发和快速小批量制造。

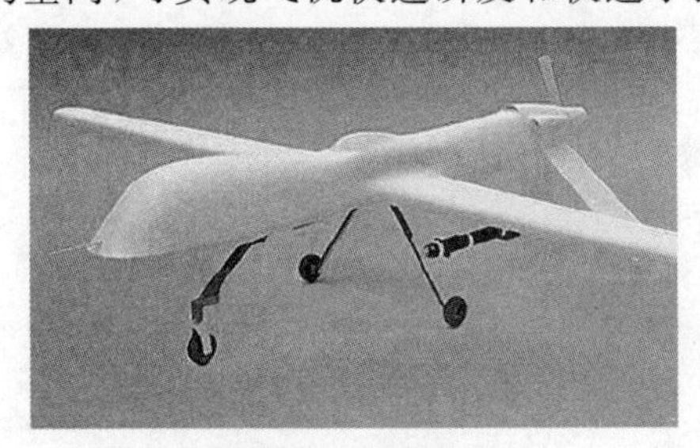

(a) 3D打印的无人飞机假象图

(b) 空客（Airbus）将于2050年由3D打印的概念客机

图5-4　3D打印的飞机

空中客车设计概念飞机可由3D打印机“打印”制造。

3D打印技术已彻底颠覆了日常物品的制作方式，从乐高积木到吉他，从汽车车身到人工肝脏。但如果“打印机”自身能够等比例放大到足以打印像飞机那样大的物体，那么3D打印所引发的变革规模还更大。

空客的机舱检验师巴斯蒂安·谢弗(Bastian Schafer)从2015年开始一直致力于一款概念飞机，这架飞机将完全由一台有飞机库那样大的巨型3D打印机制造，这听起来像痴人说梦，因为如今最大的3D打印机不过餐桌那么大，但是谢弗的设计是有规划的：从现在用3D打印技术制造一些小部件，到2050年左右造出整个飞机——整个路线清晰可见。

那为什么要采用3D打印技术呢？空客的母公司欧洲宇航防务集团已经在使用一种称为“加层制造”的工艺来制造飞机，因为这不仅能降低成本，与传统制造方法相比更可使各部件的重量轻65%，谢弗的概念飞机极为复杂，需要各种全新的制造方法，从弧形机身到仿生结构，再到能让乘客一览蓝天白云的透明蒙皮，如图5-4(b)所示。

说起这个还有待制造的3D打印机，谢弗表示“它的工作台尺寸大概要有80 m×80 m”，“这应该是可行的”。

3D打印技术存在已有段时间了，许多创新者以非凡的方式推动了它的发展。扩大3D打印机规模所面临的最大挑战是资金和监管。

九、增材制造的技术应用

经过30多年的发展，增材制造经历了从萌芽到产业化、从原型展示到零件直接制造的过程，发展十分迅猛。美国专门从事增材制造技术咨询服务的Wohlers协会在2015年度报告中对行业发展情况进行了分析。2014年增材制造设备与服务全球直接产值为41.03亿美元，2014年增长率为35.2%，其中设备材料为19.97亿美元，增长31.6%；服务产值为21.05亿美元，增长38.9%；其发展特点是服务相对设备材料增长更快。在增材制造应用方面，工业和商业设备领域占据了主导地位，然而其比例从18.5%降低到17.5%；消费商品和电子领域所占比例为16.6%；航空航天领域从12.3%增加到14.8%；机动车领域为16.1%；研究机构占8.2%，政府和军事领域占6.6%，二者较2013年均有所增加；医学和牙科领域占13.1%。在过去10年的大部分时间内,消费商品和电子领域始终占据着主导地位。

1. 消费品和电子领域

增材制造原理与不同的材料和工艺结合形成了许多增材制造设备,目前已有的设备种类达到20多种。这一技术一出现就取得了快速发展,在各个领域都得到了广泛的应用,例如在消费电子产品、汽车、航天航空、医疗、军工、地理信息、艺术设计等领域都得到了广泛的应用。

增材制造技术的应用,为许多新产业和新技术的发展提供了快速响应制造技术。在生物假体与组织工程上的应用,为人工定制假体制造、三维组织支架制造提供了有效的技术手段。为汽车车型快速开发和飞机外形设计提供了原型的快速制造技术,加快了产品设计速度。例如,国外增材制造技术在航空领域的应用量已超过8%,而我国的应用量则非常低。

2. 航空领域

激光立体成形技术最初的主要应用领域是航空航天等高科技领域,成形材料也主要涉及钛合金、高温合金、高强钢等航空航天用先进材料。随着这项技术在成形原理、工艺装备、材料制备和成形件性能等方面研究工作的不断深化,以及激光材料加工技术直接成本的不断降低,激光立体成形技术开始逐渐应用于汽车工业、模具设计与制造、医学等更广阔的领域。如图5-5所示为激光立体成形的航空发动机镍基高温合金双合金轴承座后机匣(下部为961不锈钢铸件,并经局部激光修复;上部为GH4169镍基合金激光成形体)。通过该轴承座后机匣的激光立体成形,解决了传统工艺长期难以解决的制造难题,并显著改善了发动机零件之间的热性能匹配。

图5-5 激光立体成形的航空发动机镍基高温合金双合金轴承座后机匣

高速、高机动性、长续航能力、安全高效低成本运行等苛刻服役条件对飞行器结构设计、材料和制造提出了更高要求。轻量化、整体化、长寿命、高可靠性、结构功能一体化以及低成本运行成为结构设计、材料应用和制造技术共同面临的严峻挑战,这取决于结构设计、结构材料和现代制造技术的进步与创新。图5-6所示为采用3D打印技术制造的飞机零件。

图5-6 3D打印技术制造的飞机零件

(1)增材制造技术能够满足航空武器装备研制的低成本、短周期需求。

随着技术的进步,为了减轻机体重量,提高机体寿命,降低制造成本,飞机结构中大型整体金属构件的使用越来越多。大型整体钛合金结构制造技术已经成为现代飞机制造工艺先进性的重要标志之一。美国F-22后机身加强框、F-14和“狂风”的中央翼盒均采用了整体钛合金结构。大型金属结构传统制造方法是锻造再机械加工,但能用于制造大型或超大型金属锻坯的装备较为稀缺,高昂的模具费用和较长的制造周期仍难满足新型号的快速低成本研制的需求;另外,一些大型结构还具有复杂的形状或特殊规格,用锻造方法难以制造,而增材制造技术对零件结构尺寸不敏感,可以制造超大、超厚、复杂型腔等特殊结构。除了大型结构,还有一些具有极其复杂外形的中小型零件,如带有空间曲面及密集复杂孔道结构等,用其他方法很难制造,而用高能束流增材制造技术可以实现零件的净成形,仅需抛光即可装机使用。传统制造行业中,单件、小批量的超规格产品往往成为制约整机生产的瓶颈,通过增材制造技术能够实现以相对较低的成本提供这类产品。

据统计,我国大型航空钛合金零件的材料利用率非常低,平均不超过10%;同时,模锻、铸造还需要大量的工装模具,由此带来研制成本的上升。通过高能束流增材制造技术,可以节省三分之二以上的材料,数控加工时间减少一半以上,同时无需模具,从而能够将研制成本尤其是首件、小批量的研制成本大大降低,节省国家宝贵的科研经费。

通过大量使用基于金属粉末和丝材的高能束流增材制造技术生产飞机零件,从而实现结构的整体化,降低成本和周期,达到“快速反应,无模敏捷制造”的目的。随着我国综合国力的提升和科学技术的进步,为了缩小与发达国家的差距,保证研制速度,加快装备更新速度,急需要这种新型无模敏捷制造技术——金属结构快速成形直接制造技术。

(2)增材制造技术有助于促进设计一生产过程从平面思维向立体思维的转变。

传统制造思维是先从使用目的形成三维构想,转化成二维图纸,再制造成三维实体。在空间维度转换过程中,差错、干涉、非最优化等现象一直存在,而对于极度复杂的三维空间结构,无论是三维构想还是二维图纸化已十分困难。计算机辅助设计(CAD)为三维构想提供了重要工具,但虚拟数字三维构型仍然不能完全推演出实际结构的装配特性、物理特征、运动特征等诸多属性。采用增材制造技术,实现三维设计、三维检验与优化,甚至三维直接制造,可以摆脱二维制造思想的束缚,直接面向零件的三维属性进行设计与生产,大大简化设计流程,从而促进产品的技术更新与性能优化。在飞机结构设计时,设计者既要考虑结构与功能,还要考虑制造工艺,增材制造的最终目标是解放零件制造对设计者的思想束缚,使飞机结构设计师将精力集中在如何更好实现功能的优化,而非零件的制造上。在以往的大量实践中,利用增材制造技术,快速准确地制造并验证设计思想在飞机关键零部件的研制过程中已经发挥了重要的作用。另一个重要的应用是原型制造,即构建模型,用于设计评估,例如风洞模型,通过增材制造迅速生产出模型,可以大大加快“设计一验证”迭代循环。

(3)增材制造技术能够改造现有的技术形态,促进制造技术提升。

利用增材制造技术提升现有制造技术水平的典型应用是铸造行业。利用快速原型技术制造蜡模可以将生产率提高数十倍,而产品质量和一致性也得到大大提升;利用快速制模技术可以三维打印出用于金属制造的砂型,大大提高了生产率和质量。在铸造行业采用增材制造快速制模已渐成趋势。

总之,3D打印技术其实离生活非常近,不仅仅是打印立体照片,在医学上也得到应用,比如植入的人工关节以往是按型号选配,通过3D打印技术,则可以制作最适合患者的钛合金关节。

任务实施

1. 3D 打印机工作台参数调整。
2. 3D 打印机穿丝。
3. 3D 打印机参数设置。
4. 齿轮泵泵体的 3D 打印。
5. 齿轮泵泵体修整。

习题与训练

1. 以 3D 打印为例，打印一个鼠标外壳，并分析出 3D 打印机的工作原理和打印流程。
2. 以 3D 打印为例，打印一个液压缸外壳，并分析出 3D 打印机的工作原理和打印流程。
3. 以 3D 打印为例，打印一个叶片，并分析出 3D 打印机的工作原理和打印流程。
4. 以 3D 打印为例，打印一个笔筒外壳，并分析出 3D 打印机的工作原理和打印流程。
5. 以 3D 打印为例，打印一个喷壶外壳，并分析出 3D 打印机的工作原理和打印流程。

任务二 认识逆向工程技术

学习目标

1. 掌握逆向工程的基本概念。
2. 掌握逆向工程的应用。
3. 了解逆向工程系统组成。
4. 掌握逆向工程与产品创新设计。

情境导入

逆向工程（又称逆向技术），是一种产品设计技术再现过程，即对一项目标产品进行逆向分析及研究，从而演绎并得出该产品的处理流程、组织结构、功能特性及技术规格等设计要素，以制作出功能相近，但又不完全一样的产品。逆向工程源于商业及军事领域中的硬件分析。其主要目的是在不能轻易获得必要的生产信息的情况下，直接从成品分析，推导出产品的设计原理。

任务描述

使用三维扫描仪对手机外壳进行扫描,并分析出三维扫描仪工作原理和扫描过程。

任务分析

三维扫描仪的用途是创建物体几何表面的点云(point cloud),这些点可用来插补成物体的表面形状,密集的点云可以创建精确的模型(这个过程称作三维重建)。若扫描仪能够获取表面颜色,则可进一步在重建的表面上粘贴材质贴图,亦即所谓的材质印射(texture mapping)。

三维扫描仪可类比为照相机,它们的视线范围都呈现圆锥状,信息的搜集皆限定在一定的范围内。两者不同之处在于相机所抓取的是颜色信息,而三维扫描仪测量的是距离。由于测得的结果含有深度信息,因此常以深度视频(depth image)或距离视频(ranged image)称之。

由于三维扫描仪的扫描范围有限,因此常需要变换扫描仪与物体的相对位置或将物体放置于电动转盘(turnable table)上,经过多次的扫描以拼凑物体的完整模型。将多个片面模型集成的技术称作视频配准(image registration)或对齐(alignment),其中涉及多种三维比对(3D-matching)方法。

相关知识

一、逆向工程的定义

逆向工程也称反求工程、反向工程,其思想最初来自从油泥模型到产品实物的设计过程。作为产品设计制造的一种手段,在 20 世纪 90 年代初,逆向工程技术开始引起各国工业界和学术界的高度重视。从此,有关逆向工程技术的研究和应用受到政府、企业和研究者的关注,特别是随着现代计算机技术及测试技术的发展,逆向工程技术已成为 CAD/CAM 领域的一个研究热点。

传统的产品设计通常是从概念设计到图样,再制造出产品。产品的逆向设计与此相反,它是根据零件(或原型)生成图样,再制造出产品。它是一种以实物、样件、软件或影像作为研究对象,应用现代设计方法学、生产工程学、材料学和有关专业知识进行系统分析和研究、探索掌握其关键技术,进而开发出同类的更为先进的产品的技术,是针对消化吸收先进技术采取的一系列分析方法和应用技术的结合。广义的逆向工程包括几何形状逆向、工艺逆向和材料逆向等诸多方面,是一个复杂的系统工程。

目前,大多数有关逆向工程技术的研究和应用都集中在几何形状,即重建产品实物的 CAD 模型和最终产品的制造方面,又称为“实物逆向工程”。这是因为一方面,作为研究对象,产品实物是面向消费市场最广、最多的一类设计成果,也是最容易获得的研究对象;另一方面,在产品开发和制造过程中,虽已广泛使用计算机几何造型技术,但是仍有许多产品,由于种种原因,最初并不是由计算机辅助设计模型描述的,设计和制造者面对的是实物样件。为了适应先进制造技术的发展,需要通过一定途径将实物样件转化为 CAD 模型,以期利用计算机辅助制造、快速成形制造和快速模具、产品数据管理及计算机集成制造系统等先进技术对其进行处理或管理。同时,随着现代测试技术的发展,快速、精确地获取实物的几何信息已变成现实。目前,这种从实物样件获取产品数学模型并制造得到新产品的相关技术,已成为CAD/CAM系统中的一个研究及应用热点,并发展成为一个相对独立的领域。在这一意义下,逆向工程可定义为:逆向工程是将实物转变为CAD模型的相关的数字化技术、几何模型重建技术和产品制造技术的总称。

二、逆向工程的应用

在制造业领域内,逆向工程有着广泛的应用背景,已成为产品开发中不可缺少的一环,其应用范围包括:

(1)在对产品外形的美学有特别要求的领域。为方便评价其美学效果,设计师广泛利用油泥、黏土或木头等材料进行快速且大量的模型制作,将所要表达的意向以实体的方式表现出来,而不采用在计算机屏幕上显示缩小比例的物体投影图的方法。此时,如何根据造型师制作出来的模型快速建立三维CAD模型,就需要引入逆向工程技术。

(2)当设计需要通过实验测试才能定型的工件模型时,通常采用逆向工程的方法,比如在航空航天、汽车等领域,为了满足产品对空气动力学的要求,首先要求在实体模型、缩小模型的基础上经过各种性能测试(如风洞实验等)建立符合要求的产品模型。此类产品通常是由复杂的自由曲面拼接而成的,最终确认的实验模型须借助逆向工程,转换为产品的三维CAD模型及模具。

(3)在没有设计图样或者设计图样不完整,以及没有CAD模型的情况下,通过对零件原型进行测量,形成零件的设计图样或CAD模型,并以此为依据生成数控加工的NC代码或快速成形加工所需的数据,复制一个相同的零件。

(4)在模具行业,经常需要反复修改原始设计的模具型面,以得到符合要求的模具。但是这些几何外形的改变却未曾反映在原始的CAD模型上。借助于逆向工程的功能及其在设计、制造中所扮演的角色,设计者现在可以建立或修改在制造过程中变更过的设计模型。

(5)很多物品很难用基本几何形状来表现与定义,例如流线型产品、艺术浮雕及不规则线条等,利用通用CAD软件,以正向设计的方式来重建这些物体的CAD模型,在功能、速度及精度方面都将异常困难。在这种情况下,需要引入逆向工程,以加速产品设计,降低开发的难度。

(6)逆向工程在新产品开发、创新设计上同样具有相当高的应用价值。为了研究上的需求,许多大企业也会运用逆向工程协助产品研究开发。如韩国现代汽车在发展汽车工业制造技术时,曾参考日本HONDA汽车设计,将它的各个部件经由逆向工程还原成产品,进行包括安全测试在内的各类测试研究,协助现代的汽车设计师了解日系车辆的设计意图。这是基于逆向工程进行新产品开发的典型案例。基于逆向工程的新产品开发设计过程具有如下的优点:可以直接在已有的国内外先进的产品基础上,进行结构性能分析、设计模型重构、再设计优化与制造,吸收并改进国内外先进的产品和技术,极大地缩短产品开发周期,迅速地占领市场。

(7)逆向工程也广泛用于破损文物、艺术品的修复等。此时,不需要复制整个物品,只需借助逆向工程技术抽取原来零件的设计思想,用于指导修复工作。

(8)特种服装、头盔的制造要以使用者的身体为原始设计依据,此时,需要利用逆向工程技术建立人体的几何模型。

(9)在快速成形制造(RPM)中通过逆向工程,可以方便地对快速成形制造的原型产品进行快速、准确的测量。

图5-7所示为逆向工程应用的几个案例。

(a) 修复文物　(b) 牙齿　(c) 水壶摆件

(d) 犀牛摆件　(e) 建筑模型　(f) 汽车发动机缸盖

图 5-7　逆向工程应用的几个案例

三、逆向工程的工作流程

逆向工程技术并不是简单意义的仿制，而是综合运用现代工业设计的理论方法、工程学、材料学和相关的专业知识，进行系统分析，进而快速开发制造出高附加值、高技术水平的新产品。

逆向工程的一般过程可分为样件三维数据测量、数据处理、CAD 模型重构、模型制造几个阶段。图 5-8 所示为逆向工程工作流程及其系统框架。

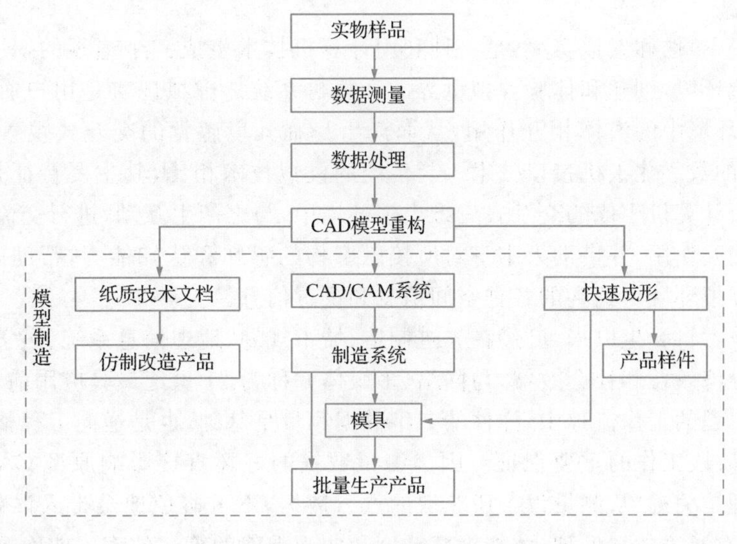

图 5-8　逆向工程工作流程及其系统框架

(1)样件三维数据测量

样件三维数据测量是逆向工程的第一步重要阶段，也是后续工作的基础。数据采集设备的方便、快捷，操作的简易程度，数据的准确性、完整性是衡量测量设备的重要指标，也是保证后续工作高质量完成的重要前提。目前样件三维数据的获取主要通过三维测量技术来实现，通常采用三坐标测量机(CMM)、激光三维扫描、结构光测量等装置来获取样件的三维表面坐标值。

(2)数据处理

通过三坐标测量机得到的测量坐标点数据在CAD模型重构之前必须进行格式转换、噪声滤除、平滑、对齐、合并、插值补点等一系列的数据处理。对于海量的复杂点云数据还要进行数据精简,按测量数据的几何属性进行数据分割处理,采用几何特征匹配的方法获取样件原型所具有的设计和加工特征。数据采集设备厂家一般会提供这些功能,当然不少软件也提供这方面的功能。

(3)CAD模型重构

CAD模型重构是在获取了处理好的测量数据后,根据数据各面片的特性分别进行曲面拟合,然后在面片间求交、拼接和匹配,使之成为连续光顺的曲面,从而获得样件原型CAD模型的过程。CAD模型重构是后续处理的关键步骤,它不仅需要设计人员对软件熟练掌握,还要熟悉逆向造型的方法步骤,并且要洞悉产品原设计人员的设计思路,然后再有所创新,结合实际情况,进行造型。

CAD模型重构完成以后,可以采用三种方法进行后续处理:快速成形制造、2D图纸加工或者无图纸加工、虚拟现实。

(4)快速成形制造

快速成形是制造技术的一次飞跃,它从成形原理上提出一个全新的思维模式。这种材料累加成形思想产生以来,研究人员开发出了许多快速成形技术,如光固化成形(SLA)、选择性激光烧结(SLS)、分层实体制造(LOM)、熔融沉积制造(FDM)等多达十余种具体的工艺方法。这些工艺方法都是在材料累加成形的原理基础上,结合材料的物理化学特性和先进的工艺方法而形成的,它与其他学科的发展密切相关。

(5)虚拟现实

虚拟现实(VR)也称虚拟实境,是一种利用计算机技术生成一个逼真的,具有视、听、触等多种感知的虚拟环境,创建和体验虚拟世界的计算机系统。虚拟现实是用户通过使用各种交互设备,同虚拟环境中的实体相互作用,从而产生身临其境感觉的交互式视景仿真和信息交流,是一种先进的数字化人机接口技术。与传统的模拟技术相比,其主要特征是:操作者能够真正进入一个由计算机生成的交互式三维虚拟环境中,与之产生互动,进行交流。通过参与者与仿真环境的相互作用,并借助人本身对所接触事物的感知和认知能力,帮助启发参与者,以全方位地获取虚拟环境所蕴含的各种空间信息和逻辑信息。

虚拟现实技术自诞生以来,已经在先进制造、城市规划、地理信息系统、医学生物等领域中显示出巨大的经济效益和社会效益,与网络、多媒体并称为21世纪最具应用前景的三大技术。

整个逆向工程的工作流程中,样件的三维数据测量是基础,也是逆向工程整个过程的首要前提,是其余各阶段工作的重要保证。因为测量数据的好坏直接影响原型CAD模型重构的质量。数据处理是关键,从测量设备所获取的点云数据,不可避免地会带入误差和噪声,而且数据量庞大,只有通过数据处理,才能提高精度和曲面重建的算法效率。曲面重构是当中最重要、最困难的问题.其目的在于寻找某种数学描述形式,精确、简洁地描述一个给定的物理曲面形状,并以此为依据进行分析、计算、修改和绘制。

四、逆向工程系统的组成

从逆向工程的工作流程可以看出,随着计算机辅助几何设计理论和技术的发展应用,以及CAD/CAE/CAM集成系统的开发和商业化,产品实物的逆向设计首先通过测量扫描仪以及各种先进的数据处理手段获得产品实物信息，然后充分利用成熟的CAD/CAM技术，快速、准确地建立实体几何模型。在工程分析的基础上，数控加工出产品模具，最后制成产品，实现产品或模型—设计—产品的整个生产流程，其具体系统的框架如图5-8所示。

从逆向工程的工作流程及其系统框架(图5-8)可以看出，逆向工程主要由三部分组成：产品实物几何外形的数字化、三维CAD模型重构和产品或模具制造，包含的硬件、软件主要有：

1. 测量机与测量探头

测量机与测量探头是进行实物数字化的关键设备。测量机有三坐标测量机、多轴专用测量机、多轴关节式机械臂等。测量探头分接触式和非接触式两种。

2. 模型重构软件

用于模型重构的软件有三种：一是用于正向设计的CAD/CAE/CAM软件；二是集成有逆向功能模块的正向CAD/CAE/CAM软件；三是专用的逆向工程软件。这些软件一般具有数据处理、参数化、曲面重构等功能。支撑的硬件平台有个人计算机和工作站。

3. CAE 软件

计算机辅助工程分析，包括机构运动分析、结构分析、流场及温度场分析等。目前较流行的分析软件有ANSYS、Nastran、I-DEAS、ADMAS等。

4. CNC 加工设备

各种用来制作原型和模具的CNC加工设备，主要有数控车床、数控铣床、加工中心、电火花线切割机床等。

5. 快速成形机

快速成形机按制造工艺原理可分为光固化成形、分层实体制造、选择性激光烧结、熔融沉积制造、三维喷涂黏结、焊接成形和数码累积造型等。可采用快速成形机快速形成模型样件，缩短产品开发周期。

6. 产品制造设备

产品制造设备包括各种注塑机、钣金成形机、轧机等。

五、逆向工程与产品创新

1. 创新设计

产品的创新设计是指充分发挥设计者的能力，利用人类已有的相关科学技术成果(含理论、方法和技术原理)进行创新构思，设计出具有科学性、创造性、新颖性及实用性产品的一种实践活动，是创造具有市场竞争优势商品的过程。创新设计的基本特征是新颖性和先进性。

创新设计是多层次的，从结构修改、造型变化的低层次工作到原理更新、功能增加的高层次活动的整个范畴，既适用于产品设计，也适用于零部件设计。从实施方法来论述，创新设计可分为：①原创型，即从无到有，创造发明一种全新的技术与产品，如爱迪生发明的白炽灯泡；

②基于原型的创新设计，即对引进的国内外先进技术和产品进行深入分析研究，探索掌握其关键技术，在消化吸收的基础上进行再设计和再创作，进而开发出同类型的创新产品。这两种方法互为补充、缺一不可。

实际设计中有一系列过程可看作创新设计过程，如组合、转换、类比。

(1)组合

组合是依据一定的目的，按照一定的方式，将两种及两种以上的技术思想或物质产品进行适当的组合，从而进行新的技术创造，形成一个新的结果。如图 5-9 所示的办公一体机，就是将多种不同功能的部件组合在一起形成一种具有多操作功能的新设备。

(2)转换

转换是改变一个或更多的结构变量，达到创新设计的结果。转换操作可以分为两种类型：同类的和非同类的。同类转换操作产生新的同类变量，非同类转换操作产生新的不同类的变量。

(3)类比

类比被定义成系列过程的产物。基于转换为新问题的知识本质，类比推理过程可以分为两种类型：转换类比和派生类比。转换类比是修改前一解决方案的结构以适应新的问题。派生类比是将成功的问题解决过程应用到新问题的解决过程中。图 5-10 所示为秋千创新设计的过程，它是采用类比的方法进行结构修改，从而设计出新的产品。

图 5-9　组合创意设计举例——办公一体机

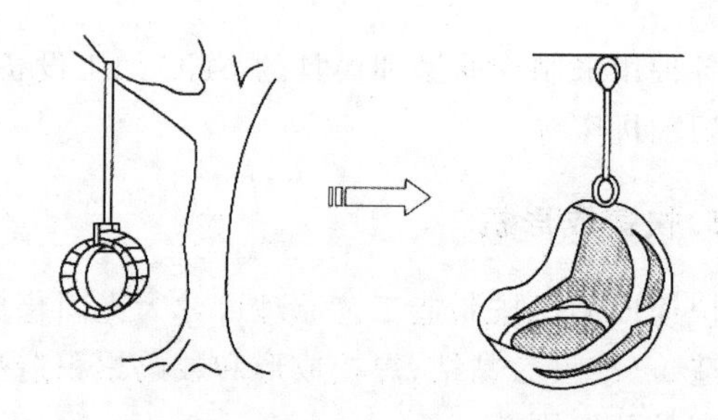

图 5-10　类比创新设计举例——秋千创新设计的过程

2. 逆向工程与创新设计

在设计制造领域，任何产品的问世都蕴含着对已有科学技术的应用和借鉴，并在继承的基础上进一步提高与发展。有关资料表明，各国 70％以上的技术都来自国外，要掌握这些技术，正常的途径都是通过逆向工程。逆向工程所追求的不是简单的仿制，而是再提高、再创造，并以实现创新为最终目的。

目前，基于 CAD/CAM 系统的数字扫描技术为实物逆向工程提供了有力的支持，在进行数字化扫描、完成实物的三维模型重建后，通过 CNC 加工或快速成形、快速制模制造模具，最终利用注塑成形或浇铸等得到所需的产品。这个过程已经成为我国沿海地区许多家电、玩具、摩托车等生产企业的产品开发及生产模式。但他们对逆向工程的认识存在着一定的误区，认为逆向工程只不过是从实物原型再现直接到实物原型制造的过程。有关逆向工程的研究工作也很少将实物原型再现与再设计、再分析、再提高，从而实现重大改型的创新设计联系起来。逆向工程似乎变成了简单仿制的代名词。事实上，实物原型再现仅仅是逆向工程的初级阶段，而实现创新设计才是逆向工程的真正目的和最终目标。

日本在第二次世界大战后通过仿制美国及欧洲的产品，在采取各种手段获得先进技术和在对引进技术消化、吸收的基础上，建立了自己的产品创新设计体系，使经济迅速崛起，成为仅次于美国的制造大国。

因此通过逆向工程，在消化、吸收先进技术的基础上，建立和掌握自己的产品开发设计技术，进行产品的创新设计，即在仿制的基础上进行改进创新，这是提升我国制造业水平的必由之路。

任务实施

1. 扫描仪参数标定。
2. 手机外壳喷粉处理。
3. 手机外壳贴点处理。
4. 使用扫描仪正反面扫描手机外壳。
5. 删除杂点，图形处理。

习题与训练

1. 使用三维扫描仪对车载吸尘器外壳进行扫描，并分析出三维扫描仪的工作原理和扫描过程。

2. 使用三维扫描仪对水枪外壳进行扫描，并分析出三维扫描仪的工作原理和扫描过程。

3. 使用三维扫描仪对风扇外壳进行扫描，并分析出三维扫描仪的工作原理和扫描过程。

4. 使用三维扫描仪对花瓶外壳进行扫描，并分析出三维扫描仪的工作原理和扫描过程。

5. 使用三维扫描仪对空气滤清器外壳进行扫描，并分析出三维扫描仪的工作原理和扫描过程。

参考文献

[1] 陈强.金属切削加工.北京:机械工业出版社,2015

[2] 金捷.机械加工工艺编制项目教程.北京:机械工业出版社,2013

[3] 陈宏钧.典型零件机械加工生产实例(第三版).北京:机械工业出版社 ,2016

[4] 王家珂.机械零件加工工艺编制.北京:机械工业出版社 2016 年

[5] 张敏良.机械制造工艺 .北京:清华大学出版社 2016 年

[6] 李会荣,殷雪艳.金属切削加工技术.西安:西安电子科技大学出版社,2017

[7] 陆剑中,孙家宁.金属切削原理与刀具.北京:机械工业出版社,2011

[8] 恽达明.金属切削机床.北京:机械工业出版社,2010

[9] 廖璘志.机械加工工艺设计.北京:机械工业出版社 2018 年

[10] 兰建设.机械制造工艺与夹具.北京:机械工业出版社,2010

[11] 陈爱荣,王守忠,李新德.机械制造技术.北京:北京理工大学出版社,2010

[12] 魏杰.机械加工工艺.北京:北京理工大学出版社 ,2016

[13] 周兰菊.机械制造基础.北京:人民邮电出版社,2013

[14] 武文革.金属切削原理及刀具(第二版).北京:国防工业出版社 ,2017

[15] 郭永亮.数控机床.北京:机械工业出版社,2011

[16] 任立军.数控机床.北京:机械工业出版社,2012

[17] 陈旭东,吴静,马敏莉.机床夹具设计(第二版).北京:清华大学出版社,2014

[18] 王瑞金.特种加工技术.北京:机械工业出版社,2011

[19] 杨占尧,赵敬云.增材制造与 3D 打印技术及应用 .北京:清华大学出版社,2017

[20] 于彦东.3D 打印技术基础教程.北京:机械工业出版社,2018